工程力学

刘 鸣 主编
翟振东 主审

中国建筑工业出版社

图书在版编目（CIP）数据

工程力学/刘鸣主编. —北京：中国建筑工业出版社，2004
ISBN 978-7-112-06772-5

Ⅰ.工... Ⅱ.刘... Ⅲ.工程力学 Ⅳ.TB12

中国版本图书馆 CIP 数据核字（2004）第 075148 号

本书共十七章，主要内容有：刚体静力学基础、平面基本力系和任意力系、空间力系、平面体系的几何组成分析、杆件的拉压、扭转、弯曲、强度理论、组合变形、压杆稳定、静定结构的内力和位移计算、力法、位移法等。

本书可作为高等学校工科中、少学时工程力学课程、土建类专业建筑力学课程教材，也可供各类工程技术人员参考。

* * *

责任编辑：咸大庆　王　梅
责任设计：崔兰萍
责任校对：刘　梅　张　虹

工 程 力 学

刘　鸣　主编

翟振东　主审

*

中国建筑工业出版社出版、发行（北京西郊百万庄）
各地新华书店、建筑书店经销
北京市密东印刷有限公司印刷

*

开本：787×1092 毫米　1/16　印张：24　字数：580 千字
2004 年 9 月第一版　2012 年 3 月第十次印刷
定价：41.00 元
ISBN 978-7-112-06772-5
(21645)

版权所有　翻印必究
如有印装质量问题，可寄本社退换
（邮政编码 100037）

编写人员名单

主编：刘　鸣

主审：翟振东

参编：刘　鸣（第一、六、十四、十五、十六、十七章）

　　　商泽进（第二、三、四、五章）

　　　石　晶（第八、九、十、十三章）

　　　靳玉佳（第七、十一、十二章、附录）

前　言

工程力学是高等学校机械、土木、材料、管理等许多专业的重要技术基础课。近年来，随着高等教育改革的深入，课程的体系、内容等都在发生着改变。适应新形势下实际教学的要求，编写一本适用于众多专业的中、少学时的工程力学教材是很有必要的。本教材根据高等学校工科工程力学的基本要求，吸取了目前最新的工程力学教材的优点，在保证力学课程的系统性、完整性的基础上，将传统的理论力学、材料力学、结构力学综合在一起，淡化三者之间的明显界限，旨在使学生加深对工程力学基本概念、基本理论的理解，掌握杆件及结构的力学分析和计算方法，为后续专业课打下良好的基础。

在编写本书过程中，我们力求体现以教师为主导、学生为主体的教学基本要求，突出重点、联系工程实际；语言上通顺易懂，便于自学。使用本教材时，可根据各专业的不同要求，对内容酌情取舍，全部讲授本书内容约需100学时。

本书由长安大学翟振东教授担任主审，翟教授为本书稿提出了不少宝贵的建议和意见；在编写本书过程中，得到了尹冠生教授、长安大学理学院领导及同志们的关心、支持和帮助，在此一并表示衷心的感谢。

本书是由长安大学刘鸣（第一、六、十四、十五、十六、十七章）、商泽进（第二、三、四、五章）、石晶（第八、九、十、十三章）和靳玉佳（第七、十一、十二章、附录）编写，全书由刘鸣统稿并任主编。

由于编者水平所限，书中可能存在一些错误或不妥之处，敬请指正。

编　者

2004年6月

目　　录

第一章　绪论 1
　第一节　工程力学的任务和内容 1
　第二节　变形固体的基本假设 2
　第三节　基本概念 3
　第四节　结构的计算简图 4
　第五节　结构的分类 7
　第六节　杆件的基本变形 9

第二章　刚体静力学基础 11
　第一节　刚体静力学基本概念 11
　第二节　刚体静力学公理 15
　第三节　约束和约束反力 17
　第四节　物体的受力分析及受力图 20
　小结 23
　习题 24

第三章　平面基本力系 27
　第一节　平面汇交力系简化与平衡的几何法 27
　第二节　平面汇交力系简化与平衡的解析法 29
　第三节　平面力偶系的简化及平衡 31
　小结 34
　习题 35

第四章　平面任意力系 38
　第一节　平面任意力系的简化 38
　第二节　平面任意力系的平衡条件及平衡方程 43
　第三节　物体系统的平衡 48
　第四节　考虑摩擦的平衡问题 51
　小结 56
　习题 58

第五章　空间力系 65
　第一节　空间力系的基本概念 65
　第二节　空间力系的简化 68
　第三节　空间力系的平衡方程及其应用 70
　第四节　重心 74
　小结 78
　习题 79

第六章　平面杆件体系的几何组成分析 83
　第一节　几何组成分析的目的 83

第二节　刚片、自由度和约束的概念 …………………………………………… 83
　　第三节　无多余约束的几何不变体系的组成规则 ………………………………… 86
　　第四节　几何组成分析举例 ………………………………………………………… 88
　　第五节　结构的几何组成与静定性的关系 ………………………………………… 90
　　小结 …………………………………………………………………………………… 91
　　习题 …………………………………………………………………………………… 92

第七章　轴向拉伸与压缩
　　第一节　轴向拉伸与压缩的基本概念 ……………………………………………… 94
　　第二节　轴向拉（压）杆的内力、应力 …………………………………………… 94
　　第三节　材料在拉（压）时的力学性能 …………………………………………… 98
　　第四节　许用应力、安全因数和强度条件 ………………………………………… 104
　　第五节　轴向拉（压）杆的变形 …………………………………………………… 106
　　第六节　拉（压）杆超静定问题 …………………………………………………… 109
　　第七节　应力集中的概念 …………………………………………………………… 113
　　第八节　连接件的强度计算 ………………………………………………………… 113
　　小结 …………………………………………………………………………………… 118
　　习题 …………………………………………………………………………………… 119

第八章　扭转
　　第一节　概述 ………………………………………………………………………… 122
　　第二节　扭矩和扭矩图 ……………………………………………………………… 122
　　第三节　切应力互等定理及剪切胡克定律 ………………………………………… 124
　　第四节　圆轴扭转时的应力和强度条件 …………………………………………… 126
　　第五节　圆轴扭转时的变形和刚度条件 …………………………………………… 130
　　小结 …………………………………………………………………………………… 132
　　习题 …………………………………………………………………………………… 133

第九章　弯曲强度
　　第一节　概述 ………………………………………………………………………… 135
　　第二节　梁的内力——剪力和弯矩 ………………………………………………… 136
　　第三节　剪力图和弯矩图 …………………………………………………………… 138
　　第四节　弯曲正应力 ………………………………………………………………… 143
　　第五节　弯曲正应力强度条件 ……………………………………………………… 146
　　第六节　梁的弯曲切应力 …………………………………………………………… 149
　　第七节　梁的合理强度设计 ………………………………………………………… 154
　　小结 …………………………………………………………………………………… 156
　　习题 …………………………………………………………………………………… 157

第十章　弯曲变形
　　第一节　梁的转角和挠度 …………………………………………………………… 161
　　第二节　用积分法求梁的位移 ……………………………………………………… 161
　　第三节　用叠加法求梁的位移 ……………………………………………………… 167
　　第四节　简单超静定梁 ……………………………………………………………… 170
　　第五节　梁的刚度校核及提高弯曲刚度的措施 …………………………………… 173
　　小结 …………………………………………………………………………………… 174

习题 ·· 175

第十一章　应力状态及强度理论 ·· 178
　　第一节　一点处应力状态的概念 ·· 178
　　第二节　二向应力状态下的应力分析 ·· 180
　　第三节　三向应力状态分析简介 ·· 188
　　第四节　各向同性材料的应力—应变关系 ··· 189
　　第五节　强度理论与应用 ··· 192
　　小结 ·· 199
　　习题 ·· 200

第十二章　组合变形 ·· 203
　　第一节　概述 ··· 203
　　第二节　斜弯曲 ·· 203
　　第三节　拉伸或压缩与弯曲组合　截面核心 ····································· 207
　　第四节　弯曲与扭转组合 ··· 212
　　小结 ·· 215
　　习题 ·· 216

第十三章　压杆稳定 ·· 219
　　第一节　压杆稳定的概念 ··· 219
　　第二节　细长压杆的临界力 ··· 220
　　第三节　压杆的临界应力 ··· 223
　　第四节　压杆的稳定计算 ··· 225
　　第五节　提高压杆稳定性的措施 ·· 229
　　小结 ·· 230
　　习题 ·· 231

第十四章　静定结构的内力计算 ·· 234
　　第一节　静定平面刚架 ··· 234
　　第二节　三铰拱 ·· 242
　　第三节　静定平面桁架 ··· 247
　　第四节　组合结构 ··· 254
　　小结 ·· 256
　　习题 ·· 257

第十五章　静定结构的位移计算 ·· 260
　　第一节　概述 ··· 260
　　第二节　虚功和虚功原理 ··· 260
　　第三节　计算结构位移的一般公式　单位荷载法 ································ 262
　　第四节　荷载作用下的位移计算 ·· 264
　　第五节　图乘法 ·· 266
　　第六节　支座移动和温度改变时的位移计算 ····································· 271
　　第七节　线性变形体系的互等定理 ··· 275
　　小结 ·· 277
　　习题 ·· 278

第十六章　力法 ·· 280

  第一节 超静定结构概述 ··· 280
  第二节 力法的基本概念 ··· 282
  第三节 力法的典型方程 ··· 285
  第四节 荷载作用下超静定结构的内力计算 ······································· 286
  第五节 对称结构的计算 ··· 296
  第六节 支座移动和温度改变时超静定结构的内力计算 ······················ 303
  第七节 超静定结构的位移计算 ·· 306
  第八节 超静定结构的特性 ··· 309
  小结 ·· 310
  习题 ·· 310

第十七章 位移法 ·· 314
  第一节 位移法的基本概念 ··· 314
  第二节 等截面直杆的转角位移方程 ·· 315
  第三节 位移法的基本未知量和基本结构 ··· 320
  第四节 位移法方程 ·· 323
  第五节 位移法计算示例及步骤 ·· 326
  第六节 对称结构的计算 ··· 335
  第七节 直接用平衡条件建立位移法方程 ·· 340
  小结 ·· 341
  习题 ·· 342

附录Ⅰ 截面的几何性质 ··· 344
附录Ⅰ-1 静矩和形心 ··· 344
附录Ⅰ-2 惯性矩和惯性积 ·· 345
附录Ⅰ-3 平行移轴公式和转轴公式 ··· 347
  小结 ·· 350
  习题 ·· 350

附录Ⅱ 型钢表 ·· 352
习题答案 ·· 363
主要参考书目 ··· 373

第一章 绪　　论

第一节　工程力学的任务和内容

在机械、交通运输和建筑等工程中，广泛地应用各种机械设备和工程结构。机械的零件和结构的部件统称为**构件**。由若干构件按照合理方式组成并用来承担荷载起骨架作用的部分，称为**结构**。在正常使用状态下，一切构件或工程结构都要受到相邻构件或其他物体对它的作用，即荷载的作用。

在荷载作用下，构件及工程结构的几何形状和尺寸都要发生一定程度的改变，这种改变称为**变形**。当荷载达到某一数值时，构件或结构就可能发生破坏。如吊索被拉断、钢梁断裂等。如果构件或结构的变形过大，还会影响其正常工作。如机床主轴变形过大时，将影响机床的加工精度；楼板梁变形过大时，下面的抹灰层就会开裂、脱落等等。此外，对于受压的细长直杆，两端的压力增大到某一数值后，杆会突然变弯，不能保持原状，这种现象称为**失稳**。如果静定桁架中的受压杆件发生失稳，则可使桁架变成几何可变体系而失去承载力。

在工程中，为了保证每一构件和结构始终能够正常地工作而不致失效，在使用过程中，要求构件和结构的材料不发生破坏，即具有足够的**强度**；要求构件和结构的变形在工程允许的范围内，即具有足够的**刚度**；要求构件和结构维持其原有的平衡形式，即具有足够的**稳定性**。

结构或构件的强度、刚度和稳定性与其本身截面的几何形状和尺寸、所用材料、受力情况、工作环境以及构造情况等有密切的关系。在结构和构件的设计中，首先要保证其具有足够的强度、刚度和稳定性。同时，还要尽可能地选用合适的材料和尽可能地少用材料，以节省资金或减轻自重，达到既安全、实用又经济的目的。工程力学的任务就是为结构和构件的设计提供必要的理论基础和计算方法。

由于结构或构件的强度、刚度和稳定性都与所用材料密切相关，在设计、校核以及计算其承载力之前，必须了解材料的力学性能，而各种材料的力学性能，必须通过实验加以测定。所以，工程力学还要研究材料在荷载作用下的力学性质。

工程力学的研究对象，依据所研究问题的目的不同而取不同的力学模型。当研究和分析各种力系的简化和平衡问题、研究结构的组成规律时，通常将被研究的物体视为**刚体**。所谓刚体，就是绝对不变形的物体。即在任何外力作用下，其形状和大小始终保持不变的物体。刚体是一个理想化的模型，实际生活中并不存在。事实上，任何物体在外力的作用下都要产生变形，即它们都是**变形体**。但是很多物体的变形十分微小，当这种变形可以不被考虑或暂时可以不被考虑的情况下，就可以把物体当作刚体来看待。例如，房屋结构中的梁和柱，在受力后将分别产生弯曲变形和压缩变形。当研究其中的梁、柱的平衡以及整个房屋结构的平衡问题时，都不考虑它们受力后的这些微小变形，而将其看成不变形的刚体。这样，大大简化了其平衡问题的分析计算。此时，刚体模型不仅是合理的，而且是必需的。但当研究梁、柱的变形大小及由此产生的内力时，则必须考虑它们几何形状与尺寸的变化，而将它们看作变形体。可见，对同一物体，由于所研究的问题的目的不同，往往给予不同的力学模型。

综上可知，工程力学研究的主要内容可归纳为如下几个方面：
(1) 研究各种力系的简化和平衡规律。
(2) 研究构件（主要是杆件）和结构（主要是杆件结构）在外力及其他外部因素（如支座位移、温度改变等）作用下内力和变形的计算方法，进行构件及结构的强度和刚度验算。
(3) 讨论细长中心受压杆的稳定性问题。
(4) 用实验的方法研究材料的力学性质和构件在外力作用下发生的破坏规律。
(5) 研究结构的组成规律和合理形式。

工程力学是工科许多专业的一门重要的技术基础课。一方面，它与前修课程如高等数学等有极其密切的联系；另一方面，又为进一步学习如机械、建筑结构、道路、桥梁、水利等专业的后续课程提供必要的基础理论和计算方法，因而，在各门课程的学习中起着承上启下的作用。

工程力学的理论概念性较强、分析方法典型、解题思路清晰，学习中要深入理解基本概念、基本理论，通过多做习题来熟练掌握工程力学问题的各种分析计算方法、解题思路和技巧，培养分析和解决问题的能力，从而达到弄懂概念、掌握理论和熟练方法的目的。

第二节 变形固体的基本假设

实际工程中的任何构件、机械或结构都是变形体或称**变形固体**。变形固体除受外力及其他外部因素的作用外，其本身性质也是多种多样十分复杂的。每门科学只是从某个角度去研究物体性质的某一方面或某几方面。同样，工程力学也不可能将各种因素的影响同时加以考虑，而只能保留所研究问题的主要方面，略去影响不大的次要因素，对变形固体作某些假设，即将复杂的实际物体抽象为具有某些主要特征的理想物体。通常，在工程力学中，对变形固体作出如下假设：

1. 连续性假设

连续是指物体内部没有空隙，处处充满了物质，且认为物体在变形后仍保持这种连续性。这样，物体的一切物理量如密度、应力、变形、位移等才是连续的，因而可以用坐标的连续函数来描述。

实践证明，在工程中将构件抽象为连续的变形体，不仅避免了数学分析上的困难，同时由此假定所作的力学分析被广泛的实验与工程实践证实是可行的。

2. 均匀性假设

均匀是指物体内各处材料的性质相同，并不因位置的变化而变化。这样，可以从物体中取出任意微小部分进行研究，并将其结果推广到整个物体。同时，还可以将那些用大试件在实验中获得的材料性质，用到任何微小部分上去。

3. 各向同性假设

各向同性是指物体在各个不同方向具有相同的力学性质。因此，表征这些特性的力学参量（如弹性模量、泊松系数等）与方向无关，为常量。应指出，如果材料沿不同方向具有不同的力学性质，则称为各向异性材料。木材、复合材料是典型的各向异性材料。

4. 完全弹性假设

完全弹性是指物体在外部因素（如荷载、温度改变、支座位移等）去掉后，能完全恢复原状没有残余变形，具有这种性质的物体称为完全弹性体。实际上，自然界不存在完全弹性体，但由实验得知，常用的工程材料如金属、木材等，当外力不超过某一限度时，很接近于完全弹性体，故可将其看成完全弹性体。

物体在外部因素作用下产生的变形，就其变形的性质可分为弹性变形和塑性变形。弹性变形是指物体在外部因素去掉后可消失的变形；塑性变形则是去掉外部因素后不能全部消失而留有残余的变形，也称残余变形。

5. 小变形假设

工程中，物体在外力或其他外部因素作用下产生的变形与其整体尺寸相比，通常是很微小的，属于高阶微量。因此，物体各点处与变形相应的位移也是微小的，此类变形称为**小变形**。由于是小变形，所以，在弹性变形范围内作静力分析时，可以按物体的原始尺寸进行计算。在计算其变形和位移时，也可略去变形的高阶微量，从而简化计算。

根据上述假定，工程力学将常用的工程材料，如钢材、铸铁、混凝土等理想化为连续的、均匀的、各向同性的弹性体。这样，不仅使工程计算得以简化，更重要的是由此得到的结论已为实践所证实是满足工程所需精确度要求的。

第三节 基 本 概 念

作用在物体上的外力，按其作用方式可分为体积力和表面力，简称**体力**和**面力**。体力是连续分布在物体体积内的力，如物体的自重等。面力是其他物体通过接触面作用于物体表面的力，如流体压力、车辆的轮压力等。工程力学中，把作用于物体上的外力按其使物体运动（或有运动趋势）或阻碍物体运动，分为**主动力**或**约束力**。在外力作用下，物体发生变形，其内部各质点产生位移，同时产生内力。下面对工程力学中常用的如荷载、内力、位移等物理量作一简单介绍。

一、荷载及其分类

荷载是主动作用于物体上的外力。在实际工程中，构件或结构受到的荷载是多种多样的，如建筑物的楼板传给梁的重量，钢板对轧辊的作用力等等。这些重量和作用力统称为加在构件上的荷载。

荷载可以根据不同特征进行分类。

1. 荷载按其作用在结构上的时间久暂可分为**恒载**和**活载**。

恒载是长期作用在构件或结构上的不变荷载，如结构的自重和土压力。

活载是指在施工和建成后使用期间可能作用在结构上的可变荷载，它们的作用位置和范围可能是固定的（如风荷载、雪荷载、会议室的人群重量等），也可能是移动的（如吊车荷载、桥梁上行驶的车辆等）。

2. 荷载按其作用在结构上的分布情况可分为**分布荷载**和**集中荷载**。

分布荷载是连续分布在结构上的荷载。当分布荷载在结构上均匀分布时，称为均布荷载；当沿杆件轴线均匀分布时，则称为线均布荷载，常用单位为"N/m 或 kN/m"。

当作用于结构上的分布荷载面积远小于结构的尺寸时，可认为此荷载是作用在结构的一点上，称为集中荷载。如火车车轮对钢轨的压力，屋架传给砖墙或柱子的压力等，都可认为是集中荷载，常用单位为"N 或 kN"。

3. 荷载按其作用在结构上的性质可分为**静力荷载**和**动力荷载**。

静力荷载是指从零开始缓慢、平稳地增加到终值后保持不变荷载。

动力荷载是指大小、位置、方向随时间迅速变化的荷载。在动力荷载下，构件或结构产生显著的加速度，故必须考虑惯性力的影响。如动力机械产生的振动荷载、风荷载、地震作用产生的随机荷载等等。

本书涉及的荷载均为静力荷载。

二、内力

实际构件或结构是变形固体，即使不受外力作用，其各部分之间也存在着相互作用力，即结合力。在外力作用下，构件或结构产生变形，内部各质点间的相对位置发生变化。同时，各质点间的相互作用力也发生了改变，这个改变量称为"附加内力"，简称**内力**。可见，内力是由于外力作用而产生的，且随外力的增加而增加，达到某一限度时就会引起构件或结构的破坏。因此，内力与构件或结构的变形和破坏密切相关。

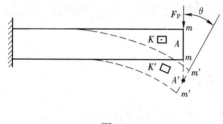

图 1-1

三、位移

位移是指位置的改变，即构件或结构在外力作用下发生变形后，构件或结构中各质点及各截面在空间位置的改变。位移可分为**线位移**和**角位移**。在图 1-1 中，构件上的 A 点于变形后到了 A' 点，A 与 A' 连线 AA' 称为 A 点的线位移。构件截面于变形后所转过的角度称为角位移。图 1-1 中的右端面 $m-m$ 在变形后移到了 $m'-m'$ 的位置，其转过的角度 θ 就是截面 $m-m$ 的角位移（也称转角）。

不同点的线位移及不同截面的角位移一般都是各不相同的，由于变形的连续性，它们都是位置坐标的连续函数。

第四节 结构的计算简图

实际结构多种多样，是很复杂的。完全按照结构及其构件的实际情况进行力学分析，会使问题非常复杂甚至是不可能的，事实上也是不必要的。因此，在对实际结构及其构件进行力学计算之前，必须加以简化，略去次要因素，用一个能反映其主要受力和变形特征的简化图形来代替实际结构及其构件。这种简化图形称为结构或构件的**计算简图**。

计算简图是对结构及其构件进行力学分析的依据，计算简图的选择，直接影响计算的工作量和精确度。因此，合理选择计算简图是一项重要的工作，通常遵循如下两个原则：

（1）正确地反映结构及其构件的主要受力和变形特征；

（2）略去次要因素，便于分析和计算。

在以上两个原则的前提下，主要从如下三个方面对实际结构及其构件进行简化：

一、构件的简化

实际构件的几何形状是多种多样的，工程力学主要研究**杆件**。所谓杆件是指其长度方向尺寸远远大于其他两个横向尺寸的构件。通常把垂直于杆件长度方向的截面称为**横截面**，横截面形心的连线称为杆的**轴线**。由于杆件的截面尺寸通常比杆件的长度小得多，在计算简图中，杆件用其轴线来表示。杆件的轴线是直线时称为**直杆**；轴线为曲线或折线时，分别称为**曲杆**或**折杆**。各横截面尺寸不变的杆称为**等截面杆**，否则为**变截面杆**，工程中常见的杆件是等截面杆。如梁、柱等杆件的纵轴线为直线，可用相应的直线来表示。

二、荷载的简化

实际结构及其构件受到的荷载，如本章第三节所述，一般是作用在构件内各处的体力（如自重）以及作用在某一表面的面力（如风压力）。在计算简图中，需要把它们简化为作用在构件纵轴线上的线荷载、集中荷载和力偶。

三、结点及支座的简化

结构中杆件与杆件相连接的地方称为**结点**。实际工程中各杆之间连接的形式各种各样，材料不同，连接方式就有很大差异。计算简图中，结点通常可简化为以下两种理想情况：

1. 铰结点

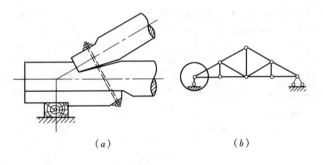

图 1-2

铰结点的特征是：被连接的杆件在结点处不能相对移动，但可以绕结点自由转动；铰结点处可以承受和传递力，但不能承受和传递力矩。这种理想的铰结点在实际工程中极少见。图 1-2（a）为一木屋架的端结点，此时各杆之间不能相对移动，各杆端虽不能绕结点任意转动，但由于连接不可能很严密牢固，因而杆件相互间有微小转动。所以，计算时该结点简化为铰结点（图 1-2b）。图 1-3（a）示一钢桁架结点，它是通过结点板把各杆件焊接在一起的，因此，各杆端不能相对转动，但桁架中各杆主要是承受轴力。因此，计算

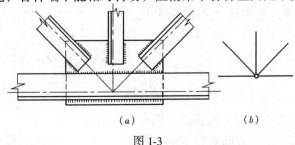

图 1-3

时仍将这种结点简化为铰结点（图1-3b）。

2. 刚结点

刚结点的特征是：被连接的杆件在结点处既不能相对移动，也不能相对转动；刚结点处不但可以承受和传递力，还能承受和传递力矩。图1-4（a）示一钢筋混凝土刚架的结点，上、下柱与横梁在该处用混凝土浇成整体，钢筋的布置也使得各杆端能够抵抗弯矩，结构变形时，结点处各杆端之间夹角保持不变。因此，计算时将这种结点简化为刚结点（图1-4b）。

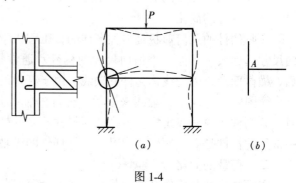

图1-4

把结构与基础连接起来的装置称为**支座**。支座的作用是把结构固定在基础上，同时，结构上所受的荷载通过支座传到基础和地基。支座对结构的反作用力称为支座反力。对于平面结构，常用以下四种支座的简化形式：

1. 活动铰支座

图1-5（a）、（b）为桥梁使用的辊轴支座和摇轴支座即活动铰支座。它允许结构绕铰A转动和沿支承面水平移动，但不能竖向移动，该支座只能提供未知的竖向反力F_y。在计算简图中常用图1-5（c）、（d）的简化形式表示。

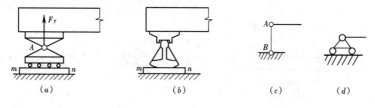

图1-5

2. 固定铰支座

图1-6（a）为固定铰支座。支座固定在支承物上，它允许结构绕铰A转动，但不能作水平和竖向移动。因此，这种支座的反力通过铰A的中心，但其方向和大小都是未知的，通常可用其两个未知分反力F_x、F_y表示。在计算简图中常用图1-6（b）、（c）的简化形式表示。

3. 固定支座

这种支座不允许结构在支承处发生任何移动和转动（图1-7a）。它的反力大小、方向和作用点都是未知的，该支座能提供两个反力F_x、F_y和一个反力偶M。在计算简图中可按图1-7（b）表示。

4. 定向支座

图1-8（a）所示支座不允许结构在支承处转动，也不能沿垂直于支承面的方向移动，但可沿支承面方向滑动。它的反力方向是确定的，其大

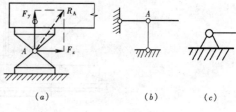

图1-6

小和作用点未知。因此，该支座能提供一个垂直于支承面的反力 F_y 和反力偶 M。在计算简图中可用两根互相平行且垂直于支承面的支杆表示（图1-8b）。

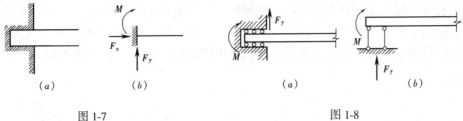

图1-7　　　　　　　　　　　　　　图1-8

下面，应用上述三个方面的简化，举例说明结构计算简图的取法。

图1-9（a）所示一工业厂房中的钢筋混凝土T形吊车梁，梁上铺设钢轨，吊车的最大轮压是 F_{P1} 和 F_{P2}。

简化时，取梁的纵轴线代替实际的吊车梁，当梁两端与柱子（支座）接触面的长度不大时，可取梁两端与柱子接触面中心的间距作为梁的计算跨度 l，如图1-9（c）所示。作用在吊车梁上的荷载有恒载和活载。这里的恒载是钢轨和梁的自重，它们沿梁长都是均匀分布的，简化为作用在梁纵轴上的均布线荷载，简称均布荷载 q。活载则是轮压 F_{P1} 和 F_{P2}，由于它们与钢轨的接触面积很小，可看成是集中荷载。注意到吊车梁的两端搁置在柱子上，整个梁既不能

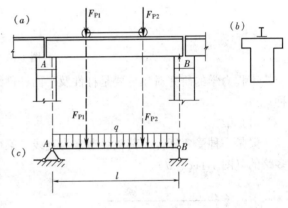

图1-9

上下移动，也不能水平移动，但梁在荷载作用下发生弯曲变形时，梁的两端可以作微小转动。此外，当温度变化时，梁还能自由伸缩。这样，梁两端的支承情况完全相同。为既反映上述支座对梁的约束作用又便于计算，可将梁的一端视为固定铰支座，另一端视为活动铰支座，从而得到图1-9（c）所示吊车梁的计算简图。

应该指出，选取合适的计算简图，是结构设计中十分重要而又比较复杂的问题，除了要掌握选取的原则外，还需要有一定的专业知识和实践经验，有时还需借助于模型试验或现场实测才能确定合理的计算简图。

第五节　结构的分类

结构的类型很多，根据不同的观点，结构可分为各种不同的类型。

按照空间的观点，结构可分为**平面结构**和**空间结构**。如果组成结构的所有杆件的轴线和作用在结构上的荷载都在同一平面内，则此结构称为平面结构；反之，则为空间结构。实际工程中的结构都是空间结构，但是，大多数结构在设计中常常可以简化为平面结构或近似分解为几个平面结构进行计算，只是在有些情况下，必须考虑结构的空间作用。本书

所讨论的均为平面结构。

按照几何的观点，结构可分为**杆件结构**、**薄壁结构**和**实体结构**。杆件结构或**杆系结构**是由长度远远大于其他两个尺度即截面的高度和宽度的杆件组成的结构。薄壁结构是指其厚度远小于其他两个尺度即长度和宽度的结构，如板（图1-10a）和壳（图1-10b）。实体结构是指三个方向的尺度大约为同一量级的结构，如挡土墙（图1-10c）、基础、钢球等。

图1-10

工程力学的研究对象主要是杆件及平面杆件结构。常见的平面杆件结构形式有以下几种：

(1) 梁

梁是一种受弯杆件，其轴线通常为直线。梁可以是单跨的（图1-11a、b），也可以是多跨的（图1-11c、d）。

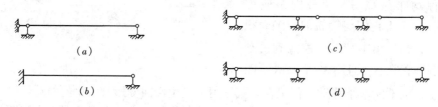

图1-11

(2) 拱

拱的轴线是曲线，且在竖向荷载作用下会产生水平反力（图1-12）。水平反力大大改变了拱的受力性能。

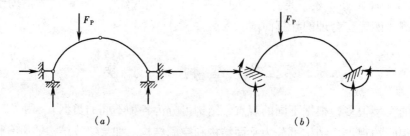

图1-12

(3) 刚架

刚架是由直杆组成并具有刚结点的结构（图1-13）。

(4) 桁架

桁架是由若干根直杆在两端用铰连接而成的结构（图1-14）。当荷载只作用在结点时，各杆只产生轴力。

(5) 组合结构

组合结构是由桁架和梁或桁架和刚架组合在一起的结构（图1-15）。

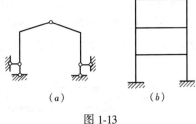

图1-13

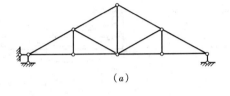

图1-14

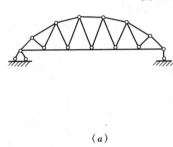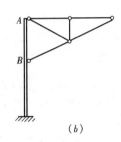

图1-15

第六节　杆件的基本变形

在各种不同形式的外力作用下，杆件的变形形式各不相同。即使是再复杂的变形，也总可以分解为几种基本变形的形式。杆件的基本变形形式有下面四种：

1. **轴向拉伸与轴向压缩变形**　在一对大小相等、方向相反、作用线与杆件轴线重合的外力作用下，杆件的长度发生伸长或缩短。这种变形称为轴向拉伸与轴向压缩变形（图1-16a、b）。

起吊重物的钢索、桁架中的杆件等的变形都属于轴向拉伸与轴向压缩变形。

2. **剪切变形**　在一对大小相等、方向相反、作用线相距很近且垂直于杆件轴线的外力作用下，杆件的横截面沿外力作用方向发生错动。这种变形称为剪切变形（图1-16c）。

机械中常见的联结件，如铆钉、螺栓等受力时常发生剪切变形。

3. **扭转变形**　在一对大小相等、转向相反、位于垂直于杆轴线的两平面内的力矩作用下，杆件的任意两个横截面发生绕轴线的相对转动。这种变形称为扭转变形（图1-16d）。

机械中传动轴等的变形即是扭转变形。

4. **弯曲变形**　在一对大小相等、转向相反、位于杆件纵向平面内的力偶作用下，杆件的轴线由直线变为曲线。这种变形称为弯曲变形（图1-16e）。

受弯杆件是工程中最常见的构件。吊车梁、火车轮轴等的变形都是弯曲变形。

实际工程中，还有一些杆件可能同时具有多种基本变形形式，这种复杂的变形形式有拉伸与弯曲的组合变形、弯曲与扭转的组合变形，等等。这种基本变形的组合称为**组合变形**。

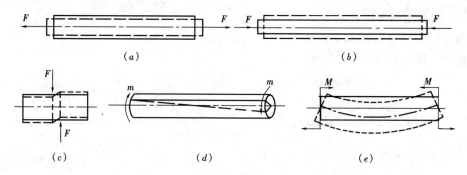

图 1-16

（a）轴向拉伸；（b）轴向压缩；（c）剪切；（d）扭转；（e）弯曲

第二章　刚体静力学基础

刚体静力学是研究刚体在力系作用下的平衡规律的科学。

第一节　刚体静力学基本概念

一、平衡的概念

物体在空间的位置随时间的变化，称为**机械运动**。**平衡**是物体机械运动的特殊形式，是指物体相对于惯性参考系保持静止或作匀速直线运动的状态。在一般工程问题中，平衡往往是相对地球而言的。例如静止在地面上的房屋、桥梁等建筑物，在直线轨道上匀速运动的火车车厢等都处于平衡状态。

宇宙间的任何物体都处于永恒的运动中，一切平衡都是相对的、暂时的和有条件的。

二、力的概念

力是物体间相互的机械作用，它使物体的机械运动状态发生改变和使物体产生变形。前者称为力的**运动效应**或**外效应**，后者称为力的**变形效应**或**内效应**。刚体静力学只限于研究刚体，不考虑物体的变形，只涉及力的外效应，而力的内效应将在后续各章变形体力学中研究。

力对物体的作用效应取决于力的大小、方向和作用点。这三者称为**力的三要素**。力的大小表示物体相互间机械作用的强弱程度。在国际单位制中，以"N"（牛顿）或"kN"（千牛）作为力的单位。力的方向表示物体间的相互机械作用具有方向性。它包含力的作用线在空间的方位和力沿其作用线的指向两个因素。力的作用点是抽象化的物体间相互机械作用位置。实际上物体相互作用的位置并不是一个点，而是物体的一部分面积或体积。如果这个作用面积或体积与物体的几何尺寸相比很小，可以忽略不计，则可将其抽象为一个点，称为力的作用点，作用于该点的力则称为集中力；反之，当力的作用面积或体积不能忽略时，则称该力为分布力。如重力、水压力等。

由力的三要素可知，力是矢量，而且是定位矢量。在力学分析中，力矢量一般用有向线段和字符两种方式表达。如图 2-1 所示。有向线段 $\overline{AB}$ 的长度按一定比例尺表示力的大小，线段的方位和箭头的指向表示力的方向，线段的起点 A 或终点 B 表示力的作用点。线段所在的直线称为力的作用线（如图中虚线所示）。通常用黑体字母 $\boldsymbol{F}$ 表示力矢量，而普通字母 F 表示力的大小。

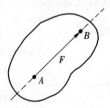

图 2-1

三、力的基本计算

力对物体的运动效应分为移动和转动两种。移动效应由力在移动方向上的投影决定，转动效应则取决于力矩。在力学问题的计算中，力的投影计算和力矩计算用得非常普遍，是关于力的基本计算。

1. 力的投影计算

如图 2-2 所示，已知力 F 和 x 轴正向间的夹角为 α，则力 F 在 x 轴上的投影为

$$F_x = F\cos\alpha \tag{2-1}$$

即力在某轴上的投影等于力的大小乘以力与该轴正向间夹角的余弦。力在轴上的投影为代数量。几何作图时，从力 F 的起点 A 和终点 B 分别向 x 轴引垂线，得垂足 a、b，有向线段 $\overrightarrow{ab}$ 即为力 F 在 x 轴上的投影 F_x。习惯上规定，当从力 F 的起点垂足 a 到终点垂足 b 的指向与 x 轴正向一致时，投影 F_x 取正号（图 2-2a），反之取负号（图 2-2b）。在实际计算时，通常取力与轴间的锐角计算投影的大小，通过直接观察判断投影的正负号。

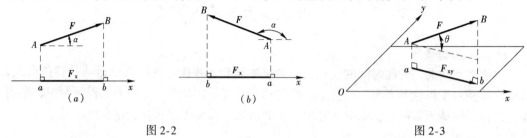

图 2-2　　　　　　　　图 2-3

力 F 还可以向任一平面投影。其作法是从力 F 的起点 A 和终点 B 分别作 Oxy 平面的垂线，则由垂足 a 到 b 所构成的矢量 $\overrightarrow{ab}$ 称为力 F 在 Oxy 平面上的投影，记为 F_{xy}，如图 2-3 所示。从力 F 的起点 A 引出平行于力矢量 F_{xy} 的直线，θ 为力 F 与该直线的夹角，则投影力矢 F_{xy} 的大小为

$$F_{xy} = F\cos\theta \tag{2-2}$$

力在平面上的投影是矢量。

在空间问题中，往往需要计算力在三个正交直角坐标轴上的投影。若已知力 F 与直角坐标系 $Oxyz$ 三轴间的夹角 α、β、γ（称为力 F 的三个方向角），如图 2-4 所示，则力 F 在空间直角坐标轴上的投影计算式为

$$\left.\begin{array}{l}F_x = F\cos\alpha \\ F_y = F\cos\beta \\ F_z = F\cos\gamma\end{array}\right\} \tag{2-3}$$

这种投影法称为一次投影法（或直接投影法）。

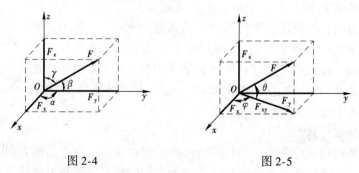

图 2-4　　　　　　　　图 2-5

若已知力 F 与某平面（如 Oxy 平面）的夹角 θ，又已知力 F 在该平面 Oxy 上的投影

F_{xy} 与 x 轴正向间的夹角 φ，如图 2-5 所示，则可将力 F 先投影到坐标平面 Oxy 上，得到 F_{xy}，然后再把 F_{xy} 投影到 x、y 轴上，得

$$\left.\begin{array}{l} F_x = F\cos\theta\cos\varphi \\ F_y = F\cos\theta\sin\varphi \\ F_z = F\sin\theta \end{array}\right\} \quad (2\text{-}4)$$

这种投影法称为二次投影法（或间接投影法）。

2. 力矩计算

力使物体的转动效应分为使物体绕点转动和使物体绕轴转动两种，分别用力对点之矩和力对轴之矩度量。这里通过介绍平面力对点之矩引入力矩的概念，至于空间力对点之矩和力对轴之矩将在第五章详细讨论。

力对点之矩是很早以前人们在使用杠杆、滑车等机械时形成的概念。如图 2-6 所示，用扳手拧螺母。在扳手的 A 点施一力 F，将使扳手和螺母一起绕螺钉中心 O，并在力 F 和点 O 所决定的平面内转动，这种转动就是由平面力对点之矩引起的。点 O 称为**矩心**，力 F 和点 O 所决定的平面称为**力矩作用面**，点 O 到力的作用线的垂直距离 h 称为**力臂**。在力矩作用面内，力 F 使物体绕点 O 转动的效果，完全由下列两个要素决定：

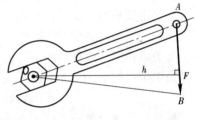

图 2-6

(1) 力的大小与力臂的乘积 Fh。
(2) 力使物体绕 O 点转动的转向。

这两个要素可用一个代数量概括。则在平面问题中力对点之矩可定义如下：

力对点之矩是一个代数量，它的绝对值等于力的大小与力臂的乘积，它的正负习惯按下法规定：力使物体绕矩心逆时针转向转动为正，反之为负。

力 F 对点 O 的矩以记号 $M_O(F)$ 表示，其计算公式为

$$M_O(F) = \pm Fh \quad (2\text{-}5)$$

从几何上看，力 F 对点 O 的矩在数值上等于 $\triangle OAB$ 面积的两倍，如图 2-6 所示。

显然，当力等于零或力臂为零（力的作用线通过矩心）时，力对点之矩为零。同一个力对不同点的矩一般不同，因此必须指明矩心，力对点之矩才有意义。矩心的位置可以是力矩作用面内的任一点，并非一定是物体内固定的转动中心。

在国际单位制中，力矩的单位是"N·m"（牛·米）或"kN·m"（千牛·米）。

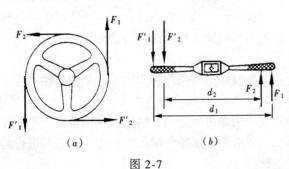

图 2-7

四、力偶的概念

在生活实际中，力偶的例子屡见不鲜。如用两手指拧动水龙头、钢笔套，用双手转动汽车方向盘（图 2-7a）以及用丝锥攻丝（图 2-7b）等。所谓**力偶**就

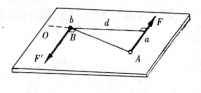

图 2-8

是大小相等、方向相反且不共线的一对平行力,如图 2-8 所示,记为 (F, F')。力偶中两力作用线所决定的平面称为**力偶作用面**,两力作用线间的垂直距离 d 称为**力偶臂**。

实践表明,作用于刚体上的力偶只引起刚体的转动,不引起移动。因而力偶对刚体的转动效应,用力偶矩度量,即用力偶的两个力对其作用面内某点之矩的代数和度量。力偶对力偶作用面内任意点 O 之矩为 $M_O(F, F')$,则有

$$M_O(F, F') = M_O(F) + M_O(F') = F \cdot aO - F' \cdot bO = F(aO - bO) = Fd$$

可见,在力偶作用面内,力偶对刚体的转动效应取决于下列两个因素:

(1) 力的大小与力偶臂的乘积 Fd。
(2) 力偶使刚体在力偶作用面内转动的转向。

于是定义平面力偶矩:**平面力偶矩**是一个代数量,其绝对值等于力的大小和力偶臂的乘积,它的正负习惯按下法规定:力偶使刚体逆时针转向转动为正,反之为负。力偶矩的单位与力矩相同,也是"N·m"(牛·米)或"kN·m"(千牛·米)。

力偶矩以符号 $M(F, F')$ 表示,简记为 M,其计算公式为

$$M(F, F') = M = \pm Fd \tag{2-6}$$

显然,力偶中两力在任何坐标轴上的投影之和为零;力偶对任意点取矩都等于力偶矩本身。力偶和力一样,是物体间相互机械作用的基本形式,是组成力系的基本力学单元。

五、力系的概念

同时作用于物体上的一群力,称为**力系**。根据力系中诸力作用线的分布状况可将力系分为:诸力作用线位于同一平面内的力系称为**平面力系**;作用线不在同一平面内的力系称为**空间力系**;作用线汇交于一点的力系称为**汇交力系**;作用线相互平行的力系称为**平行力系**;作用线既不完全平行,也不完全汇交与一点的力系称为**任意力系**;全部由力偶组成的力系称为**力偶系**。如果某两个力系分别作用于同一物体上,其效应相同,则这两个力系称为**等效力系**。使物体处于平衡状态的力系称为**平衡力系**。

六、刚体静力学研究的基本问题

在刚体静力学中,主要研究三类问题:

1. 物体的受力分析

分析物体共受多少个力作用,每个力的大小、方向和作用线位置。

2. 力系的简化(或合成)

用一个简单力系等效替换一个复杂力系的过程称为**力系的简化**。当一个力可以等效替换一个力系时,称该力为该力系的**合力**,而该力系的诸力称为该合力的**分力**。

3. 建立各力系的平衡条件

作用于物体上的力系使物体处于平衡状态所应满足的条件称为**力系的平衡条件**。建立力系的平衡条件是刚体静力学的主要内容。

刚体静力学在工程技术中有着广泛的应用。例如房屋结构、桥梁、水坝及机械零部件的设计计算,一般须先对它们进行受力分析,并应用平衡条件求出未知力,然后再进行其他方面的分析。刚体静力学是工程力学的基础部分。

第二节 刚体静力学公理

公理一 力的平行四边形法则

作用于物体上同一点的两个力可以合成为作用于该点的一个合力,它的大小和方向由以这两个力为邻边所构成的平行四边形的对角线确定。如图2-9(a)所示。

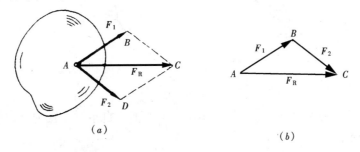

图 2-9

以 F_R 表示力矢 F_1 和 F_2 的合力矢,则按平行四边形法则相加,这个公理表示为

$$F_R = F_1 + F_2 \tag{2-7}$$

即合力等于两分力的矢量和。

应用此法则求两共点力合力的大小和方向时,也可作一力三角形。直接将力矢 F_2 平移连在力矢 F_1 的末端 B,连接 A 和 C 两点。如图2-9(b)所示。显然,矢量 $\overrightarrow{AC}$ 即表示合力矢 F_R。这样作图的方法称为**力的三角形法则**。

力的平行四边形法则是力系简化的基础。同时也是力分解的法则。根据它可将一力分解为作用于同一点的两个分力。由于用同一对角线可作出无穷多个不同的平行四边形,所以若不附加任何条件,分解的结果将不确定。在具体问题中,通常要求将一个力分解为方向已知的两个分力,特别是分解为方向相互垂直的两个分力,这种分解称为**正交分解**,所得的两个分力称为正交分力。

公理二 二力平衡公理

作用在同一刚体上的两个力,使刚体平衡的充要条件是:两个力的大小相等、方向相反,并且在同一直线上。如图2-10所示,即

$$F_1 = -F_2 \tag{2-8}$$

该公理指出了作用在刚体上最简单力系的平衡条件,是推证力系平衡条件的基础。需要指出的是,该公理给出的条件仅是刚体平衡的充要条件,对变形体而言,这个条件不充分。如不计自重的软绳受两个大小相等、方向相反的拉力作用可以平衡,而受压力作用则不能平衡。

实际工程中,常遇到仅在两点受力作用并处于平衡的刚体,这类刚体称为**二力体**。在结构分析中又称为**二力构件**。若二力体为直杆,则称为**二力杆**。二力体无论其形状如何,所受二力必沿此二力作用点的连

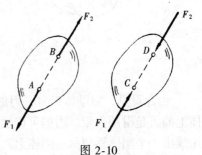

图 2-10

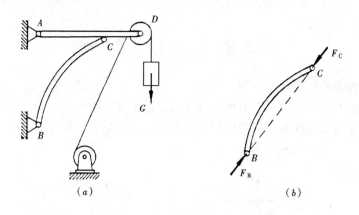

图 2-11

线，且等值、反向。如图 2-11（a）所示构件 BC，不计自重时，视为二力构件，受力如图 2-11（b）所示。

公理三　加减平衡力系公理

在作用于刚体的任意力系上，加上或减去任意平衡力系，不改变原力系对刚体的作用效应。

该公理是研究力系等效替换及力系简化的重要理论依据。它同样只适用于刚体而不适用于变形体。

根据上述公理可导出下列推论：

推论1　力的可传性

作用于刚体上某点的力可沿其作用线移动到刚体内的任一点，而不改变该力对刚体的作用效应。

证明：设力 F 作用在刚体上的 A 点，如图 2-12（a）所示。在力 F 的作用线上任取点 B，并在点 B 加一对沿 AB 线的平衡力 F_1 和 F_2，且使 $F_1 = -F_2 = F$，如图 2-12（b）所示。由加减平衡力系公理知，F_1、F_2、F 三力组成的力系与原力 F 等效。再从该力系中去掉由 F 与 F_2 组成的平衡力系，则剩下的力 F_1 与原力 F 等效，如图 2-12（c）所示。这样，就把原来作用在点 A 的力 F 沿其作用线移到点 B。

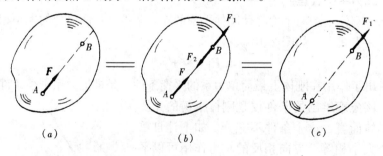

图 2-12

由此可见，对刚体而言，力的三要素已变为：力的大小、方向和作用线。作用于刚体上的力是滑动矢量。力的可传性不适用于变形体，只适用于同一刚体，不能将力沿其作用线由一个刚体移到另一刚体上。

推论2　三力平衡汇交定理

若刚体在三个力作用下平衡，其中两个力的作用线汇交于一点，则第三个力的作用线必过此汇交点，且三力共面。

证明：设在刚体的 A、B、C 三点上，分别作用不平行的三个相互平衡的力 F_1、F_2、F_3，如图2-13所示。根据力的可传性，将力 F_1、F_2 移到其汇交点 O，然后由力的平行四边形法则，得合力 F_{R12}，则力 F_3 应与 F_{R12} 平衡。由二力平衡公理知，F_3 与 F_{R12} 必共线。于是力 F_3 的作用线必通过点 O 且与力 F_1、F_2 共面。

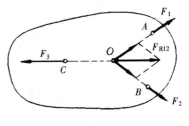

图2-13

三力平衡汇交定理只是不平行三力平衡的必要条件，而非充分条件。它常用来确定刚体在不平行三力作用下平衡时，其中某一未知力的作用线。

公理四　作用与反作用定律

两物体间相互作用的力总是大小相等、方向相反、沿同一直线，同时分别作用在这两个物体上。

该定律概括了任何两个物体间相互作用的定量关系。它是分析物体间作用力关系时必须遵循的原则。需要指出的是，虽然作用力和反作用力二者等值、反向、共线，但它们不是作用在同一物体上，而是分别作用在两个不同的物体上，因此不能把作用与反作用定律同二力平衡公理混淆起来。

第三节　约束和约束反力

工程和日常生活中，有些物体可以在空间自由运动，其位移不受任何限制，这些物体称为**自由体**。如飞行中的炮弹、水里游的鱼等。另一些物体的位移受到一定的限制，使其在某些方向不可能产生运动，这些物体称为**非自由体**。如沿钢轨运行的火车、搁置在墙上的梁、套在轴承中的轴等。对非自由体的某些位移起限制作用的周围物体称为**约束**。如钢轨是火车的约束，墙是梁的约束，轴承是轴的约束等。

约束限制物体的运动，从力的角度而言，是约束对物体施加了力，这种力称为**约束反力**，简称反力。约束反力的方向总是与约束所能阻碍的物体的运动趋势方向相反。应用这个准则，可以确定约束反力的方向或作用线的位置。

与约束反力相对应，凡是能主动引起物体运动或使物体有运动趋势的力，称为**主动力**。如重力、风压力、水压力等。作用在结构物体上的主动力称为**荷载**。约束反力由主动力引起，并随主动力的改变而改变，因此约束反力是一种**被动力**。通常主动力的大小是已知的，约束反力的大小则是未知的，需要借助力系的平衡条件求得。

在工程实际中，存在着各种各样的约束，难以一一列举。下面将一些常见的约束理想化，归纳为几种基本类型，并根据各种约束的特点，定性地确定其约束反力。

一、柔索约束

由柔软不计自重的绳索、胶带、链条等构成的约束称为**柔索约束**。由于柔索只能承受沿其中心线的拉力，所以根据作用与反作用定律，柔索对物体的约束反力必定沿着柔索的中心线，并且背离被约束物体，表现为拉力。如图 2-14 所示。

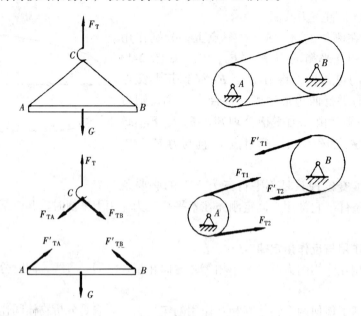

图 2-14

二、光滑接触表面约束

支持物体的固定面、机床中的导轨、啮合齿轮的齿面等，当忽略接触面间的摩擦时，都属于这类约束。

在这类约束中，无论接触面的形状如何，约束都只能限制物体沿接触面公法线并指向约束体内部的移动，不能限制物体在接触面切面内的移动。因此，光滑接触面对物体的约束反力，作用在接触点处，并沿该点接触面的公法线，指向被约束体，称为法向反力，记为 F_N，如图 2-15 所示。

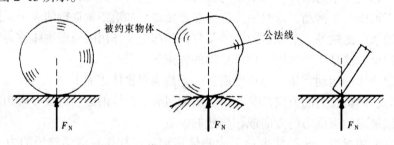

图 2-15

三、光滑圆柱形铰链约束

这类约束有中间铰链、固定铰支座和可动铰支座等。

1. 中间铰链（连接铰链）

两物体上分别做出直径相同的圆孔并用销钉连接起来，不计销钉与销钉孔壁之间的摩擦，这类约束称为**中间铰链约束**，如图 2-16（a）所示。其力学简图可表示为图 2-16（b）

的形式。

这类约束的特点是只限制物体在垂直销钉轴线的平面内沿圆孔径向的相对移动,但不限制物体绕销钉轴线的相对转动和沿其轴线方向的相对移动。因此,中间铰链对物体的约束反力作用在与销钉轴线垂直的平面内,并通过销钉孔中心,由于销钉与孔壁间的接触点不定,故而反力方向待定。如图2-16(c)所示。工程中常用通过铰链中心的相互垂直的两个分力 F_{Ax}, F_{Ay} 表示,如图2-16(d)。

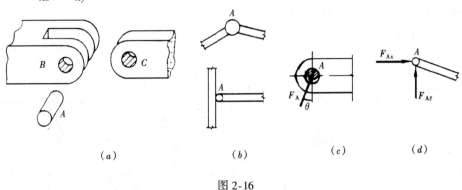

图 2-16

2. 固定铰支座及可动铰支座

这两类约束已在第一章中介绍,此处不再赘述。

四、向心轴承

向心轴承是工程中常见的一种轴承形式,轴承是轴的约束,如图2-17(a)所示。

这类约束的具体结构虽不同于中间铰链约束,但其约束特点及反力特征与中间铰链相同。其约束反力也用垂直于轴线的两个相互垂直的分力 F_{Ax}, F_{Ay} 表示,如图2-17(b)所示。图2-17(c)为其力学简图。

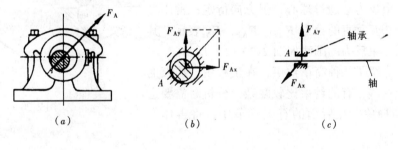

图 2-17

五、止推轴承

止推轴承是机器中一种常见的零件与底座的连接方式,如图2-18(a)所示。其力学简图如图2-18(c)所示。

与向心轴承相比,它除了能限制轴的径向移动外,还能限制轴沿轴向的移动。因此,它比向心轴承多承受一个沿轴向的反力,可用三个相互垂直的分力表示 F_x、F_y、F_z 表示,如图2-18(b)所示。

六、连杆约束

不计自重的直杆,除在两端以铰链分别与不同的物体相连外,杆上无其他力的作用,这种直杆称为**连杆**，如图 2-19（a）所示。其力学简图如图 2-19（b）所示。

在这类约束中，连杆可视为二力杆，只能承受沿两铰接点连线方向（连杆中心线方向）的作用力，如图 2-19（c）所示。因此，根据作用与反作用定律，连杆对物体的约束反力沿着连杆中心线，指向或背离物体。如图 2-19（d）所示。

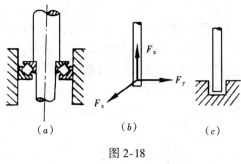

图 2-18

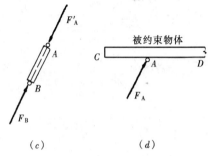

图 2-19

七、光滑球形铰链支座

将固结于物体一端的球体置于球窝形支座内，就形成了**球铰链支座**，简称球铰，如图 2-20（a）所示。

这种约束的特点是限制物体的球心不能有任何移动，但物体可绕球心任意转动。若忽略摩擦，球铰链对物体的约束反力必通过球心，但方向待定；常用过球心的三个相互垂直的分力 F_{Ax}、F_{Ay}、F_{Az} 表示。其力学简图及约束反力的画法如图 2-20（b）所示。

以上只介绍了几种简单约束，在工程中，约束的类型远不止这些，有的约束比较复杂，分析时需要适当的简化和抽象，在后面的有关章节中，将再作介绍。

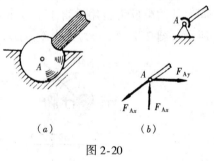

图 2-20

第四节 物体的受力分析及受力图

在力学问题的研究中，一般都需要分析所研究的物体受到哪些力的作用，每个力的作用位置及方向，哪些力是已知的，哪些力是未知的。这个分析过程称为**物体的受力分析**。

工程上所涉及的物体几乎都是非自由体，它们同周围物体相互连接。为了清晰地分析某一物体的受力情况，通常需要将该物体（称为**研究对象**）从周围物体中分离出来，解除全部约束，单独画出其简图，这一过程称为取脱离体。在脱离体上，将其所受的所有力（包括主动力和约束反力）画出来，这样得到的表明该物体受力情况的简明图形称为物体的**受力图**。

对物体进行受力分析并画出受力图，是解决力学问题的关键。画受力图的基本步骤如下：

1. 确定研究对象，并取脱离体。
2. 画出作用于研究对象上的全部主动力。
3. 根据约束类型画出研究对象上的全部约束反力。

下面举例说明如何画物体的受力图。

【例 2-1】 如图 2-21（a）所示，简支梁 AB，跨中受到集中力 F_P，A 端为固定铰支座，B 端为可动铰支座。试画出梁的受力图。

【解】 （1）取梁 AB 为研究对象，解除 A，B 两处的约束，并画出其简图。

（2）在梁的中点 C 画主动力 F_P。

（3）在受约束的 A 处和 B 处，根据约束类型画出约束反力。A 处为固定铰支座，其反力用过铰链中心 A 的相互垂直的分力 F_{Ax}、F_{Ay} 表示。B 处为可动铰支座，其反力过铰链中心 B 且垂直支承面，指向假定如图 2-21（b）所示。

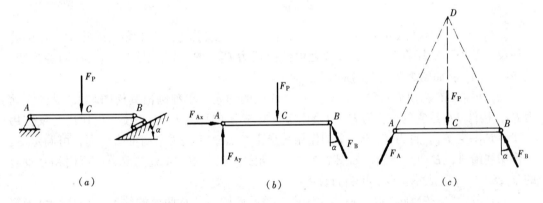

图 2-21

考虑到梁仅在 A，B，C 三点受到三个相互不平行的力作用而平衡，根据三力平衡汇交定理，已知 F_P 与 F_B 相交于点 D，故 A 处反力 F_A 也应过 D 点，从而确定 F_A 必沿 A，D 两点连线，如图 2-21（c）所示。

【例 2-2】 屋架如图 2-22（a）所示，A 处为固定铰支座，B 处为可动铰支座，搁在光滑的水平面上。已知屋架自重 G，在屋架的 AC 边承受垂直于它的均匀分布的风力，单位长度上承受的力为 q，试画出屋架的受力图。

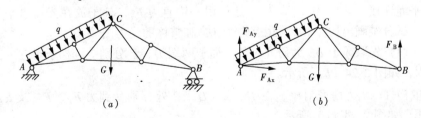

图 2-22

【解】 （1）取屋架为研究对象，解除 A，B 两处的约束，并画出其简图。

（2）画主动力：重力 G 和均布的风力 q。

(3) 画约束反力：A 处反力用 $\boldsymbol{F}_{Ax}$、$\boldsymbol{F}_{Ay}$ 表示。B 处反力用 $\boldsymbol{F}_B$ 表示，如图 2-22（b）所示。

【例 2-3】 如图 2-23（a）所示，三铰刚架 ABC，在 D 点受到集中力 $\boldsymbol{F}_P$，各构件自重不计，试分别画出构件 AC，BC 和整体 ABC 的受力图。

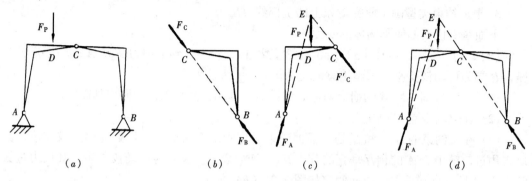

图 2-23

【解】 （1）注意到 BC 是一个二力构件，首先取其为研究对象，解除 B，C 两处的约束，单独画出其简图。B，C 两处的约束反力 $\boldsymbol{F}_B$、$\boldsymbol{F}_C$ 的作用线沿 B，C 两点连线，且 $\boldsymbol{F}_B = -\boldsymbol{F}_C$。如图 2-23（b）所示。

（2）再取 AC 为研究对象，解除 A，C 两处的约束，单独画出其简图。AC 受到主动力 $\boldsymbol{F}_P$，构件 BC 给它的作用力 $\boldsymbol{F}'_C$ 以及固定铰支座 A 的反力 $\boldsymbol{F}_A$ 而平衡。由作用与反作用定律，$\boldsymbol{F}_C = -\boldsymbol{F}'_C$。且力 $\boldsymbol{F}_P$ 与 $\boldsymbol{F}'_C$ 的作用线交于 E 点，由三力平衡汇交定理，可确定 $\boldsymbol{F}_A$ 的作用线沿 A，E 两点连线，如图 2-23（c）所示。此图中，A 处的反力也可用相互垂直的分力 $\boldsymbol{F}_{Ax}$，$\boldsymbol{F}_{Ay}$ 表示。读者可自行练习。

（3）最后取三铰刚架 ABC 整体为研究对象，解除 A、B 两处的约束（C 处约束未解除），单独画出其简图。画出主动力 $\boldsymbol{F}_P$，反力 $\boldsymbol{F}_A$、$\boldsymbol{F}_B$。构件 AC、BC 在 C 处的相互作用力，由于对整体 ABC 是内力而不必画出，所谓**内力**是系统内部各物体间的相互作用力（内力总是成对出现，且等值、反向、共线，故而内力不会影响整体的平衡）。以整个系统为研究对象画受力图，只需画出系统外的物体给系统的力，这种力称为**外力**，如图 2-23（d）所示。需要注意的是此图中的 $\boldsymbol{F}_A$、$\boldsymbol{F}_B$ 应与构件 AC、BC 受力图中 $\boldsymbol{F}_A$、$\boldsymbol{F}_B$ 的画法完全一致。

【例 2-4】 如图 2-24（a）所示，梯子的两部分 AB 和 AC 在 A 点铰接，又在 D、E 两点用水平绳连接，并在 AB 的中点 H 处作用一铅直力 $\boldsymbol{F}_P$，梯子放在光滑水平面上，其自重不计，试分别画出构件 AB、AC、绳子 DE 和整体的受力图。

【解】 （1）先取绳子 DE 为研究对象，绳子两端 D、E 分别受到梯子对它的拉力 $\boldsymbol{F}_{TD}$、$\boldsymbol{F}_{TE}$ 的作用，如图 2-24（b）所示。

（2）取构件 AB 为研究对象，在 H、A、D、B 处分别受到力 $\boldsymbol{F}_P$、$\boldsymbol{F}_{Ax}$ 及 $\boldsymbol{F}_{Ay}$、$\boldsymbol{F}'_{TD}$、$\boldsymbol{F}_{NB}$ 的作用，如图 2-24（c）所示。

（3）取构件 AC 为研究对象，在 A、E、C 处分别受到力 $\boldsymbol{F}'_{Ax}$ 及 $\boldsymbol{F}'_{Ay}$、$\boldsymbol{F}'_{TE}$、$\boldsymbol{F}_{NC}$ 的作用，如图 2-24（d）所示。

（4）取整体为研究对象，只画系统受到的外力，在 H、B、C 处分别受到力 $\boldsymbol{F}_P$、

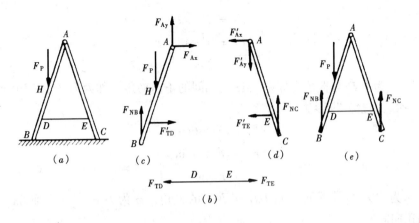

图 2-24

F_{NB}、F_{NC} 的作用，如图 2-24（e）所示。

通过上述例题分析可知，正确画出物体的受力图，必须注意以下几点：

（1）明确研究对象。根据题意要求，研究对象可以是一个物体、几个物体的组合或物体系统本身。

（2）每个受力图上必须画出全部的主动力和约束反力，不得多画或漏画。在脱离体被解除约束处，应根据约束的性质画出相应的反力，不能主观臆断。

（3）注意判断物体系统中有无二力构件，恰当应用三力平衡汇交定理确定某些未知力的方位。

（4）分析两物体间的相互作用力时，注意作用力与反作用力的画法。一旦作用力的方向假定，则反作用力的方向只能与之相反，不能再做假设。

（5）画整个系统的受力图时，内力不画，只画外力。

（6）对于同一处的约束，在整体和相应的局部受力图上，约束反力的方向要假设一致。

小 结

本章内容包括刚体静力学的基本概念和公理、约束的概念及分类、约束反力的画法、物体的受力分析以及受力图的画法等。具体概括如下：

1. 刚体静力学研究作用于物体上的力系的平衡。主要研究三类问题：物体的受力分析；力系的简化；力系的平衡条件及其应用。

2. 力是物体间相互的机械作用，这种作用使物体的运动状态发生改变或使物体产生变形。力的作用效应由力的大小、方向和作用点决定，称为力的三要素。力是定位矢量。作用在刚体上的力可沿作用线移动，是滑动矢量。

3. 力的基本计算包括力的投影计算和力矩计算。力的投影是力使物体移动效应的度量，力矩是力使物体转动效应的度量。

力的投影分为力在轴上的投影和力在平面上的投影两种。前者是代数量，后者是矢量。计算力在空间直角坐标轴上的投影有两种方法：

（1）一次（直接）投影法

$$\left.\begin{array}{l} F_x = F\cos\alpha \\ F_y = F\cos\beta \\ F_z = F\cos\gamma \end{array}\right\}$$

式中 α、β、γ 为力 F 与直角坐标系 $Oxyz$ 三轴间的正向夹角，称为力 F 的三个方向角。

（2）二次（间接）投影法

$$\left.\begin{array}{l} F_x = F\cos\theta\cos\varphi \\ F_y = F\cos\theta\sin\varphi \\ F_z = F\sin\theta \end{array}\right\}$$

式中 θ 为力 F 与某平面（如 Oxy 平面）的夹角，φ 为力 F 在该平面 Oxy 上的投影 F_{xy} 与 x 轴正向间的夹角。

在平面问题中，力对点之矩是一个代数量，它的绝对值等于力的大小与力臂的乘积，它的正负习惯按下法规定：力使物体绕矩心逆时针转向转动为正，反之为负。其计算公式为

$$M_o(F) = \pm Fh$$

4. 大小相等、方向相反且不共线的一对平行力称为力偶。力偶对刚体的作用效应是使刚体转动，用力偶矩度量。在平面问题中，力偶矩是一个代数量，其绝对值等于力的大小和力偶臂的乘积，它的正负习惯按下法规定：力偶使刚体逆时针转向转动为正，反之为负。其计算公式为

$$M(F, F') = M = \pm Fd$$

5. 静力学公理是力学的最基本、最普遍的客观规律。

公理 1　力的平行四边形法则

公理 2　二力平衡公理

以上两个公理，阐明了作用在一个物体上力系最简单的合成方法及其平衡条件。

公理 3　加减平衡力系公理

此公理是研究力系等效变换的依据。公理 2、公理 3 只适用于刚体。

公理 4　作用和反作用定律

此公理阐明了两物体间相互作用力的关系。

6. 约束和约束反力

限制非自由体某些位移的周围物体，称为约束。约束对非自由体施加的力称为约束反力。约束反力的方向与该约束所能限制的位移方向相反。约束反力应根据约束本身的特性确定。

7. 物体的受力分析和受力图是研究物体平衡和运动的前提。画物体受力图时，首先要明确研究对象、取分离体；再画出作用在物体上的主动力和约束力。当分析多个物体组成的系统受力时，要注意分清内力与外力，内力成对可不画；还要注意作用力与反作用力之间的相互关系。

习　题

2-1　画出下列各物体的受力图。凡未特别指明者，自重均不计，所有接触面均是光

滑的。

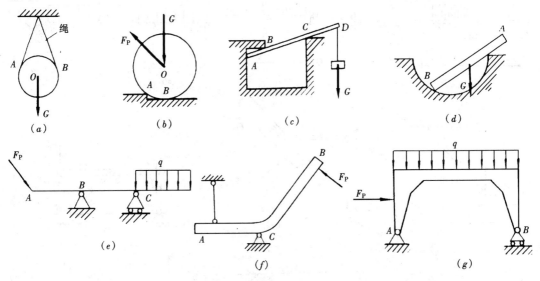

题 2-1 图

2-2 画出下列每个标注字符物体的受力图。凡未特别指明者，自重均不计，所有接触面均是光滑的。

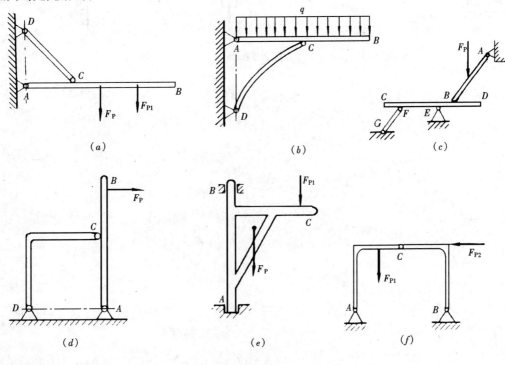

题 2-2 图

2-3 画出下列每个标注字符物体的受力图及各题的整体受力图。凡未特别指明者，自重均不计，所有接触面均是光滑的。

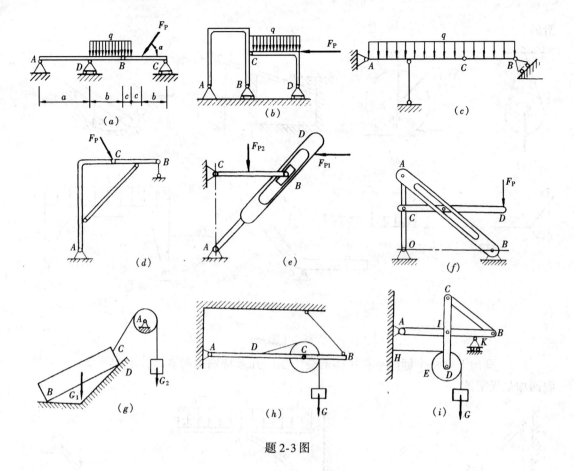

题 2-3 图

第三章 平面基本力系

平面基本力系是指平面汇交力系和平面力偶系两种简单力系。

第一节 平面汇交力系简化与平衡的几何法

平面汇交力系是指各力的作用线都在同一平面内且汇交于一点的力系。这种力系常见于工程结构的局部结构中。如图 3-1 所示作用在型钢 MN 上的力系及图 3-2 (b) 所示作用于吊钩上的力系。

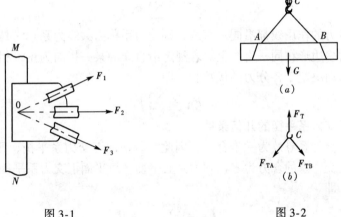

图 3-1   图 3-2

几何法是指以汇交力系的各分力矢量为边作力多边形，通过多边形的几何关系求合力或力系平衡条件的方法。

一、平面汇交力系简化的几何法

如图 3-3 (a) 所示，作用在刚体上的四个力 F_1，F_2，F_3 和 F_4 汇交于点 O。由力的可传性，可将四个力的作用点同时沿其作用线移到汇交点 O 上，然后连续应用平行四边形法则，即可求出通过汇交点 O 的合力 F_R。合力 F_R 的大小和方向也可连续应用力三角形法则得到，如图 3-3 (b) 所示。由图可知，求合力 F_R，不必画出中间矢量 F_{R12}、F_{R123}，只需将各力 F_1，F_2，F_3 和 F_4 顺序首尾相接，则由第一个力 F_1 的起点 a 指向最后一个力 F_4 的终点 e 的矢量 $\overrightarrow{ae}$ 即为所求的合力 F_R，如图 3-3 (c) 所示。由分力矢量和合力矢量构成的多边形 abcde 称为**力多边形**，表示合力矢量的边称为力多边形的**封闭边**。这样作力多边形求合力的作图规则称为**力多边形法则**。作图时，可改变分力的作图顺序，力多边形形状将随之改变，但其合力不变。

将上述方法推广到由 n 个力组成的平面汇交力系，可得结论：平面汇交力系可以简

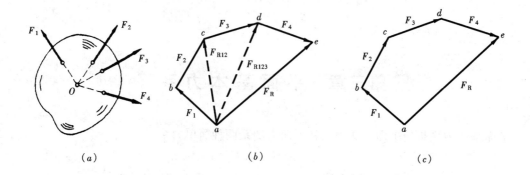

图 3-3

化为一个作用线过汇交点的合力,合力的大小和方向由各分力首尾相接所得到的力多边形的封闭边确定,即合力等于各分力的矢量和:

$$F_R = F_1 + F_2 + \cdots + F_n = \sum_{i=1}^{n} F_i$$

简写为
$$F_R = \sum F_i \tag{3-1}$$

若力系中各力的作用线都沿同一直线,则此力系称为**共线力系**。它是平面汇交力系的特殊情况,其力多边形在同一直线上。若规定沿直线的某一指向为正,相反为负,则力系合力的大小和方向决定于各分力的代数和,即

$$F_R = \sum F_i \tag{3-2}$$

二、平面汇交力系平衡的几何条件

由于平面汇交力系等效为一个合力,因此,若平面汇交力系平衡,则其合力必为零。反之,若平面汇交力系的合力为零,则力系必平衡。故平面汇交力系平衡的充要条件是力系的合力为零,即

$$F_R = \sum F_i = 0 \tag{3-3}$$

根据力多边形法则,合力等于零,表明力多边形中第一个分力的起点和最后一个分力的终点重合,此时力多边形自行封闭。于是,平面汇交力系平衡的几何条件是力多边形自行封闭。

【**例 3-1**】 如图 3-4 所示,钢梁的重量 $G = 6$ kN,$\theta = 30°$,试求平衡时钢丝绳的约束反力。

【**解**】 取钢梁为研究对象。作用力有:钢梁重力 G,钢绳约束反力 F_{TA} 和 F_{TB}。三力汇交于 D 点,受力如图 3-4(a)所示。

作力多边形,求未知量。首先选择力比例尺,以 1 厘米长度代表 2kN。其次,任选一点 e,作矢量 $\overrightarrow{ef}$,平行且等于重力 G,再从 e 和 f 两点分别作两条直线,与图 3-4(a)中的 F_{TA}、F_{TB} 平行,相交于 h 点,得到封闭的力三角形 efh。按各力首尾相接的次序,标出 fh 和 he 的指向,则矢量 $\overrightarrow{fh}$ 和 $\overrightarrow{he}$ 分别代表力 F_{TA} 和 F_{TB}(图 3-4b)。

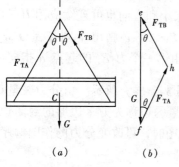

图 3-4

按比例尺量得 $\vec{fh}$ 和 $\vec{he}$ 的长度为：
$$fh = 1.73\text{cm}, \qquad he = 1.73\text{cm}$$
即
$$F_{TA} = 1.73 \times 2 = 3.46\text{kN}$$
$$F_{TB} = 1.73 \times 2 = 3.46\text{kN}$$

从力三角形可以看到，在重力 G 不变的情况下，钢绳约束反力随角 θ 增加而加大。因此，起吊重物时应将钢绳放长一些，以减小其受力，不致被拉断。

由例题看出，用几何法解题，各力之间的关系直观、清楚，但要求作图准确；否则，将产生较大误差，这是几何法的不足之处。鉴于此，实际计算时常采用解析法进行力系的简化和平衡计算。

第二节 平面汇交力系简化与平衡的解析法

解析法是通过力矢量在坐标轴上的投影来分析力系的合力及平衡条件的方法。力矢量在坐标轴上的投影是解析法计算的基础。

一、平面汇交力系简化的解析法

解析法分析力系的简化，其理论基础是数学上讲过的**合矢量投影定理**。即合矢量在任何轴上的投影等于各个分矢量在同一轴上投影的代数和。若将该定理中的矢量用力矢量代替，则该定理称为**合力投影定理**。

设有平面汇交力系（F_1，F_2，…，F_n），其合力为 F_R。以汇交点 O 为坐标原点，建立直角坐标系 Oxy，如图 3-5 所示。设合力 F_R 在坐标轴 Ox，Oy 上的投影分别为 F_{Rx}，F_{Ry}，相应地，各分力 F_i 的投影分别为 F_{xi}，F_{yi}。

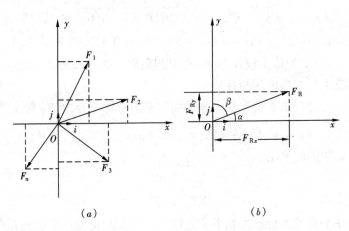

图 3-5

根据合力投影定理，可得
$$\left.\begin{array}{l} F_{Rx} = F_{x1} + F_{x2} + \cdots + F_{xn} = \sum F_{xi} \\ F_{Ry} = F_{y1} + F_{y2} + \cdots + F_{yn} = \sum F_{yi} \end{array}\right\} \tag{3-4}$$

由图 3-5（b）可求得合力的大小和方向余弦为

$$F_R = \sqrt{F_{Rx}^2 + F_{Ry}^2} = \sqrt{(\Sigma F_{xi})^2 + (\Sigma F_{yi})^2}$$

$$\cos(\boldsymbol{F}_R, \boldsymbol{i}) = \frac{F_{Rx}}{F_R}, \cos(\boldsymbol{F}_R, \boldsymbol{j}) = \frac{F_{Ry}}{F_R} \tag{3-5}$$

合力 F_R 的作用线通过力系的汇交点。

有时，为了方便，也可用合力 F_R 与 x 轴正向间夹角 α 的正切值来确定平面汇交力系的合力 F_R 的方向。

$$\tan\alpha = \frac{F_{Ry}}{F_{Rx}}$$

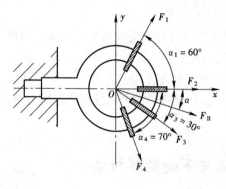

图3-6

【例3-2】 如图3-6所示，作用于吊环螺钉上的四个力，F_1，F_2，F_3 和 F_4 构成平面汇交力系。已知各力的大小和方向为 $F_1 = 360N$，$\alpha_1 = 60°$；$F_2 = 550N$，$\alpha_2 = 0°$；$F_3 = 380N$，$\alpha_3 = 30°$；$F_4 = 300N$，$\alpha_4 = 70°$。试用解析法求合力的大小和方向。

【解】 选取图示坐标系 Oxy。由式（3-4）和式（3-5）得

$$\begin{aligned}F_{Rx} &= F_{x1} + F_{x2} + F_{x3} + F_{x4} \\ &= F_1\cos\alpha_1 + F_2\cos\alpha_2 + F_3\cos\alpha_3 + F_4\cos\alpha_4 \\ &= 360\cos60° + 550\cos0° + 380\cos30° + 300\cos70° = 1162N\end{aligned}$$

$$\begin{aligned}F_{Ry} &= F_{y1} + F_{y2} + F_{y3} + F_{y4} \\ &= F_1\sin\alpha_1 + F_2\sin\alpha_2 - F_3\sin\alpha_3 - F_4\sin\alpha_4 = -160N\end{aligned}$$

合力的大小和方向分别为

$$F_R = \sqrt{F_{Rx}^2 + F_{Ry}^2} = \sqrt{(1162)^2 + (-160)^2} = 1173N$$

由 $\tan\alpha = |F_{Ry}/F_{Rx}| = |-160/1162| = 0.133$，得 $\alpha = 7°54'$

由于 F_{Rx} 为正，F_{Ry} 为负，故合力 F_R 在第四象限，指向如图3-6所示。

二、平面汇交力系平衡的解析条件

在上一节中，已经得出平面汇交力系平衡的充要条件是合力 F_R 等于零，即

$$F_R = \sqrt{F_{Rx}^2 + F_{Ry}^2} = \sqrt{(\Sigma F_{xi})^2 + (\Sigma F_{yi})^2} = 0$$

欲使上式成立，必须同时满足

$$\left.\begin{aligned}\Sigma F_{xi} &= 0 \\ \Sigma F_{yi} &= 0\end{aligned}\right\} \tag{3-6}$$

这是平面汇交力系平衡的解析条件或平衡方程，即平面汇交力系平衡的充要条件是各力在任一坐标轴上投影的代数和等于零。平面汇交力系有两个独立的平衡方程，可以求解两个未知量。

【例3-3】 如图3-7（a）所示，重物重量 $G = 20kN$，用钢丝绳挂在支架的滑轮 B 上，钢丝绳的另一端缠绕在绞车 D 上。杆 AB 与 BC 铰接，并以铰链 A、C 与墙连接。不计两杆和滑轮的自重，忽略摩擦和滑轮的大小，试求平衡时杆 AB 与 BC 所受的力。

【解】 取滑轮 B 为研究对象。作用在其上的力有钢丝绳的拉力 F_1 和 F_2，二力杆

AB 与 BC 的约束反力 F_{BA} 和 F_{BC}，设杆 AB 受拉力，杆 BC 受压力，如图 3-7（b）所示。由于滑轮的大小忽略不计，受力如图 3-7（c）所示，$F_1 = F_2 = G$。

建立图示坐标系 Bxy。

由平衡方程 $\Sigma F_{xi} = 0$

$$-F_{BA} + F_1\cos 60° - F_2\cos 30° = 0$$

得 $F_{BA} = -0.366G = -7.32\text{kN}$

$$\Sigma F_{yi} = 0$$

$$F_{BC} - F_1\cos 30° - F_2\cos 60° = 0$$

得 $F_{BC} = 1.366G = 27.32\text{kN}$

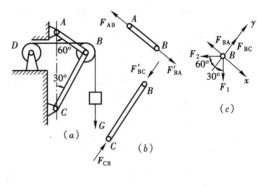

图 3-7

在上述结果中，F_{BA} 为负值，表明图设方向与实际方向相反，即杆 AB 为压杆。

通过例题分析，可总结出解析法求平面汇交力系平衡问题的方法和步骤如下：

1. 选择研究对象。

求解静力学问题，首先要明确指出研究对象。对较复杂的问题可能需要多次选择研究对象。选择研究对象时，一般应遵循如下原则：

（1）选为研究对象的物体上应作用有已知力和待求的未知力。

（2）先选受力情况相对较简单的物体，再选受力情况相对较复杂的物体。

2. 取脱离体，画受力图。

3. 选择合适的投影轴。

为了便于计算，选择投影轴时，应使尽可能多的未知力与投影轴垂直，以减少对应平衡方程中的未知力数目，避免解联立方程。所取的投影轴无须相互垂直，只要不平行即可。

4. 建立平衡方程并求解。

第三节　平面力偶系的简化及平衡

一、同平面内力偶的等效定理

在同平面内的两个力偶，如果力偶矩相等，则两力偶彼此等效。

这个定理给出了同平面内力偶的等效条件，由此可得关于平面力偶性质的两个重要推论：

1. 力偶可在其作用面内任意移转，而不改变它对刚体的作用效果。即力偶对刚体的作用效果与它在作用面内的位置无关。

2. 在力偶矩不变的前提下，可以同时改变力偶中力的大小和力偶臂的长短，而不改变力偶对刚体的作用效果。

力偶的等效性可形象地表示为图 3-8。由此可见，力偶臂和力的大小都不是力偶的特征量，只有力偶矩才是力偶作用效果的惟一度量。故常用图 3-8（e）所示的符号表示力偶。其中 M 表示力偶矩大小，带箭头的圆弧表示力偶的转向。

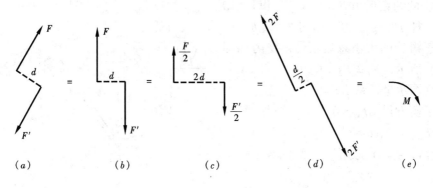

图 3-8

应当指出,上述关于力偶的等效结论只适用于刚体,不能用于变形体。

二、平面力偶系的简化

平面力偶系是指完全由作用于同一平面内的一群力偶组成的力系。

设在刚体的同平面内作用有两个力偶 M_1 和 M_2,$M_1 = F_1 d_1$,$M_2 = -F_2 d_2$ 如图 3-9(a)所示。根据力偶的性质,保持两力偶矩不变,同时改变两力偶的力和力偶臂,使它们具有相同的力偶臂 d,并将两力偶在作用面内适当移转,使它们的力的作用线两两重合,如图 3-9(b)所示。将 A 点的力 F_{p1}、F_{p2} 及 B 点的力 F'_{p1}、F'_{p2} 分别合成得

$$F = F_{p1} - F_{p2} \qquad F' = F'_{p1} - F'_{p2}$$

显然,F 和 F' 组成一个力偶(F, F'),这个力偶就是力偶 M_1 和 M_2 的合力偶,如图 3-9(c)所示,其力偶矩为

$$M = Fd = (F_{p1} - F_{p2})d = F_{p1}d - F_{p2}d = F_1 d_1 - F_2 d_2 = M_1 + M_2$$

将此关系推广到由 n 个力偶组成的平面力偶系,可得结论:平面力偶系可以用一个合力偶等效替换,合力偶矩等于力系中各分力偶矩的代数和。即

$$M = \Sigma M_i \tag{3-7}$$

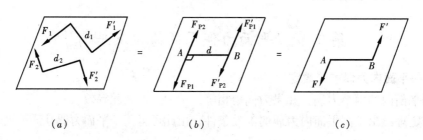

图 3-9

三、平面力偶系的平衡

由于平面力偶系可以简化为一个合力偶,因此,平面力偶系平衡时,其合力偶矩必为零,反之,合力偶矩为零,则平面力偶系必平衡。平面力偶系平衡的充要条件是力系中各分力偶矩的代数和为零。即

$$M = \Sigma M_i = 0 \tag{3-8}$$

式(3-8)称为平面力偶系的平衡方程,利用此方程可以求解一个未知量。

【例3-4】 如图3-10（a）所示简支刚架，其上作用三个力偶，其中 $F_P = F'_P = 5\text{kN}$，$M_2 = 20\text{kN·m}$，$M_3 = 9\text{kN·m}$，$\alpha = 30°$，试求支座 A、B 处的约束反力。

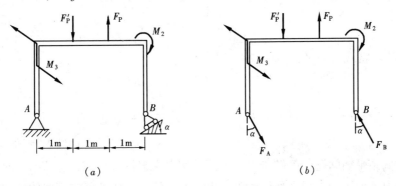

图 3-10

【解】 取刚架 AB 为研究对象。作用于刚架上的力有：已知力 F_P、F'_P 以及力偶矩为 M_2、M_3 的已知力偶，支座 A、B 的约束反力 F_A、F_B。F_B 过 B 点且垂直于支承面，因刚架上的已知力系是力偶系，由于力偶只能与力偶平衡，F_A 与 F_B 必组成一力偶。刚架 AB 受力如图 3-10（b）所示。由平面力偶系的平衡条件 $\Sigma M_i = 0$ 得

$$F_B\cos\alpha \times 3 + F_P \times 1 + M_3 - M_2 = 0$$

即

$$F_B\cos 30° \times 3 + 5 \times 1 + 9 - 20 = 0$$

故

$$F_B = 4/\sqrt{3} = 2.31\text{kN}$$

$$F_A = F_B = 2.31\text{kN}$$

【例3-5】 机构如图3-11（a）所示，不计自重。圆轮上的销子 A 放在摇杆 BC 上的光滑导槽内。圆轮上作用一力偶，其力偶矩 $M_1 = 2\text{kN·m}$，$OA = r = 0.5\text{m}$。图示位置时，OA 与 OB 垂直，$\alpha = 30°$，系统平衡。求作用于摇杆 BC 上力偶的矩 M_2 及铰链 O、B 处的约束反力。

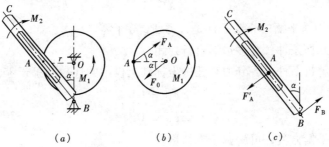

图 3-11

【解】 取圆轮为研究对象，受力如图 3-11（b）所示。F_A 与 F_O 组成一力偶，由平衡方程

$$\Sigma M_i = 0$$

$$M_1 - F_A r\sin\alpha = 0$$

解得

$$F_A = \frac{M_1}{r\sin 30°} = 8\text{kN} \tag{1}$$

再取摇杆 BC 为研究对象，受力如图 3-11（c）所示。F'_A 与 F_B 组成力偶，由平衡方程

$$\Sigma M_i = 0$$

$$- M_2 + F'_A \frac{r}{\sin\alpha} = 0 \tag{2}$$

其中 $F'_A = F_A$。将式（1）代入式（2），得

$$M_2 = 4M_1 = 8\text{kN} \cdot \text{m}$$

而

$$F_O = F_B = F_A = \frac{M_1}{r\sin 30°} = 8\text{kN}$$

方向如图 3-11（b）、（c）所示。

平面力偶系平衡问题的解题步骤和平面汇交力系解析法类似，应该指出的是，若刚体上只受主动力偶或主动力偶系作用时，常由力偶系的平衡条件确定某些约束的反力方向。

小　　结

本章主要内容是平面力系中的两种基本力系：平面汇交力系和平面力偶系的简化及平衡计算。具体概括如下：

1. 平面汇交力系简化为通过汇交点的一个合力 F_R，其大小、方向等于各分力的矢量和，即

$$F_R = \Sigma F_i$$

（1）在几何法中，合力的大小、方向由力多边形的封闭边表示。

（2）在解析法中，根据合力投影定理，利用各分力在两个正交轴上投影的代数和，按下列公式计算合力的大小和方向余弦：

$$F_R = \sqrt{(\Sigma F_{xi})^2 + (\Sigma F_{yi})^2}$$

$$\cos(F_R, i) = \frac{\Sigma F_{xi}}{F_R}, \cos(F_R, j) = \frac{\Sigma F_{yi}}{F_R}$$

2. 平面汇交力系平衡的充要条件是合力 F_R 等于零。

（1）平衡的几何条件：力多边形自行封闭。

（2）平衡的解析条件：各分力在任一坐标轴上投影的代数和等于零，即

$$\left.\begin{array}{l}\Sigma F_{xi} = 0\\ \Sigma F_{yi} = 0\end{array}\right\}$$

两个独立的平衡方程，可解两个未知量。

3. 同平面内力偶的等效条件：同平面内的两个力偶，如力偶矩相等，则两力偶等效。力偶矩是力偶作用的惟一度量。

4. 平面力偶系可简化为一个合力偶。合力偶矩等于各分力偶矩的代数和，即

$$M = \Sigma M_i$$

5. 平面力偶系平衡的充要条件是：力偶系中各力偶矩的代数和等于零，即

$$\Sigma M_i = 0$$

一个独立的平衡方程，解一个未知量。

习　题

3-1　已知 $F_1 = 60\text{N}$，$F_2 = 80\text{N}$，$F_3 = 50\text{N}$，$F_4 = 100\text{N}$，力 F_3 水平，如题 3-1 图所示。用几何法和解析法求图示四个力的合力。

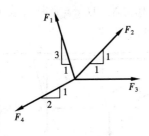

题 3-1 图

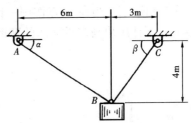

题 3-2 图

3-2　用两根钢索悬挂一重 $G = 10\text{kN}$ 的重物，如题 3-2 图所示。不计钢索自重，求两钢索所受的拉力。

3-3　水平力 F_P 作用在门式刚架的 B 点，如题 3-3 图所示。求刚架上 A、D 两支座的反力。

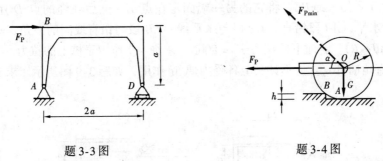

题 3-3 图　　　　　　　　　　题 3-4 图

3-4　如题 3-4 图所示，压路机滚子重 $G = 20\text{kN}$，半径 $R = 40\text{cm}$，用水平力 F_P 拉滚子欲越过高 $h = 8\text{cm}$ 的石坎，问力 F_P 至少应多大？又若此力可取任意方向，问要使此力为最小，它与水平线的夹角 α 应为多大？并求此力的最小值。

3-5　简易起重机的 A，B 两处铰链连接，C 处可近似为铰链连接，如题 3-5 图所示。已知吊重 $G = 800\text{N}$，不计 AC 杆及 BC 梁的自重。求 AC 杆的内力和 B 铰链的约束反力。

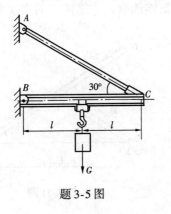

题 3-5 图

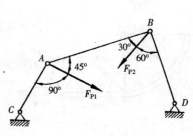

题 3-6 图

3-6 如题 3-6 图所示，铰接四连杆机构 CABD 的 CD 边固定。力 F_{P1} 作用在铰链 A 上，力 F_{P2} 作用在铰链 B 上，使四边形 CABD 在图示位置平衡，杆重不计，求 F_{P1} 与 F_{P2} 的关系。

3-7 压榨机构由 AB、BC 两杆和压块 C 用铰链连接而成，A、C 两铰位于同一水平线上，如题 3-7 图所示。当在 B 点作用一铅垂力 $F_P = 0.3$kN，且 $\alpha = 8°$ 时，被压块 D 所受的压榨力多大？不计压块与支承面间的摩擦及杆的自重。

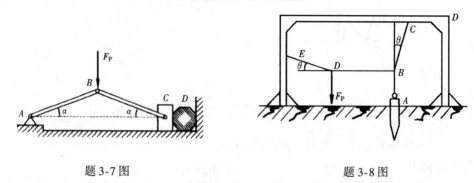

题 3-7 图　　　　　　　　　　　题 3-8 图

3-8 题 3-8 图所示为一拔桩装置。在木桩的点 A 上系一绳，将绳的另一端固定在点 C，在绳的点 B 系另一绳 BE，将它的另一端固定在点 E。然后在绳的点 D 用力向下拉，使绳的 BD 段水平，AB 段铅直；DE 段与水平线、CB 段与铅直线间的夹角 $\theta = 0.1$rad（当 θ 很小时，$\tan\theta \approx \theta$）。若向下的拉力 $F_P = 800$N，求绳 AB 作用于桩上的拉力。

3-9 二直角曲杆（重量不计）上各受力偶 M 作用，如题 3-9 图所示。求支座 A_1、A_2 的约束反力。

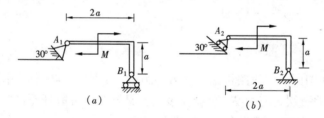

题 3-9 图

3-10 题 3-10 图所示一曲杆，其上作用两个力偶，求其合力偶。若令此合力偶的两力分别作用在点 A 和点 B 处，问这两力的方向应该怎样选取，才能使力的大小最小。杆的直径忽略不计。

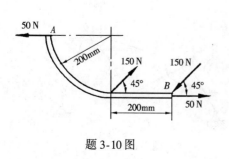　　　　　　　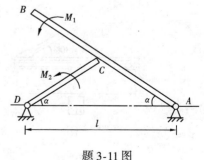

题 3-10 图　　　　　　　　　　　题 3-11 图

3-11 自重不计的二杆 AB、CD 在 C 处光滑接触，如题 3-11 图所示。若作用在 AB 上的力偶的矩为 M_1，为使系统平衡，则作用在 CD 上的力偶的矩 M_2 应为多大？

3-12 题 3-12 图所示结构受矩为 $M = 10\text{kN}\cdot\text{m}$ 的力偶作用。若 $a = 1\text{m}$，各杆自重不计。求固定铰支座 D 的约束反力。

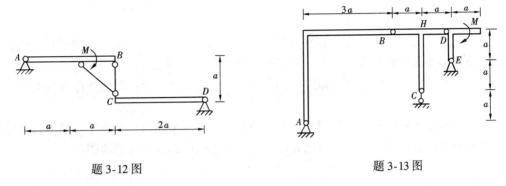

题 3-12 图   题 3-13 图

3-13 题 3-13 图所示结构不计各杆重量，受力偶矩为 M 的力偶作用，尺寸如图。求 E 支座的约束反力。

3-14 求题 3-14 图所示结构中杆 1、2、3 所受的力。

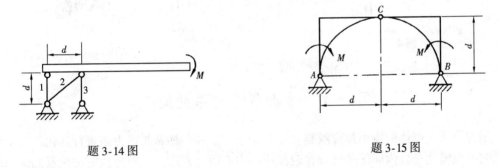

题 3-14 图   题 3-15 图

3-15 题 3-15 图所示三铰拱的两半拱上，各作用等值反向的两力偶 M。求支座 A、B 的约束反力。

第四章 平面任意力系

各力作用线位于或可以简化到同一平面内,但既不一定相交,也不一定平行的任意分布的力系称为**平面任意力系**。工程中的平面任意力系一般可以分为两类:

(1) 各力的作用线位于或近似位于同一平面内,如图 4-1 所示曲柄连杆机构的受力简图。

(2) 各力的作用线虽然是空间分布的,但相对于某一平面对称分布,可以等效简化到这一对称平面内,如图 4-2 所示简化到汽车纵向对称面内的汽车受力简图。

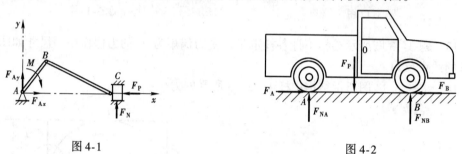

图 4-1　　　　　　　　　　　图 4-2

第一节 平面任意力系的简化

研究力系对刚体的作用效应或建立力系的平衡条件,都需要将力系进行简化。其中将力系向一点简化是较为简便并且被普遍使用的力系简化方法。这种方法的理论基础是力的平移定理。

一、力的平移定理

定理 作用在刚体上某点 A 的力 F 可平行移到刚体内任一点 B,但须同时附加一个力偶,且附加力偶的矩等于原力 F 对平移点 B 的力矩。

证明:设力 F 作用于刚体的点 A,如图 4-3(a)所示。在刚体上任取一点 B,根据加减平衡力系公理,在点 B 上加一平衡力系 (F',F''),令 $F' = -F'' = F$,如图 4-3(b)所示。则力 F 与力系 (F',F'',F) 等效或与力系 [F',(F,F'')] 等效,(F,F'') 组成一对力偶,其力偶矩为

$$M = F \cdot d = M_B(F)$$

这样,原来作用于刚体上点 A 的力 F 向 B 点平移后,必须同时附加相应的力偶,如图 4-3(c)所示。

力的平移定理表明,一个力可等效于同平面内的一个力和一个力偶。反之,作用在同平面内的一个力和一个力偶必定可合成为一个力。

这个定理既是复杂力系简化的理论依据,又是分析力对物体作用效应的重要方法。例

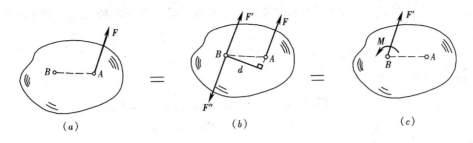

图 4-3

如单手攻丝时,如图 4-4 所示,由于力系(F',M_0)的作用,不仅加工精度低,而且丝锥易折断。

二、平面任意力系向作用面内一点的简化 主矢和主矩

设平面任意力系(F_1,F_2,…,F_n)作用在刚体上,如图 4-5(a)所示。在力系作用面内任取一点 O(称为**简化中心**),应用力的平移定理,将各力平移至点 O,并附加相应的力偶,得到如图 4-5(b)所示的平面汇交力系和平面力偶系。其中

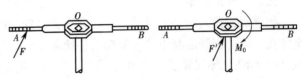

图 4-4

$$F'_1 = F_1, F'_2 = F_2, \cdots, F'_n = F_n$$
$$M_1 = M_0(F_1), M_2 = M_0(F_2), \cdots, M_n = M_0(F_n)$$

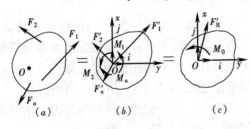

图 4-5

汇交于 O 点的平面汇交力系可简化为作用线过 O 点的一个力 F'_R,其力矢量等于原力系中各分力的矢量和,称为**原力系的主矢**。即

$$F'_R = \Sigma F'_i = \Sigma F_i \qquad (4-1)$$

平面力偶系可简化为一个力偶,其力偶矩 M_0 等于各附加力偶矩的代数和,称为**原力系对简化中心 O 点的主矩**。即

$$M_0 = \Sigma M_i = \Sigma M_0(F_i) \qquad (4-2)$$

不难看出,力系的主矢与简化中心位置无关,而力系的主矩一般随简化中心位置的不同而改变,故主矩符号应加注角标以表明简化中心的位置。

综上所述,平面任意力系向作用面内任一点简化,一般得到一个力和一个力偶,力的大小和方向等于力系的主矢,作用线通过简化中心;力偶的矩等于力系对简化中心的主矩。故而,平面任意力系向作用面内任一点简化的结果归结为计算力系的两个基本物理量——主矢和主矩。

如果通过简化中心作直角坐标系 Oxy,如图 4-5 所示,则力系的主矢和主矩可用解析法计算。

(1)主矢 F'_R 的计算

设 F'_{Rx}, F'_{Ry} 和 F_{xi}, F_{yi} 分别表示主矢 F'_R 和力系中第 i 个分力 F_i 在坐标轴上的投影，则

$$F'_{Rx} = \Sigma F_{xi}, F'_{Ry} = \Sigma F_{yi} \qquad (4\text{-}3)$$

由此可得主矢的大小和方向余弦为

$$F'_R = \sqrt{(F'_{Rx})^2 + (F'_{Ry})^2} = \sqrt{(\Sigma F_{xi})^2 + (\Sigma F_{yi})^2}$$
$$\cos(F'_R, i) = F'_{Rx}/F'_R, \cos(F'_R, j) = F'_{Ry}/F'_R \qquad (4\text{-}4)$$

(2) 主矩 M_o 的计算

由于平面力系中，各分力对简化中心的力矩都是代数量，故主矩的计算直接采用式 (4-2)。

三、固定端约束

固定端或插入端是常见的一种约束形式。例如嵌入墙内的防雨篷的一端、与基础整体浇注在一起的钢筋混凝土柱与基础的连接端、夹持车刀的刀架（图 4-6a）、夹紧工件的卡盘（图 4-6b）等都属于这类约束。图 4-6（c）是它们的力学简图。

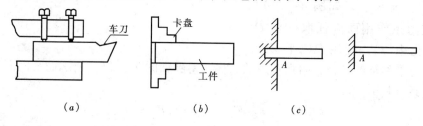

图 4-6

这类约束的特点是连接处有很大的刚性，不允许被约束物体发生任何移动和转动。它对物体的作用是在接触面上作用了一群约束反力。当被约束物体所受的主动力系位于同一平面时，物体所受的约束反力也构成一个与主动力有关的平面任意力系，如图 4-7（a）所示。将其向固定端中心 A 点简化得一力和一力偶，如图 4-7（b）所示，力的大小、方向未知，以两个未知的正交分量表示。故在平面问题中，固定端约束的约束反力包括两个反力 F_{Ax}, F_{Ay} 和一个力偶矩为 M_A 的约束反偶，如图 4-7（c）所示。

四、简化结果讨论

平面任意力系向其作用面内任一点简化，一般情况下简化为一个力和一个力偶，但这并不是力系简化的最简结果。下面分四种情况分别讨论。

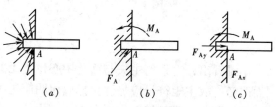

图 4-7

1. $F'_R = 0$, $M_O \neq 0$，则力系简化为一作用于力系平面内的合力偶，其力偶矩等于力系的主矩，即 $M = M_o = \Sigma M_o(F_i)$。此时主矩与简化中心位置无关。

2. $F'_R \neq 0$, $M_O = 0$，则力系简化为一作用线过简化中心的合力，合力矢量 F_R 由力系的主矢 F'_R 确定，即 $F_R = F'_R = \Sigma F_i$。

3. $F'_R \neq 0$, $M_O \neq 0$，则力系可进一步简化为一合力 F_R，且 $F_R = F'_R = \Sigma F_i$，合力 F_R 的作用线不过简化中心 O，其位置可由简化中心 O 到合力作用线的垂直距离 d 表示，如

图 4-8 所示。点 O' 为合力 F_R 的作用点，d 由下式计算。
$$d = |M_o|/F'_R$$
这种情况下，合力 F_R 在力 F'_R 的哪一侧，可由合力 F_R 对 O 点之矩的转向应与力偶 M_o 的转向一致来确定。

由图 4-8（b）可知，合力 F_R 对 O 点之矩为

$$M_o(F_R) = F_R \cdot d = M_o = \Sigma M_o(F_i)$$

故 $\qquad M_o(F_R) = \Sigma M_o(F_i) \qquad (4-5)$

由于简化中心 O 是任选的，故上式具有普遍性，即：平面力系的合力对力系所在平面内任意一点的矩等于力系中所有各力对同一点之矩的代数和。这称为**平面力系的合力矩定理**。

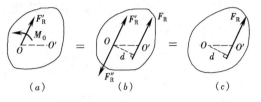

图 4-8

4. $F'_R = 0$，$M_0 = 0$，则力系平衡。这种情况将在下一节详细讨论。

【例 4-1】 已知平面任意力系 $F_1 = 130\text{N}$，$F_2 = 100\sqrt{2}\text{N}$，$F_3 = 50\text{N}$，$M = 500\text{N·m}$，如图 4-9 所示。图中尺寸单位为 m。试求该力系的最终简化结果。

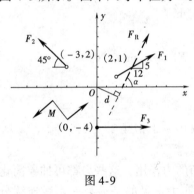

图 4-9

【解】（1）以 O 点为简化中心，建立直角坐标系 Oxy 如图所示。

（2）计算主矢 F'_R

$$F'_{Rx} = \Sigma F_{xi} = F_1 \cdot \frac{12}{13} - F_2\cos45° + F_3$$
$$= 130 \times \frac{12}{13} - 100\sqrt{2} \times \frac{1}{\sqrt{2}} + 50 = 70\text{N}$$

$$F'_{Ry} = \Sigma F_{yi} = F_1 \cdot \frac{5}{13} + F_2\sin45°$$
$$= 130 \times \frac{5}{13} + 100\sqrt{2} \times \frac{1}{\sqrt{2}} = 150\text{N}$$

$$F'_R = \sqrt{(\Sigma F_{xi})^2 + (\Sigma F_{yi})^2} = \sqrt{70^2 + 150^2} = 165.53\text{N}$$
$$\cos(F'_R, i) = F'_{Rx}/F'_R = 70/165.53 = 0.423$$
$$\alpha = (F'_R, i) = 65°$$

（3）计算主矩 M_o

$$M_0 = \Sigma M_0(F_i) = -F_1 \cdot \frac{12}{13} \times 1 + F_1 \cdot \frac{5}{13} \times 2$$
$$+ F_2\cos45° \times 2 - F_2\sin45° \times 3 + F_3 \times 4 + M$$
$$= 580\text{N·m}$$

（4）求合力 F_R 的作用线位置

由于主矢 F'_R、主矩 M_o 都不为零，所以该力系最终简化为一合力 F_R。合力 F_R 的大小和方向与主矢 F'_R 相同。合力 F_R 的作用线到 O 点的距离 d 为

$$d = |M_o|/F'_R = 580/165.53 = 3.5\text{m}$$

M_o 为正值，表示主矩为逆时针转向，故合力 F_R 的作用线如图 4-9 所示。

五、合力矩定理的应用

合力矩定理的应用主要表现在两个方面：

1. 计算力对点之矩。

当力对点的力臂不方便求出时，可将该力分解为同平面内的两个力臂好求的分力，根据合力矩定理，由这两个分力对同一点之矩的代数和求出该合力之矩。

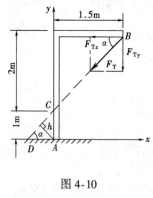

图 4-10

2. 确定合力作用线的位置。

当合力的位置不确定，但各分力的大小、方向及作用位置完全确定时，可根据合力矩定理，求出合力作用线的位置。

下面举例说明。

【例 4-2】 如图 4-10 所示支架，A 端固定，B 端作用一力 $F_T = 100N$，试求力 F_T 对 A 端之矩 $M_A(F_T)$。

【解】 **解法一**：根据定义直接求解

首先求力 F_T 的作用线到 A 点的距离 h

$$h = AC\cos\alpha = 1 \times 1.5/\sqrt{1.5^2 + 2^2} = 0.6m$$

则

$$M_A(F_T) = F_T \cdot h = 60N \cdot m$$

解法二：根据合力矩定理求解

将力 F_T 沿坐标轴分解为 F_{Tx} 和 F_{Ty}，$F_{Tx} = F_T\cos\alpha$，$F_{Ty} = F_T\sin\alpha$，则

$$M_A(F_T) = M_A(F_{Tx}) + M_A(F_{Ty})$$
$$= F_T\cos\alpha \times 3 - F_T\sin\alpha \times 1.5$$
$$= 100 \times 1.5/\sqrt{1.5^2 + 2^2} \times 3 - 100 \times 2/\sqrt{1.5^2 + 2^2} \times 1.5$$
$$= 60N \cdot m$$

在工程中，结构常受到在狭长面积和体积上平行分布的力作用，这些力都可抽象简化为线性分布力（或称分布荷载）。平面结构所受的线性分布力常见的是沿某一直线连续分布的同向平行力系，为求其合力，需应用数学上的积分知识和合力矩定理。下面举例说明这种分布力系的简化。

【例 4-3】 三角形分布荷载作用在水平梁 AB 上，如图 4-11 所示。最大线荷载集度为 q_m，梁长 l。试求该力系的合力。

【解】 先求合力的大小。在梁上距 A 端为 x 处取一微段 dx，其上作用力为 $q'dx$，

由图可知，
$$q' = \frac{x}{l}q_m$$

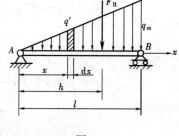

图 4-11

合力
$$F_R = \int_0^l q'dx = \frac{1}{2}q_m l$$

再求合力作用线位置。设合力 F_R 的作用线距 A 端的距离为 h，在微段 dx 上的作用力对点 A 的矩为 $q'dx \cdot x$，由合力矩定理，力系对点 A 的矩

$$F_R h = \int_0^l q'x dx$$

代入 q' 和 F_R 的值,得 $$h = \frac{2}{3}l$$

即合力大小等于三角形线分布荷载图形的面积,合力方向与原荷载方向相同,合力作用线通过三角形的形心。

该例的方法可推广应用到其他形式的线性分布力系合力的求解。于是可得结论:沿直线且垂直于该直线分布的同向线荷载,其合力的的大小等于荷载图形的面积,合力的方向与原荷载方向相同,合力作用线通过由分布荷载所围成的图形的形心。

工程中几种常见的分布荷载的简化结果示于表 4-1。

几种常见分布荷载简化结果　　　　　　表 4-1

分布荷载形式	图　示	简化结果	合力大小	合力作用线位置
均匀分布		合力	$F_R = ql$	$d = \dfrac{l}{2}$
三角形分布		合力	$F_R = \dfrac{1}{2} q_m l$	$d = \dfrac{l}{3}$
梯形分布		两个力	$F_{R1} = q_1 l$ $F_{R2} = \dfrac{(q_2 - q_1)\, l}{2}$	$d_1 = \dfrac{l}{2}$ $d_2 = \dfrac{2}{3} l$

第二节　平面任意力系的平衡条件及平衡方程

平面任意力系向其作用面内任一点简化后,一般得到一个力和一个力偶,这个力等于力系的主矢 F'_R,力偶等于力系对简化中心的主矩 M_O。显然,若力系平衡,则力系的主矢 F'_R 和主矩 M_O 必分别等于零,即

$$\left. \begin{array}{l} F_R = \Sigma F_i = 0 \\ M_O = \Sigma M_O(F_i) = 0 \end{array} \right\} \quad (4\text{-}6)$$

反之,若式 (4-6) 成立,则力系必然平衡。于是,平面任意力系平衡的充要条件是力系的主矢和对作用面内任一点的主矩都等于零。

一、平面任意力系平衡方程的基本形式

若选取力系的作用面为 Oxy 坐标平面,则由式 (4-2)、式 (4-3) 和式 (4-4) 可得平

面任意力系平衡条件的解析表达式

$$\left.\begin{array}{r}\Sigma F_{xi} = 0\\ \Sigma F_{yi} = 0\\ \Sigma M_O(\boldsymbol{F}_i) = 0\end{array}\right\} \quad (4\text{-}7)$$

为书写方便，上式可简写为

$$\left.\begin{array}{r}\Sigma F_x = 0\\ \Sigma F_y = 0\\ \Sigma M_O(\boldsymbol{F}) = 0\end{array}\right\} \quad (4\text{-}7)'$$

这就是平面任意力系平衡方程的基本形式，也称为一矩式平衡方程。它表明，平面任意力系平衡的解析条件是：力系中各力在力系平面内任选的两坐标轴上投影的代数和分别等于零，并且各力对力系作用面内任一点之矩的代数和也等于零。

二、平面任意力系平衡方程的其他形式

主矢和主矩分别等于零的条件还可用其他形式的平衡方程表示。

1. 二矩式平衡方程

$$\left.\begin{array}{r}\Sigma M_A(\boldsymbol{F}) = 0\\ \Sigma M_B(\boldsymbol{F}) = 0\\ \Sigma F_x = 0\end{array}\right\} \quad (4\text{-}8)$$

这一组方程要满足平面任意力系平衡的充要条件，必须附加条件，即：A、B 两点连线不能与 x 轴垂直。为什么呢？下面分析其原因。

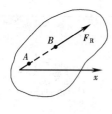

图 4-12

在式 (4-8) 中，若前两式成立，则力系除平衡外，还可能简化为作用线通过 A、B 两点的一个合力。若三式同时成立，力系除平衡外，也可能简化为作用线通过 A、B 两点，并且垂直于 x 轴的一个合力。但若附加条件 A、B 两点连线不能与 x 轴垂直，则力系只存在平衡一种可能性，如图 4-12 所示。故而，附加上述条件的式 (4-8) 是平面任意力系平衡的充分条件。反之，若力系平衡，则力系对任一点的主矩都应等于零，力系主矢在任一轴上的投影也都等于零，式 (4-8) 必然成立。故而，式 (4-8) 是平面任意力系平衡的必要条件。

2. 三矩式平衡方程

$$\left.\begin{array}{r}\Sigma M_A(\boldsymbol{F}) = 0\\ \Sigma M_B(\boldsymbol{F}) = 0\\ \Sigma M_C(\boldsymbol{F}) = 0\end{array}\right\} \quad (4\text{-}9)$$

这一组方程要满足平面任意力系平衡的充要条件，必须附加条件，即：A、B、C 三点不能共线。至于这组方程必须附加条件的原因，请读者自行思考。

应当指出，平面任意力系的平衡方程虽然有上述三种不同的形式，但其独立的平衡方程只有三个，只可以求解三个未知量。在实际应用中，应根据具体情况，灵活选用一种形式的平衡方程，力求达到一个方程求解一个未知量。

三、平面平行力系的平衡方程

各力作用线位于同一平面且相互平行的力系，称为**平面平行力系**。平面平行力系是平面任意力系的一种特殊情形。

如取 x 轴与各力作用线垂直，如图 4-13 所示。则各力在 x 轴上的投影均恒等于零，故式（4-7）只剩下两个有效的独立方程，即

$$\left.\begin{array}{l}\Sigma F_y = 0 \\ \Sigma M_A(\boldsymbol{F}) = 0\end{array}\right\} \quad (4\text{-}10)$$

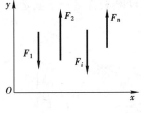

图 4-13

式（4-10）称为平面平行力系平衡方程的基本形式。此外，平面平行力系的平衡方程也可写成二矩式，即

$$\left.\begin{array}{l}\Sigma M_A(\boldsymbol{F}) = 0 \\ \Sigma M_B(\boldsymbol{F}) = 0\end{array}\right\} \quad (4\text{-}11)$$

这组方程要满足平面平行力系平衡的充要条件，必须附加条件：A、B 两点连线不能与各力平行。

平面汇交力系和平面力偶系也是平面任意力系的特殊情形。同理，也可由式（4-7）推出它们的平衡方程。读者可自行推导。

四、平面力系平衡方程的简单应用

平面力系的平衡问题，在工程实际和后续课程的学习中极为重要和常见，它是整个刚体静力学的重点，包括单个物体和由若干个物体组成的物体系统的平衡问题。此处只讨论单个物体的平衡问题，它是求解物体系统平衡问题的基础，必须熟练掌握，而物体系统的平衡问题将在下一节专门讨论。

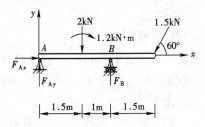

图 4-14

【例 4-4】 外伸梁的尺寸及载荷如图 4-14 所示，试求固定铰支座 A 及可动铰支座 B 的约束反力。

【解】 取 AB 梁为研究对象，受力如图所示。建立图示坐标系，由平面任意力系的平衡方程

$$\Sigma F_x = 0$$
$$F_{Ax} - 1.5 \times \cos 60° = 0$$

得 $F_{Ax} = 0.75\text{kN}$

$$\Sigma M_A(\boldsymbol{F}) = 0$$
$$F_B \times 2.5 - 1.2 - 2 \times 1.5 - 1.5 \times \sin 60° \times (2.5 + 1.5) = 0$$

得 $F_B = \dfrac{1}{2.5}(1.2 + 3 + 1.5 \times \sin 60° \times 4) = 3.75\text{kN}$

$$\Sigma F_y = 0$$
$$F_{Ay} + F_B - 2 - 1.5 \times \sin 60° = 0$$

得 $F_{Ay} = 2 + 1.5 \times \sin 60° - 3.75 = -0.45\text{kN}$

F_{Ay} 的方向与假设方向相反。为校核所得结果是否正确，可应用多余的平衡方程，如

$$\Sigma M_B(\boldsymbol{F}) = 2 \times 1 - F_{Ay} \times 2.5 - 1.2 - 1.5 \times \sin 60° \times 1.5$$
$$= 2 + 0.45 \times 2.5 - 1.2 - 1.5^2 \times \sin 60°$$
$$= 0$$

【例 4-5】 如图 4-15 所示的刚架中，已知 $q = 3\text{kN/m}$，$F_P = 6\sqrt{2}\text{kN}$，$M = 10\text{kN} \cdot \text{m}$，

不计刚架自重，求固定端 A 处的约束反力。

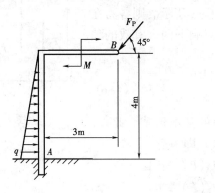
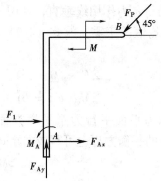

图 4-15

【解】 取刚架为研究对象，其上除受主动力作用外，还受到固定端 A 处的约束反力 F_{Ax}，F_{Ay} 和约束反力偶 M_A 的作用，线性分布荷载可用一集中力 F_1 等效替代，其大小 $F_1 = 1/2 \times q \times 4 = 6\text{kN}$，作用于三角形分布荷载的形心，即距点 A 为 $4/3\text{m}$ 处，刚架的受力如图 4-15 （b）所示。由平面任意力系的平衡方程

$$\Sigma F_x = 0 \quad F_{Ax} + F_1 - F_P\cos 45° = 0$$

$$\Sigma F_y = 0 \quad F_{Ay} - F_P\sin 45° = 0$$

$$\Sigma M_A(F) = 0 \quad M_A - F_1 \times \frac{4}{3} - M - F_P\sin 45° \times 3 + F_P\cos 45° \times 4 = 0$$

解方程，得

$$F_{Ax} = 0, \quad F_{Ay} = 6\text{kN}, \quad M_A = 12\text{kN}\cdot\text{m}$$

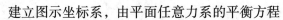

图 4-16

【例 4-6】 起重机重 $G_1 = 10\text{kN}$，可绕铅直轴 AB 转动，起吊 $G_2 = 40\text{kN}$ 的重物，尺寸如图 4-16 所示。求止推轴承 A 和轴承 B 处的约束反力。

【解】 取起重机为研究对象，它所受的主动力有 G_1 和 G_2。由于对称性，约束反力和主动力都在同一平面内。止推轴承 A 处有两个约束反力 F_{Ax}、F_{Ay}，轴承 B 处有一个约束反力 F_B，起重机受力如图 4-16 所示。

建立图示坐标系，由平面任意力系的平衡方程

$$\Sigma F_x = 0 \quad F_{Ax} + F_B = 0$$

$$\Sigma F_y = 0 \quad F_{Ay} - G_1 - G_2 = 0$$

$$\Sigma M_A(F) = 0 \quad -F_B \cdot 5 - G_1 \cdot 1.5 - G_2 \cdot 3.5 = 0$$

解得

$$F_{Ay} = G_1 + G_2 = 50\text{kN}$$

$$F_B = -0.3G_1 - 0.7G_2 = -31\text{kN}$$

$$F_{Ax} = -F_B = 31\text{kN}$$

F_B 为负值，说明它的方向与假设方向相反。

为避免解联立方程，常常希望写出只包含一个未知力的方程。在本例中，如果写出对

A、B 两点的力矩平衡方程和对 y 轴的投影平衡方程,就可以达到此目的。即

$\Sigma M_A(F) = 0 \quad -F_B \cdot 5 - G_1 \cdot 1.5 - G_2 \cdot 3.5 = 0$

$\Sigma M_B(F) = 0 \quad F_{Ax} \cdot 5 - G_1 \cdot 1.5 - G_2 \cdot 3.5 = 0$

$\Sigma F_y = 0 \quad F_{Ay} - G_1 - G_2 = 0$

解此方程组,所得结果必与前面相同。

【例 4-7】 塔式起重机如图 4-17 所示。机架重 $G_1 = 700\text{kN}$,作用线通过塔架的中心。最大起重量 $G_2 = 200\text{kN}$,最大悬臂长为 12m,轨道 AB 的间距为 4m。平衡重 G_3 到机身中心线距离为 6m。

(1) 保证起重机在满载和空载时都不致翻到,平衡重 G_3 应为多少?

(2) 当平衡重 $G_3 = 180\text{kN}$ 时,求满载时轨道 A、B 的约束力。

【解】 (1) 起重机受力如图。满载时,是起重机即将绕 B 点翻倒的临界情况,有 $F_{NA} = 0$。由此可求出平衡重 G_3 的最小值。

$\Sigma M_B(F) = 0$

$G_{3\min}(6 + 2) + 2G_1 - G_2(12 - 2) = 0$

$G_{3\min} = \frac{1}{8}(10G_2 - 2G_1) = 75\text{kN}$

空载时,载荷 $G_2 = 0$。在起重机即将绕 A 点翻倒的临界情况,有 $F_{NB} = 0$。由此可求出 G_3 的最大值。

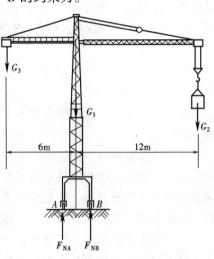

图 4-17

$\Sigma M_A(F) = 0$

$G_{3\max}(6 - 2) - 2G_1 = 0$

$G_{3\max} = \frac{2G_1}{4} = 350\text{kN}$

实际工作时,起重机不致翻到的平衡重取值范围为

$$75\text{kN} < G_3 < 350\text{kN}$$

(2) 当 $G_3 = 180\text{kN}$ 时,由平面平行力系的平衡方程

$$\Sigma M_A(F) = 0$$

$$G_3(6 - 2) - G_1 \cdot 2 - G_2(12 + 2) + F_{NB} \cdot 4 = 0$$

$\Sigma F_y = 0$

$$-G_3 - G_1 - G_2 + F_{NA} + F_{NB} = 0$$

解得

$$F_{NB} = \frac{14G_2 + 2G_1 - 4G_3}{4} = 870\text{kN}$$

$$F_{NA} = 210\text{kN}$$

结果校核:由多余的方程

$\Sigma M_B(F) = 0$

$$G_3(6 + 2) + G_1 \cdot 2 - G_2(12 - 2) - F_{NA} \cdot 4 = 0$$

得
$$F_{NA} = \frac{8G_3 + 2G_1 - 100G_2}{4} = 210\text{kN}$$

结果相同，计算无误。

通过上述例题分析，现将解平面力系平衡问题的方法和步骤归纳如下：

1. 选取研究对象。
2. 分析研究对象的受力情况，画受力图。画出研究对象所受的全部主动力和约束反力。
3. 根据受力类型列出平衡方程。平面任意力系只有三个独立平衡方程。为计算简捷，应选取适当的投影轴和矩心，投影轴和矩心选取的一般原则是：使尽可能多的未知力与投影轴垂直，使尽可能多的未知力作用线通过矩心。以使每个方程中未知量最少，力争做到一个方程求解一个未知量。
4. 求未知量。校核和讨论计算结果。

第三节　物体系统的平衡

在工程实际中，常需研究由若干个物体借助某些约束连接而成的物体系统的平衡问题。

研究物体系统的平衡问题，不仅要研究系统外的物体对系统的作用力（**外力**），还要研究系统内物体间的相互作用力（**内力**）。与单个物体的平衡问题相比，物体系统的平衡问题具有系统组成复杂、涉及未知量个数多等特点，因此具体求解此类问题时，虽然仍采用分析单个物体平衡问题的方法，但有其自身特点：

（1）整体系统平衡，系统内的每个组成物体也平衡。因此求解问题时，既可取整体系统，也可取部分系统或系统内的某个物体为研究对象。

（2）如系统由 n 个物体组成，而每个物体都在平面任意力系作用下平衡，则系统共有 $3n$ 个独立的平衡方程，可解 $3n$ 个未知量。当然，若系统中某些物体受平面汇交力系或平面平行力系或平面力偶系作用时，则系统的独立平衡方程数及所能求解的未知量个数都将相应减少。

（3）系统内外力的划分不是绝对的，是相对于所取的研究对象而言的。要求系统的内力，必须从欲求内力的约束处，将系统拆开，取其中某一部分为研究对象，使所求系统的内力转化为该研究对象的外力求解。

物体系统的平衡问题是刚体静力学的重点，也是一个难点。解此类问题，除要涉及比较复杂的物体系统的受力分析和各类平衡方程的灵活应用外，最关键的是选择合适的研究对象以及解题顺序。下面举例说明。

【**例 4-8**】　已知梁 AB 和 BC 在 B 端铰接，A 为可动铰支座，C 为固定端，如图 4-18（a）所示。若 $M = 20\text{kN}\cdot\text{m}$，$q = 15\text{kN/m}$，试求 A、B、C 三处的约束反力。

【**解**】　在本例中，系统由 AB 和 BC 两部分组成，既求系统外力，又求系统内力。分别对系统、AB 和 BC 进行受力分析，如图 4-18（a）、（b）、（c）所示。可以看出，（a）、（c）图都是平面任意力系，（b）图是平面平行力系，系统能提供 5 个独立的平衡方程，而系统的未知量恰好为 5 个。要求所有这 5 个未知量，必须列 5 个独立方程。显然，只选

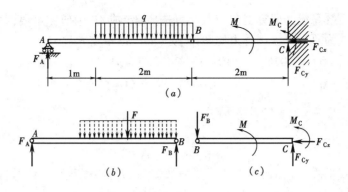

图 4-18

一次研究对象，无法达到此目的，必须选两次研究对象。首先考虑未知量个数最少的物体（AB 梁）为研究对象，恰好求解其上的两个未知力。然后可再取系统或 BC 梁为研究对象，求解其余的三个未知力。

(1) 取梁 AB 为研究对象，受力如图 4-18 (b)，均布载荷的合力 $F = 2q$。列平衡方程

$$\Sigma M_A(F) = 0 \qquad 3F_B - 2F = 0$$
$$\Sigma M_B(F) = 0 \qquad -3F_A + F = 0$$

解得
$$F_B = 20\text{kN} \qquad F_A = 10\text{kN}$$

(2) 再取梁 BC 为研究对象，受力如图 c。列平衡方程

$$\Sigma M_C(F) = 0 \qquad 2F'_B + M + M_C = 0$$
$$\Sigma M_B(F) = 0 \qquad 2F_{Cy} + M + M_C = 0$$
$$\Sigma F_x = 0 \qquad F_{Cx} = 0$$

由作用与反作用定律，有 $F'_B = F_B$，解上述方程组，得

$$M_C = -60\text{kN} \cdot \text{m} \qquad F_{Cy} = 20\text{kN} \qquad F_{Cx} = 0$$

若本例只要求组合梁的外约束反力，不求铰链 B 处的约束反力，则可以先取梁 AB 为研究对象，只列一个方程 $\Sigma M_B(F) = 0$，求得 F_A，而后再取系统为研究对象，求出其余的三个未知力 F_{Cx}、F_{Cy}、M_C。虽然对梁 AB 对应的力系还可列出一个独立方程，但它们对未知量的求解，不起作用，通常不予列出，这种作法称为列有针对性的方程。

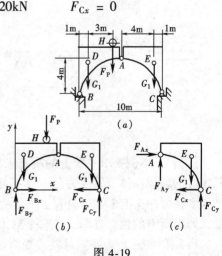

图 4-19

【例 4-9】 如图 4-19 (a) 所示的三铰拱桥由两部分组成，彼此用铰链 A 联结，再用铰链 C 和 B 固结在两岸桥墩上。每一部分的重量 $G_1 = 40\text{kN}$，其重心分别在点 D 和点 E。桥上载荷 $F_P = 20\text{kN}$。求 A、B、C 三处的约束反力。

【解】 同上例，本例系统也由 AB 和 AC 两部分组成，题目也要求既求系统外力，又求系统内力。欲完全求解未知量，也必须选择两次研究对象。考虑到系统所受外约束反力

49

的特点，首先选择系统为研究对象，其次可选择 AC 或 AB 为研究对象，求出全部未知量。

（1）取整体为研究对象，受力如图 4-19（b）。由平衡方程

$\Sigma M_B(\boldsymbol{F}) = 0 \quad 10 F_{Cy} - (10-1) G_1 - (1+3) F_P - G_1 = 0$

$\Sigma M_C(\boldsymbol{F}) = 0 \quad -10 F_{By} + (10-1) G_1 + (1+5) F_P + G_1 = 0$

$\Sigma F_x = 0 \quad F_{Bx} - F_{Cx} = 0$ (1)

解得

$$F_{Cy} = 48\text{kN}, \quad F_{By} = 52\text{kN}$$

（2）再取右半桥 AC 为研究对象，受力如图 4-19（c）所示。由平衡方程

$\Sigma M_A(\boldsymbol{F}) = 0 \quad -4 F_{Cx} + (4+1) F_{Cy} - 4 G_1 = 0$

$\Sigma F_x = 0 \quad F_{Ax} - F_{Cx} = 0$

$\Sigma F_y = 0 \quad F_{Ay} - G_1 + F_{Cy} = 0$

解得

$$F_{Cx} = 20\text{kN}, \quad F_{Ax} = F_{Cx} = 20\text{kN}, \quad F_{Ay} = -8\text{kN}$$

将 $F_{Cx} = 20$kN 代入（1）式，解得

$$F_{Bx} = 20\text{kN}$$

若本例中，B、C 两点不在同一水平线上，这样形成的三铰拱结构称为不等三铰拱。对于不等三铰拱，系统受力不再具有本题的特点，因此研究对象的选择不必分先后，对所选的研究对象列出所有的独立方程，只能联立方程求解未知量。

【例 4-10】 曲柄冲压机由冲头、连杆和飞轮所组成，如图 4-20（a）所示。设 OA 在铅垂位置时系统平衡，冲头 B 所受的工件阻力为 F_P。已知连杆 AB 长为 l，OA 长为 r。不计各构件的自重及摩擦。求作用于飞轮上的力偶的矩 M，轴承 O 处的约束反力，连杆 AB 所受的力及冲头 B 对导轨的侧压力。

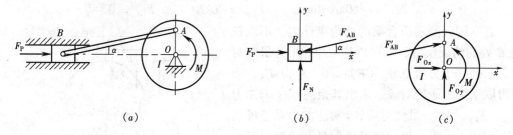

图 4-20

【解】 本例要求系统上的所有未知外力和内力，类似前两例的分析过程，对系统及其相应的组成物体分别受力分析。不难发现，系统和飞轮的受力情况相当，未知力个数都是 4 个，而冲头上未知力只有 2 个。故而本题首先以冲头为研究对象，再以飞轮为研究对象，列出所需的独立方程，求解全部未知量。

（1）取冲头 B 为研究对象，受力如图 4-20（b）。

由 $\Sigma F_x = 0 \quad F_P - F_{AB}\cos\alpha = 0 \quad F_{AB} = F_P/\cos\alpha$

由图中的几何关系

$$\sin\alpha = \frac{r}{l}, \quad \cos\alpha = \frac{\sqrt{l^2 - r^2}}{l}, \quad \tan\alpha = \frac{r}{\sqrt{l^2 - r^2}}$$

代入上式得
$$F_{AB} = \frac{F_P \cdot l}{\sqrt{l^2 - r^2}}$$

$$\Sigma F_y = 0 \qquad F_N - F_{AB}\sin\alpha = 0 \qquad F_N = F_P\tan\alpha = \frac{F_P r}{\sqrt{l^2 - r^2}}$$

由作用与反作用定律，冲头对导轨的侧压力

$$F'_N = F_N = \frac{F_P r}{\sqrt{l^2 - r^2}}$$

（2）再取飞轮为研究对象，受力如图 4-20（c）所示。由平衡方程

$$\Sigma F_x = 0 \qquad F_{Ox} + F'_{AB}\cos\alpha = 0$$
$$\Sigma F_y = 0 \qquad F_{Oy} + F'_{AB}\sin\alpha = 0$$
$$\Sigma M_O(\boldsymbol{F}) = 0 \qquad M - F'_{AB}\cos\alpha \cdot r = 0$$

由以上各式解出：

$$F_{Ox} = -F_P \qquad F_{Oy} = -\frac{F_P \cdot r}{\sqrt{l^2 - r^2}} \qquad M = F_P \cdot r$$

通过上述例题分析，现将求解物体系统平衡问题的步骤及解题要点总结如下：

（1）恰当地选择研究对象。对于物体系统的平衡问题，通常不只选择一次研究对象，为使解题方便，在研究对象的选取上一般可遵循以下原则：若整个系统所受外力的未知量不超过三个，或超过三个但仍能由整体平衡条件求得部分未知量时，可先选择整体为研究对象。否则就应选择既含已知量又含待求未知量，且受力情况较为简单的单个物体或系统的某一部分为研究对象。

（2）对所选的研究对象进行受力分析，正确画出其受力图。画受力图时，应注意合理利用简单力系的平衡条件，如二力平衡条件，三力平衡汇交定理和力偶等效定理等，确定未知反力的方位，简化求解过程。

（3）建立平衡方程，求解未知量。根据受力图上不同类型的力系及需要求解的未知力个数，灵活应用平衡方程的各种形式，列具有针对性的方程。尽量使一个方程能求解一个未知量，避免解联立方程。

第四节　考虑摩擦的平衡问题

摩擦是自然界普遍存在的现象。在前面的讨论中，总是略去物体接触面间的摩擦，将其视为绝对光滑的。实际上，完全光滑的接触面并不存在。在一些问题中，若物体所受的摩擦力与其他力相比的确很小，忽略它，对问题的研究无明显影响，则工程实际中常允许进行这样的简化处理。但在另一些问题中，摩擦力对物体的平衡或运动起着重要作用，这时不仅不能忽略，而且还应作为重要因素考虑它。如重力坝与挡土墙间的滑动稳定性问题，车辆制动器利用摩擦刹车，皮带轮利用摩擦传动等，都需要考虑摩擦力的作用。摩擦对我们的生产、生活既有利又有弊。因此，对摩擦现象的本质和规律应有一定的认识，才能充分利用其有利的一面，尽量避免其不利的一面。

一、滑动摩擦

当相互接触的两物体之间有相对滑动或相对滑动趋势时，在两物体的接触面上就有阻

碍它们产生相对滑动的机械作用出现，这种机械作用称为**滑动摩擦力**，简称摩擦力，而这种现象则称为**滑动摩擦**。两物体间仅有相对滑动趋势而产生的摩擦力称为**静摩擦力**，而两物体间由于相对滑动而产生的摩擦力称为**动摩擦力**。

可以通过图 4-21（a）所示的简单实验分析摩擦力的规律。在固定的水平面上放一重 G 的物块，通过一跨过滑轮的绳与盛有砝码的盘子相连。物块平衡时绳子对物块的拉力值应等于砝码和盘的重量。实践证明，只要拉力 F_T 的值不超过某一限度，则物块虽有向右滑动的趋势但仍处于静止状态。可见支承面对于物块除作用有沿支承面法线的约束反力 F_N 外，在接触面上还有一个阻碍物块沿支承面滑动的力 F_s 存在，如图 4-21（b）所示。力 F_s 称为静摩擦力。由物块的平衡条件知，静摩擦力 F_s 与拉力 F_T 等值反向，即 $F_s = -F_T$。当 F_T 为零时，物块相对于支承面无相对滑动趋势，于是，静摩擦力 F_s 也为零；当 F_T 的值增大时，F_s 的值亦随之增大。当 F_T 的值增大到某一限度时，物块处于由静到动的临界平衡状态，此后若继续增大 F_T 的值，物块就将向右滑动。这说明当物块处于临界平衡状态时，它所受的静摩擦力 F_s 已达到其可能的最大值 F_{max}，这时的静摩擦力 F_{max} 称为**最大静摩擦力**。

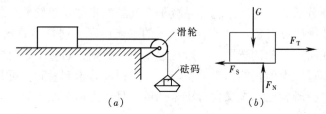

图 4-21

由此可见，静摩擦力的值存在一个明确的范围，即

$$0 \leqslant F_s \leqslant F_{max} \tag{4-12}$$

静摩擦力的方向与接触处相对滑动趋势方向相反，其大小一般由平衡条件决定。在很多的工程问题中，最大静摩擦力具有重要的意义，它直接关系到工程的安全与经济。

大量的实验结果表明，最大静摩擦力 F_{max} 的大小与接触面上法向反力 F_N 的大小成正比，即

$$F_{max} = f_s F_N \tag{4-13}$$

这就是**静（滑动）摩擦定律**。式（4-13）中的比例系数 f_s 称为**静（滑动）摩擦因数**，它与两接触物体的材料、接触面的粗糙程度、温度和湿度等因素有关，一般与接触面积的大小无关。静摩擦因数 f_s 的值可由实验测定。工程中常用材料的 f_s 值可从工程手册中查到。

当相互接触的两物体间有相对滑动时，它们所受到的摩擦力称为动（滑动）摩擦力。某物体所受的动摩擦力的方向与该物体相对滑动的方向相反。实验表明，动摩擦力 F_d 的大小与接触面上法向反力 F_N 的大小成正比，即

$$F_d = f F_N \tag{4-14}$$

这称为**动（滑动）摩擦定律**。式（4-14）中的比例系数 f 称为**动（滑动）摩擦因数**，它除与两接触物体的材料、接触面的粗糙程度、温度和湿度等因素有关外，通常还随物体

相对滑动速度的增大而略有减小。但当速度的变化不大时，一般可将其视为常数，其值也可由实验测定。动摩擦因数 f 一般略小于静摩擦因数 f_s。当所研究问题的精确度要求不高时，可近似认为二者相等。

二、摩擦角和自锁现象

1. 摩擦角

当考虑摩擦时，支承面对平衡物体的约束反力包含：法向反力 F_N 和切向反力（静摩擦力）F_s。二者的合力 F_R 称为支承面对物体的**全约束反力**，简称全反力，其作用线与接触面的公法线成一偏角 φ，如图 4-22（a）所示。若垂直于支承面的主动力 F_1 不变，则物体开始滑动前，静摩擦力 F_s、全反力 F_R 以及偏角 φ 均随平行于支承面的主动力 F_2 的增大而增大。当 F_2 增大到某一极限值 F_3 时，物体处于临界平衡状态，则此时的静摩擦力为 F_{max}；偏角 φ 也达到其最大值 φ_m，φ_m 称为**摩擦角**，如图 4-22（b）所示。摩擦角就是全约束反力与支承面法线间夹角的最大值。由图 4-22（b）可知

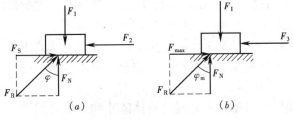

图 4-22

$$\tan\varphi_m = \frac{F_{max}}{F_N} = \frac{f_s F_N}{F_N} = f_s \tag{4-15}$$

即摩擦角的正切等于静摩擦因数。摩擦角和静摩擦因数一样，都是表示材料表面性质的重要参数。

若物体沿接触面各方向的静摩擦因数相等，则可以法线 $n-n$ 为轴，φ_m 为半顶角画出一个圆锥，如图 4-23 所示。这个圆锥称为**摩擦锥**。

2. 自锁现象

前面为引入摩擦角的概念，将支承面对平衡物体的法向反力 F_N 和切向反力（静摩擦力）F_s 合成为全约束反力 F_R，若将作用于物体上的主动力也合成为一个力 F_{Ra}，其作用线与支承面法线间的夹角为 θ。这样可等效认为物体上只作用了两个力 F_R 及 F_{Ra}。当物体平衡时，F_R 及 F_{Ra} 须满足二力平衡条件，即等值、反向、共线，显然也有 $\theta = \varphi \leq \varphi_m$，即主动力合力 F_{Ra} 的作用线始终位于摩擦角之内，如图 4-24（a）、（b）所示。但若 $\theta > \varphi_m$，即主动力合力 F_{Ra} 的作用线位于摩擦角之外，则 F_R 及 F_{Ra} 就不可能共线，从而物体不平衡，发生滑动，如图 4-24（c）所示。

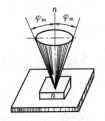

图 4-23

所谓**自锁现象**就是指作用于物体上的主动力的合力，无论其有多大，只要其作用线始终位于接触面的摩擦角之内，物体始终保持静止的现象。$\theta \leq \varphi_m$ 称为**自锁条件**。

自锁现象在工程中有重要的应用。如螺旋千斤顶顶重物，传送带传输物料等都是利用自锁条件工作的。当然，工程实际中有时也需要避免自锁现象的发生。如当机器正常工作时，其运动的零部件就不应该出现自锁而卡住不动。

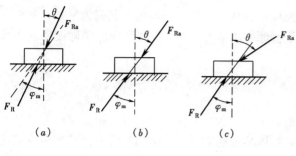

图 4-24

三、考虑摩擦时物体的平衡问题

考虑滑动摩擦时物体的平衡问题与不计摩擦时物体的平衡问题在解法上无本质区别。但是考虑滑动摩擦时物体的平衡问题，在受力分析时，必须考虑摩擦力。摩擦力总是沿着接触面的切向并与物体相对滑动趋势方向相反。物体处于非临界平衡状态时，摩擦力的大小是未知量，应由平衡方程确定；而物体处于临界平衡状态时，摩擦力达到最大值 F_{max}，其值除可由平衡方程确定外，还可由静摩擦定律 $F_{max} = f_s F_N$ 确定。因此求解此类问题时通常需要判定物体处于何种状态。另外，由于静摩擦力的值可以在零到 F_{max} 之间变化，所以此类问题的解答不一定是一个确定的值，可能是用不等式表示的一个范围，称为平衡范围。

【**例 4-11**】 物块重 $G = 1500\text{N}$，放于倾角为 30°的斜面上，它与斜面间的静摩擦因数为 $f_s = 0.2$，动摩擦因数 $f = 0.18$。物块受水平力 $F_P = 400\text{N}$，如图 4-25 所示。问物块是否静止，并求此时摩擦力的大小与方向。

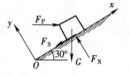

图 4-25

【**解**】 解此类问题的思路是：先假设物体静止和摩擦力的方向，应用平衡方程求解，将求得的摩擦力与最大静摩擦力比较，确定物体是否静止。

取物块为研究对象，设摩擦力沿斜面向下，受力如图。由平衡方程

$$\sum F_x = 0 \qquad -G\sin30° + F_P\cos30° - F_s = 0$$

$$\sum F_y = 0 \qquad -G\cos30° - F_P\sin30° + F_N = 0$$

解得

$$F_s = -403.6\text{N}, F_N = 1499\text{N}$$

F_s 为负值，说明平衡时摩擦力方向与所设的相反，即沿斜面向上。最大摩擦力为

$$F_{max} = f_s F_N = 299.8\text{N}$$

结果表明，$|F_s| > F_{max}$，这是不可能的，说明物块将向下滑动。动滑动摩擦力的方向沿斜面向上，大小为

$$F_d = f F_N = 269.8\text{N}$$

这类问题称为判断平衡或求摩擦力问题。

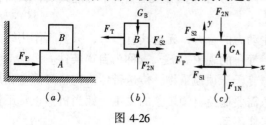

图 4-26

【**例 4-12**】 水平面上迭放着物块 A 和 B，分别重 $G_A = 100\text{N}$ 和 $G_B = 80\text{N}$。物块 B 用拉紧的水平绳子系在固定点，如图 4-26（a）。已知物块 A 和支承面间、两物块间的摩擦因数分别是 $f_{s1} = 0.8$ 和 $f_{s2} = 0.6$。求自左向右推动物块 A 所需的

最小水平力 F_P。

【解】 求这类极限值问题，通常在临界平衡状态下求解。思路是：补充方程 $F_s = F_{\max} = f_s F_N$，与平衡方程共同求解。

取物块 B 为研究对象，受力如图 4-26（b）。

得 $\quad\quad\quad\quad\quad\quad\quad\quad F'_{2N} = G_B。$

取物块 A 为研究对象，受力如图 4-26（c）。

由作用与反作用定律得 $\quad\quad F_{2N} = F'_{2N}$

由平衡方程 $\quad\quad \sum F_x = 0 \quad\quad F_P - F_{S1} - F_{S2} = 0$

$\quad\quad\quad\quad\quad\quad \sum F_y = 0 \quad\quad F_{1N} - F_{2N} - G_A = 0$

设物块处于临界平衡状态，有补充方程

$$F_{S1} = f_{s1} F_{1N}, \quad F_{S2} = f_{s2} F_{2N}$$

解得 $\quad\quad\quad\quad\quad F_{1N} = G_A + F_{2N} = G_A + G_B$

$$F_P = F_{S1} + F_{S2} = f_{s1} F_{1N} + f_{s2} F_{2N} = f_{s1} G_A + (f_{s1} + f_{s2}) G_B$$

代入数据，求得自左向右推动物块 A 的最小水平力

$$F_P = 0.8 \times 100 + (0.8 + 0.6) \times 80 = 192\text{N}$$

在临界平衡状态下求解有摩擦的平衡问题时，必须根据两物体接触面相对滑动的趋势，正确判断摩擦力的方向，不能任意假设。这是因为由补充方程 $F_{\max} = f_s F_N$ 确定的 $F_{\max}$ 为正值，必须按实际方向给出。

这类问题称为临界平衡求极值问题。

【例 4-13】 凸轮机构如图 4-27（a）所示。已知推杆与滑道间的摩擦因数为 f_s，滑道宽度为 b。设凸轮与推杆接触处的摩擦忽略不计。问 a 为多大，推杆才不致被卡住。

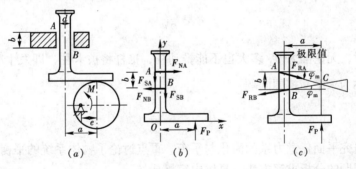

图 4-27

【解】 这类问题的解是不等式表示的一个范围。这类问题的求解思路通常是先求出解的极限值，再讨论其变化范围。

取推杆为研究对象。受力如图 4-27（b）所示，由于推杆有向上滑动趋势，摩擦力 F_{SA}、F_{SB} 的方向向下。由平衡方程

$$\sum F_x = 0 \quad\quad F_{NA} = F_{NB} = F_N \quad\quad\quad\quad (1)$$

$$\sum F_y = 0 \quad\quad -F_{SA} - F_{SB} + F_P = 0 \quad\quad\quad\quad (2)$$

$$\sum M_O(\boldsymbol{F}) = 0 \quad\quad F_P a - F_{NA} b - F_{SB} \frac{d}{2} + F_{SA} \frac{d}{2} = 0 \quad\quad\quad\quad (3)$$

考虑平衡的临界情况，有

$$F_{SA} = F_{Amax} = f_s F_{NA} \tag{4}$$

$$F_{SB} = F_{Bmax} = f_s F_{NB} \tag{5}$$

解方程得

$$a = \frac{b}{2f_s}$$

下面讨论解的范围。当 a 增大时，相当在推杆上增加一个逆针向转动的力偶，从而增加了 A、B 两处的正压力，加大最大摩擦力，系统仍将保持平衡。反之，如力 F_P 左移，将减小最大摩擦力，系统不能平衡，推杆向上滑动。可知推杆不致卡住的条件应是

$$a < \frac{b}{2f_s}$$

如将式（4）和（5）改为 $F_A \leqslant f_s F_{NA}$ 和 $F_B \leqslant f_s F_{NB}$，解不等式，仍可得出此条件。

本例也可根据摩擦角概念，用几何法求解。当推杆在临界平衡时，全反力 F_{RA} 和 F_{RB} 与水平线的夹角等于摩擦角 φ_m。由三力平衡条件可知，F_{RA}、F_{RB} 和 F_P 必交于 C 点，如图 4-27（c）所示。由图可知

$$(a - d/2)\tan\varphi_m + (a + d/2)\tan\varphi_m = b$$

$$a = \frac{b}{2\tan\varphi_m} = \frac{b}{2f_s}$$

推杆平衡时，全反力与法线间的夹角 φ 必满足条件：$\varphi \leqslant \varphi_m$。由图可知，三力交点必在图示点 C 右侧，在点 C 左侧不可能相交。因此，推杆不被卡住的条件应是

$$a < \frac{b}{2f_s}$$

而当 $a \geqslant \frac{b}{2f_s}$ 时，无论推力 F_P 多大也不能推动杆，推杆将被卡住，即发生摩擦自锁。

这类问题称为求平衡范围问题。

小　　结

本章主要研究平面任意力系的简化与平衡，重点讨论了物体系统的平衡问题以及考虑摩擦时的平衡问题的分析求解方法。具体内容概括如下：

1. 力的平移定理是力系向任一点简化的理论基础。

2. 平面任意力系的简化：平面任意力系向平面内任一点简化，得到一个力和一个力偶。力的大小、方向等于力系的主矢，力偶的矩等于力系对简化中心的主矩。主矢与简化中心位置无关，主矩与简化中心位置有关。

力系的简化结果归结为计算两个基本物理量——主矢和主矩。它们的解析表达式分别为

$$\boldsymbol{F}'_R = \Sigma F_x \boldsymbol{i} + \Sigma F_y \boldsymbol{j}$$

$$M_0 = \Sigma M_0(\boldsymbol{F}) = \Sigma(x_i F_{yi} - y_i F_{xi})$$

平面任意力系简化结果分析

主　　矢	主　　矩	简　化　结　果
$F'_R = 0$	$M_0 = 0$	平　　衡
	$M_0 \neq 0$	合　力　偶
$F'_R \neq 0$	$M_0 = 0$	合力，合力作用线通过简化中心
	$M_0 \neq 0$	合力，合力作用线到简化中心的距离为 $d = |M_0|/F'_R$

3．合力矩定理

$$M_0(\boldsymbol{F}_R) = \Sigma M_0(\boldsymbol{F}_i)$$

平面力系的合力对某一点之矩等于力系中各力对该点之矩的代数和。

4．平面任意力系平衡

平衡的充要条件：力系的主矢和对任一点的主矩都等于零，即

$$\left.\begin{array}{l} \boldsymbol{F}'_R = \Sigma \boldsymbol{F}_i = 0 \\ M_0 = \Sigma M_0(\boldsymbol{F}_i) = 0 \end{array}\right\}$$

平面任意力系的平衡方程有三种形式

基本形式：$\left.\begin{array}{l} \Sigma F_x = 0 \\ \Sigma F_y = 0 \\ \Sigma M_0(\boldsymbol{F}) = 0 \end{array}\right\}$

二矩式：$\left.\begin{array}{l} \Sigma F_x = 0 \\ \Sigma M_A(\boldsymbol{F}) = 0 \\ \Sigma M_B(\boldsymbol{F}) = 0 \end{array}\right\}$ (A、B 连线不能与 x 轴垂直)

三矩式：$\left.\begin{array}{l} \Sigma M_A(\boldsymbol{F}) = 0 \\ \Sigma M_B(\boldsymbol{F}) = 0 \\ \Sigma M_C(\boldsymbol{F}) = 0 \end{array}\right\}$ (A、B、C 三点不共线)

三个独立的平衡方程，可解三个未知量。

5．平面平行力系的平衡方程

平面平行力系是平面任意力系的一种特殊情况，它有两个独立的平衡方程，可解两个未知量。

基本形式：$\left.\begin{array}{l} \Sigma F_y = 0 \\ \Sigma M_A(\boldsymbol{F}) = 0 \end{array}\right\}$

二矩式：$\left.\begin{array}{l} \Sigma M_A(\boldsymbol{F}) = 0 \\ \Sigma M_B(\boldsymbol{F}) = 0 \end{array}\right\}$ (A,B 两点连线不与各力平行)

6．滑动摩擦力是两物体在其接触表面内有相对滑动趋势或有相对滑动时出现的切向阻力。前者称为静滑动摩擦力，后者称为动滑动摩擦力。

（1）静滑动摩擦力的大小、方向随主动力改变，由平衡方程确定。当物体处于临界平衡状态时，静摩擦力达最大值。物体平衡时，静摩擦力的变化范围为

$$0 \leqslant F_s \leqslant F_{\max}$$

静摩擦力的最大值可由静滑动摩擦定律决定，即

$$F_{\max} = f_s F_N$$

其中 f_s 为静滑动摩擦因数，F_N 为法向反力。

(2) 动滑动摩擦力大小由动滑动摩擦定律决定，即

$$F_d = fF_N$$

其中 f 为动滑动摩擦因数。

7. 摩擦角 φ_m 为全反力与接触面法线间夹角的最大值，有

$$\tan\varphi_m = f_s$$

物体平衡时，全反力与法线间夹角 α 的变化范围为

$$0 \leqslant \alpha \leqslant \varphi_m$$

当主动力的合力作用线在摩擦角之内时发生自锁现象。

习　题

4-1　计算下列各图中力 F 对 O 点的矩。

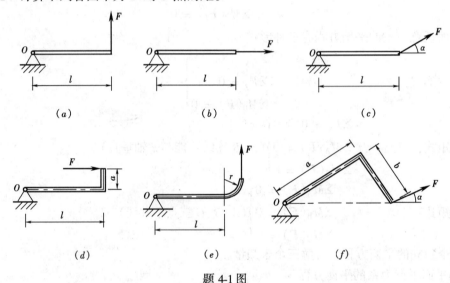

题 4-1 图

4-2　在题 4-2 图所示平面力系中，已知：$F_1 = 10\text{kN}, F_2 = 40\text{kN}, F_3 = 40\text{kN}, M = 30\text{kN}\cdot\text{m}$。试求其合力，并画在图上（图中长度单位为米）。

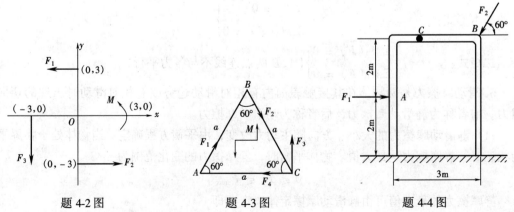

题 4-2 图　　　题 4-3 图　　　题 4-4 图

4-3　题 4-3 图所示平面力系，已知：$F_1 = F_2 = F_3 = F_4 = F, M = Fa, a$ 为三角形边

长，若以 A 为简化中心，试求合成的最后结果，并在图中画出。

4-4 题 4-4 图所示刚架，在 A、B 两点分别受力 F_1、F_2 的作用，已知 $F_1 = F_2 = 10$kN。欲以过 C 点的一个力 F 代替 F_1 及 F_2，求力 F 的大小、方向及 BC 间的距离。

4-5 试求下列各梁中支座的约束反力。

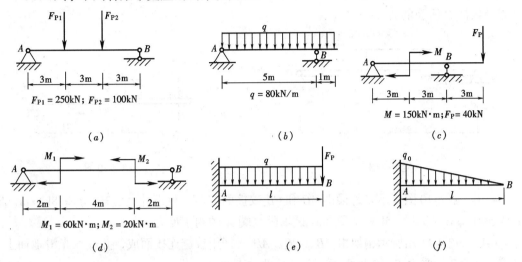

题 4-5 图

4-6 试求下列各梁中支座的约束反力。

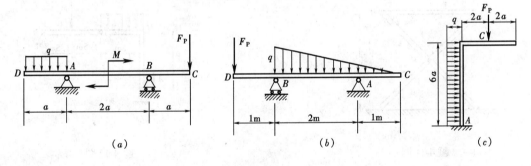

题 4-6 图

4-7 题 4-7 图所示刚性曲梁，已知：$M = \frac{1}{2}F_P L$，$F_{P1} = \sqrt{2} F_P$，$AC = BC = BH = KH = \frac{L}{2}$，$\theta = 45°$，试求支座 A、B 的约束反力。

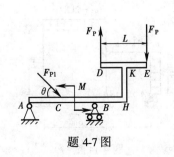

题 4-7 图

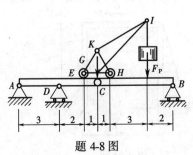

题 4-8 图

4-8 起重机重 $G = 50\text{kN}$，放置在水平连续梁上，起吊重量 $F_P = 10\text{kN}$，不计梁重，如题 4-8 图所示。图中尺寸单位为 m。求支座 A、B 和 D 的约束反力。

4-9 由杆 AC 和 CD 构成的组合梁通过铰链 C 连接，如题 4-9 图所示。已知均布载荷集度 $q = 10\text{kN/m}$，力偶矩 $M = 40\text{kN·m}$，$a = 2\text{m}$，不计梁重。求支座 A、B 和 D 的约束反力以及铰链 C 所受的力。

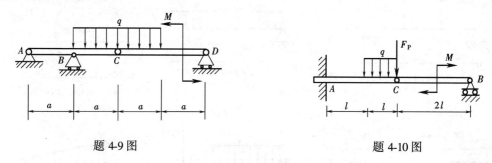

题 4-9 图　　　　　　　　　　　题 4-10 图

4-10 题 4-10 图所示多跨梁由 AC 和 CB 铰接而成，自重不计。已知：$q = 8\text{kN/m}$，$M = 4.5\text{kN·m}$，$F_P = 1.5\text{kN}$，$l = 3\text{m}$。试求固定端 A 的约束反力。

4-11 题 4-11 图所示构架由 AB、BC、AD 三杆用铰链连接而成，并放在光滑地面上。试求：当 AB 杆受力 F_P 作用时，铰链 E 处的约束反力。

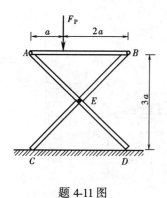

题 4-11 图　　　　　　　　　　　题 4-12 图

4-12 结构如题 4-12 图所示，C 处为铰链，自重不计。已知：$F_P = 100\text{kN}$，$q = 20\text{kN/m}$，$M = 50\text{kN·m}$。试求 A、B 两支座的反力。

4-13 题 4-13 图所示平面结构，各杆自重不计。已知：$q_1 = 6\text{kN/m}$，$M = 5\text{kN·m}$，$l = 4\text{m}$，C、D 为铰接。试求固定端 A 的约束反力。

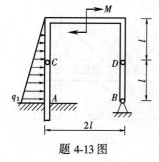　　　　　　　　　　　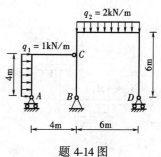

题 4-13 图　　　　　　　　　　　题 4-14 图

4-14 平面刚架自重不计，受力、尺寸如题 4-14 图所示。试求 A、B、C、D 处的约束反力。

4-15 题 4-15 图所示结构，自重不计，C 处为铰接。$L_1 = 1\text{m}$，$L_2 = 1.5\text{m}$。已知：$M = 100\text{kN}\cdot\text{m}$，$q = 100\text{ kN/m}$。试求 A、B 支座反力。

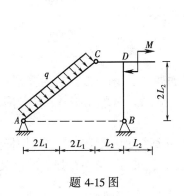

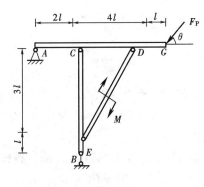

题 4-15 图 　　　　　　　　　　　　　　题 4-16 图

4-16 题 4-16 图所示结构，由 AG、CB、DE 三杆连接而成，杆重不计。已知：$F_P = 4\sqrt{2}\text{kN}$，$M = 10\text{kN}\cdot\text{m}$，$l = 1\text{m}$，$\theta = 45°$。试求：1）支座 A、B 的约束反力；2）铰链 C、D 的约束反力。

4-17 题 4-17 图所示曲柄摇杆机构，在摇杆的 B 端作用一水平阻力 F_P，已知：$OC = r$，$AB = L$，各部分自重及摩擦均忽略不计，欲使机构在图示位置（OC 水平）保持平衡，试求在曲柄 OC 上所施加的力偶的力偶矩 M，并求支座 O、A 的约束反力。

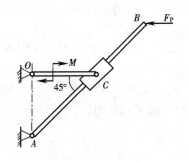

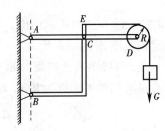

题 4-17 图 　　　　　　　　　　　　　　题 4-18 图

4-18 支架由直杆 AD 与直角曲杆 BE 及定滑轮 D 组成，如题 4-18 图所示。已知：$AC = CD = AB = 1\text{m}$，$R = 0.3\text{m}$，$G = 100\text{N}$，A、B、C 处均用铰链连接。绳、杆、滑轮自重均不计。试求支座 A、B 的约束反力。

4-19 题 4-19 图所示结构，由杆 AB、DE、BD 组成，各杆自重不计，D、C、B 均为铰链连接，A 端为固定端约束。已知：q（N/m），$M = qa^2$（N·m），$F_P = \sqrt{2}qa$（N），尺寸如图。试求固定端 A 的约束反力及 BD 杆所受的力。

61

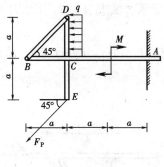
题 4-19 图

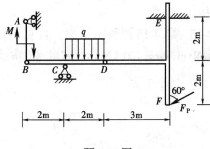
题 4-20 图

4-20 结构由 AB、BD 及 T 字杆 DEF 组成，尺寸如题 4-20 图，B、D 为光滑铰链，各构件自重均不计。已知：$M = 4\text{kN} \cdot \text{m}$，$F_P = 2\text{kN}$，$q = 4\text{kN/m}$，试求支座 A、C 及固定端 E 的约束反力。

4-21 构架受力如题 4-21 图，各杆重不计，销钉 E 固结在 DH 杆上，与 BC 槽杆为光滑接触。已知：$AD = DC = BE = EC = 20\text{cm}$，$M = 200\text{N} \cdot \text{m}$。试求 A、B、C 处的约束反力。

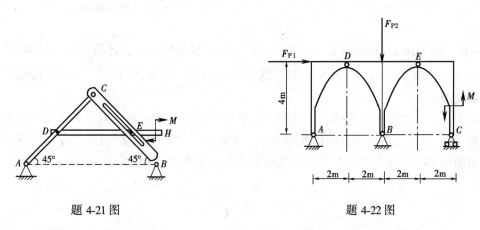

题 4-21 图　　　　　　　　　　题 4-22 图

4-22 题 4-22 图所示结构，自重不计。已知：$F_{P1} = 2\text{kN}$，$F_{P2} = 3\text{kN}$，$M = 2\text{kN} \cdot \text{m}$。试求固定铰支座 B 的约束反力。

4-23 升降混凝土的简易起重机如题 4-23 图所示。已知混凝土和吊桶共重 25kN，吊桶与滑道间的摩擦因数为 0.3，求重物匀速上升和下降时，绳子的拉力。

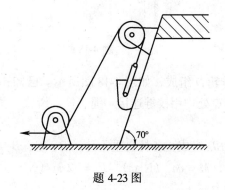
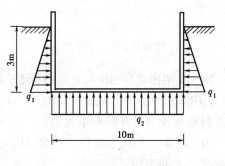

题 4-23 图　　　　　　　　　　题 4-24 图

4-24 题 4-24 图所示一空心水池的横断面,已知:池壁与泥土间的摩擦因数为 $f_s=0.1$,池底处的土压力集度 $q_1=60\text{kN/m}$,地下水压力集度 $q_2=30\text{kN/m}$,要水池不被地下水顶起。求沿纵向每横截面水池所需的最小重量 G。

4-25 如题 4-25 图所示梯子 AB 重 G,A 端靠在光滑的墙上,B 端放在摩擦因数为 f_s 的地板上。问:当梯子与地面间的夹角 α 为何值时,体重为 G_1 的人能爬到梯子的顶点?

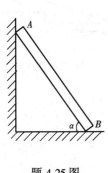

题 4-25 图

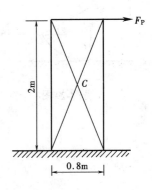

题 4-26 图

4-26 一均质物体尺寸如题 4-26 图所示,重 $G=1\text{kN}$,作用在 C 点,已知:物体与水平地面摩擦系数 $f_s=0.3$,求使物体保持平衡所需的水平力 F_P 的最大值。

4-27 均质杆 AD 重 G,BC 杆重不计,如题 4-27 图所示。如将两杆于 AD 的中点 C 搭在一起,杆与杆之间的静摩擦因数 $f_s=0.6$。试问系统是否静止?

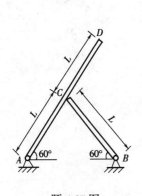

题 4-27 图

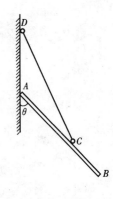

题 4-28 图

4-28 题 4-28 图所示均质杆,其 A 端支承在粗糙墙面上,已知:$AB=40\text{cm}$,$BC=15\text{cm}$,$AD=25\text{cm}$,系统平衡时 $\theta_{\min}=45°$。试求接触面处的静摩擦因数。

4-29 题 4-29 图所示半圆柱体重 G,重心 C 到圆心 O 点的距离为 $a=4R/(3\pi)$,其中 R 为半圆柱体半径,如半圆柱体与水平面间的静摩擦因数为 f_s。试求半圆柱体刚被拉动时所偏过的角度 θ。

4-30 尖劈顶重装置如题 4-30 图所示。尖劈 A 的顶角为 α,在 B 块上有重量为 G 的重物作用。A 块与 B 块之间的摩擦因数 $f_s = \tan\varphi_m$（其余各处为光滑接触），不计 A 块、B 块的重量，求：(1) 顶住重物所需的力 F_P 之值；(2) 使重物刚好不会向上移动所需之力 F_P 的值。

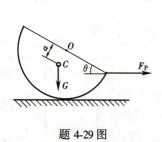

题 4-29 图

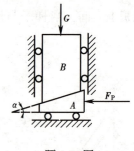

题 4-30 图

第五章 空 间 力 系

各力作用线在空间任意分布的力系称为**空间力系**。空间力系是各种力系中最一般的力系。工程实际中的绝大多数力系都是空间力系，只是一些空间力系可以简化为平面力系处理。但工程中也存在许多结构如车床主轴、起重设备、高压输电线塔和飞机的起落架等，其受力情况不能简化为平面力系，只能按空间力系处理。与平面力系一样，空间力系也可分为空间汇交力系、空间力偶系、空间平行力系和空间任意力系。

第一节 空间力系的基本概念

由于空间力系中，各力的作用线在空间任意分布，因此平面力系中关于力及力偶的一些基本计算必须推广和延伸。

一、空间力对点之矩。

在平面力系中，各力的作用线与矩心决定的力矩作用面都相同，因此，只要知道力矩的大小和力矩的转向，就足以表明力使物体绕矩心转动的效应，故在平面力系中，只需用代数量表示力对点之矩。但是，在空间力系中，各力的作用线与同一矩心决定的力矩作用面不一定相同，因此空间力对点之矩对物体的转动效应由以下三方面共同决定：力矩的大小，力矩的转向，力矩作用面的方位。这称为空间力对点之矩的三要素。这三要素用一个代数量不能完整表达，必须用矢量表示。

从力 F 的作用点 A 作相对于矩心 O 的位置矢径 r，如图 5-1 所示，则力对点之矩 $M_O(F)$ 可定义为：

$$M_O(F) = r \times F \tag{5-1}$$

这称为力对点之矩的矢积表示式。

由式 (5-1) 及图 5-1 可知：

(1) 力对点之矩依赖于矩心的位置，是定位矢量。矩心相同的各力矩矢量符合矢量合成的平行四边形法则。

(2) 力矩的大小

$$|M_O(F)| = F \cdot h = 2S_{\triangle OAB}$$

(3) 力矩的方向

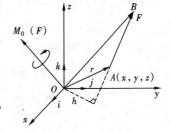

图 5-1

力矩矢量的方位沿力矩作用面的法线，指向由右手螺旋法则确定，即以右手四指弯曲的方向表示力矩的转向，大拇指的指向即表示力矩矢量的指向。在图中，为与力矢量区别，力对点之矩矢量均以带圆弧箭头的有向线段表示。

以矩心 O 为原点建立空间直角坐标系 $Oxyz$，如图 5-1 所示，以 x, y, z 和 Fx, Fy, Fz 分别表示 A 点的坐标和力 F 在对应坐标轴上的投影，以 i, j, k 表示坐标轴的单位矢量，则有

$$M_O(F) = r \times F = \begin{vmatrix} i & j & k \\ x & y & z \\ F_x & F_y & F_z \end{vmatrix}$$
$$= (yF_z - zF_y)i + (zF_x - xF_z)j + (xF_y - yF_x)k \tag{5-2}$$

这称为力对点之矩的解析表达式。若将力对点之矩矢量也向坐标轴投影,则其投影的表达式为

$$\left.\begin{array}{l}[M_O(F)]_x = yF_z - zF_y \\ [M_O(F)]_y = zF_x - xF_z \\ [M_O(F)]_z = xF_y - yF_x\end{array}\right\} \tag{5-3}$$

平面力对点之矩是空间力对点之矩的特殊情况,其计算公式可由式(5-3)推出,读者可自行推导。

二、力对轴之矩

工程中,经常遇到物体绕某轴转动的问题。为了度量力使物体绕轴转动的作用效应,必须提出一个新概念——**力对轴之矩**。现以开门为例讨论其计算。

如图5-2所示,在门的 A 点作用一力 F,使门绕 z 轴转动。过 A 点作一垂直于 z 轴的平面 xy,将力 F 分解为两个分力 F_z 和 F_{xy},其中 F_z 与 z 轴平行;F_{xy} 与 z 轴垂直。由经验可知,分力 F_z 不能使门绕 z 轴转动,只有分力 F_{xy} 才能使门绕 z 轴转动。分力 F_{xy} 就是力 F 在平面 xy 上的投影。显然,分力 F_{xy} 使门绕 z 轴转动的效应可以用力 F_{xy} 对 z 轴与平面 xy 的交点 O 之矩来度量。于是,定义力 F 对 Z 轴之矩 $M_z(F)$ 为

$$M_z(F) = M_O(F_{xy}) = \pm F_{xy} \cdot d \tag{5-4}$$

即力对某轴之矩等于该力在垂直于该轴的平面上的投影对该轴与此平面交点的矩。力对轴之矩是代数量,其正负号由右手螺旋法则确定,即用右手的四指握轴,并使四指弯曲方向与力矩转向一致,则此时大拇指的指向与轴的正向相同,取正号,反之,取负号。

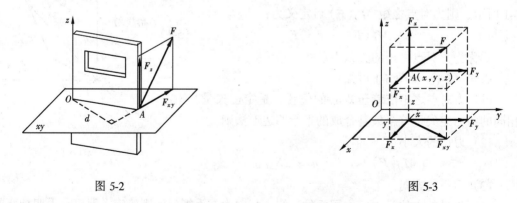

图 5-2　　　　　　　　　　图 5-3

由定义可知:

(1) 力与轴平行或相交,即力与轴共面时,力对该轴之矩等于零。

(2) 力沿其作用线移动时,力对轴之矩不变。

力对轴之矩也可用解析式表达。如图5-3所示,作直角坐标系 $Oxyz$,以 x,y,z 和 F_x,F_y,F_z 分别表示力 F 作用点 A 的坐标和力 F 在对应坐标轴上的投影。根据力对轴之

矩的定义和合力矩定理，可得
$$M_z(\boldsymbol{F}) = M_O(\boldsymbol{F}_{xy}) = M_O(\boldsymbol{F}_x) + M_O(\boldsymbol{F}_y) = xF_y - yF_x$$
力 $\boldsymbol{F}$ 对 x 轴和 y 轴之矩也可类似写出，则力 $\boldsymbol{F}$ 对直角坐标轴的解析表达式为

$$\left.\begin{array}{l} M_x(\boldsymbol{F}) = yF_z - zF_y \\ M_y(\boldsymbol{F}) = zF_x - xF_z \\ M_z(\boldsymbol{F}) = xF_y - yF_x \end{array}\right\} \tag{5-5}$$

三、力对点之矩和力对通过该点的轴之矩的关系

对比 (5-3) 和 (5-5) 式，可得如下关系：

$$\left.\begin{array}{l} [M_O(\boldsymbol{F})]_x = M_x(\boldsymbol{F}) \\ [M_O(\boldsymbol{F})]_y = M_y(\boldsymbol{F}) \\ [M_O(\boldsymbol{F})]_z = M_z(\boldsymbol{F}) \end{array}\right\} \tag{5-6}$$

即力对某点之矩在通过该点的任一轴上的投影等于力对该轴之矩。这就是力对点之矩和力对通过该点的轴之矩的关系。

于是，力对点之矩的解析表达式也可写为

$$\boldsymbol{M}_O(\boldsymbol{F}) = M_x(\boldsymbol{F})\boldsymbol{i} + M_y(\boldsymbol{F})\boldsymbol{j} + M_z(\boldsymbol{F})\boldsymbol{k} \tag{5-7}$$

平面力对点之矩与力对过该点并垂直于力作用面的轴之矩相同，原因请读者自行思考。因此，在平面问题中，不区分力对点之矩和力对轴之矩。

【**例 5-1**】 如图 5-4 所示，手柄 ABCE 在平面 Axy 内，D 处作用一个力 $\boldsymbol{F}$，力 $\boldsymbol{F}$ 位于垂直于 y 轴的平面内，偏离铅直线的角度为 α。如 $CD = a$，杆 BC 平行于 x 轴，杆 CE 平行于 y 轴，AB 和 BC 的长度都等于 l。试求力 $\boldsymbol{F}$ 对 x、y 和 z 轴之矩及对 A 点之矩。

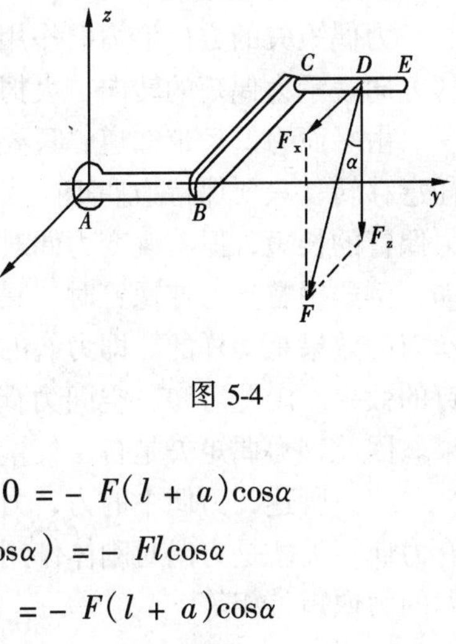

【**解**】 用力对轴之矩的解析式计算。力 $\boldsymbol{F}$ 在 x、y、z 轴上的投影为
$$F_x = F\sin\alpha, \quad F_y = 0, \quad F_z = -F\cos\alpha$$

图 5-4

力作用点 D 的坐标为 $x = -l$，$y = l + a$，$z = 0$，则
$$M_x(\boldsymbol{F}) = yF_z - zF_y = (l+a)(-F\cos\alpha) - 0 = -F(l+a)\cos\alpha$$
$$M_y(\boldsymbol{F}) = zF_x - xF_z = 0 - (-l)(-F\cos\alpha) = -Fl\cos\alpha$$
$$M_z(\boldsymbol{F}) = xF_y - yF_x = 0 - (l+a)(F\sin\alpha) = -F(l+a)\cos\alpha$$

也可采用力对轴之矩的定义式，并结合合力矩定理计算。

将力 $\boldsymbol{F}$ 沿坐标轴分解为 $\boldsymbol{F}_x$ 和 $\boldsymbol{F}_z$ 两个分力，其中 $F_x = F\sin\alpha$，$F_z = F\cos\alpha$。注意到力与轴平行或相交时对该轴之矩为零，则

$$M_x(\boldsymbol{F}) = M_x(\boldsymbol{F}_z) = -F_z(AB + CD) = -F(l+a)\cos\alpha$$
$$M_y(\boldsymbol{F}) = M_y(\boldsymbol{F}_z) = -F_z BC = -Fl\cos\alpha$$
$$M_z(\boldsymbol{F}) = M_z(\boldsymbol{F}_x) = -F_x(AB + CD) = -F(l+a)\sin\alpha$$

两种方法所得计算结果相同。

由式（5-7）得力 F 对 A 点之矩为

$$M_A(F) = M_x(F)i + M_y(F)j + M_z(F)k$$
$$= -F(l+a)\cos\alpha i - Fl\cos\alpha j - F(l+a)\sin\alpha k$$

四、空间力偶理论

在平面力系中，各力偶都在同一平面内。因此，它们对刚体的作用效应仅取决于力偶矩的大小和转向，用代数量就可以完整描述平面力偶矩。但在空间力系中，各力偶的作用面可能具有不同的方位，力偶对刚体的作用效应不仅取决于力偶矩的大小及其在力偶作用面内的转向，而且还与力偶作用面的方位有关。空间力偶矩的大小、转向和力偶作用面的方位称为空间力偶的三要素。这三要素只有用矢量才能完整描述。

如图 5-5 所示，力偶（F，F'）中两力的作用点分别为 A、B，作 A 点相对于 B 点的位置矢径 r_{AB}，则力偶矩矢 M 可定义为

$$M = r_{AB} \times F \tag{5-8}$$

这称为力偶矩矢 M 的矢积表达式。

由式（5-8）和图 5-5 可知

(1) 力偶矩矢的大小

$$|M| = F \cdot d$$

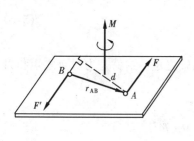

图 5-5

(2) 力偶矩矢的方向

力偶矩矢的方位沿力偶作用面的法线，指向由右手螺旋法则确定，即以右手四指弯曲的方向表示力偶矩的转向；大拇指的指向即表示力偶矩矢的指向。

由平面力偶理论知道，只要不改变力偶矩的大小和力偶的转向，力偶可在其作用面内任意移转；只要保持力偶矩的大小和力偶的转向不变，也可同时改变力偶中的力的大小和力偶臂的长短，但不改变力偶对刚体的作用效应。实践证明，力偶的作用面也可以平行移动。例如用螺丝刀拧螺钉时，只要力偶矩的大小和力偶的转向保持不变，长螺丝刀和短螺丝刀的效果是一样的。即力偶的作用面可以垂直于螺丝刀的轴线平行移动，而不影响拧螺钉的效果。由此可知，空间力偶的作用面可以平行移动，但不改变力偶对刚体的作用效果。因此，力偶矩矢是自由矢量，力偶矩矢间的合成符合平行四边形法则。

综上所述，力偶中的力、力偶臂和力偶在其作用面内的位置都不是力偶的特征量。只有力偶矩矢才是力偶对刚体作用效应的惟一度量。于是，空间力偶的等效条件为：两个力偶的力偶矩矢相等。

第二节 空间力系的简化

一、空间任意力系向一点的简化

设一空间任意力系 F_1，F_2，…，F_n 作用在刚体上，如图 5-6（a）所示。在空间任取一点 O（称为**简化中心**），应用力的平移定理，将各力平移至点 O，并附加相应的力偶。由于空间力系中，各力的作用线不在同一平面内，当各力向同一点平移时，附加力偶矩必须用矢量表示。于是，得到一个汇交于 O 点的空间汇交力系 F'_1，F'_2，…，F'_n，以及力偶矩矢分别为 M_1，M_2，…，M_n，也汇交于 O 点的空间力偶系，如图 5-6（b）所

示。其中：

$$F'_1 = F_1, \ F'_2 = F_2, \ \cdots, \ F'_n = F_n$$
$$M_1 = M_0(F_1), \ M_2 = M_0(F_2), \ \cdots, \ M_n = M_0(F_n)$$

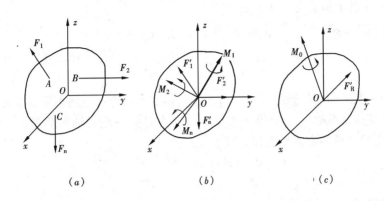

图 5-6

利用矢量合成的多边形法则，分别将汇交于 O 点的力矢量和力偶矩矢量合成，得到：

(1) 汇交于 O 点的空间汇交力系合成为作用线过 O 点的一个力 F'_R，它等于原力系中各力的矢量和，称为**原力系的主矢**，即

$$F'_R = \Sigma F'_i = \Sigma F_i \tag{5-9}$$

(2) 空间力偶系合成为一个力偶，其力偶矩矢 M_0 等于各附加力偶矩矢的矢量和，称为**原力系对简化中心 O 点的主矩**。即

$$M_0 = \Sigma M_i = \Sigma M_0(F_i) \tag{5-10}$$

与平面力系一样，力系的主矢与简化中心位置无关，而力系的主矩一般随简化中心位置的不同而改变，故主矩符号应加注角标以表明简化中心的位置。

综上所述，空间任意力系向空间任一点简化，一般得到一个力和一个力偶，力的大小和方向等于力系的主矢，作用线通过简化中心，力偶的矩矢等于力系对简化中心的主矩。

如果通过简化中心作直角坐标系 $Oxyz$，如图 5-6 所示，则力系的主矢和主矩可用解析法计算。

(1) 主矢 F'_R 的计算

设 F'_{Rx}，F'_{Ry}，F'_{Rz} 和 F_{xi}，F_{yi}，F_{zi} 分别表示主矢 F'_R 和力系中第 i 个分力 F_i 在坐标轴上的投影，则

$$F'_{Rx} = \Sigma F_{xi}, \ F'_{Ry} = \Sigma F_{yi}, \ F'_{Rz} = \Sigma F_{zi} \tag{5-11}$$

由此可得主矢的大小和方向余弦为

$$\left. \begin{array}{l} F'_R = \sqrt{(F'_{Rx})^2 + (F'_{Ry})^2 + (F'_{Rz})^2} = \sqrt{(\Sigma F_{xi})^2 + (\Sigma F_{yi})^2 + (\Sigma F_{zi})^2} \\ \cos(F'_R, i) = F'_{Rx}/F'_R, \ \cos(F'_R, j) = F'_{Ry}/F'_R, \ \cos(F'_R, k) = F'_{Rz}/F'_R, \end{array} \right\} \tag{5-12}$$

(2) 主矩 M_O 的计算

设 M_{Ox}，M_{Oy}，M_{Oz} 分别表示主矩 M_O 在坐标轴上的投影，根据力对点之矩和力对轴之矩的关系，将式（5-10）两端分别向坐标轴投影得

$$\left.\begin{aligned}M_{Ox} &= \Sigma\left[M_O\left(F_i\right)\right]_x = \Sigma M_x\left(F_i\right)\\ M_{Oy} &= \Sigma\left[M_O\left(F_i\right)\right]_y = \Sigma M_y\left(F_i\right)\\ M_{Oz} &= \Sigma\left[M_O\left(F_i\right)\right]_z = \Sigma M_z\left(F_i\right)\end{aligned}\right\} \tag{5-13}$$

于是，力系对 O 点主矩的大小和方向余弦为

$$\left.\begin{aligned}M_O &= \sqrt{\left[\Sigma M_x\left(F_i\right)\right]^2 + \left[\Sigma M_y\left(F_i\right)\right]^2 + \left[\Sigma M_z\left(F_i\right)\right]^2}\\ \cos\left(M_O, i\right) &= M_{Ox}/M_O, \quad \cos\left(M_O, j\right) = M_{Oy}/M_O, \quad \cos\left(M_O, k\right) = M_{Oz}/M_O\end{aligned}\right\} \tag{5-14}$$

如对空间力系的简化结果作进一步分析，可得如下结论：空间力系若能简化为一个合力，则合力对某点（某轴）之矩等于力系中的各力对同一点（轴）之矩的矢量和（代数和）。这称为**空间力系的合力矩定理**。其表达式为

$$M_O\left(F_R\right) = \Sigma M_O\left(F_i\right) \tag{5-15}$$

$$M_z\left(F_R\right) = \Sigma M_z\left(F_i\right) \tag{5-16}$$

二、空间特殊力系的简化结果

1. 空间汇交力系的简化结果

若将一空间汇交力系向其汇交点简化，根据力的可传性，各力平移至汇交点，只是沿力的作用线移动其作用点，不必附加力偶。故而，空间汇交力系最终简化为过汇交点的一个合力，合力的大小及方向等于力系中各分力的矢量和。

2. 空间力偶系的简化结果

由于力偶矩矢是自由矢量，故将组成空间力偶系的各分力偶矩矢向空间任一点平移时，也不必附加任何条件。利用矢量合成的多边形法则，空间力偶系最终简化为一个合力偶，合力偶矩矢的大小及方向等于力系中各分力偶矩矢的矢量和。

第三节 空间力系的平衡方程及其应用

一、空间任意力系的平衡方程

空间任意力系向任一点简化一般得到一个力和一个力偶。这个力等于力系的主矢 F'_R，这个力偶的矩等于力系对简化中心的主矩 M_O。显然，若力系平衡，则必有主矢 F'_R 和主矩 M_O 都为零；反之，若主矢 F'_R 和主矩 M_O 同时为零，则力系必平衡。于是空间任意力系平衡的充要条件是：力系的主矢和对任一点的主矩都等于零，即

$$\left.\begin{aligned}F'_R &= \Sigma F_i = 0\\ M_O &= \Sigma M_O\left(F_i\right) = 0\end{aligned}\right\} \tag{5-17}$$

根据式（5-12）和式（5-14），空间任意力系平衡的解析条件为

$$\left.\begin{aligned}\Sigma F_x &= 0\\ \Sigma F_y &= 0\\ \Sigma F_z &= 0\\ \Sigma M_x(F) &= 0\\ \Sigma M_y(F) &= 0\\ \Sigma M_z(F) &= 0\end{aligned}\right\} \tag{5-18}$$

即力系中各力在三个坐标轴上投影的代数和分别等于零，各力对每个轴之矩的代数和也等于零。式（5-18）称为空间任意力系的平衡方程。

需要指出的是，平衡方程中所选的投影轴不必一定正交，且所选的取矩轴也不必一定与投影轴重合。此外，投影方程还可用力矩方程代替，得到四矩式、五矩式和六矩式平衡方程。但独立的平衡方程仍然只有六个，可解6个未知量。

二、空间特殊力系的平衡方程

空间任意力系是力系中最一般的情况，由空间任意力系的平衡方程可以直接推导出各种特殊力系的平衡方程。

1. 空间汇交力系的平衡方程

将简化中心 O 取在力系的汇交点处，则 $M_O = 0$ 自然满足，故空间汇交力系的平衡方程为三个投影方程，即

$$\left. \begin{array}{l} \Sigma F_x = 0 \\ \Sigma F_y = 0 \\ \Sigma F_z = 0 \end{array} \right\} \quad (5-19)$$

2. 空间力偶系的平衡方程

由于力偶系的主矢恒等于零，故空间力偶系的平衡方程为三个力矩方程，即

$$\left. \begin{array}{l} \Sigma M_x(\boldsymbol{F}) = 0 \\ \Sigma M_y(\boldsymbol{F}) = 0 \\ \Sigma M_z(\boldsymbol{F}) = 0 \end{array} \right\} \quad (5-20)$$

3. 空间平行力系的平衡方程

若取 Oz 轴与力系中各力的作用线平行，则各力在 Ox 轴和 Oy 轴的投影及对 Oz 轴之矩恒等于零，故空间平行力系的平衡方程也为三个，即

$$\left. \begin{array}{l} \Sigma M_x(\boldsymbol{F}) = 0 \\ \Sigma M_y(\boldsymbol{F}) = 0 \\ \Sigma F_z = 0 \end{array} \right\} \quad (5-21)$$

三、空间力系平衡方程的应用

求解空间力系的平衡问题，解题步骤与平面问题相同。首先确定研究对象，再对其进行受力分析并画出受力图，然后列出平衡方程求解未知量。

为了后面讨论问题的方便，这里先给出工程实际中常见的几种空间约束类型及其约束反力的画法，见表5-1。

空间约束类型及其约束反力 表5-1

	约 束 反 力	约 束 类 型
1	F_{Az} 于 A 点	光滑表面　滚动轴承　绳索　二力杆

续表

	约 束 反 力	约 束 类 型
2	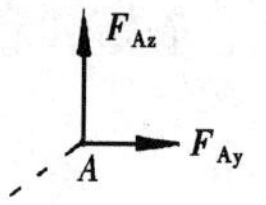	径向轴承　圆柱铰链　铁轨　蝶铰链 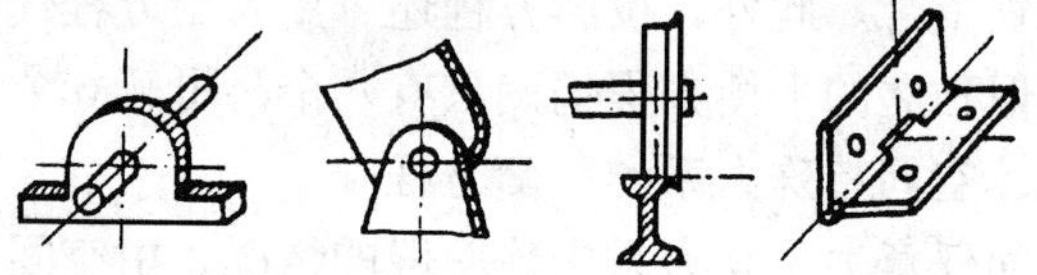
3	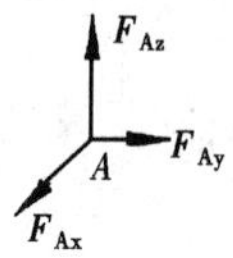	球形铰链　　　　　止推轴承 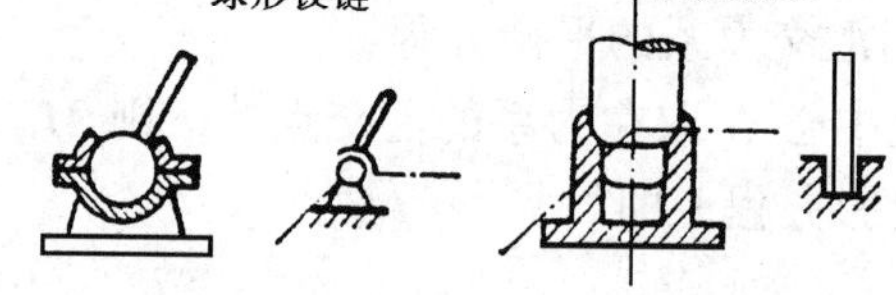
4	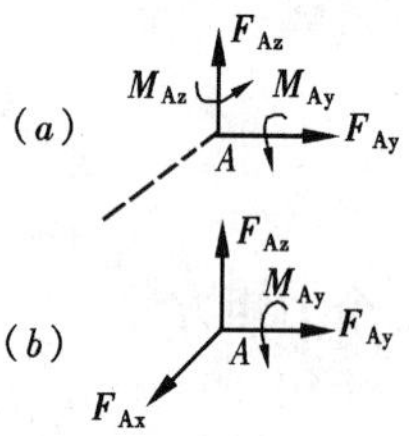 (a) (b)	导向轴承　　　方向接头 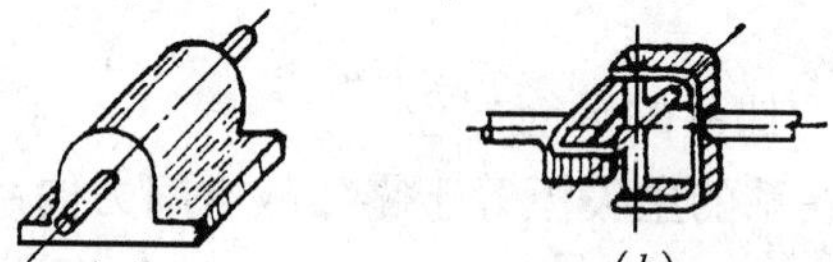 (a)　　　　　(b)
5	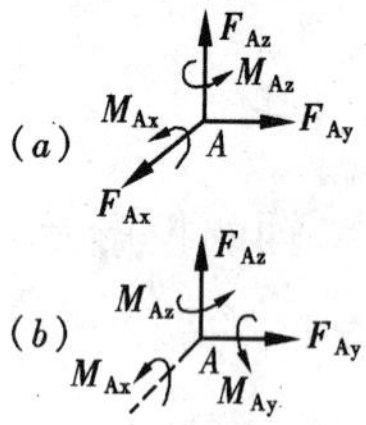 (a) (b)	带有销子的夹板　　导轨 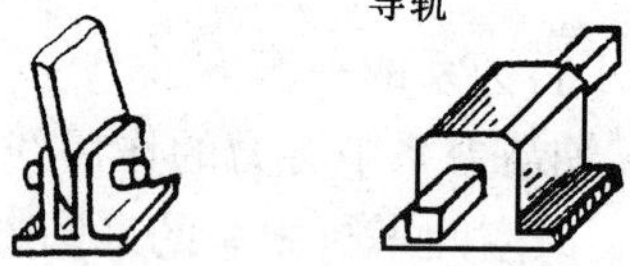 (a)　　　　　(b)
6	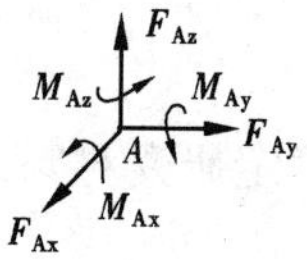	空间的固定端支座 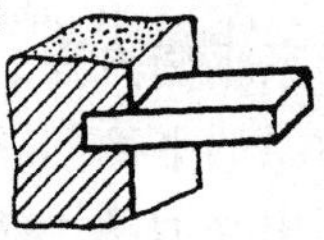

【例 5-2】 如图 5-7（a）所示，起重杆 A 端用球铰链固定在地面上，B 端则用绳 CB 和 DB 拉住，分别系在墙上的点 C 和 D，连线 CD 平行于 x 轴。若已知 α = 30°，CE = EB = DE，∠EBF = 30°，物重 G = 10kN。不计杆重，试求起重杆所受的压力和绳子的拉力。

【解】 取起重杆 AB 与重物为研究对象，受力如图 5-7（a）。建立图示坐标系，由平衡方程

$\Sigma F_x = 0$　　$F_{T1}\sin45° - F_{T2}\sin45° = 0$

$\Sigma F_y = 0$　　$F_A\sin30° - F_{T1}\cos45°\cos30° - F_{T2}\cos45°\cos30° = 0$

$\Sigma F_z = 0$　　$F_{T1}\cos45°\sin30° + F_{T2}\cos45°\sin30° + F_A\cos30° - G = 0$

解得

$F_{T1} = F_{T2} = 3.54\text{kN}$

$F_A = 8.66\text{kN}$

【例 5-3】 如图 5-8 所示，悬臂刚架 ABC，A 端固定在基础上，水平力 F_{P1} 和 F_{P2} 分别作用在 D 点和 C 点，均布载荷 q 作用在 BC 段，已知 h，H，l，不计刚架自重，求固定端 A 的约束反力。

【解】 取刚架 ABC 为研究对象，受力如图所示。建立图示坐标系，由平衡方程

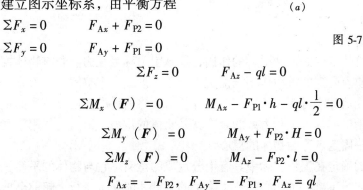

图 5-7

$\Sigma F_x = 0 \qquad F_{Ax} + F_{P2} = 0$

$\Sigma F_y = 0 \qquad F_{Ay} + F_{P1} = 0$

$\Sigma F_z = 0 \qquad F_{Az} - ql = 0$

$\Sigma M_x(\boldsymbol{F}) = 0 \qquad M_{Ax} - F_{P1} \cdot h - ql \cdot \dfrac{l}{2} = 0$

$\Sigma M_y(\boldsymbol{F}) = 0 \qquad M_{Ay} + F_{P2} \cdot H = 0$

$\Sigma M_z(\boldsymbol{F}) = 0 \qquad M_{Az} - F_{P2} \cdot l = 0$

解得 $\qquad F_{Ax} = -F_{P2}, \ F_{Ay} = -F_{P1}, \ F_{Az} = ql$

$M_{Ax} = F_{P1} \cdot h + ql \cdot \dfrac{l}{2}, \ M_{Ay} = -F_{P2} \cdot H, \ M_{Az} = F_{P2} \cdot l$

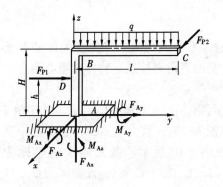

图 5-8

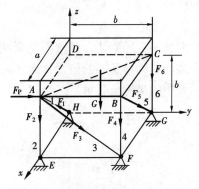

图 5-9

【例 5-4】 如图 5-9 所示，均质长方板由六根杆支撑于水平位置，直杆两端各用球铰链与板和地面连接。板重为 G，在 A 处作用一水平力 F_P，且 $F_P = 2G$，不计杆重，求各杆的内力。

【解】 取长方板为研究对象。设各杆均受拉力。板的受力如图所示。由平衡方程

$\Sigma M_{AB}(\boldsymbol{F}) = 0 \qquad -F_6 a - G \dfrac{a}{2} = 0 \qquad F_6 = -\dfrac{G}{2}$

$\Sigma M_{AE}(\boldsymbol{F}) = 0 \qquad F_5 = 0$

$\Sigma M_{AC}(\boldsymbol{F}) = 0 \qquad F_4 = 0$

$$\Sigma M_{EF}(F) = 0 \quad -G\frac{a}{2} - F_6 a - F_1 \frac{b}{\sqrt{a^2+b^2}}a = 0 \quad F_1 = 0$$

$$\Sigma M_{FG}(F) = 0 \quad -G\frac{b}{2} + F_P b - F_2 b = 0 \quad F_2 = 1.5G$$

$$\Sigma M_{BC}(F) = 0 \quad -G\frac{b}{2} - F_2 b - F_3 \cos45°b = 0 \quad F_3 = -2\sqrt{2}G$$

本例中用6个力矩方程求6根杆的内力。力矩方程比较灵活，常可用一个方程解一个未知数。也可用四矩式、五矩式的平衡方程求解。但空间力系独立的平衡方程只有6个。由于空间问题比较复杂，在此不讨论空间力系平衡方程的独立性条件。

第四节 重 心

一、重心的概念

地球上的所有物体都受到地球引力的作用，地球引力称为**重力**。若将物体视为由许多质点组成，则每个质点受到的重力作用线汇交于地心，形成一个空间汇交系。但工程中的一般物体其尺寸比地球小得多，所以在工程计算时，将物体中各质点所受的重力视为空间平行力系已足够精确。这种平行力系的合力就是物体的重力。重力的作用线恒通过物体上的一固定点，这一固定点称为物体的**重心**。

物体重心位置的确定在工程实际中具有十分重要的意义。它与物体的平衡、运动及稳定性密切相关。例如，飞机的重心必须位于确定的区域才能安全飞行，超前会增加起飞和着陆的困难，偏后则不能保证稳定飞行。在房屋构件截面设计以及起重机、挡土墙、水坝等的倾翻问题中，都需要确定重心的位置。

二、重心的坐标

形状不变的物体，其重心位置相对物体是确定的，不会因物体本身位置的改变而变化。为确定物体重心的位置，建立一个相对于物体不变的直角坐标系，物体的重心由它在坐标系中的坐标值表示。

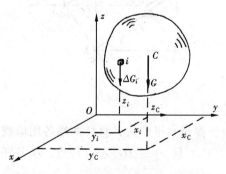

图 5-10

设任意空间物体由 n 个微元体组成，其中第 i 个微元体的体积为 ΔV_i，重力为 ΔG_i，建立直角坐标系 $Oxyz$，如图 5-10 所示。微元体 i 的坐标为 (x_i, y_i, z_i) $(i=1, 2, \cdots, n)$。设物体的重心位于点 C，坐标为 (x_C, y_C, z_C)，重力的合力为 G。将各力分别对 x 轴和 y 轴取矩，根据合力矩定理有

$$Gx_C = \sum_{i=1}^{n} \Delta G_i x_i \quad Gy_C = \sum_{i=1}^{n} \Delta G_i y_i$$

为求各力对 z 轴的矩，将物体连同坐标轴一起绕 x 轴转 90°，这时重力的方向仍然朝下，对 z 轴取矩得

$$Gz_C = \sum_{i=1}^{n} \Delta G_i z_i$$

由此可得物体的重心坐标公式为

$$x_C = \frac{\sum_{i=1}^{n} \Delta G_i x_i}{G} = \frac{\sum_{i=1}^{n} \Delta G_i x_i}{\sum_{i=1}^{n} \Delta G_i}$$

$$y_C = \frac{\sum_{i=1}^{n} \Delta G_i y_i}{G} = \frac{\sum_{i=1}^{n} \Delta G_i y_i}{\sum_{i=1}^{n} \Delta G_i} \tag{5-22}$$

$$z_C = \frac{\sum_{i=1}^{n} \Delta G_i z_i}{G} = \frac{\sum_{i=1}^{n} \Delta G_i z_i}{\sum_{i=1}^{n} \Delta G_i}$$

若物体是均质的，以 γ 表示物体单位体积的重量，以 ΔV_i 表示第 i 个微元体的体积，以 V 表示整个物体的体积，则有 $\Delta G_i = \gamma \cdot \Delta V_i$，$G = \gamma V$，于是式（5-22）变为

$$x_C = \frac{\sum_{i=1}^{n} \Delta V_i x_i}{V}$$

$$y_C = \frac{\sum_{i=1}^{n} \Delta V_i y_i}{V} \tag{5-23}$$

$$z_C = \frac{\sum_{i=1}^{n} \Delta V_i z_i}{V}$$

如令物体上各微元体的体积均趋于零，则有

$$x_C = \frac{\int_V x \mathrm{d}V}{V}, y_C = \frac{\int_V y \mathrm{d}V}{V}, z_C = \frac{\int_V z \mathrm{d}V}{V} \tag{5-24}$$

由此可见，均质物体重心的位置完全取决于物体的几何形状而与物体的重量无关。因此，均质物体的重心与其几何形状的中心（形心）重合。

若物体为均质等厚薄板，则其重心的坐标为

$$x_C = \frac{\int_s x \mathrm{d}s}{s}, y_C = \frac{\int_s y \mathrm{d}s}{s}, z_C = \frac{\int_s z \mathrm{d}s}{s} \tag{5-25}$$

式中，S 为薄板的表面积。

若物体为均质等截面细杆，则其重心的坐标为

$$x_C = \frac{\int_l x \mathrm{d}l}{l}, y_C = \frac{\int_l y \mathrm{d}l}{l}, z_C = \frac{\int_l z \mathrm{d}l}{l} \tag{5-26}$$

式中，l 为杆的长度。

三、确定重心的常用方法

在工程实际中，常利用一些简易方法确定物体重心的位置。

1. 查表法

凡对称的均质物体，其重心必在它们的对称面、对称轴或对称中心上。简单物体的重心可从工程手册上查到。表 5-2 给出常见的几种简单形状物体的重心。工程中常用的型钢（如工字钢、角钢、槽钢等）截面的形心也可从型钢表中查到。

简单形状均质物体的重心表　　　　　　　表 5-2

图 形	重心位置	图 形	重心位置
三角形 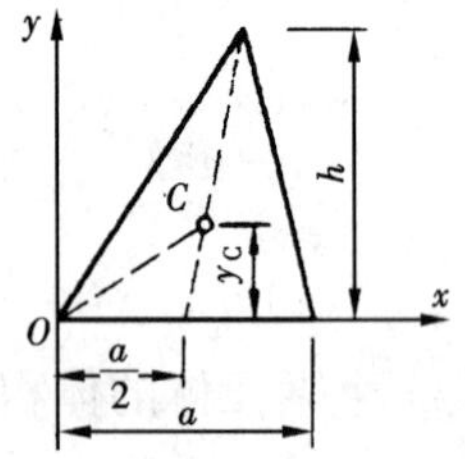	在中线的交点 $y_C = \dfrac{1}{3}h$	半圆形 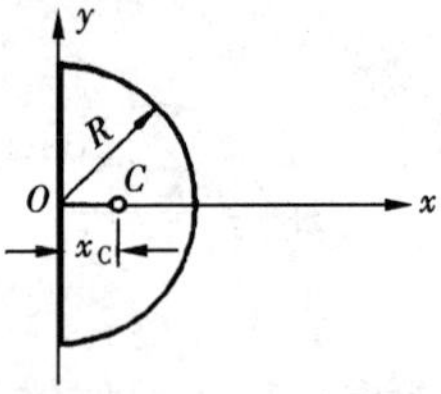	$x_C = \dfrac{4R}{3\pi}$ $y_C = 0$
圆弧 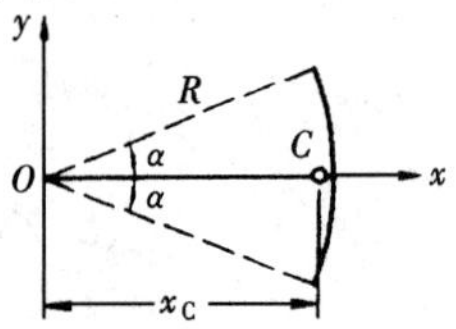	$x_C = \dfrac{R\sin\alpha}{\alpha}$ $y_C = 0$	梯形 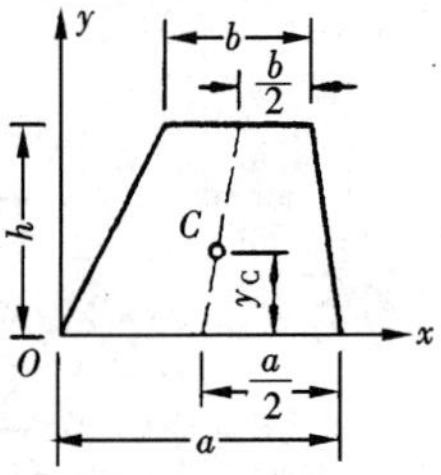	$y_C = \dfrac{h\,(a+2b)}{3\,(a+b)}$
扇形 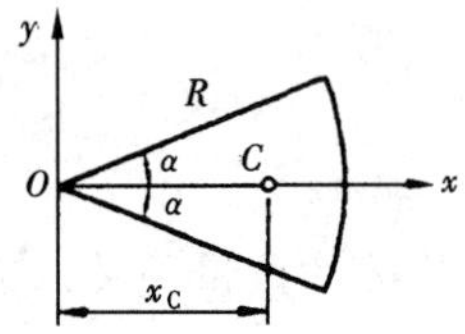	$x_C = \dfrac{2R\sin\alpha}{3\alpha}$ $y_C = 0$ 当 $2\alpha = 90°$ 时 $x_C = \dfrac{4\sqrt{2}R}{3\pi}$	抛物线面 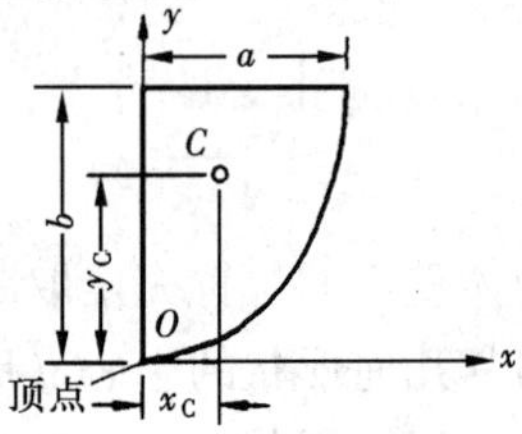	$x_C = \dfrac{3}{8}a$ $y_C = \dfrac{3}{5}b$
圆环的一部分 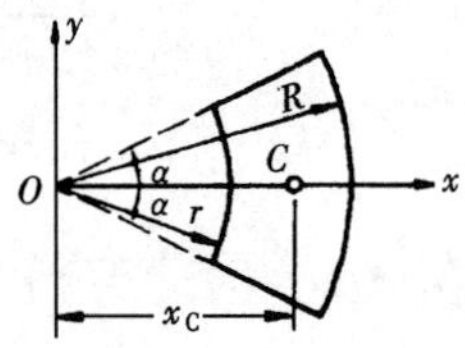	$x_C = \dfrac{2(R^3 - r^3)\sin\alpha}{3(R^2 - r^2)\alpha}$ $y_C = 0$	正圆锥 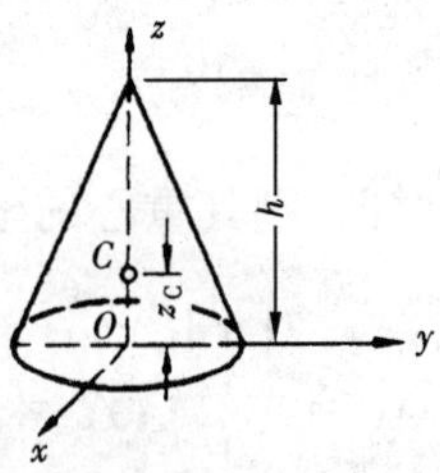	$x_C = 0$ $y_C = 0$ $z_C = \dfrac{h}{4}$

2. 组合法

工程中有些物体的形状虽然比较复杂，但往往是由一些简单形状组合而成的，习惯上称这些物体为组合体。求组合体重心的方法一般有两种：分割法和负面积法。分割法通常将组合体分割成几个形状简单且重心已知的形体，利用式（5-22）求解。对于存在空穴或孔洞的物体，仍可采用分割法计算物体的重心，但空穴或孔洞部分的面积或体积应取负值代入式（5-22），这种方法就是负面积法。下面举例说明。

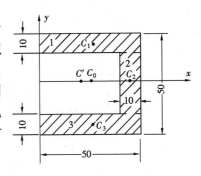

图 5-11

【例 5-5】 求图 5-11 所示均质平面图形的重心。

【解】 如图建立坐标系。

（1）用分割法求解

将图形分割成图示三部分，由对称性可以判断每部分的面积和重心坐标如下：

矩形 1 $S_1 = 500$ $x_{C1} = 25$ $y_{C1} = 20$
矩形 2 $S_2 = 300$ $x_{C2} = 45$ $y_{C2} = 0$
矩形 3 $S_3 = 500$ $x_{C3} = 25$ $y_{C3} = -20$

则 $x_C = \dfrac{S_1 x_{C1} + S_2 x_{C2} + S_3 x_{C3}}{S_1 + S_2 + S_3} = \dfrac{500 \times 25 + 300 \times 45 + 500 \times 25}{500 + 300 + 500} = 29.62$

由对称性不难看出 $y_C = 0$

（2）用负面积法求解

将图形分为两部分，一部分是包含空缺部分的整个矩形，另一部分是空缺的矩形，两部分的面积和重心坐标分别为：

整个矩形 $S_0 = 2500$ $x_{C0} = 25$ $y_{C0} = 0$
空缺矩形 $S' = 1200$ $x'_C = 20$ $y'_C = 0$

则 $x_C = \dfrac{S_0 x_{C0} - S' x'_C}{S_0 - S'} = \dfrac{2500 \times 25 - 1200 \times 20}{2500 - 1200} = 29.62$

$y_C = 0$

可见，在坐标系不变的条件下，两种方法求出的结果相同。

3．实验测定法

对于形状不规则的物体或非均质物体，应用前面的方法确定重心十分困难，可采用实验的方法确定重心的位置。

（1）悬挂法

若要确定一不规则形状的薄板的重心，可在薄板上任取一点 A 用细绳系住并悬挂起来，如图 5-12 所示。根据二力平衡条件，重心必在过点 A 的铅直线 AB 上，在板上画出此线；再换另一点 D 作为悬挂点，同理画出另一条铅直线 DE，则 AB 与 DE 的交点就是薄板的重心。

（2）称重法

对某些形状复杂或体积庞大的非均质物体，可以用称重法确定其重心的位置。如图 5-13 所示的卡车，先将其后轮置于磅秤上，称出 F_A，再将其前轮置于磅秤上，称出 F_B，显然 $G = F_A + F_B$，对 A 点取矩，列平衡方程可解得

$$x_C = \frac{F_B L}{G} = \frac{F_B L}{F_A + F_B}$$

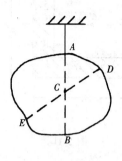

图 5-12

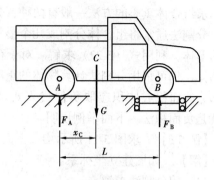

图 5-13

小　　结

本章主要研究空间力系的简化及平衡理论，并简单介绍物体重心的求法。具体内容概括如下：

1. 在空间问题中，力对点之矩是定位矢量，用矢积式表示为

$$M_O(\boldsymbol{F}) = \boldsymbol{r} \times \boldsymbol{F} = \begin{vmatrix} \boldsymbol{i} & \boldsymbol{j} & \boldsymbol{k} \\ x & y & z \\ F_x & F_y & F_z \end{vmatrix}$$
$$= (yF_z - zF_y)\boldsymbol{i} + (zF_x - xF_z)\boldsymbol{j} + (xF_y - yF_x)\boldsymbol{k}$$

式中 x、y、z 为力 $\boldsymbol{F}$ 作用点的坐标，F_x、F_y、F_z 为力 $\boldsymbol{F}$ 在坐标轴上的投影。

2. 力对轴之矩是代数量。它等于力在垂直于取矩轴平面上的投影对该轴与该平面交点的矩。其解析表达式为

$$\left.\begin{array}{l} M_x(\boldsymbol{F}) = yF_z - zF_y \\ M_y(\boldsymbol{F}) = zF_x - xF_z \\ M_z(\boldsymbol{F}) = xF_y - yF_x \end{array}\right\}$$

力对某轴之矩为零的条件是力与该轴平行或相交。

3. 力对点之矩在通过该点某轴上的投影等于力对该轴之矩。

$$\left.\begin{array}{l} [\boldsymbol{M}_O(\boldsymbol{F})]_x = M_x(\boldsymbol{F}) \\ [\boldsymbol{M}_O(\boldsymbol{F})]_y = M_y(\boldsymbol{F}) \\ [\boldsymbol{M}_O(\boldsymbol{F})]_z = M_z(\boldsymbol{F}) \end{array}\right\}$$

4. 在空间问题中，力偶矩矢是一个自由矢量。其大小为 $|\boldsymbol{M}| = F \cdot d$，方位垂直于力偶作用面，指向由右手螺旋法则确定。空间力偶的等效条件是它们的力偶矩矢相等。

5. 空间力系的简化

(1) 空间任意力系向任一点 O 简化，得到作用在点 O 的一个力和一个力偶，力的大小、方向等于力系的主矢，力偶矩矢等于力系对 O 点的主矩。即

$$\boldsymbol{F}'_R = \Sigma \boldsymbol{F}$$

$$M_O = \Sigma M_O(F_i)$$

主矢与简化中心位置无关，主矩与简化中心位置有关。

(2) 空间汇交力系可简化为通过汇交点的一个合力，合力等于力系的主矢。即

$$F_R = \Sigma F$$

(3) 空间力偶系可简化为一个合力偶，合力偶矩矢为

$$M = \Sigma M_i$$

(4) 合力矩定理

力系的合力对任一点之矩等于力系中各力对该点之矩的矢量和，即

$$M_O(F_R) = \Sigma M_O(F)$$

合力对任一轴（例如 z 轴）之矩等于力系中各力对该轴之矩的代数和，即

$$M_z(F_R) = \Sigma M_z(F)$$

6. 空间力系的平衡

(1) 空间任意力系平衡的充要条件

力系的主矢和对任一点的主矩都等于零，即

$$\left.\begin{array}{l} F'_R = \Sigma F_i = 0 \\ M_O = \Sigma M_O(F_i) = 0 \end{array}\right\}$$

(2) 空间力系平衡方程的基本形式

力系类型及独立平衡方程数	平衡方程的基本形式					
空间任意力系 6	$\Sigma F_x = 0$	$\Sigma F_y = 0$	$\Sigma F_z = 0$	$\Sigma M_x = 0$	$\Sigma M_y = 0$	$\Sigma M_z = 0$
空间汇交力系 3	$\Sigma F_x = 0$	$\Sigma F_y = 0$	$\Sigma F_z = 0$			
空间力偶系 3				$\Sigma M_x = 0$	$\Sigma M_y = 0$	$\Sigma M_z = 0$
空间平行力系 3			$\Sigma F_z = 0$	$\Sigma M_x = 0$	$\Sigma M_y = 0$	

7. 物体的重心是指物体重力的合力作用线恒通过物体上的一固定点。物体的重心由它在直角坐标系中的坐标值确定。对均质物体，其重心与形心重合。求重心的基本公式为

$$x_C = \frac{\sum_{i=1}^{n} \Delta G_i x_i}{G} \quad y_C = \frac{\sum_{i=1}^{n} \Delta G_i y_i}{G} \quad z_C = \frac{\sum_{i=1}^{n} \Delta G_i z_i}{G}$$

常用的求物体重心的方法有：查表法、组合法、实验测定法等。

习 题

5-1 正六面体三边长分别为 4，4，$3\sqrt{2}$；沿 AB 连线方向作用一个力 F，如题 5-1 图所示。求力 F 对 x 轴、y 轴、z 轴的力矩。

5-2 力 F 通过 $A(3, 4, 0)$，$B(0, 4, 4)$ 两点（长度单位为米），如题 5-2 图所示。若 $F = 100$N，求该力在 y 轴上的投影及对 z 轴的力矩。

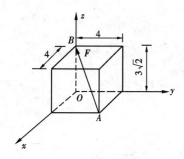

题 5-1 图

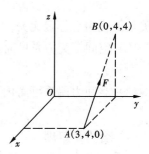

题 5-2 图

5-3 已知作用在点 A 的力 $F_P = 200\text{N}$,如题 5-3 图所示。求该力对 x 轴、y 轴、z 轴的力矩。

5-4 题 5-4 图所示正立方体的边长为 0.5m,沿对角线 HD 作用一力 F_{P1},沿棱边 BC 作用一力 F_{P2},在 $BCHE$ 面上作用一力偶,已知:力偶矩 $M = 10\text{N}\cdot\text{cm}$,$F_{P1} = F_{P2} = 100\text{N}$。求力系对各轴的矩。

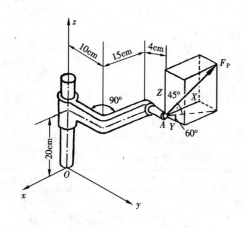

题 5-3 图

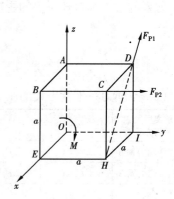

题 5-4 图

5-5 题 5-5 图所示结构,自重不计,已知:力 $F_P = 10\text{kN}$,AB 长 $l_1 = 4\text{m}$,AC 长 $l_2 = 3\text{m}$,且 $ABEC$ 在同一水平面内,O、A、B、C 为球铰链。试求 AC、AB、AO 三杆的内力。

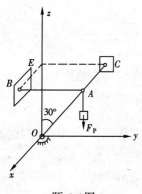

题 5-5 图

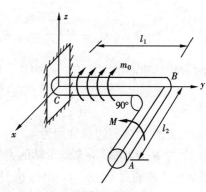

题 5-6 图

5-6 题5-6图所示水平曲轴的自重不计，沿 CB 段有分布力偶作用，每单位长度的力偶矩的大小为 m_0，在 A 端作用有矩为 M 的力偶。试求固定端 C 的约束力。

5-7 在题5-7图所示转轴中，已知：$F_P = 4kN$，$r = 0.5m$，轮 C 与水平轴 AB 垂直，自重均不计。试求平衡时力偶矩 M 的大小及轴承 A、B 的约束反力。

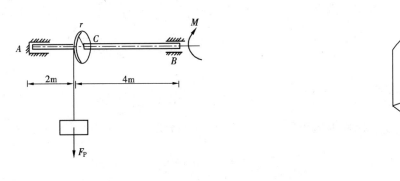

题 5-7 图　　　　　　　　　　题 5-8 图

5-8 匀质杆 AB 重 G 长 L，AB 两端分别支于光滑的墙面及水平地板上，位置如题5-8图所示，并以二水平索 AC 及 BD 维持其平衡。试求（1）墙及地板的反力；（2）两索的拉力。

5-9 题5-9图所示三角架 ABED 用球形铰支承在水平面上，等长杆 BD 和 BE 在同一铅垂面内，且 $\angle DBE = 90°$，均质杆 AB 与水平面成倾角 $\alpha = 30°$，重 G = 1kN，在杆 AB 的中点 C 作用一力 F_P，$F_P = 20kN$，F_P 在铅垂平面 ABF 内，且与铅直线的夹角 $\beta = 60°$，如杆 BD 与 BE 重量不计。试求支座 A 处的约束力及杆 BD 和 BE 的内力。

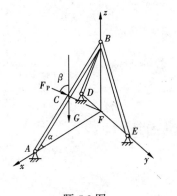 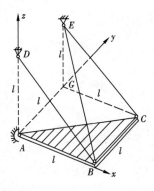

题 5-9 图　　　　　　　　　　题 5-10 图

5-10 题5-10图所示三角形薄板 ABC 重 G，顶点 A 为球铰支座，无重杆 BD、BE 和 CE 铰接于三角板顶点 B 和 C，并支承于球铰 D、E 上，以维持三角板在水平位置上平衡，DA、EG 分别垂直于 ABCG 面。已知：$DA = EG = AG = AB = BC = l$。试求支座 A 处的约束力及各杆的内力。

5-11 题5-11图所示平面图形中每一方格的边长为20mm，求挖去一个圆后剩余部分面积的重心位置。

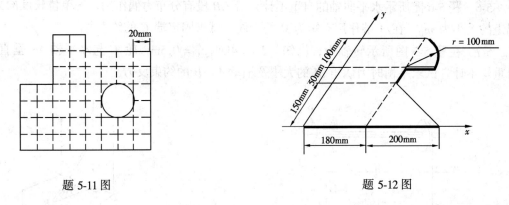

题 5-11 图   题 5-12 图

5-12 题 5-12 图所示薄板由形状为矩形、三角形和四分之一圆形的等厚薄板组成，求此薄板重心的位置。

第六章 平面杆件体系的几何组成分析

第一节 几何组成分析的目的

杆件结构是由若干杆件相互连接组成、并与地基联结成一整体，用来承受和传递荷载的体系。当体系受到任意荷载作用时，在不考虑材料应变的条件下，其几何形状或各杆的相对位置均能保持不变的，称为**几何不变体系**。如图6-1（a）所示由三根杆与地基组成的三角形结构。对于即使受到很小的荷载作用，也会引起体系几何形状或各杆的相对位置改变的，称为**几何可变体系**。如图6-1（b）所示的铰接四边形体系。

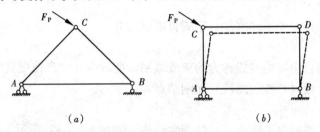

图 6-1

一般工程结构都必须是几何不变体系，不能采用几何可变体系，否则将不能承受任意荷载而维持平衡。因此，在设计结构和选定其计算简图时，首先要判断它是否几何不变，这一工作称为对体系进行几何组成分析。体系几何组成分析的目的为：
（1）研究几何不变体系的组成规则，避免实际结构中出现几何可变体系；
（2）了解体系各部分间的相互关系，改善和提高结构的受力性能；
（3）判别静定结构和超静定结构，以便选择相应的计算方法。

第二节 刚片、自由度和约束的概念

刚片、自由度和约束的概念在体系的几何组成分析中具有重要的地位，在讨论平面几何不变体系的组成规则之前，先介绍这几个基本概念。

一、刚片

刚片是指平面体系中几何形状不变的平面体。在几何组成分析中，由于不考虑材料的应变，所以，每根梁、每一杆件或已知的几何不变部分（如图6-1（a）所示的铰接三角形）均可视为刚片。支承结构的地基也可以看作是一个刚片。

二、自由度

体系的**自由度**是指该体系运动时，确定其位置所需的独立坐标的数目。

1. 一个点的自由度

平面内，一个动点的位置可用两个独立的坐标来确定。如图 6-2 所示，确定点 A 的位置需要用 x 和 y 两个坐标。所以，一个点在平面内的自由度为 2。

图 6-2　　　　　　　　　　　　图 6-3

2. 刚片的自由度

平面内，一个刚片运动时的位置可用它上面任一点的坐标及通过该点的任一直线的倾角来确定。如图 6-3 所示，刚片的位置由三个坐标 x_A、y_A 和 φ 来确定。所以，一个刚片在平面内的自由度为 3。

应指出，地基是一个不动刚片，它的自由度为 0。

三、约束

能够减少体系自由度的装置称为**约束**或**联系**。能减少几个自由度就叫做几个约束。常用的约束有链杆、铰（单铰、复铰）和刚结点。

1. 链杆

链杆是一根两端铰接于两个刚片的刚性杆件。如图 6-4（a）所示，用一根链杆 AB 将一个刚片与地基相连，则刚片不能沿 y 轴运动，但可以沿 x 轴运动和绕 A 点转动，刚片的自由度由 3 减为 2。因此，一根链杆相当于一个约束。又如图 6-4（b）所示的刚片Ⅰ和刚片Ⅱ，连接前共有 6 个自由度，当用链杆 BC 连接后，需用 x，y，φ 确定刚片Ⅰ的位置，用 α 和 β 确定刚片Ⅱ相对于刚片Ⅰ的位置。这样，体系的自由度变成 5 个，链杆 BC 使体系减少了一个自由度。

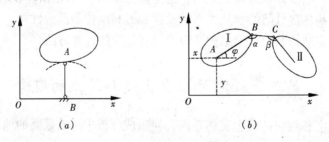

图 6-4

2. 单铰

连接两个刚片的铰称为**单铰**。如图 6-5 所示平面上两个刚片共有 6 个自由度，用铰 B 连接后，需 x、y、φ、α 4 个独立坐标即可确定它们的位置，体系的自由度为 4。因此，一个单铰减少了 2 个自由度，即相当于 2 个约束的作用。可见，一个单铰相当于两根链杆的作用。

3. 复铰

连接三个或三个以上刚片的铰称为**复铰**。复铰的作用可通过单铰来分析。如图 6-6 所示的复铰 A 连接着三个刚片，它们的连接过程可以理解为：刚片Ⅰ用单铰与刚片Ⅱ连接，再用单铰将它与刚片Ⅲ连接。这样，连接三刚片的复铰相当于两个单铰的作用。或者说，三刚片原共有 9 个自由度，由于复铰 A 起着两个单铰的作用，减少了 4 个自由度，所以，体系最后为 5 个自由度。一般地，连接 n 个刚片的复铰相当于（n-1）个单铰，相当于 2（n-1）个约束。

4. 刚结点

图 6-7 所示两个刚片Ⅰ和Ⅱ在 A 点连接为一个整体，结点 A 称为**刚结点**。两个刚片原共有 6 个自由度，刚性连接成整体后只有 3 个自由度。所以，一个刚结点减少了 3 个自由度，相当于 3 个约束。

四、多余约束

如果在一个体系中增加一个约束，并不能减少体系的自由度，则此约束称为**多余约束**。

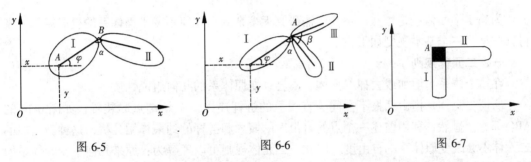

图 6-5　　　　　　图 6-6　　　　　　图 6-7

如图 6-8（a）所示平面内的一个动点 A，原来有两个自由度，当用不共线的链杆 AB、AC 将其与地基相连，则点 A 即被固定，体系的自由度为零。这时链杆 AB、AC 起到了减少两个自由度的作用，故称此为**非多余约束**或**必要约束**。如果再增加一根链杆 AD（图 6-8b），A 点的自由度仍然是零，此时链杆 AD 并没有减少体系的自由度，即它对约束 A 点的运动已成为多余的，故称此为**多余约束**。实际上，体系的三根链杆中任何一根，都可看成是多余约束。

五、虚铰（瞬铰）

图 6-9（a）所示两刚片用两根链杆连接，两杆延长线交于 O 点。这时，两刚片的运动为绕 O 点的相对转动，O 点称为刚片Ⅰ与Ⅱ的**相对转动瞬心**。此情形就像将刚片Ⅰ和Ⅱ用铰在 O 点连接在一起一样，说明两根链杆连接两刚片的约束作用相当于一个

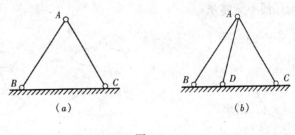

图 6-8

单铰。由于该铰的位置在两根链杆的延长线上，且随两刚片作微小转动而改变，为了便于区别，我们称这种铰为**虚铰（瞬铰）**。而把普通的铰叫做实铰。图 6-9（b）为虚铰的另一种形式。

当两刚片Ⅰ和Ⅱ用两根相互平行的链杆相连时，如图 6-9（c）所示，这时两链杆的

作用也相当于一个铰，不过铰的位置在无穷远，两刚片沿无穷大半径作相对运动，我们把两平行链杆延长线的无穷远处称为无穷远的虚铰。虚铰和实铰的约束作用是相同的，因此在组成分析中，常把它们等同看待。

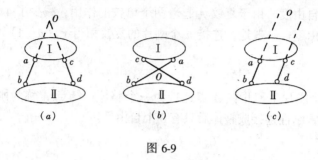

图 6-9

第三节　无多余约束的几何不变体系的组成规则

为确定平面体系是否几何不变，需研究无多余约束几何不变平面体系的组成规律，现将其归结为三个基本规则如下：

一、二元体规则

在一个体系上增加或去掉二元体，不会改变原体系的几何组成性质。

所谓二元体是指由两根不在同一直线上的链杆连接一个新结点的装置，如图 6-10 的 ABC 部分。显然，利用前述一个点的自由度的概念和链杆的约束作用分析，这种新增加的二元体不会改变原体系的自由度。因此，二元体规则可以理解为：原来几何不变的体系加上或撤除二元体后，体系仍然为几何不变体系；原来几何可变的体系加上或撤除二元体后，体系也仍然为几何可变体系。

应用二元体规则，可在一个刚片上通过逐次增加二元体扩大刚片的范围；对于具有明显二元体的较复杂体系，可先通过逐次去掉体系上的二元体，简化体系的几何组成分析。

二、两刚片规则

两个刚片用不全交于一点也不全平行的三根链杆相连，则所组成的体系是无多余约束的几何不变体系。

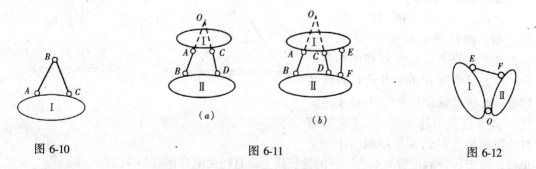

图 6-10　　　　　　图 6-11　　　　　　图 6-12

如图 6-11（a）所示，刚片Ⅰ与Ⅱ用两根不平行的链杆 AB、CD 相连，O 点为两链杆延长线的交点，即连接两刚片的虚铰。此时，刚片Ⅰ与Ⅱ的运动为绕虚铰 O 的相对转动。为阻止两刚片的相对运动，还需加上一根链杆 EF（图 6-11b）。如果链杆 EF 的延长线不

通过虚铰 O，则刚片Ⅰ和Ⅱ就不会再发生相对运动。故此时所组成的体系是几何不变的，且没有多余约束。

由于连接两刚片的两根链杆的约束作用相当于一个单铰，所以，规则二还可表述为：

两刚片用一个铰和一根不通过铰心的链杆相连，则所组成的体系是无多余约束的几何不变体系（图6-12）。

三、三刚片规则

三个刚片用不在同一直线上的三个铰两两相连，则所组成的体系是无多余约束的几何不变体系。

如图6-13所示，刚片Ⅰ、Ⅱ、Ⅲ用不在同一直线上的 A、B、C 三个铰两两相连。从运动上看，假定刚片Ⅰ不动，则刚片Ⅱ只能绕 A 点转动，即刚片Ⅱ上的 C 点在以 AC 为半径的圆弧上运动；刚片Ⅲ只能绕 B 点转动，即刚片Ⅲ上的 C 点在以 BC 为半径的圆弧上运动。但由于刚片Ⅱ、Ⅲ在 C 点用铰相连，C 点不可能同时在两个不同的圆弧上运动，因而刚片之间不可能发生相对运动。由几何学亦知，三刚片组成的铰接三角形的几何形状是惟一的。因此，这样组成的体系是几何不变的，且没有多余约束。

由于连接两刚片的单铰相当于两根链杆的约束作用，所以，可将任一单铰换成两根链杆构成的虚铰。如图6-14所示，如果三个虚铰不在同一直线上，则体系仍为没有多余约束的几何不变体系。

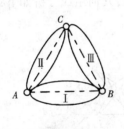

图 6-13

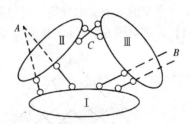

图 6-14

事实上，如果将两刚片规则中的一根链杆视为刚片Ⅲ，如图6-12中的 EF 杆，这时，O、E、F 成为连接三个刚片的不在同一直线上的三个铰，则两刚片规则就是三刚片规则。同样，将规则一中的链杆 AB、CB 分别视为刚片Ⅱ、Ⅲ，也会得到相同的结论。由此可见，上述三个规则可以归结为一条基本规则——铰结三角形规则。

同一体系可采用不同的规则来判定体系的几何不变性。通常，根据具体情况，可将一根链杆视为一个刚片，有时也可将一个刚片视为一根链杆。故在组成分析中的所谓链杆和刚片，完全根据分析需要来决定。但不论用哪个规则判定同一体系，结论必定是一致的。

四、瞬变体系

在组成杆件体系时，尽管杆件之间有足够的约束，但布置不合理，体系仍可成为几何可变体系。如果该几何可变体系在发生微小位移后即成为几何不变体系，则称原体系为**瞬变体系**。

图6-15（a）中刚片Ⅰ、Ⅱ用三根链杆相连，三杆的延长线都交于虚铰 O 处，由规则二知该体系为几何可变。但当两刚片绕虚铰作一微小转动后，三杆延长线不再交于一点，满足规则二几何不变体系的条件，所以，原体系为瞬变体系。

图 6-15（b）为三刚片用在同一直线上的三铰相连而成的瞬变体系；图 6-15（c）为两刚片用不等长的三根平行链杆相连而成的另一瞬变体系。如果两刚片改用三根等长的平行链杆相连，如图 6-16 所示，则在任何时刻三链杆始终保持平行，两刚片可以作很大的相对平动，故它是几何可变体系。

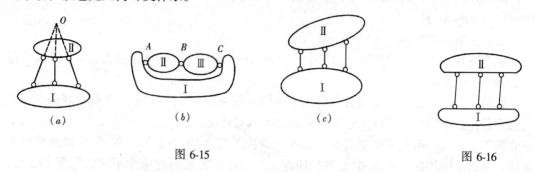

图 6-15　　　　　　　　　　　　　图 6-16

值得注意，瞬变体系的位移虽然很小，但在外荷载作用下，体系中杆件的内力却非常大。因此，瞬变体系不能用作结构。

第四节　几何组成分析举例

利用上节介绍的三个基本规则，对已知的平面体系进行几何组成分析如下：

【例 6-1】　试对图 6-17（a）所示体系作几何组成分析。

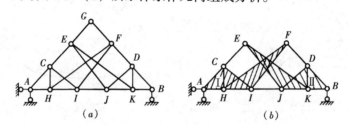

图 6-17

【解】　先不考虑支座，分析上部体系。去掉二元体 *EGF*，得到图 6-17（b）。铰结三角形 *ACH* 是一刚片，在此基础上增加一个二元体 *CIH*，得到扩大了的刚片 *CAHI*；再在刚片 *CAHI* 上增加二元体 *HFI*，得一更大的刚片，记作刚片Ⅰ。同样的分析可得到另一大刚片 *DBKJE*，记作刚片Ⅱ。刚片Ⅰ、Ⅱ用 *CE*、*FD*、*IJ* 三根链杆相连，且三杆不全平行也不全相交于一点，由两刚片规则，上部体系几何不变且无多余约束。

再将上部体系视为一刚片，地基看作另一刚片，此两刚片间的连接满足两刚片规则，故整个体系为无多余约束的几何不变体系。

由此可见，当上部体系用三根链杆按两刚片规则与地基相连时，可去掉这些链杆，只就上部体系本身进行分析。

【例 6-2】　试对图 6-18（a）所示体系作几何组成分析。

【解】　分别将图 6-18（a）中杆 *AEB*、*BFC* 视为刚片Ⅰ、Ⅱ，如图 6-18（b）所示。折杆 *ED* 和 *FD* 本身几何不变，这样，*E* 和 *D* 及 *F* 和 *D* 之间的距离不变。所以，它们对于

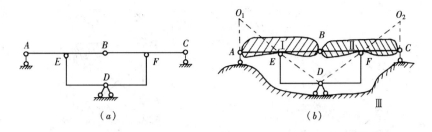

图 6-18

刚片Ⅰ、Ⅱ所起的约束作用，实际上与图中虚线 ED、FD 即两根链杆相当。如果再把地基取作刚片Ⅲ，则刚片Ⅲ与刚片Ⅰ、刚片Ⅲ与刚片Ⅱ分别用虚铰 O_1、O_2 相连，并且 B、O_1、O_2 不共线。根据三刚片规则，整个体系几何不变，且无多余约束。

由本例可见，几何组成分析中的链杆是指它对体系的约束作用，与它的具体形式无关。因此，凡只具有两个铰的支杆、曲杆、折杆或刚片，几何组成分析时均可视为通过两铰心的链杆。

【例 6-3】 试对图 6-19（a）所示体系作几何组成分析。

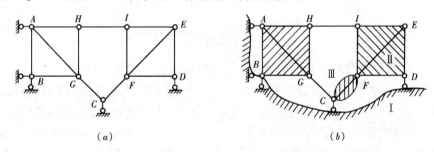

图 6-19

【解】 分别从铰接三角形 ABG、EDF 作为刚片开始，增加二元体得到刚片 ABGH 和刚片Ⅱ，如图 6-19（b）所示。如果将地基视为刚片Ⅰ，则根据两刚片规则，刚片Ⅰ与刚片 ABGH 组成了一个更大的刚片，现仍视为刚片Ⅰ。当再取链杆 CF 作为刚片Ⅲ时，刚片Ⅰ与Ⅲ用链杆 GC、支杆 C 形成的铰相连，刚片Ⅱ与Ⅲ用铰 F 相连，刚片Ⅰ与Ⅱ用链杆 HI、支杆 D 形成的虚铰 E 相连，且 C、F、E 在同一直线上。根据三刚片规则，该体系为瞬变体系。

【例 6-4】 试对图 6-20（a）所示体系作几何组成分析。

【解】 将由铰结三角形 BEK 通过增加二元体 BDK 得到的几何不变体视为刚片Ⅰ、按同样方法得到刚片Ⅱ，铰结三角形 HJI 为刚片Ⅲ，如图 6-20（b）所示。刚片Ⅰ、Ⅱ由铰 E 连接，刚片Ⅱ、Ⅲ由两平行链杆 HG、JL 相连，虚铰 $O_{Ⅱ,Ⅲ}$ 在无穷远；刚片Ⅰ、Ⅲ由另两平行链杆 ID、JK 相连，虚铰 $O_{Ⅰ,Ⅲ}$ 也在无穷远。三个铰 E、$O_{Ⅱ,Ⅲ}$、$O_{Ⅰ,Ⅲ}$ 不共线，由三刚片规则，刚片Ⅰ、Ⅱ、Ⅲ组成的体系为无多余约束的几何不变体。在此基础上再增加二元体 DAI 和 HCG，故图 6-20（b）的内部体系仍然几何不变。但考察内部体系与地基之间的约束后，发现多了一根水平链杆。所以，整个体系为几何不变，但有一个多余约束。

【例 6-5】 试对图 6-21（a）所示体系作几何组成分析。

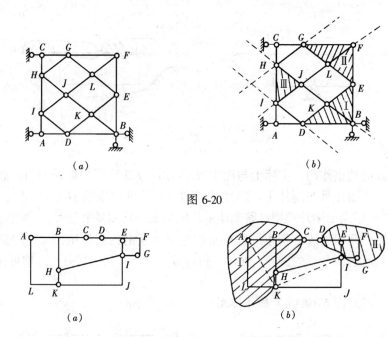

图 6-20

图 6-21

【解】 体系没有与地基相连，因此，只需分析体系本身的几何组成。

由于体系中杆件较多，故分析中需多次应用三个规则。先从外围的局部杆件入手，考虑到 ABCH 为一刚片，在此基础上增加二元体 ALKH，得到刚片Ⅰ，如图 6-21（b）所示。此外，右边 DEFG 为另一刚片，增加二元体 EIG 后扩大为刚片Ⅱ。将折杆 IJK 用与其约束作用相同的链杆 KI 代替，则连接刚片Ⅰ和Ⅱ的三根链杆 CD、HI、KI 不全平行也不全相交，根据两刚片规则，该体系为无多余约束的几何不变体系。本例如果将折杆 IJK 作为刚片Ⅲ，则可用三刚片规则进行分析。

通过以上例题的分析可以看出，进行几何组成分析时要灵活应用三个几何组成规则，分析中应充分运用最基本的刚片——地基、铰结三角形等，注意运用虚铰的概念。

通常，分析体系的几何组成，可从地基或铰结三角形开始，依次增加二元体，尽量扩大刚片范围；或逐次去掉体系外围的二元体，使体系简化。如果体系与地基的支座链杆只有三根，且二者的连接也符合两刚片规则，则可只对体系本身进行几何组成分析。如果体系的支座链杆多于三根，必须考虑把地基作为一刚片，对整个体系（包括地基）进行几何组成分析。

第五节 结构的几何组成与静定性的关系

对体系进行几何组成分析，除可以判别体系是否几何不变、能否作为工程结构外，同时还能判定几何不变体系是否有多余约束、是静定结构还是超静定结构，从而为不同的结构选择相应的计算方法。

对图 6-22（a）进行几何组成分析，得出它是一无多余约束的几何不变体系。体系有

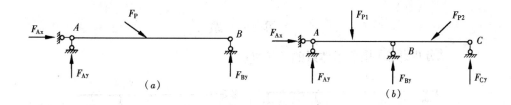

图 6-22

三个支杆，其三个未知的支座反力可以由平面任意力系的三个独立的平衡方程 $\sum F_x = 0$，$\sum F_y = 0$ 和 $\sum M = 0$ 惟一地确定。这样的体系称为**静定结构**。

可见，静定结构的几何组成特征是无多余约束的几何不变体系，它的静力特征是静力平衡方程的数目与未知约束反力的数目相等，体系的全部反力和内力由静力平衡条件可以惟一地确定。

图 6-22（b）的几何组成分析表明，它也是一几何不变体系，但有多余约束。体系有四个支杆，四个未知的支座反力，但只能建立三个独立的平衡方程。显然，未知的支座反力数目多于独立的平衡方程数，三个方程不能解出四个未知力。这样的体系称为**超静定结构**。

由此可见，超静定结构的几何组成特征是具有多余约束的几何不变体系，它的静力特征是静力平衡方程的数目少于未知约束力的数目，体系的反力和内力，单靠静力平衡条件是不能完全确定的。

小　　结

本章内容包括几何组成分析的目的、自由度及约束的概念，平面体系几何不变体系的组成规则及其静力特征等。理解并熟练地应用这些规则对各种平面杆件体系进行几何组成分析是本章的重点，具体概括如下：

1. 组成无多余约束几何不变体系的三个规则：

（1）二元体规则　在一个体系上增加或去掉二元体，不会改变原体系的几何组成性质。

（2）两刚片规则　两刚片用不全交于一点也不全平行的三根链杆相连或两刚片用一个铰和一根不通过铰心的链杆相连。

（3）三刚片规则　三刚片用不在同一直线上的三个铰两两相连。

三个规则实质上是一个规则即铰结三角形规则。

2. 分析体系的几何组成时，应灵活运用三个规则。体系中哪根杆件作为刚片，哪根杆件作为链杆约束，可根据分析需要选取。对于比较简单的体系，可直接用两刚片或三刚片规则进行分析；对于较复杂的体系，常常要多次应用三个规则才能得出结论。

3. 掌握不同结构的几何组成特征与静力特征之间的关系：

静定结构为无多余约束的几何不变体系；

超静定结构为有多余约束的几何不变体系。

习 题

6-1 试分析题 6-1 图所示体系的几何组成。

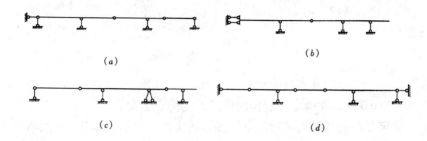

题 6-1 图

6-2 试分析题 6-2 图所示体系的几何组成。

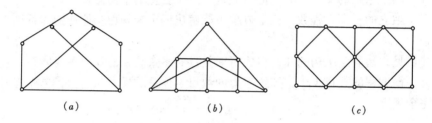

题 6-2 图

6-3 试分析题 6-3 图所示体系的几何组成。

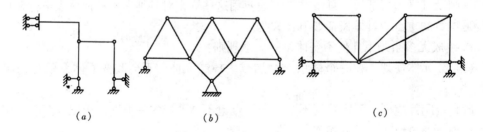

题 6-3 图

6-4 试分析题 6-4 图所示体系的几何组成。

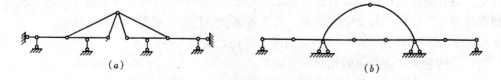

题 6-4 图

6-5 试分析题 6-5 图所示体系的几何组成。

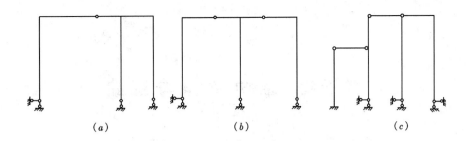

题 6-5 图

6-6 试分析题 6-6 图所示体系的几何组成。

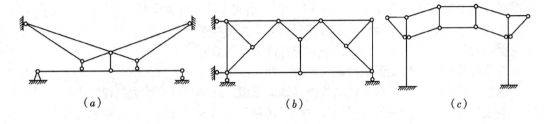

题 6-6 图

第七章 轴向拉伸与压缩

第一节 轴向拉伸与压缩的基本概念

在工程实际中，经常遇到发生轴向拉伸和压缩变形的杆件。例如，图 7-1（a）所示起重机吊装重物 G 时的吊索；图 7-1（b）所示桁架中的拉杆和压杆。

通过上述实例可知这类杆件受力和变形具有如下特征：

受力特征——作用在杆件上的外力与杆件轴线重合。

变形特征——杆件变形是沿轴线方向的伸长或缩短。

这类杆件的变形形式称为**轴向拉伸**或**轴向压缩**。这类杆件常称为拉杆或压杆。

对发生轴向拉伸与压缩变形的杆件的形状和受力情况进行简化，计算简图如图 7-2。

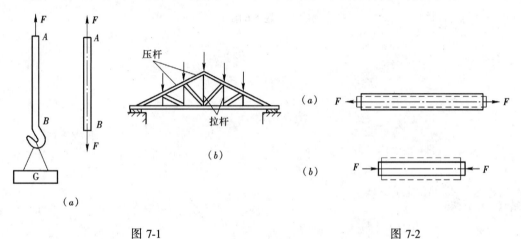

图 7-1　　　　　　　　　　　　　　　图 7-2

第二节 轴向拉（压）杆的内力、应力

一、轴向拉（压）杆横截面上的内力

在图 7-3（a）所示杆件上假想用一横截面 $m-m$ 将杆截开，使杆分成两部分，并以内力 F_N 代替左右两部分间的相互作用，绘出脱离体的受力图，如图 7-3（b）（或图 7-3c）所示。根据左段（或右段）的平衡条件，有

$$\Sigma F_x = 0, \ -F_1 - F_2 + F_N = 0$$

或
$$(F_3 + F_4 - F'_N = 0)$$

即
$$F'_N = F_1 + F_2$$

或
$$(F_N = F_3 + F_4) \tag{7-1}$$

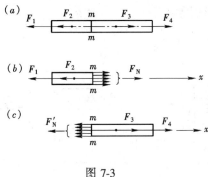

图 7-3

因为外力 F 的作用线与杆轴线重合，故内力 F_N 或 (F'_N) 的作用线也与杆轴线重合，称为轴向内力，简称**轴力**。习惯上将轴力 F_N 的符号规定为：使杆件发生轴向拉伸变形的轴力为正（称为拉力，方向是背离截面）；反之，使杆件发生轴向压缩变形的轴力为负（称为压力，方向是指向截面）。例如，图 7-3 中杆件内的轴力是正的轴力。由式 (7-1) 可知，$m-m$ 截面上的轴力 F_N 在数值上等于 $m-m$ 截面以左（或右）所有外力在杆轴线上投影的代数和，向左（或右）为正，向右（或左）为负。

当沿杆件轴线作用的外力多于两个时，杆件的不同部分的横截面上的轴力一般也不相同。为了表示轴力沿轴线变化的情况，并确定最大轴力所在的横截面，引入**轴力图**。关于轴力图的做法，将在后面例题中加以说明。

二、轴向拉（压）杆横截面上的应力

1. 应力的概念

构件受外力作用，其内部截面上分布内力在某一点的集度（即压强）称为该截面这一点的应力。应力的大小反映了截面上某点分布内力的强弱程度。

如图 7-4 (a) 所示，在 K 点周围取微面积 ΔA，设作用在 ΔA 上分布内力的合力为 $\mathbf{\Delta F}$，则在面积 ΔA 上分布内力的平均集度为

$$p_m = \frac{\Delta F}{\Delta A}$$

上式中，p_m 称为面积 ΔA 上分布内力的平均应力。一般而言，截面上的分布内力不是均匀的，因此，平均应力 p_m 将随所取微面

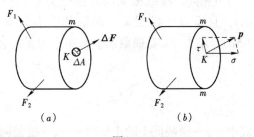

图 7-4

积 ΔA 的不同而变化，为了表示截面上分布内力在一点处的集度，令 ΔA 趋于零，则有

$$p = \lim_{\Delta A \to 0} p_m = \lim_{\Delta A \to 0} \frac{\Delta F}{\Delta A} = \frac{dF}{dA} \tag{7-2}$$

p 即为图 7-4 (a) 所示截面上 K 点处的分布内力集度，称为该截面上 K 点处的**总应力**。由于 $\mathbf{\Delta F}$ 是矢量，因此总应力 p 也是矢量，其方向一般与截面既不垂直也不相切。通常，将总应力 p 分解为与截面垂直的法向分量 σ 和与截面相切的切向分量 τ，如图 7-4 (b) 所示，法向分量 σ 称为**正应力**，切向分量 τ 称为**切应力**。应力的国际单位用 Pa（**帕**）（$1Pa=1N/m^2$），MPa（**兆帕**）或 GPa（**吉帕**）等，Pa 和 MPa 的关系为 $1MPa=10^6Pa$，$1GPa=10^9Pa$。

2. 轴向拉（压）杆横截面上的应力

确定了杆件的内力后，仍不能解决工程中的强度问题。例如两根由同种材料制成的拉杆，但横截面面积不同，承受同样的拉力，显然二者的轴力相同，当拉力逐渐增大时，截面面积小的杆必定首先被拉断。这说明，要解决强度问题，仅研究内力是不够的，还要研究分布内力在横截面上各点的集度，即横截面上的应力。为此，要先知道应力在横截面上的分布规律。应力发生在杆件内部，是看不到的，而材料的变形与受力之间有一定的关

系，应力的分布必定与变形有关，故可以从观察变形现象入手。

下面通过实验来观察拉（压）杆的变形现象。

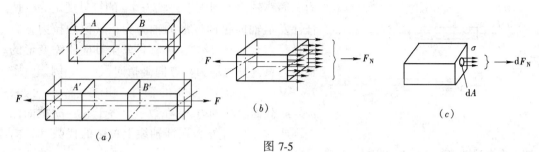

图 7-5

图 7-5（a）为一等截面直杆，变形前在杆的表面画上垂直于杆轴线的周向线 A、B，作为横截面的轮廓线，拉伸变形后，可以看到，两轮廓线分别平移到 A'、B' 的位置，且仍垂直于变形后杆轴线。根据这一表面变形现象，由表及里，认为周向线 A、B 代表横截面，可以作出**平面假设**，**横截面变形前为平面**，**垂直于杆件的轴线**，**变形后仍保持为平面**，且**垂直于变形后杆件的轴线**。

假想杆件是由一根根纵向纤维组成的，由平面假设可推断：拉伸变形后，两横截面之间所有纵向纤维的伸长相同。又根据材料的均匀性假设及弹性小变形条件，变形相同时，受力也相同，故每根纵向纤维受力是相同的。故应力在横截面上均匀分布（图 7-5b 所示），且垂直于横截面，即横截面上只有正应力 σ，且为常量。由于 $dF_N = \sigma \cdot dA$（图 7-5c），轴力 F_N 是横截面上分布内力系的合力，所以积分得

$$F_N = \int_A \sigma dA = \sigma A$$

$$\sigma = \frac{F_N}{A} \tag{7-3}$$

式中　σ—横截面上的正应力；F_N—横截面上的轴力；A—横截面面积

正应力 σ 的符号规定为：拉应力为正，压应力为负。

另外，注意这样两点：（1）式（7-3）只有在外力的合力沿杆轴线方向时才能使用（2）集中力作用点附近区域，横截面上的正应力不是均匀分布，式（7-3）不能使用。

三、轴向拉（压）杆斜截面上的应力

和杆件的轴线不垂直的截面称为斜截面。不同材料的拉（压）实验表明，拉（压）杆的破坏并不总是沿横截面发生，如铸铁试件拉伸时沿横截面断开，但压缩时却沿与轴线成 45°的斜截面破坏。可见要全面研究拉（压）杆的强度，还需要进一步讨论任一斜截面上的应力。

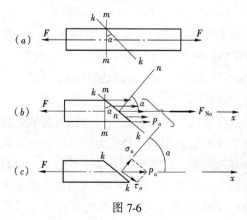

图 7-6

图 7-6 所示直杆所受的轴向拉力为 F，横截面上的轴力、应力、面积分别为 F_N、σ、A，斜截面 k-k 的法线与杆轴线夹角为 α，α 角以自 x 轴正方向转到斜截面外法线 n-n 处，逆时针为正，顺时针为负，k-k 截面称为 α 截面，k-k 截面上的内力、总应力、正应力、切应力、面积

分别为 $F_{N\alpha}$、p_α、σ_α、τ_α、A_α。用一假想截面沿斜截面 $k\text{-}k$ 截开，取左段为脱离体，如图 7-6（b）所示。由左段的平衡条件 $\Sigma F_x = 0$，$k-k$ 截面上内力

$$F_{N\alpha} = F$$

与前面证明横截面上正应力均匀分布的方法相同，可以证明斜截面上的应力均匀分布。因此，$k-k$ 截面上应力

$$p_\alpha = \frac{F_{N\alpha}}{A_\alpha}$$

而 $A_\alpha = \dfrac{A}{\cos\alpha}$，$\sigma = \dfrac{F_N}{A}$，$F_N = F$，所以

$$p_\alpha = \frac{F}{A}\cos\alpha = \sigma\cos\alpha$$

将 P_α 分解成正应力 σ_α 和切应力 τ_α，图 7-6（c）所示，有

$$\sigma_\alpha = P_\alpha\cos\alpha = \sigma\cos^2\alpha \tag{7-4}$$

$$\tau_\alpha = P_\alpha\sin\alpha = \frac{\sigma}{2}\sin2\alpha \tag{7-5}$$

σ_α，τ_α 符号分别规定为：σ_α——拉应力为正，压应力为负；τ_α——对脱离体内任一点取矩，顺时针为正，反之为负。

讨论：由式（7-4）和（7-5）可知，

(1) 当 $\alpha = 0$ 时，即为横截面，$\sigma_{0°} = \sigma_{\max} = \sigma$，$\tau_{0°} = 0$

(2) 当 $\alpha = 45°$ 时，即为 45°斜截面，$\sigma_{45°} = \dfrac{\sigma}{2}$，$\tau_{45°} = \tau_{\max} = \dfrac{\sigma}{2}$

(3) 当 $\alpha = 90°$ 时，即为纵向截面，$\sigma_{90°} = 0$，$\tau_{90°} = 0$

【例 7-1】 求图 7-7（a）所示杆件的内力，并作轴力图。

【解】 （1）计算各段（AC、CB）杆件的内力

AC 段：用截面 1-1 将杆截开，取左段部分为研究对象（图 7-7b 所示），根据平衡条件，有：

$$\Sigma F_x = 0 \quad F_{N1} = 10\text{kN}（拉力）$$

CB 段：用截面 2-2 将杆截开，取左段部分为研究对象（图 7-7c 所示），根据平衡条件，有：

$$\Sigma F_x = 0 \quad F_{N2} + 30 - 10 = 0$$

$$F_{N2} = -20\text{kN}（压力）$$

F_{N2} 的实际方向应与图中所示方向相反。

（2）绘轴力图

以平行于杆轴线的直线为横轴，垂直于杆轴线的直线为纵轴，建立直角坐标系。选截面位置为横坐标，相应截面上的轴力为纵

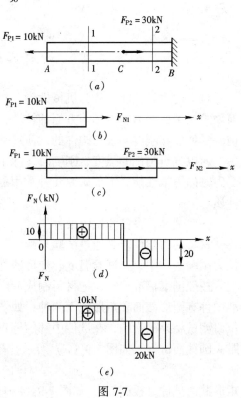

图 7-7

坐标，习惯上将正的轴力画在上侧，负的轴力画在下侧。根据适当比例，绘出图线即为轴力图。图 7-7（d）、（e）所示即为图 7-7（a）所示杆件的轴力图。

由图 7-7（d）、（e）可知，CB 段的轴力值最大，即 $|F_N|_{max}$ = 20kN，所以 CB 段最危险。

讨论：在应用截面法计算轴力时要注意以下两个问题：

（1）外载荷不能沿其作用线移动。因为材料力学中研究的对象是变形体，不是刚体，力的可传性不成立。

（2）截面不能切在外力作用点处，要离开或稍微离开作用点，作用在结构某一位置上的不同载荷，如果在静力学意义上是等效的，则在远离该位置处的应力分布差异甚微。

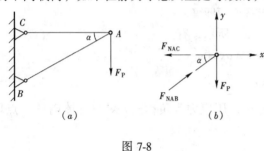

图 7-8

【例 7-2】 起吊三角架如图 7-8（a）所示，已知 AB 杆由 2 根截面面积为 10.86cm² 的角钢制成，F_P = 130kN，α = 30°。求 AB 杆横截面上的应力。

【解】（1）计算 AB 杆的内力

取节点 A 为研究对象，如图 7-8（b）所示，根据平衡条件，有

$$\Sigma F_y = 0 \quad F_{NAB}\sin30° - F_P = 0$$

$$F_{NAB} = 2F_P = 260\text{kN}（压力）$$

（2）计算 σ_{AB}

$$\sigma_{AB} = \frac{F_{NAB}}{A} = \frac{260 \times 10^3}{10.86 \times 2 \times 10^{-4}} = 119.7\text{MPa}$$

第三节 材料在拉（压）时的力学性能

材料的力学性能又称为机械性能，指材料在外力作用下表现出来的与构件（试件）几何尺寸无关的变形、破坏等方面的特性，如弹性模量 E，泊松比 μ，材料的强度极限等。构件的强度和刚度不仅与构件的几何尺寸及受力状况有关，还与材料受力时的力学性能有关。所以分析构件的强度、刚度时，除了分析构件受力时的应力、变形外，还应了解材料受力时的力学性能。本节研究几种常用的工程材料在拉伸（压缩）试验时所表现出的力学性质。

一、试件、设备和试验条件

材料的力学性能是通过试验来测定。为了比较不同材料的试验结果，国家标准《金属拉力试验法》中，对试验温度、变形速度、试件表面光洁度及几何尺寸等都有具体规定。

按照国家标准规定，把材料制成一定尺寸的杆件，称为标准试件。拉伸试验常用的标准试件有圆形截面和矩形截面两种，如图 7-9（a）、（b）所示。为了避开试件两端受力部位对测试结果的影响，在试件中部的等直部分取长为 l 的一段作为工作段，其长度称为标距。圆截面试件，如图 7-9（a）所示，标距 l 与直径 d 的比例有两种可供选择

$$l = 10d \quad 和 \quad l = 5d$$

矩形截面试件（板试件），如图 7-9（a）所示，标距 l 与横截面面积 A 的比例也有两种可

供选择

$$l = 11.3\sqrt{A} \text{ 和 } l = 5.65\sqrt{A}$$

金属材料的标准压缩试件通常采用短圆柱形，长度 l 为直径 d 的 $1.5 \sim 3$ 倍；混凝土、石料等做压缩试验时则制成立方形的试块，如图 7-9（c）、（d）所示。

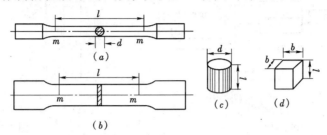

图 7-9

拉（压）试验使用的主要设备有两部分。一部分是加力和测力的设备，常用的是万能试验机；另一部分是用来测量变形的仪器，常用的有球铰式引伸仪，杠杆变形仪、电阻应变仪等。

材料的力学性能不仅与材料自身的特性有关，还与荷载的类别（恒载、活载等）、温度条件（常温、低温、高温）以及加载速度等因素有关。这里介绍材料在常温、缓慢平稳加载的条件下的拉伸、压缩试验。

二、低碳钢拉伸时的力学性能

低碳钢是指含碳量在 0.25% 以下的碳素钢，是工程上使用广泛，力学性质最具代表性的材料。

将试件装入试验机上，然后缓慢、平稳的施加拉力 F 于试件上下两端，使试件发生变形。从开始加载直至试件破坏的过程中，逐级地记录所加载荷 F 及相应的沿轴线方向的变形（用 Δl 表示），并以 Δl 为横坐标，F 为纵坐标，绘出载荷与变形之间的关系曲线，即 $F - \Delta l$ 曲线，称为低碳钢的**拉伸图**。一般万能试验机上都有绘图仪器，能自动绘出此曲线，图 7-10 是试验机和自动绘图系统。$F - \Delta l$ 曲线与试件的尺寸有关，为了消除试件尺寸的影响，得到材料本身的性质，将拉伸图中的 F 值除以试件原始的横截面面积 A，即 $\sigma = \dfrac{F_N}{A}$，将 Δl 的值除以试件标距原长 l，称为**线应变**，记作 $\varepsilon = \dfrac{\Delta l}{l}$，表示单位长度的伸长（或缩短），反映杆件的变形程度，这样，就得到一条反映应力 σ 与应变 ε 之间关系的曲线，称为**应力-应变曲线**即 **σ-ε 曲线**，如图 7-11（a）所示，此图反映出低碳钢材料在拉伸过程中的力学性能。下面根据低碳钢材料拉伸时的 $\sigma - \varepsilon$ 曲线来分析这种材料的强度变形性能。

在低碳钢材料的整个拉伸试验过程中，其 $\sigma - \varepsilon$ 曲线可分为四个阶段：

（1）弹性阶段（ob 段）在此阶段，如果将载荷逐渐减小至零，则加载时产生的变形会完全消失，这种变形称为弹性变形，此阶段称为弹性阶段。oa 段是一条直线，表明这段内应力与应变成正比，该段又称为线性弹性阶段。若设直线的斜率 $\tan\alpha = E$，则应力与应变的关系为

$$\sigma = E\varepsilon \tag{7-6}$$

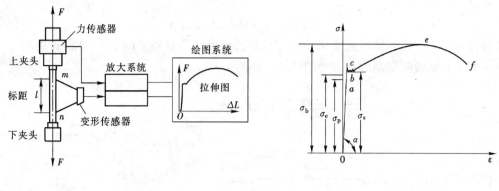

图 7-10　　　　　　　　　　　　　　　图 7-11

式（7-6）称为胡克定律。其中 E 是与材料有关的比例常数，称为**弹性模量**。a 点所对应的应力值称为**比例极限**，记为 σ_p。ab 段是一条微弯的曲线，应力与应变之间不再保持线性关系，但卸载后变形仍可完全消失，变形仍是弹性变形。一旦应力超过 b 点，卸载后，有一部分变形不能消除，这种不能消除的变形称为塑性变形或残余变形，也称永久变形。b 点所对应的应力 σ_e 是材料只出现弹性变形的极限值，称为**弹性极限**。

（2）屈服阶段（bc 段）当应力超过弹性极限增加到某一数值时，应变会急剧地增加，但是应力先是下降，然后作微小的波动，在 $\sigma - \varepsilon$ 曲线上出现接近水平线的小锯齿形线段，这种应力基本保持不变、而应变显著增加的现象，称为**屈服**或**流动**。在屈服阶段内的最高应力和最低应力分别称为上屈服极限和下屈服极限，上屈服极限的数值与试件形状、加载速度等因素有关，一般是不稳定的，下屈服极限比较稳定，能够反映材料的性能，故通常把下屈服极限定为材料的**屈服极限**或**流动极限**，用 σ_s 表示。

表面磨光的试件屈服时，表面将出现与轴线大致呈 45°倾角的条纹，这是由于材料内部相对滑移形成的，称为**滑移线**，如图 7-12 所示。这种滑移所引起的变形是塑性变形。

由于工程中一般不允许构件出现显著的塑性变形，当屈服时，材料产生显著的塑性变形，所以 σ_s 是衡量材料强度的重要指标。

（3）强化阶段（ce 段）过了屈服阶段后，材料抵抗变形的能力有所增强，要使试件继续变形必须增加拉力，这种现象称为材料的**强化**。强化阶段的最高点 e 点所对应的应力是材料所能承受的最大应力，称为材料的**强度极限**或**抗拉强度**，用 σ_b 表示，它是衡量材料性能的另一强度指标。

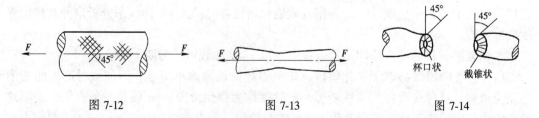

图 7-12　　　　　　　图 7-13　　　　　　　图 7-14

（4）局部变形阶段（ef 段）应力到达强度极限后，在试样的某一局部范围内，横向尺寸突然急剧缩小，形成所谓的"颈"，这一现象称为**颈缩现象**，如图 7-13 所示。由于颈缩部分横截面面积显著减小，使试件继续伸长所需的拉力也随之减小，在应力—应变图中用横截面原始面积 A 算出的应力 $\sigma = \dfrac{F_N}{A}$ 随之下降，降落至 f 点，试件在颈缩处断裂，断口呈杯锥状，如图 7-14 所示。

试件拉断后，弹性变形消失。将断后的两段对接起来，可测得断裂后的标距长度 l_1，标距原长 l，$(l_1 - l)$ 为初始标距内的塑性变形量。令

$$\delta = \frac{l_1 - l}{l} \times 100\% \tag{7-7}$$

δ 称为**延伸率**或**伸长率**，是衡量材料塑性大小的指标。工程中通常按常温静载下延伸率的大小，把材料大致分为两大类：$\delta_{10} \geqslant 5\%$ 的材料称为塑性材料，如低碳钢、铜、铝等；$\delta_{10} < 5\%$ 的材料称为脆性材料，如铸铁、玻璃、陶瓷等。δ_{10} 表示用 $\dfrac{l}{d} = 10$ 的标准试件所测得的延伸率，若用 $\dfrac{l}{d} = 5$ 的标准试件，所测得延伸率用 δ_5 表示。

低碳钢试件拉断后，测到颈缩处的最小横截面面积 A_1，杆件的原始横截面面积 A，令 ψ

$$\psi = \frac{A - A_1}{A} \times 100\% \tag{7-8}$$

称为**断面收缩率**，也是衡量材料塑性性能的指标，其数值与比值 $\dfrac{l}{d}$ 无关。

低碳钢的延伸率很高，$\delta_{10} = 20\% \sim 30\%$，$\psi = 60\% \sim 70\%$，是典型的塑性材料。

如图 7-15 所示，如果应力值超过屈服极限，增加至 m 点后卸载，这时应力、应变将沿平行于 Oa 的直线 mn 减小，最后回到 n 点，试件全部卸载，应变有部分残留，即卸载过程中，应力和应变按直线规律变化——**卸载规律**。卸载前试件的总应变为 Ok（ε），On 是残留的塑性应变 ε^p，nk 是卸载后消失的弹性变形部分，亦即弹性应变 ε^e，因此，m 点的应变值为：

$$\varepsilon = \varepsilon^e + \varepsilon^p \tag{7-9}$$

若卸载后立即重新加载，试件的应力、应变将沿 nm 直线增加，到达 m 点后仍沿原曲线 mCD 变化，直到 D 点，试件被拉断。这说明，卸载后重新加载，比例极限由原来的 a 点对应的应力值提高到 m 点对应的应力值，断裂时的塑性变形由原来的 Ol 所代表的应变值减小到 nl 所代表的应变值，这种现象称为"冷作硬化"，如图7-15所示。工程上常利用钢材的冷作硬化特性对钢筋、钢缆进行冷拉，提高材料的弹性范围，可达到节约钢材的目的。冷作硬化使材料变脆（塑性性能降低），这对承受振动和冲击载荷是不利的，可采用热处理（退火）的方法，消除冷作硬化现象。

试验表明，卸载后重新加载的应力—应变曲线并不稳定，它与卸载后重新加载的时间有关，如果经过相当长时间（比如三周）重新加载，应力—应变曲线将沿 $nmfgh$ 曲线变化，如图 7-15 所示，比例极限和强度极限又进一步由 m、C 点对应的应力值提高到由 f、g 点对应的应力值，塑性变形由 nl 所代表的应变值降

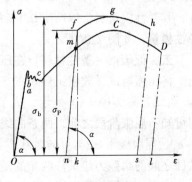

图 7-15

低到 n_s 所代表的应变值,这种现象称为"冷拉时效",在土建工程中钢筋的冷拉就是利用这一性质。钢筋冷拉后,其抗压的强度指标并不提高,所以,在钢筋混凝土中,受压钢筋不用冷拉。

三、其他塑性材料拉伸时的力学性能

图 7-16 给出了几种塑性材料的 $\sigma - \varepsilon$ 曲线。从图中可以看出,有些材料,如 16Mn 钢,和低碳钢一样,有明显的弹性阶段、屈服阶段、强化阶段和局部变形阶段;有些材料,如黄铜 H62、20Cr,没有屈服阶段,但其他三个阶段却很明显;还有些材料,如高碳钢 T10A,没有屈服阶段和局部变形阶段,只有弹性阶段和强化阶段。

对于没有明显屈服阶段的塑性材料,通常将试件产生 0.2% 的塑性应变所对应的应力值定义为材料的屈服极限,称为**名义屈服极限**,用 $\sigma_{0.2}$ 表示。如图 7-17 所示。

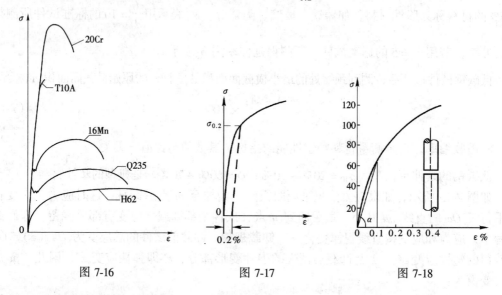

图 7-16　　　　　图 7-17　　　　　图 7-18

四、铸铁拉伸时的力学性能

图 7-18 给出了灰口铸铁拉伸时的 $\sigma - \varepsilon$ 曲线。从图中可以看到:没有明显的直线部分,没有屈服阶段和颈缩阶段,只能测到断裂时的最大应力,称为**强度极限** σ_b,是衡量铸铁材料拉伸强度的惟一指标。由于拉伸强度低,故不宜作抗拉构件的材料。试件沿横截面被拉断,断口呈粗糙颗粒状,从加载直至拉断前,试件的应变很小,约为 0.4% ~ 0.5%,延伸率很小,$\delta_{10} = 0.5$,是典型的脆性材料。由于铸铁的 σ-ε 曲线无明显的直线部分,其弹性模量通常以产生 0.1% 的总应变所对应的曲线上的割线斜率来表示,称为**割线弹性模量**,如图 7-18 所示。

五、低碳钢(塑性材料)在压缩时的力学性能

将压缩短试样放在试验机的上下压板之间,均匀缓慢地加载,得到低碳钢压缩时的 σ-ε 曲线如图 7-19(a)所示,为了比较,在图中用虚线绘出低碳钢拉伸时的 σ-ε 曲线。由图可知:屈服阶段之前,两条曲线基本重合,低碳钢拉伸、压缩时的弹性模量 E、比例极限 σ_p、屈服极限 σ_s 与拉伸时基本相同;屈服阶段后,试件越压越扁,由于上、下压板与试件之间的摩擦使试件两端的横向变形受到约束,中部鼓出来,变成鼓形。横截面面积不断增大,要继续产生压缩变形,荷载也要随之增加,抗压能力也在增高,试件最后被压

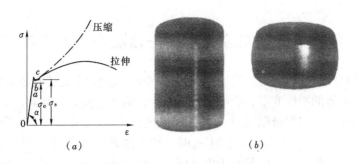

图 7-19

成饼形,如图 7-19(b)所示。以原始横截面面积 A 为分母得出的 $\sigma\text{-}\varepsilon$ 曲线必会处在拉伸曲线上方,呈上翘趋势,因此试验测不到低碳钢压缩时的强度极限。

六、铸铁在压缩时的力学性能

铸铁压缩时的 $\sigma\text{-}\varepsilon$ 曲线如图 7-20(a)所示,图中虚线表示铸铁拉伸时的 $\sigma\text{-}\varepsilon$ 曲线。可以看到:铸铁压缩时也没有明显的直线部分,没有屈服现象;铸铁压缩时的延伸率要比拉伸时大的多;破坏时,应变不大,沿与轴线大致成 $45°\sim 55°$ 的斜截面发生断裂,如图 7-20(b)所示。铸铁抗压强度是抗拉强度的 4~5 倍,是良好的耐压、减震材料。

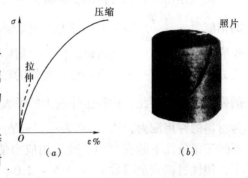

图 7-20

综上所述,描述材料力学性能的指标主要有:比例极限 σ_p、弹性极限 σ_e、屈服极限 σ_s、强度极限 σ_b、弹性模量 E、延伸率 δ、断面收缩率 ψ。表 7-1 列出几种常用材料的主要力学性能。

常温、静载下几种常用材料拉伸和压缩时的主要力学性能 表 7-1

材料名称	牌号	屈服极限 σ_s (MPa)	拉伸强度极限 σ_b (MPa)	压缩强度极限 σ_b (MPa)	延伸率 δ_5 (%)
普通碳素钢	Q235	240	380~470		25~27
	Q275	280	500~620		19~21
普通低合金钢	16Mn	280~350	480~520		19~21
	15MnV	340~420	500~560		17~19
灰口铸铁	HT15-33		100~280	650	
	HT20-40		160~320	750	
铝合金	LY11	110~140	210~420		8
	LD9	280	420		13
混凝土	C20		1.6	13.7	
	C30		2.1	20.6	
松木(顺纹)			96	31	
杉木(顺纹)			76	39	

第四节 许用应力、安全因数和强度条件

对于由塑性材料制成的构件,当应力达到材料的屈服极限 σ_s(或名义屈服极限 $\sigma_{0.2}$)时,构件将产生显著的塑性变形,影响正常工作,认为构件失效,因此,通常以屈服作为塑性材料失效的标志,屈服极限 σ_s($\sigma_{0.2}$)作为塑性材料的极限应力。由脆性材料制成的构件,当其上应力达到材料的强度极限 σ_b 时,构件未产生明显的塑性变形而突然断裂(又称脆性断裂),故脆性材料以脆断为失效标志,强度极限 σ_b 称为脆性材料的极限应力。σ_s($\sigma_{0.2}$)和 σ_b 统称为材料的极限应力,用 σ_u 表示。

一、许用应力、安全因数

荷载作用下,构件内的实际应力称为**工作应力**,例如杆件在轴向荷载作用下横截面上的正应力 $\sigma = \dfrac{F_N}{A}$ 即为工作应力。理想情况下,要使构件能够正常工作,只要构件内的工作应力低于极限应力就可以。但是,实际上,作用在构件上的实际荷载常常估计不准确,应力的计算常有一定的近似性,构件的材料也不可能绝对均匀,另外,构件还应具有一定的强度储备,因此,构件工作应力的最大允许值应当取材料的极限应力的 $\dfrac{1}{n}$,此允许值称为材料的**许用应力**,用 $[\sigma]$ 表示,n 是一个大于 1 的系数,称为**安全因数**。各种材料在不同工作条件下的安全因数或许用应力值,可从有关规范或设计手册中查到。一般情况下,塑性材料安全因数 $n_s = 1.5 \sim 2.0$;脆性材料安全因数 $n_b = 2.5 \sim 3.0$,甚至更大。

二、强度条件

要保证拉(压)杆具有足够的强度,应使杆件内的最大工作应力不超过材料的许用应力 $[\sigma]$,即

$$\sigma_{max} = \left(\dfrac{F_N}{A}\right)_{max} \leqslant [\sigma] \tag{7-10}$$

上式称为轴向拉伸或压缩时的**强度条件**。对于等截面拉(压)杆,由于 $\sigma_{max} = \dfrac{F_{Nmax}}{A}$,故强度条件可写为

$$\sigma_{max} = \dfrac{F_{Nmax}}{A} \leqslant [\sigma] \tag{7-11}$$

根据上述强度条件,可以解决以下三类强度问题:

(1)强度校核 已知杆件的几何尺寸、材料和荷载,可用式(7-11)校核杆件的强度是否满足要求。

(2)设计截面 已知杆件的材料和所受的荷载,可用式(7-11)计算出杆件所需要的横截面面积。

$$A \geqslant \dfrac{F_{Nmax}}{[\sigma]}$$

(3)确定许可荷载 已知杆件的横截面面积和材料,可用式(7-11)计算出杆件所能承受的最大轴力值,又称为许可轴力,即

$$F_{Nmax} \leqslant [\sigma] A$$

然后根据平衡条件，计算结构所能承受的最大荷载，即许可荷载。

【例 7-3】 在图 7-21（a）所示三角架中，杆 AB 由两根 No.14a 的槽钢组成，许用应力 $[\sigma]_1 = 160\text{MPa}$；杆 BC 为一根 No. 22a 的工字钢，许用应力 $[\sigma]_2 = 100\text{MPa}$。A、B、C 节点均为铰接，在节点 B 处作用一垂直荷载 F_P。

(1) 若荷载 $F_P = 400\text{kN}$，试校核两杆的强度；

(2) 试确定结构的许可荷载 $[F_P]$；

(3) 若 F_P 等于许可荷载 $[F_P]$，试根据既安全又经济的要求，重新选择 AB 槽钢的型号。

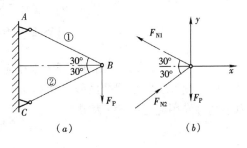

图 7-21

【解】 (1) 校核两杆的强度

先求各杆的内力。取节点 B 为研究对象，受力分析如图 7-21（b）所示，根据平衡条件，有：

$$\Sigma F_x = 0, \quad F_{N2}\cos 30° - F_{N1}\cos 30° = 0$$
$$\Sigma F_y = 0, \quad F_{N1}\sin 30° + F_{N2}\sin 30° - F_P = 0$$

解得

$$F_{N1} = F_{N2} = F_P$$

查表，$2A_1 = 2 \times 18.516 \times 10^2 = 3703.2\text{mm}^2$，$A_2 = 4212.8\text{mm}^2$

两横截面上的应力

$$\sigma_{AB} = \frac{F_{N1}}{2A_1} = \frac{F_P}{2A_1} = \frac{400 \times 10^3}{3703.2 \times 10^{-6}} = 108\text{MPa} < [\sigma]_1 = 160\text{MPa}$$

$$\sigma_{BC} = \frac{F_{N2}}{A_2} = \frac{F_P}{A_2} = \frac{400 \times 10^3}{4212.8 \times 10^{-6}} = 95\text{MPa} < [\sigma]_2 = 100\text{MPa}$$

因此，两杆均满足强度条件。

(2) 确定结构的许可荷载 $[F_P]$

$$[F_{N1}] = 2A_1 [\sigma]_1 = 3703.2 \times 10^{-6} \times 160 \times 10^6 = 592.4\text{kN}$$
$$[F_{N2}] = A_2 [\sigma]_2 = 4212.8 \times 10^{-6} \times 100 \times 10^6 = 421.3\text{kN}$$

根据强度条件计算各杆实际轴力达到容许轴力时各杆对应的许可荷载，即 $F_{N1} \leqslant [F_{N1}]$，$F_{N2} \leqslant [F_{N2}]$ 时所对应的荷载 $[F_P]_1$、$[F_P]_2$ 分别为，

$$[F_P]_1 = [F_{N1}] = 592.4\text{kN}$$
$$[F_P]_2 = [F_{N2}] = 421.3\text{kN}$$

要保证两杆都能安全、正常工作，结构的许可荷载应取小值，即 $[F_P]_2$，因而得

$$[F_P] = 421.3\text{kN}$$

(3) 重新选择 AB 钢杆槽钢的型号

当 $F_P = [F_P] = 421.3\text{kN}$ 时，BC 杆的工作应力刚好等于许用应力，材料得到充分利用。但 AB 杆的工作应力比其许用应力小得多，表明它有多余的强度储备，故应重新选择 AB 杆槽钢的型号，使其达到既安全又经济的要求。由强度条件，有

$$\sigma_{AB} = \frac{F_{N1}}{2A_1} = \frac{F_P}{2A_1} \leqslant [\sigma]_1$$

$$A_1 \geq \frac{F_P}{2\,[\sigma]_1} = \frac{421.3 \times 10^3}{2 \times 160 \times 10^6} = 1316.7 \times 10^{-6} \mathrm{m}^2$$

查表，选择两根 No.10 槽钢，$2A_1 = 2 \times 1274.8 = 2549.6 \mathrm{mm}^2$

$$\sigma_{AB} = \frac{F_{N1}}{2A_1} = \frac{F_P}{2A_1} = \frac{421.3 \times 10^3}{2549.6 \times 10^{-6}} = 165.2 \mathrm{MPa}$$

$$\frac{165.2 - 160}{160} \times 100\% = 3.2\%$$

若取 No.10 槽钢，则 AB 杆的工作应力比其许用应力大 3.2%，这是允许的。在工程设计中，允许实际采用的横截面面积 A 值略小于计算所需的 A 值，但通常规定以工作应力不超过许用应力的 5% 为限。

第五节 轴向拉（压）杆的变形

一、纵向变形、胡克定律

如图 7-22 所示，设等直杆的原长为 l，横截面面积为 A。在轴向力 F 作用下，杆件长度由 l 变为 l_1。杆件在轴线方向的伸长，即**纵向变形**为

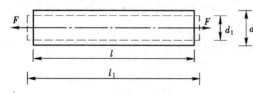

图 7-22

$$\Delta l = l_1 - l \tag{1}$$

图 7-22 所示杆件各段的伸长是均匀的，因此，其轴线方向的**线应变**为：

$$\varepsilon = \frac{\Delta l}{l} \tag{2}$$

由式（1）可知，拉杆沿轴向伸长，其纵向变形 Δl 为正，压杆沿轴向缩短，其纵向变形 Δl 为负，因此，线应变在杆件伸长时为正，在杆件缩短时为负。

由式（7-3）可知，杆件横截面上的正应力为

$$\sigma = \frac{F_N}{A} = \frac{F}{A} \tag{3}$$

胡克定律（式 7-6）指出：当应力不超过材料的比例极限时，有

$$\sigma = E\varepsilon \tag{4}$$

将式（2）、（3）代入式（4），整理，得

$$\Delta l = \frac{F_N l}{EA} = \frac{Fl}{EA} \tag{7-12}$$

式（7-12）表示：当应力不超过材料的比例极限时，杆件的伸长 Δl 与拉力 F 和杆件的原始长度 l 成正比，与横截面面积 A 成反比。这是胡克定律的另一种表达形式。

式（7-12）中 EA 是材料弹性模量与拉（压）杆件横截面面积的乘积，对长度相同，受力相等的杆件，EA 越大则变形越小，故将 EA 称为杆件的**抗拉（压）刚度**。

二、横向变形、泊松比

在图 7-22 中，设变形前杆件的横向尺寸为 d，变形后为 d_1，则杆件的**横向变形**为

$$\Delta d = d_1 - d$$

杆件的横向线应变为

$$\varepsilon_1 = \frac{\Delta d}{d}$$

由实验结果表明，当应力不超过材料的比例极限时，有

$$\left|\frac{\varepsilon_1}{\varepsilon}\right| = \mu \tag{7-13a}$$

比值 μ 称为**泊松比或横向变形系数**，它是一个无量纲的量。

拉杆的变形是纵向伸长而横向缩短，压杆的变形是纵向缩短而横向增大，所以 ε_1 与 ε 的符号总是相反的。因此，在线弹性范围内，ε_1 与 ε 的关系又可表示为

$$\varepsilon_1 = -\mu\varepsilon \tag{7-13b}$$

和弹性模量 E 一样，泊松比也是材料固有的弹性常数。表 7-2 中给出了一些常用材料的 E、μ 值。

常用材料的 E、μ 值　　　　表 7-2

材料名称	牌　号	E (GPa)	μ	材料名称	牌　号	E (GPa)	μ
低碳钢	Q215、Q235 钢	200~220	0.24~0.28	铝及其合金	LY12	72	0.33
16 锰钢	16Mn	200	0.25~0.30	铜及其合金		100~110	0.31~0.36
合金钢	40CrNiMoA	210	0.28~0.32	混凝土		15~36	0.16~0.20
灰口铸铁		60~160	0.23~0.27	木　材	顺　纹	9~12	
球墨铸铁		150~180	0.24~0.27	橡　胶	工业橡胶	0.008	0.47~0.50

【例 7-4】 图 7-23 所示变截面杆，$A_2 = 2\text{cm}^2$，$A_1 = A_3 = 4\text{cm}^2$，$F_{P1} = 5\text{kN}$，$F_{P2} = 10\text{kN}$。求 AB 杆的变形 Δl_{AB}。（材料的 $E = 120 \times 10^3 \text{MPa}$）

【解】 （1）计算 BD、DC、CA 三段杆件内的轴力 F_{N1}，F_{N2}，F_{N3}

$$F_{N1} = -10\text{kN}$$
$$F_{N2} = -10\text{kN}$$
$$F_{N3} = -5\text{kN}$$

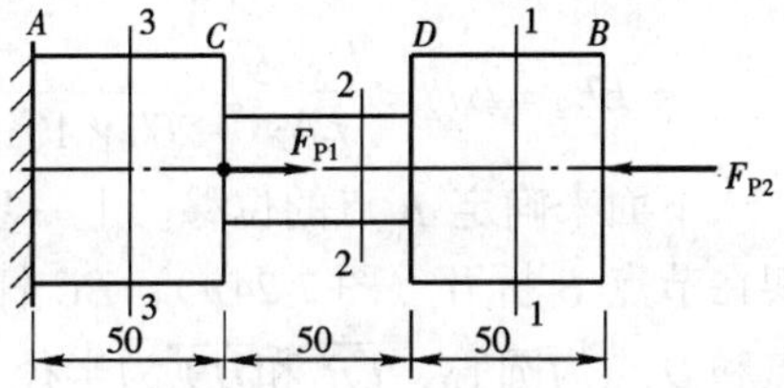

图 7-23

（2）计算 BD、DC、CA 三段杆件的变形 Δl_{BD}，Δl_{DC}，Δl_{CA}

$$\Delta l_{BD} = \Delta l_1 = \frac{F_{N1}l_1}{EA_1} = \frac{-10 \times 10^3 \times 0.05}{120 \times 10^9 \times 4 \times 10^{-4}} = -1.04 \times 10^{-5} \text{ (m)}$$

$$\Delta l_{DC} = \Delta l_2 = \frac{F_{N2}l_2}{EA_2} = \frac{-10 \times 10^3 \times 0.05}{120 \times 10^9 \times 2 \times 10^{-4}} = -2.08 \times 10^{-5} \text{ (m)}$$

$$\Delta l_{CA} = \Delta l_3 = \frac{F_{N3}l_3}{EA_3} = \frac{-5 \times 10^3 \times 0.05}{120 \times 10^9 \times 4 \times 10^{-4}} = -0.52 \times 10^{-5} \text{ (m)}$$

（3）计算 AB 杆的总变形

$$\Delta l_{AB} = \Delta l_1 + \Delta l_2 + \Delta l_3 = -3.64 \times 10^{-5} \text{ (m)}$$

Δl_{AB} 的负号说明此杆缩短。

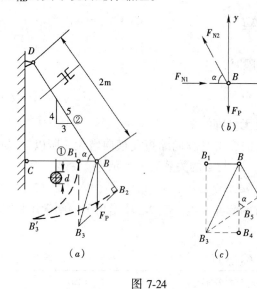

图 7-24

【例 7-5】 图 7-24 (a) 所示杆系结构，已知 BC 杆为圆截面，$d = 20\text{mm}$，BD 杆为 2 根 8 号槽钢，$E = 200\text{GPa}$，$F_P = 60\text{kN}$。求 B 点的位移。

【解】 (1) 计算轴力 取节点 B (图 7-24b 所示) 为研究对象，由 $\Sigma F_x = 0$，得

$$-F_{N2}\cos\alpha + F_{N1} = 0 \quad (1)$$

由 $\Sigma F_y = 0$，得

$$F_{N2}\sin\alpha - F_P = 0 \quad (2)$$

(1)、(2) 联立求解，得

$$F_{N2} = 75\text{kN} \quad (拉力)$$

$$F_{N1} = 45\text{kN} \quad (压力)$$

(2) 计算变形

由 $\overline{BC} : \overline{CD} : \overline{BD} = 3:4:5$，得 $\overline{BC} = l_1 = 1.2\text{m}$。

BC 杆圆截面的面积 $A_1 = 314 \times 10^{-6}\text{m}^2$，$BD$ 杆为 8 号槽钢，由型钢表查得横截面面积 $A_2 = 2 \times 1024.8 \times 10^{-6}\text{m}^2$，由胡克定律求得

$$\overline{BB_1} = \Delta l_1 = \frac{F_{N1}l_1}{EA_1} = \frac{45 \times 10^3 \times 1.2}{200 \times 10^9 \times 314 \times 10^{-6}} = 0.86 \times 10^{-3} \text{ (m)} \text{ (压缩)}$$

$$\overline{BB_2} = \Delta l_2 = \frac{F_{N2}l_2}{EA_2} = \frac{75 \times 10^3 \times 2}{200 \times 10^9 \times 2 \times 1024.8 \times 10^{-6}} = 0.366 \times 10^{-3} \text{ (m)} \text{ (拉伸)}$$

下面来确定 B 点的位移。上一步中，Δl_1 为压缩变形，而 Δl_2 为拉伸变形。设想将托架在节点 B 拆开 (图 7-24a)，BC 杆变形后变为 B_1C，BD 杆变形后变为 B_2D。分别以 C 点和 D 点为圆心，$\overline{CB_1}$ 和 $\overline{DB_2}$ 为半径，作圆弧相交于 B_3'。B_3' 点即为托架变形后 B 点的位置。因为变形很小，B_1B_3' 和 B_2B_3' 是两段极其微小的短弧，因而可用分别垂直于 CB_1 和 DB_2 的直线线段来代替，这两段直线的交点为 B_3。$\overline{BB_3}$ 即为 B 点的位移。

也可以用图解法求位移 $\overline{BB_3}$。这里用解析法来求位移 $\overline{BB_3}$。注意到三角形 BCD 三边的长度比为 3:4:5，由图 7-24 (c) 可以求出

$$\overline{BB_5} = \frac{\overline{BB_2}}{\sin\alpha} = \frac{\Delta l_2}{\sin\alpha} = \frac{0.366 \times 10^{-3}}{\frac{4}{5}} = 0.458 \times 10^{-3}\text{m}$$

$$\overline{B_4B_5} = \frac{\overline{B_3B_4}}{\tan\alpha} = \frac{\Delta l_1}{\tan\alpha} = \frac{0.86 \times 10^{-3}}{\frac{4}{3}} = 0.645 \times 10^{-3}\text{m}$$

$$\overline{B_1B_3} = \overline{BB_4} = \overline{BB_5} + \overline{B_4B_5} = (0.458 + 0.645) \times 10^{-3} = 1.103 \times 10^{-3}\text{m}$$

B 点的水平位移

$$\overline{BB_1} = \Delta l_1 = 0.86 \times 10^{-3}\text{m}$$

最后求出位移 $\overline{BB_3}$ 为

$$\overline{BB_3} = \sqrt{(\overline{B_1B_3})^2 + (\overline{BB_1})^2} = 1.399 \times 10^{-3}\text{m}$$

第六节 拉（压）杆超静定问题

一、超静定问题的基本概念及解法

拉杆 AB 如图 7-25（a）所示，F_{Ay} 与 F_P 是共线力系，有一个独立的静力平衡方程式，未知数也只有一个 F_{Ay}，支反力 F_{Ay} 可由静力平衡方程求出，像这类单凭静力平衡方程就能解出全部未知力的问题，称为静定问题。对应的结构称为静定结构。图 7-25（b）所示为一两端固定的等直杆，支反力 F_{Ay}，F_{By} 与 F_P 也是共线力系，独立的静力平衡方程式仍然有一个，未知数有两个 F_{Ay}，F_{By}，比平衡方程式的数目多了一个，支反力 F_{Ay}，F_{By} 不能由静力平衡方程求出，像这类单凭静力平衡方程不能解出全部未知力的问题，称为**超静定问题**，也称**静不定问题**，未知力个数与平衡方程式个数之差，称为**超静定次数**。对应的结构称为超静定结构。

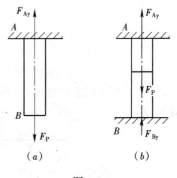

图 7-25

要求解出超静定结构中的全部未知力，除了利用平衡方程之外，还须列出补充方程，补充方程的数目应等于超静定次数。结构在正常使用的情况下，各部分的变形之间必然存在一定的关系，称为**变形协调条件**。补充方程可通过考虑结构的变形情况来建立。

一般超静定问题的解法为：

(1) 画出结构的受力图，列出所有独立的静力平衡方程，并且判断超静定次数；

(2) 画出结构的变形-位移图，根据变形协调条件列出变形几何方程，其数目等于超静定次数；

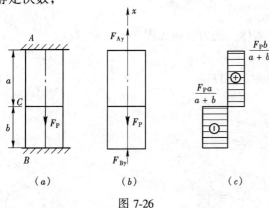

图 7-26

(3) 根据变形与力之间的物理关系（物理方程），将变形几何方程改写成以未知力表示的补充方程；

(4) 联立静力平衡方程以及补充方程，求出全部未知力（约束力、内力）。

【**例 7-6**】 如图 7-26（a）所示，已知 EA、a、b、F_P，试作轴力图。

【**解**】 此题属于一次超静定问题

(1) 建立静力平衡方程 受力分析如图 7-26（b）所示，由 $\Sigma F_x = 0$ 得

$$F_{Ay} - F_P + F_{By} = 0 \tag{1}$$

(2) 建立变形几何方程

$$\Delta l_{AB} = \Delta l_{AC} + \Delta l_{BC} = 0 \tag{2}$$

(3) 建立物理方程

利用截面法可得

$$F_{NAC} = F_{Ay} \qquad F_{NBC} = -F_{By}$$

$$\Delta l_{AC} = \frac{F_{NAC} \cdot a}{EA} = \frac{F_{Ay} \cdot a}{EA}, \quad \Delta l_{BC} = \frac{F_{NBC} \cdot b}{EA} = -\frac{F_{By} \cdot b}{EA} \tag{3}$$

将 (3) 代入 (2) 即得补充方程

$$\frac{F_{Ay} \cdot a}{EA} - \frac{F_{By} \cdot b}{EA} = 0 \tag{4}$$

联立 (1)、(4),求解得

$$F_{By} = \frac{F_P a}{a+b} \ (\text{向上})$$

$$F_{Ay} = \frac{F_P b}{a+b} \ (\text{向上})$$

图 7-26 (c) 所示即为轴力图。

【例 7-7】 图 7-27 (a) 所示杆系结构,设 AB 杆为刚性杆,①、②杆刚度为 EA,荷载为 F_P,求①、②杆的轴力。

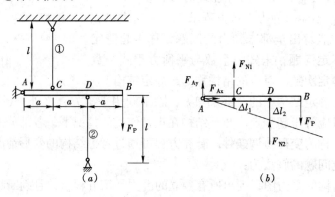

图 7-27

【解】 此题属于一次超静定问题

(1) 建立静力平衡方程 选取 AB 为脱离体,受力分析如图 7-27 (b) 所示

由 $\Sigma M_A = 0$ 得

$$F_{N1} a + 2a F_{N2} = 3 F_P a \tag{1}$$

(2) 建立变形几何方程

$$\frac{\Delta l_1}{\Delta l_2} = \frac{1}{2} \tag{2}$$

(3) 建立物理方程

$$\Delta l_1 = \frac{F_{N1} l}{EA}, \quad \Delta l_2 = \frac{F_{N2} l}{EA} \tag{3}$$

将 (3) 代入 (2)，即得补充方程

$$\frac{F_{N2}l}{EA} = 2\frac{F_{N1}l}{EA} \tag{4}$$

联立 (1)、(4) 求解得

$$F_{N1} = \frac{3}{5}F_P，（拉力）$$

$$F_{N2} = \frac{6}{5}F_P，（压力）$$

二、装配应力

加工构件时，尺寸上的一些微小误差是难免的。对于静定结构而言，这种误差只会使装配后结构的几何形状有微小的改变，各构件内不会产生内力，不会影响正常使用。如图 7-28（a）所示，加工时 1 杆的实际长度比设计长度做短了 δ，仍能和 2 杆装配在一起，并且装配过程中 1、2 杆内不会产生内力。对于超静定结构，情况则迥然不同。如图 7-28（b）所示，加工时 1、2 杆比设计长度做长了 δ，要使 1、2、3 杆强行装配在一起，如图 7-28（b）中虚线所示，必须使 3 杆伸长 Δl_3，1、2 杆缩短 Δl_1 才可以，这样，3 杆内产生了拉应力，1、2 杆内产生了压应力。这种应力称为**装配应力**，是在荷载作用以前就具有的应力，是一种初应力。要计算装配应力，关键是根据变形协调条件建立变形几何方程。下面举例说明装配应力的求解方法。

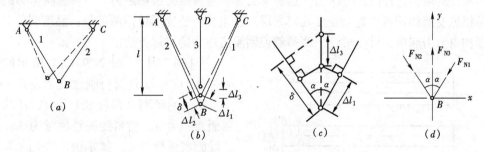

图 7-28

【**例 7-8**】 求解图 7-28（b）所示的杆系结构装配后三杆的轴力。已知 1、2 杆刚度为 $E_1A_1 = E_2A_2 = EA$，3 杆刚度为 E_3A_3，加工时 1、2 杆比设计长度做长了 δ。

【**解**】 要将三杆连结在一起，3 杆势必拉长，而 1、2 杆缩短。装配好后，用一假想截面将 1、2、3 杆截开，选取脱离体如图 7-28（d）所示，设 1、2、3 杆的轴力分别为 F_{N1}、F_{N2} 和 F_{N3}。由于 F_{N1}、F_{N2} 和 F_{N3} 都是未知量，而平衡方程只有两个，因此是一次超静定问题。

（1）建立静力平衡方程

由 $\Sigma F_x = 0$, $\qquad -F_{N1}\sin\alpha + F_{N2}\sin\alpha = 0 \tag{1}$

由 $\Sigma F_y = 0$, $\qquad F_{N3} - F_{N1}\cos\alpha - F_{N2}\cos\alpha = 0 \tag{2}$

（2）建立变形几何方程 由图 7-28（c）所示节点位移可看出

$$\Delta l_3 + \frac{\Delta l_1}{\cos\alpha} = \frac{\delta}{\cos\alpha} \tag{3}$$

式中 Δl_3 为 3 杆的伸长，$\dfrac{\Delta l_1}{\cos\alpha}$ 是装配后 B 点的位移。

(3) 建立物理方程

$$\Delta l_3 = \frac{F_{N3} \cdot l}{E_3 A_3}, \quad \Delta l_1 = \frac{F_{N1} \cdot l}{EA\cos\alpha} \quad (4)$$

将（4）代入（3），即得补充方程

$$\frac{F_{N3} \cdot l}{E_3 A_3} + \frac{F_{N1} l}{EA\cos^2\alpha} = \frac{\delta}{\cos\alpha} \quad (5)$$

(1)、(2)、(5) 联立求解

$$F_{N3} = \frac{\delta}{l\cos\alpha}\left(\frac{2EA \cdot E_3 A_3 \cos^3\alpha}{E_3 A_3 + 2EA\cos^3\alpha}\right) \quad （拉）$$

所以

$$F_{N1} = F_{N2} = \frac{\delta}{l\cos\alpha}\left(\frac{EA \cdot E_3 A_3 \cos^2\alpha}{E_3 A_3 + 2EA\cos^3\alpha}\right) \quad （压）$$

三、温度应力

实际工程中，构件常处在温度变化的环境中工作。温度的变化会引起物体的膨胀或收缩，对直杆而言，若杆件内的温度变化均匀，即同一横截面上的各点温度变化相同，则直杆仅发生伸长或缩短变形。在静定结构中，杆件能自由变形，这种由因温度变化引起的变形不会在杆件中产生应力。在超静定结构中，温度变化引起的变形受到外界约束或各杆之间的相互约束，杆件内产生应力，这种应力称为**温度应力**或**热应力**。计算温度应力的关键也是根据变形协调条件建立变形几何方程，这里杆件的变形包括两部分：温度变化引起的变形和内力引起的弹性变形。下面举例说明温度应力的求解方法。

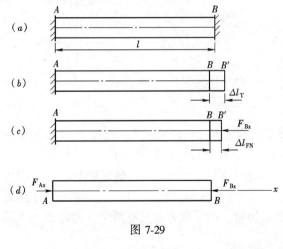

图 7-29

【例7-9】 图 7-29（a）所示的等直杆 AB 的两端分别与刚性支承连接。设两支承间的距离（即杆长）为 l，杆的横截面面积为 A，材料的弹性模量为 E，温度线膨胀系数为 α。试求温度升高 ΔT 时杆内的温度应力。

【解】 如果杆只有一端例如 A 端固定，则温度升高后，杆将自由地伸长（图 7-29b 所示）。但现因刚性支承 B 的阻挡，使杆不能自由伸长，这就相当于在杆的 B 端加了压力而将杆顶住。两端的压力 F_{Ax} 和 F_{Bx} 都是未知量（图 7-29d 所示），由于只能写出一个平衡方程，因此是一次超静定问题。

(1) 建立静力平衡方程　受力分析如图 7-29（d）所示。

由 $\Sigma F_x = 0$ $\qquad F_{Ax} - F_{Bx} = 0 \qquad (1)$

(2) 建立变形几何方程　因为支承是刚性的，故与这一约束情况相适应的变形协调条件是杆的总长度不变，即 $\Delta l = 0$。由图 7-29（b）和图 7-29（c）可知，杆的变形在此问题中包括由温度升高引起的变形 ΔL_T 以及与轴向压力 F_{Ax} 和 F_{Bx}（亦即与温度内力 F_N）相应的弹性变形 Δl_{FN} 两个部分，故

$$\Delta l = \Delta l_T - \Delta l_{FN} = 0 \qquad (2)$$

式中，Δl_T 和 Δl_{FN} 都取绝对值。

(3) 建立物理方程

$$\Delta l_{FN} = \frac{F_N l}{EA} = \frac{F_{Bx} l}{EA}$$
$$\Delta l_T = \alpha \Delta T l \qquad (3)$$

将（3）代入（2），即得补充方程

$$\alpha \Delta T l - \frac{F_{Bx} l}{EA} = 0 \qquad (4)$$

联立（1）、（4）求解，得

$$F_{Ax} = F_{Bx} = \alpha EA\Delta T$$

温度内力 $\qquad F_N = F_{Bx} = \alpha EA\Delta T$

温度应力

$$\sigma = \frac{F_N}{A} = \alpha E \Delta T$$

结果为正，说明当初认为杆受轴向压力是对的，故该杆的温度应力是压应力。

若此杆为钢杆，其 $\alpha = 1.2 \times 10^{-5} 1/℃$，$E = 210 \times 10^3 \text{MPa}$，则当温度升高 $\Delta T = 40℃$ 时，杆内的温度应力由式（6）算得为

$$\sigma = \alpha E \Delta T = 1.2 \times 10^{-5} \times 210 \times 10^3 \times 40 = 100 \text{MPa} \qquad (压应力)$$

第七节 应力集中的概念

等截面直杆发生轴向拉伸或压缩变形时，横截面上的正应力是均匀分布的。在实际当中，有些杆件必须有切口、切槽、油孔、螺纹等，以致在这些部位上横截面尺寸发生突然变化。实验和理论研究结果表明，尺寸发生突然改变的横截面上，应力不是均匀分布的。如图 7-30 所示开有圆孔和带有切口的板条，当其受轴向拉力时，在圆孔和切口附近的局部区域内，应力的数值剧烈增加，而在离开这一区域稍远的地方，应力迅速降低而趋于均匀。这种因杆件外形突然变化而引起局部应力急剧增大的现象，称为**应力集中**。

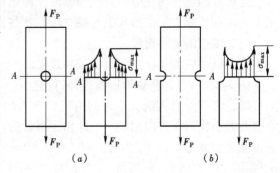

图 7-30

当截面尺寸改变得越急剧，孔越小，角越尖，应力集中的程度就越严重，局部出现的最大应力 σ_{max} 就越大。鉴于应力集中不利于杆件的工作，因此在设计中应尽可能避免或降低应力集中的影响。

第八节 连接件的强度计算

在工程中，经常需要将构件相互连接起来，在构件连接处起连接作用的部件称为连接

件。如图7-31中，(a)、(b)表示的连接钢板的螺栓和铆钉，(c)表示的连接轮与轴的键块，(d)表示的连接吊钩的销钉，(e)表示的焊接连接中的焊缝，(f)表示的木结构中的榫头连接。

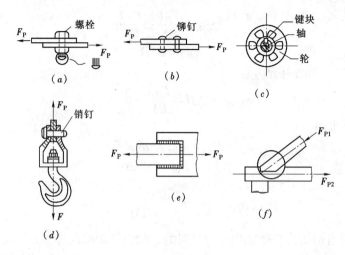

图 7-31

连接件的受力和变形一般都比较复杂，而且还受到加工工艺的影响，精确分析连接件内的应力比较困难，也不实用，工程中通常采用简化的分析方法，又称为假定计算法。这种方法的思路是：一方面对连接件的受力与应力分布进行一些简化，做出假设，计算出各部分的"名义应力"；另一方面，对同类连接件进行破坏实验，并采用和计算"名义应力"同样的计算方法，由破坏荷载确定材料的极限应力，作为强度计算的依据。实践表明，只要简化合理，有充分的试验依据，简化分析方法是可靠的。

连接件的这种简化分析方法与轴向拉伸或压缩没有实质上的联系，附在本章之末，只是因为这种计算方法在形式上与拉（压）有些相似。

一、连接的破坏现象

这里以铆钉为例介绍连接的破坏现象。

图7-32(a)为两块钢板通过铆钉连接在一起，形成的连接（又称接头）。两块钢板受拉时，铆钉受到从钢板传来的两组横向力的作用，每组力的合力等于F_p（图7-32b），铆钉在大小相等、方向相反、彼此相距很近的两个横向力F_p的作用下，将沿横截面$m-m$发生剪切变形，当F_p力过大时，铆钉沿$m-m$截面剪断，如图7-32(c)所示。$m-m$截面称为剪切面，剪切面上的内力称为剪力，用F_Q表示。同时，铆钉的侧面受到F_p力的作用，局部出现压缩变形，这种局部承压现象称为挤压，图7-32(d)表示铆钉被压扁的情况。受挤压的面称为挤压面，挤压面间传递的压力称为挤压力，用F_{bs}表示，由此产生的应力称为挤压应力，用σ_{bs}表示。从上面的分析可见，铆钉有可能发生剪切破坏和挤压破坏。

另外，从铆钉的平衡分析，铆钉帽上还应作用有两个纵向力（图7-32e），这样铆钉会发生拉伸、弯曲等其他变形，这些变形通常用构造规定来加以限制，一般略去不计。

钢板受力分析如图7-32(f)所示，钢板在荷载F_p和铆钉对它的挤压力F'_{bs}的作用下，有发生挤压破坏的可能，图7-32(g)表示钢板在孔边被铆钉挤压而发生皱褶的情

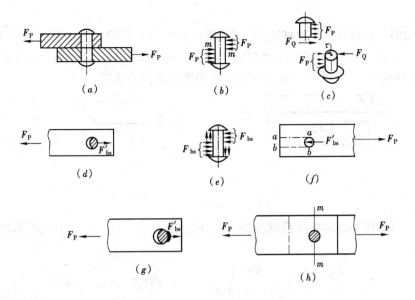

图 7-32

况。另外，钢板也有剪切面，图 7-32（f）中虚线 $a-a$，$b-b$ 所示，通常用选取适当的板端长度来避免钢板发生剪切破坏。此外，由于钢板在横截面 $m-m$ 处开铆钉孔削弱了面积，因此，钢板还会因拉伸强度不足而发生破坏。

二、连接件的剪切和挤压强度计算

1. 剪切强度的实用计算：铆钉受力分析如图 7-32（b）、（c），假设剪切面上各点处的切应力相等，则剪切面上各点处切应力为：

$$\tau = \frac{F_Q}{A} \tag{7-14a}$$

剪切强度条件为：

$$\tau = \frac{F_Q}{A} \leqslant [\tau] \tag{7-14b}$$

式中，A 为剪切面面积，$[\tau]$ 为材料的许用切应力。$[\tau]$ 是仿照连接件的实际受力情况进行试验得到的，各种材料的 $[\tau]$，可从有关的设计手册中查得。

2. 挤压强度的实用计算：这里仍以铆钉为例，受力分析如图 7-32（e）所示。假设挤压面上各点处的挤压应力相等，用 F_{bs} 表示挤压力，A_{bs} 表示挤压面的计算面积，则挤压应力为：

$$\sigma_{bs} = \frac{F_{bs}}{A_{bs}} \tag{7-15a}$$

挤压面为平面时，A_{bs} 为该平面的面积；挤压面为半圆柱面时，A_{bs} 为挤压面在其直径平面上的投影面面积（图 7-33 中 $ABCD$ 面积）。挤压强度条件为：

$$\sigma_{bs} = \frac{F_{bs}}{A_{bs}} \leqslant [\sigma_{bs}] \tag{7-15b}$$

$[\sigma_{bs}]$ 为材料的许用挤压应力，由试验测定，可在有关的设计手

图 7-33

册中查得。

【例7-10】 矩形截面木拉杆的榫接头如图7-34（a）所示。已知轴向拉力 $F_p = 50\text{kN}$，截面宽度 $b = 250\text{mm}$，木材的顺纹许用挤压应力 $[\sigma_{bs}] = 10\text{MPa}$，顺纹许用切应力 $[\tau] = 1\text{MPa}$，$l = 210\text{mm}$，$a = 22\text{mm}$。试校核接头处的剪切和挤压强度。

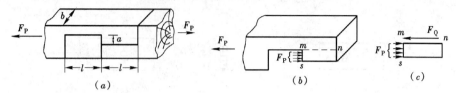

图 7-34

【解】 （1）接头处的挤压强度计算 挤压面为 ms 面，挤压力为 F_p，如图7-34（b）所示

$$\sigma_{bs} = \frac{F_{bs}}{A_{bs}} = \frac{F_p}{ab} = \frac{50 \times 10^3}{22 \times 250 \times 10^{-6}} = 9.1\text{MPa} < [\sigma_{bs}] = 10\text{MPa}$$

（2）接头处的剪切强度计算 剪切面为 mn，剪力 $F_Q = F_p$，如图7-34（c）所示

$$\tau = \frac{F_Q}{A} = \frac{F_p}{bl} = \frac{50 \times 10^3}{250 \times 210 \times 10^{-6}} = 0.95\text{MPa} < [\tau] = 1\text{MPa}$$

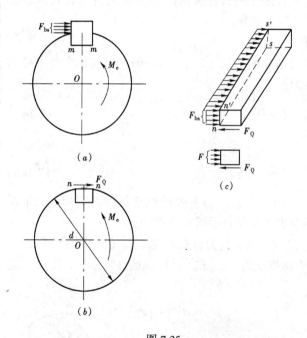

图 7-35

故该接头处的剪切和挤压强度都满足要求。

【例7-11】 已知一传动轴如图7-35（a）所示，直径 $d = 45\text{mm}$，键的尺寸 $b \times h \times l = 14 \times 9 \times 60\text{mm}$。轴传递的力矩 $M_e = 450\text{N}\cdot\text{m}$。键的材料为45号钢，$[\sigma_{bs}] = 100\text{MPa}$，$[\tau] = 60\text{MPa}$。试校核键的强度。

【解】 （1）键的剪切强度计算
将键沿 $n-n$ 面分成两部分，并把 $n-n$ 以下部分和轴作为一个整体来考虑，如图7-35（b）所示，剪切面为 $n-n$ 面，$A = bl$。

由 $\Sigma M_O = 0$，有 $F_Q \times \frac{d}{2} = M_e$，

$F_Q = \frac{2M_e}{d}$，由剪切强度条件

$$\tau = \frac{F_Q}{A} = \frac{\dfrac{2M_e}{d}}{bl} = \frac{\dfrac{2 \times 450}{45 \times 10^{-3}}}{14 \times 60 \times 10^{-6}} = 23.8\text{MPa} < [\tau] = 60\text{MPa}$$

（2）键的挤压强度计算 键的挤压面为面 $n'nss'$，如图7-35（c）所示，挤压力 $F_{bs} = F_Q = \dfrac{2M_e}{d}$，挤压面 $A_{bs} = \dfrac{h}{2}l$，由挤压强度条件

$$\sigma_{bs} = \frac{F_{bs}}{A_{bs}} = \frac{\dfrac{2M_e}{d}}{\dfrac{h}{2}l} = \frac{\dfrac{2 \times 450}{45 \times 10^{-3}}}{\dfrac{9}{2} \times 60 \times 10^{-6}} = 74\text{MPa} < [\sigma_{bs}] = 100\text{MPa}$$

故键的剪切和挤压强度满足要求。

由本例可知，对于键而言，剪切强度较挤压强度有较多的储备，因此，在工程中通常对键只作挤压强度校核。

【例 7-12】 图 7-36（a）、（b）所示接头由两块钢板用三个直径相同的铆钉搭接而成。已知载荷 $F_p = 54\text{kN}$，板宽 $b = 80\text{mm}$，板厚 $\delta = 8\text{mm}$，铆钉直径 $d = 16\text{mm}$，许用切应力 $[\tau] = 100\text{MPa}$，许用挤压应力 $[\sigma_{bs}] = 300\text{MPa}$，许用拉应力 $[\sigma] = 160\text{MPa}$。试校核接头的强度。

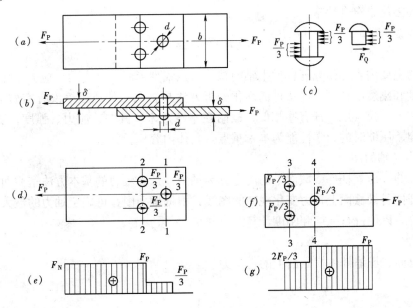

图 7-36

【解】 （1）铆钉的剪切强度校核 对铆钉组，当各铆钉的材料与直径均相同，且外力作用线通过铆钉组截面的形心时，各铆钉受力完全相同。因此，对于图 7-36（a）、（b）所示铆钉组，各铆钉受力如图 7-36（c）所示，剪切面上的剪力为

$$F_Q = \frac{F_p}{3} = 18\text{kN}$$

由剪切强度条件

$$\tau = \frac{F_Q}{A} = \frac{F_Q}{\dfrac{\pi d^2}{4}} = \frac{4 \times 18 \times 10^3}{\pi \times 16^2 \times 10^{-6}} = 89.5\text{MPa} < [\tau] = 100\text{MPa}$$

（2）铆钉的挤压强度校核

由图 7-36（c）可知，铆钉所受的挤压力

$$F_{bs} = \frac{F_p}{3} = 18\text{kN}$$

由挤压强度条件

$$\sigma_{bs} = \frac{F_{bs}}{A_{bs}} = \frac{\frac{F_p}{3}}{d\delta} = \frac{18 \times 10^3}{16 \times 8 \times 10^{-6}} = 140.6 \text{MPa} < [\sigma_{bs}] = 300 \text{MPa}$$

(3) 板的拉伸强度校核

图 7-36 (d)、(e)，7-36 (f)、(g) 分别为上面板和下面板的受力图、轴力图，分析可知，上面板的 2-2 截面的轴力最大，削弱也最严重，受力最不利，因此，只对 2-2 截面进行强度校核。

$$\sigma = \frac{F_N}{A} = \frac{F_p}{(b-2d)\delta} = \frac{54 \times 10^3}{(80 - 2 \times 16) \times 8 \times 10^{-6}} = 140.6 \text{MPa} < [\sigma] = 160 \text{MPa}$$

即板的拉伸强度也符合要求。

小　　结

本章的主要内容是研究杆件发生轴向拉伸、压缩变形时，其内力、应力、变形的分析方法及强度和刚度的计算；连接件的简化分析方法与轴向拉伸或压缩没有实质上的联系，只是在形式上与拉（压）杆有些相似，故附在本章之末。其中，应力、强度，变形计算，材料在拉伸、压缩时的力学性能为本章重点。具体内容概括如下：

1. 轴力、轴力图

轴向拉伸、压缩杆件横截面上的内力称为轴力，计算轴力的基本方法是截面法；轴力图是表示杆件各横截面上轴力变化规律的图线，根据轴力图，可确定轴力的最大值及其所在截面位置，以便进行强度和刚度计算。

2. 应力

轴向拉伸、压缩杆件横截面上的正应力

$$\sigma = \frac{F_N}{A}$$

等截面直杆在轴向力作用下发生轴向变形时，最大的正应力出现在轴力最大的截面上。

3. 材料在拉伸、压缩时的力学性能

材料的力学性能的研究是解决强度和刚度问题的一个重要方面。研究材料的力学性能一般是通过实验的方法。

衡量材料力学性能的指标主要有：材料抵抗弹性变形能力的指标：弹性模量 E；材料的强度指标：比例极限 σ_p、弹性极限 σ_e、屈服极限 σ_s、强度极限 σ_b；材料的塑性指标：延伸率 δ、断面收缩率 ψ。

低碳钢的拉伸试验是一个典型的试验。

工程上把材料一般分为塑性材料和脆性材料两大类。塑性材料的强度特征是屈服极限 σ_s 和强度极限 σ_b，脆性材料只有一个强度特征是强度极限 σ_b。

4. 强度条件

轴向拉伸和压缩时，构件的强度条件是

$$\sigma_{\max} = \left(\frac{F_N}{A}\right)_{\max} \leq [\sigma]$$

其中，塑性材料 $[\sigma] = \dfrac{\sigma_s}{n_s}$，脆性材料 $[\sigma] = \dfrac{\sigma_b}{n_b}$ 或 $\dfrac{\sigma_{bc}}{n_b}$。利用强度条件可以对轴向拉（压）杆进行强度校核、截面设计、确定许可荷载。

5. 变形计算

纵向变形 $\Delta l = l_1 - l$，轴向线应变 $\varepsilon = \dfrac{\Delta l}{l}$，胡克定律 $\Delta l = \dfrac{F_N l}{EA}$，$\sigma = E\varepsilon$；横向变形 $\Delta d = d_1 - d$，横向线应变 $\varepsilon' = \dfrac{\Delta d}{d}$，泊松比 $\mu = \left|\dfrac{\varepsilon'}{\varepsilon}\right|$，$\varepsilon' = -\mu\varepsilon$。通过计算拉（压）杆的变形，可以计算杆系结构的位移和变形。

6. 简单的拉（压）超静定问题：

未知力的个数超过静力平衡方程数，单凭静力平衡方程不能解出全部未知力，这类问题称为超静定问题，未知力的个数与静力平衡方程数之差称为超静定次数。补充方程和平衡方程联立可用来求解超静定问题，根据结构的受力、变形状况写出变形几何方程，再结合物理方程进而得到补充方程是求解超静定问题的关键。

7. 连接件的强度计算

剪切强度条件 $\tau = \dfrac{F_Q}{A} \leqslant [\tau]$，挤压强度条件 $\sigma_{bs} = \dfrac{F_{bs}}{A_{bs}} \leqslant [\sigma_{bs}]$；利用剪切、挤压的强度条件可以对连接件进行强度校核、设计及确定结构的承载力。

习 题

7-1 求题 7-1 图示杆 1-1、2-2 和 3-3 横截面上的轴力，并作轴力图。

7-2 杆件的受力如题 7-2 图所示，试绘出轴力图。

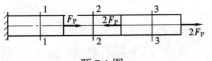

题 7-1 图

题 7-2 图

7-3 求题 7-3 图示阶梯状直杆横截面 1-1、2-2 和 3-3 上的轴力，并作轴力图。若横截面面积 $A_1 = 200\text{mm}^2$，$A_2 = 300\text{mm}^2$，$A_3 = 400\text{mm}^2$，求各横截面上的应力。

7-4 题 7-4 图示中段开槽的杆件，两端受轴向荷载 F_P 作用，试计算截面 1-1 和截面 2-2 上的正应力。已知 $F_P = 14\text{kN}$，$b = 20\text{mm}$，$b_0 = 10\text{mm}$，$t = 4\text{mm}$。

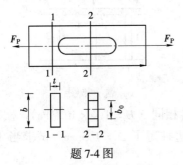

题 7-4 图

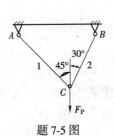

题 7-5 图

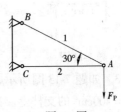

题 7-6 图

7-5 题 7-5 图所示三角架结构中，两杆都是圆截面杆，$d_1 = 15$mm，$d_2 = 20$mm，材料相同，$[\sigma] = 150$MPa，试求此结构所能承受的许可荷载 $[F_p]$。

7-6 题 7-6 图所示三角架 ABC，杆 1 为钢材，许用应力 $[\sigma]_1 = 100$MPa，横截面面积 $A_1 = 127$mm^2。杆 2 为铝合金，弹性模量 $E_2 = 70$GPa，许用应力 $[\sigma]_2 = 80$MPa，横截面面积 $A_2 = 100$mm^2，荷载 $F_p = 5$kN。试校核结构的强度。

7-7 题 7-7 图所示托架，AC 是圆钢杆，许用应力 $[\sigma] = 160$MPa；BC 是方木杆，许用压应力 $[\sigma]_c = 4$MPa；$F_p = 60$kN。试选定钢杆直径 d 及方木杆截面边长 b。

7-8 题 7-8 图示三角架由 AC 和 BC 杆组成，两杆材料相同，抗拉和抗压许用应力均为 $[\sigma]$，截面面积分别为 A_1 和 A_2。设杆 BC 的长度 l 保持不变，杆 AC 的倾角 θ 可以改变。试问当 θ 等于多少度时，该三角架的重量最小。

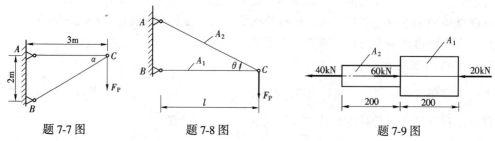

题 7-7 图　　　　　题 7-8 图　　　　　题 7-9 图

7-9 变截面直杆如题 7-8 图所示。已知：$A_1 = 8$cm^2，$A_2 = 4$cm^2，$E = 200$GPa。试求杆的总伸长 ΔL。

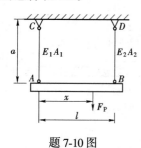

7-10 题 7-10 图示刚性杆 AB 由两根弹性杆 AC 和 BD 悬吊。已知 F_p、l、a、$E_1 A_1$ 和 $E_2 A_2$，试问当横杆 AB 保持水平时 x 等于多少？

7-11 题 7-11 图示三角架在节点 A 受铅垂力 $F_p = 6$kN 的作用。杆 AB 为圆截面钢杆，直径 $d = 8$mm；杆 AC 为空心圆管，面积 $A = 40 \times 10^{-6}$m^2，二杆的弹性模量 $E = 200$GPa。试求节点 A 的位移值及其方向。

题 7-10 图

7-12 在题 7-12 图中，假设 AC 梁为钢杆，杆 1、2、3 的横截面面积相等，材料相同。试求三杆的轴力。

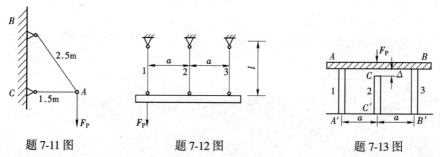

题 7-11 图　　　　　题 7-12 图　　　　　题 7-13 图

7-13 如题 7-13 图所示，刚性梁 AB 放在三根材料相同（$E = 1.4 \times 10^4$MPa），横截面均为 $A = 400$cm^2 的支柱上。因制造不准确，中间柱比边柱短了 $\Delta = 1.5$mm。试求当 $F_p = 720$kN 时三柱的应力。

7-14 杆1、2的横截面面积 $A = 400\text{mm}^2$，弹性模量 $E = 200\text{GPa}$，线膨胀系数 $\alpha = 12 \times 10^{-6} 1/℃$，与刚体 AB 组成题7-14图所示结构。

(1) 当温度不变，只有 $F_p = 10\text{kN}$ 时，求这两杆的轴力。

(2) 当 $F_p = 0$，只有温度升高30℃时，求这两杆的轴力。

(3) 当 $F_p = 10\text{kN}$ 且两钢杆的温度均升高30℃时，求各杆的轴力。

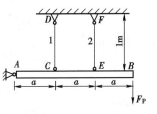

题7-14图

7-15 题7-15图所示，厚度 $t = 5\text{mm}$ 的钢板，已知其极限切应力 $\tau_u = 350\text{MPa}$。若用冲床将钢板冲出 $d = 25\text{mm}$ 的圆孔，试问需要冲压力 F_p 等于多大。

7-16 题7-16图所示铆钉接头。已知：铆钉直径 $d = 26\text{mm}$，许用切应力 $[\tau] = 100\text{MPa}$，许用挤压应力 $[\sigma_{bs}] = 280\text{MPa}$，钢板许用拉应力 $[\sigma] = 160\text{MPa}$。试计算该铆钉接头所能承受的最大荷载。

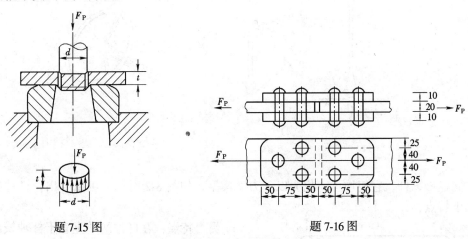

题7-15图　　　　　题7-16图

第八章 扭 转

第一节 概 述

扭转变形是杆件的一种基本变形，以扭转为主要变形的杆件称为**轴**。在工程中，有许多承受扭转变形的杆件，例如图 8-1（a）所示的螺丝刀的刀杆以及图 8-1（b）所示的汽

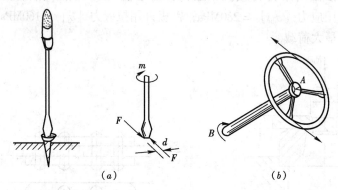

图 8-1

车方向盘操纵杆，它们均可简化为以下力学模型，如图 8-2 所示。可以看出，杆件扭转具有如下特点：

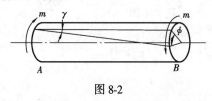

图 8-2

1. 受力特点：在杆件两端垂直于杆轴线的平面内作用一对大小相等，方向相反的外力偶。

2. 变形特点：各横截面形状大小未变，只是绕轴线发生相对转动。这里，将两个横截面相对转动的角度称为**扭转角**，用 ϕ 表示。例如图 8-2 中 ϕ_{AB} 表示截面 B 相对于截面 A 的扭转角。

第二节 扭矩和扭矩图

在研究扭转杆件的强度和刚度问题时，先计算出作用在杆件上的外力偶矩及横截面上的内力。

一、外力偶矩 m 的计算

通常传动轴外力偶矩 m 不是直接给出的，而是给出轴的传递功率和转速。因此，需由功率和转速换算出外力偶矩。若传动轴传递的功率为 N（kW），每分钟内的转速为 n 转，则每分钟输入功为

$$W_1 = 1000N \times 60 \text{ (N·m)}$$

由于轴转动使得外力偶矩做功，则外力偶矩每分钟内所做的功为

$$W_2 = 2\pi nm \text{ （N·m）}$$

显然，外力偶矩所做功应与输入功相等，则可得外力偶为

$$m = 9549 \frac{N}{n} \text{ （N·m）} \quad (8-1)$$

若输入功率单位为马力则

$$m = 7024 \frac{N}{n} \text{ （N·m）} \quad (8-2)$$

二、受扭杆横截面上的内力——扭矩 T

杆件在外力偶的作用下发生扭转变形时，其横截面上的内力可用截面法求出。下面以图8-3所示的圆轴为例，说明受扭杆件的内力计算及符号规定。

为了求出任意截面 n-n 上的内力，假想用 n-n 截面将轴截为两段，并取左段 I 为脱离体，根据脱离体平衡条件 $\Sigma m_x = 0$，从而得 $T - m = 0$

所以　　　　　　　　　$T = m$

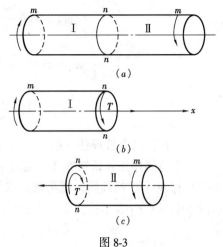

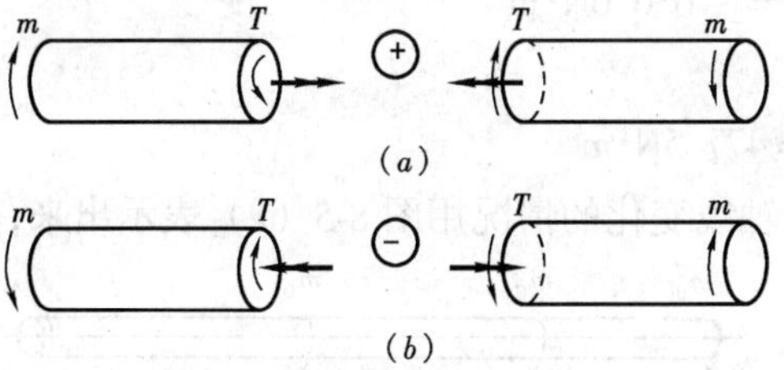

图 8-3

T 称为截面 $n-n$ 上的**扭矩**。扭矩的正负号规定为：按右手螺旋法则将扭矩的矢量用双箭头表示，当矩矢背离截面为正，反之为负。如图8-4所示。

若杆件上有多个集中外力偶矩，则任意截面上的扭矩等于脱离体上集中外力偶矩的代数和。

即

$$T = \sum_{i=1}^{n} \pm m_i \quad (8-3)$$

式中，集中外力偶的矢背离截开截面，相应地，截面上将产生正号的扭矩，反之为负。

三、扭矩图

为了形象地表示受扭杆件横截面上的扭矩沿轴线的变化情况，常绘制**扭矩图**。作法是：取一对互相垂直的坐标轴，沿杆件轴线方向的坐标轴表示横截面位置，另一坐标轴表示相应截面的扭矩值。

【例8-1】 传动轴如图8-5（a）所示，主动轮 A 输入功率 $N_A = 35\text{kW}$，从动轮 B、C、D 输出功率分别为 $N_B = N_C = 10\text{kW}$，$N_D = 15\text{kW}$，轴的转速为 $n = 300\text{r/min}$。试画出轴的扭矩图。

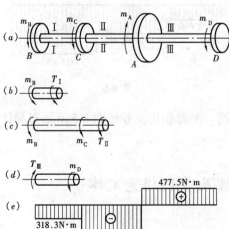

图 8-4

图 8-5

【解】（1）按外力偶矩公式计算出各轮上的外力偶矩

$$m_A = 9594\frac{N_A}{n} = 9549 \times \frac{35}{300} = 1114.1 \text{N·m}$$

$$m_B = m_C = 9549\frac{N_B}{n} = 9549 \times \frac{10}{300} = 318.3 \text{N·m}$$

$$m_D = 9549\frac{N_D}{n} = 9549 \times \frac{15}{300} = 477.5 \text{N·m}$$

（2）在各段内选择任一截面，用截面法计算各段内的扭矩。

集中力偶作用处扭矩突变，需将集中力偶作用处作为控制截面，若轴上（不包括两个端部）有 N 个控制截面，则将轴分成 $N+1$ 段来讨论。因此，在本例中将轴分为三段。在 BC 段内，以 T_I 表示截面Ⅰ—Ⅰ上的扭矩，并把 T_I 的方向假设为正号，如图 8-5（b）所示。

$$T_I = -m_B = -318.3 \text{N·m}$$

由于将 T_I 的方向假设为正号，等号右边的负号既说明 T_I 所假定的方向与截面Ⅰ—Ⅰ上的实际扭矩相反，又代表实际扭矩为负值。在 BC 段内各截面上的扭矩不变，所以在这一段内扭矩图为一水平线（图 8-5e）。同理，在 CA 段内

$$T_{II} = -m_C - m_B = -636.6 \text{N·m}$$

在 AD 段内（图 8-5d），

$$T_{III} = -m_D = 477.5 \text{N·m}$$

（3）根据所得数据，把各截面上的扭矩沿轴线变化的情况用图 8-5（e）表示出来，就是扭矩图。该图一般以杆件轴线为横轴表示横截面位置，纵轴表示扭矩大小。从图中看出，最大扭矩发生于 CA 段内，且 $|T_{max}| = 636.6 \text{N·m}$。

对同一根轴，若把主动轮 A 安置于轴的一端，例如放在右端，则轴的扭矩图如图 8-6 所示。这时，轴的最大扭矩是：$T_{max} = 1114.1 \text{N·m}$。可见，传动轴上主动轮和从动轮安置的位置不同，轴所承受的最大扭矩也就不同。两者相比，显然图 8-5 所示布局比较合理。

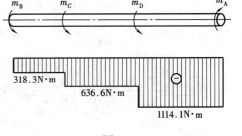

图 8-6

第三节　切应力互等定理及剪切胡克定律

一、薄壁圆筒的扭转及纯剪切的概念

如图 8-7 所示，取一薄壁圆筒（壁厚 t 远小于其平均半径 r，即 $t \leqslant \frac{r}{10}$），在其表面画上一些等间距的圆周线和纵向线，从而形成一系列矩形的格子，在圆筒两端施加外力偶 m 使筒扭转后方格由矩形变成平行四边形，但圆筒沿轴线及周线的长度都没有变化，这表明：当薄壁圆筒扭转时，其横截面和包含轴线的纵向截面上都没有正应力，横截面上便

只有切于截面的切应力，通常，将这种横截面上只有切应力，而没有正应力的情况称为**纯剪切**。因为筒壁的厚度 t 很小，可以认为沿筒壁厚度切应力不变，如图8-7（c）所示截面部分的平衡方程 $\Sigma m_x = 0$，得

$$\int_A \tau dA \cdot r = m$$

$$\tau = \frac{m}{2\pi r^2 t} \tag{8-4}$$

从图8-7（e）可以看出，单元体的相对两侧面发生微小的相对错动，使原来互相垂直的两个棱边的夹角改变了一个微量 γ，这种直角的改变量 γ 称为**切应变**。若 ϕ 为圆筒两端的相对扭转角，l 为圆筒的长度，则切应变 γ 为

$$\gamma = \frac{r\phi}{l} \tag{8-5}$$

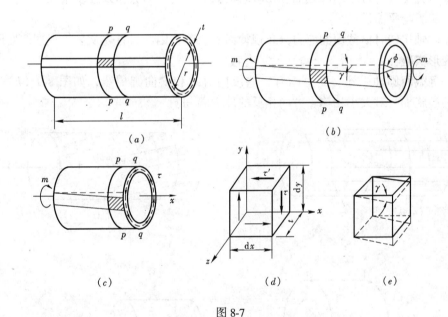

图 8-7

二、切应力互等定理

如图8-7（d）是从薄壁圆筒上取出的一块厚度为 t 的单元体，它的宽度和高度分别为 dx、dy。当薄壁圆筒受扭时，此单元体的左、右侧面上有切应力 τ，因此在这两个侧面上有剪力 $\tau t dy$，而且这两个侧面上剪力大小相等而方向相反，形成一个力偶，其力偶矩为 $(\tau t dy) dx$。对整个单元体，由 $\Sigma m_x = 0$ 得

$$(|\tau| t \cdot dy) dx = (|\tau'| t dx) dy$$

所以

$$|\tau| = |\tau'| \tag{8-6}$$

上式表明，两相互垂直的平面上的切应力成对出现，它们大小相等，且同时指向或背

离该两截面的交线，这就是**切应力互等定理**。

三、剪切胡克定律

通过薄壁圆筒实验结果表明，在线弹性范围内，切应变 γ 与切应力 τ 之间有如下关系，即

$$\tau = G\gamma \qquad (\tau \leqslant \tau_p) \tag{8-7}$$

上式表明，当切应力未超过材料的剪切比例极限 τ_p 时，切应力 τ 与切应变 γ 成正比，这种关系称为**剪切胡克定律**。

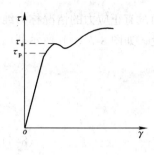

图 8-8

式中，G 称为**切变弹性模量**，其单位为 Pa。钢材的切变弹性模量约为 80GPa。低碳钢的 τ-γ 如图 8-8 所示。

第四节 圆轴扭转时的应力和强度条件

本节研究工程中常见的圆截面轴扭转时横截面上的应力分布及强度条件。

一、实验与平面假设

由于圆轴扭转时横截面的应力分布规律尚不明确，因此，首先从易于观察的变形入手做如下变形实验：

取一等截面圆轴，外表面上画有一些纵向直线和横向圆周线，如图 8-9（b）所示，在轴的两端施加一对大小相等、方向相反的外力偶 m。

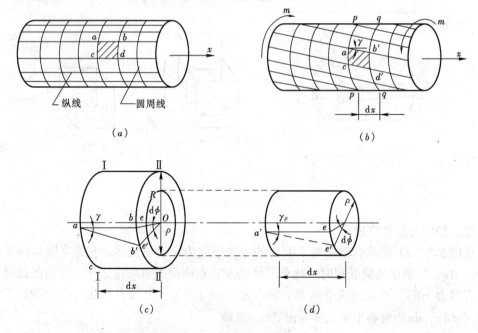

图 8-9

从实验中可以观察到的表面变形现象是：各圆周线的形状、大小和间距均未改变，仅绕轴线作相对转动；各纵向线都倾斜了同一微小角度，原先矩形小格都变为同样大小的平行四边形。

根据以上现象，可对圆轴扭转作下述假设：圆轴扭转变形前后各横截面都保持为平

面，形状和大小不变，半径仍保持为直线；且相邻两截面间的距离不变。这一假设称为圆轴扭转的**平面假设**，其正确性已得到了理论与实验的证实。

二、扭转应力公式

根据圆轴扭转的平面假设，综合考虑几何、物理与静力学三方面，可以得到圆轴扭转应力分布规律及相应的计算公式，进而可计算出横截面的最大应力。

1. 几何方面

如图 8-9 所示，从圆轴中取一长为 dx 的微段，设该微段两端面间的相对扭转角为 $d\phi$。为了便于分析，在微段中取一楔形体。根据平面假设，截面Ⅱ-Ⅱ相对截面Ⅰ-Ⅰ转动了角度 $d\phi$，半径 ob 随之转动，到达新的位置 ob'，圆轴表面纵向线 ab 向下倾斜。由于所取对象为一微段，故圆轴扭转时直角 $\angle bac$ 角度改变量为

$$\gamma \approx \tan\gamma = \frac{\widehat{bb'}}{ab} = R\frac{d\phi}{dx} \tag{1}$$

γ 是圆截面边缘上 a 点**切应变**。

同理，距圆心为 ρ 处的切应变为

$$\gamma_\rho \approx \tan\gamma_\rho = \rho\frac{d\phi}{dx} \tag{2}$$

上式表明，横截面上任意点的切应变与该点到圆心的距离 ρ 成正比。

2. 物理方面

由剪切胡克定理可知，在剪切比例极限内，切应力与切应变成正比。结合式（2）得

$$\tau_\rho = G\gamma_\rho = G\rho\frac{d\phi}{dx} \tag{3}$$

这表明横截面上任意点的切应力 τ_ρ 与该点到圆心的距离 ρ 成正比，即切应力沿半径按直线规律变化。

由切应力互等定理，则在纵向截面和横截面上，沿半径切应力的分布如图 8-10。

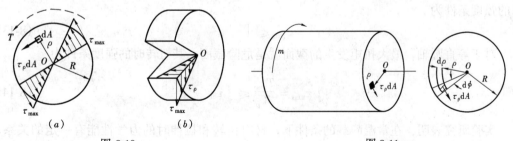

图 8-10　　　　　　　　　　　图 8-11

3. 静力平衡方面

式（3）给出了切应力分布规律，但还不能直接计算应力，因为 $\dfrac{d\phi}{dx}$ 未知，故需从静力学方面进一步研究。如图 8-11 所示，为了出横截面上距圆心为 ρ 一点处应力表达式，先绕该点取一微面积 dA，其上作用的微剪力为 $\tau_\rho dA$，它对圆心的微力矩为 $\rho\tau_\rho dA$，整个截面上的扭矩 $T = \int_A \rho\tau_\rho dA$，由平衡条件 $\sum m_0 = 0$，得

$$T = m = \int_A \rho \tau_\rho \mathrm{d}A = \int_A \rho^2 G \frac{\mathrm{d}\varphi}{\mathrm{d}x}\mathrm{d}A = G \frac{\mathrm{d}\varphi}{\mathrm{d}x}\int_A \rho^2 \mathrm{d}A$$

令
$$I_\mathrm{p} = \int_A \rho^2 \mathrm{d}A \tag{8-8}$$

I_p 为几何量，只与横截面的尺寸有关，称为横截面图形对圆心 O 点的**极惯性矩**。（见附录）

则
$$\frac{\mathrm{d}\phi}{\mathrm{d}x} = \frac{T}{GI_\mathrm{p}} \tag{8-9}$$

此式为圆轴扭转变形的基本公式。

将上式代回（3）得
$$\tau_\rho = \frac{T\rho}{I_\mathrm{p}} \tag{8-10}$$

此式为圆轴扭转切应力的一般公式。

需要注意的是，上述公式适用于圆轴（实心或空心），且横截面上的最大切应力不超过材料的剪切比例极限。

4. 最大扭转切应力

在圆截面边缘上，ρ 为最大值 R 时，得最大切应力为

$$\tau_\mathrm{max} = \frac{TR}{I_\mathrm{p}} \tag{8-11}$$

令 $W_\mathrm{p} = \dfrac{I_\mathrm{p}}{R}$，$W_\mathrm{p}$ 称为**抗扭截面系数**。

所以式（8-11）又可写成

$$\tau_\mathrm{max} = \frac{T}{W_\mathrm{p}} \tag{8-12}$$

三、强度条件

圆轴工作时，不允许轴内的最大切应力 τ_max 超过材料的许用切应力 $[\tau]$，故圆轴扭转时的强度条件为

$$\tau_\mathrm{max} \leq [\tau] \tag{8-13}$$

对于等直圆轴，最大扭矩发生的截面就是危险截面，其扭转时的强度条件为

$$\tau_\mathrm{max} = \frac{T_\mathrm{max}}{W_\mathrm{p}} \leq [\tau] \tag{8-14}$$

实验研究表明，在常温静载的条件下，材料扭转和拉伸时的力学性能有一定的关系，因此，可以用材料的许用应力 $[\sigma]$ 值来确定扭转的切应力 $[\tau]$ 值。

对于塑性材料　　　　　$[\tau] = (0.5 \sim 0.577)[\sigma]$

对于脆性材料　　　　　$[\tau] = (0.8 \sim 1.0)[\sigma_t]$

式中，$[\sigma_t]$ 代表许用拉应力。

四、I_p、W_p 的计算

1. 实心圆截面

设一实心圆截面的直径为 D，在距圆心为 ρ 处取宽度为 $\mathrm{d}\rho$ 的圆环微面积 $\mathrm{d}A =$

$2\pi\rho\mathrm{d}\rho$，如图 8-12（a）所示，则实心圆截面的极惯性矩和抗扭截面系数分别为

$$\begin{cases} I_\mathrm{p} = \int_A \rho^2 \mathrm{d}A = 2\pi \int_0^{D/2} \rho^3 \mathrm{d}\rho = \dfrac{\pi D^4}{32} \\ W_\mathrm{p} = \dfrac{I_\mathrm{p}}{D/2} = \dfrac{\pi D^3}{16} \end{cases} \quad (8\text{-}15)$$

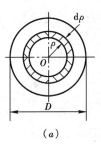
(a)

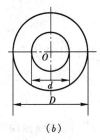
(b)

图 8-12

2. 空心圆截面

对于外径为 D、内径为 d 的空心圆截面，其极惯性矩等于外圆极惯性矩与内圆极惯性矩之差，如图 8-12（b）所示，则空心圆截面的极惯性矩和抗扭截面系数分别为：

$$\begin{cases} I_\mathrm{p} = I_{\mathrm{p}外} - I_{\mathrm{p}内} = \dfrac{\pi(D^4 - d^4)}{32} = \dfrac{\pi D^4}{32}(1 - \alpha^4) \\ W_\mathrm{p} = \dfrac{I_\mathrm{p}}{D/2} = \dfrac{\pi(D^4 - d^4)}{16D} = \dfrac{\pi D^3}{16}(1 - \alpha^4) \end{cases} \quad (8\text{-}16)$$

式中，α 为空心圆轴内、外直径之比，即 $\alpha = \dfrac{d}{D}$。

【例 8-2】 图 8-13 所示一轴 AB，AC 段为实心圆截面，CB 段为空心圆截面。已知 $D = 3\mathrm{cm}$，$d = 2\mathrm{cm}$。试计算 AC 段横截面上最大切应力以及 CB 段横截面上内、外边缘处的切应力。

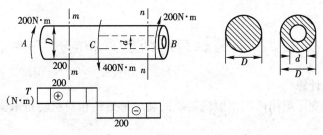

图 8-13

【解】（1）计算扭矩

用截面法计算各段扭矩，画出扭矩如图 8-13 所示，

$$T_{AC} = 200\mathrm{N}\cdot\mathrm{m}$$
$$T_{CB} = -200\mathrm{N}\cdot\mathrm{m}$$

（2）计算极惯性矩，AC 段和 CB 段轴横截面的极惯性矩分别为

$$I_{\mathrm{P}1} = \frac{\pi D^4}{32} = \frac{\pi \times (3.0 \times 10^{-2})^4}{32} = 7.95 \times 10^{-8}\mathrm{m}^4$$

$$I_{\mathrm{P}2} = \frac{\pi}{32}(D^4 - d^4) = \frac{\pi}{32} \times [(3.0 \times 10^{-2})^4 - (2.0 \times 10^{-2})^4] = 6.38 \times 10^{-8}\mathrm{m}^4$$

AC 段抗扭截面系数为

$$W_{P1} = \frac{\pi D^3}{16} = \frac{\pi \times (3.0 \times 10^{-2})^3}{16} = 5.30 \times 10^{-6} \text{m}^3$$

(3) 计算应力，AC 段轴最大切应力为

$$\tau_{\max}^{AC} = \frac{T}{W_{P1}} = \frac{200}{5.3 \times 10^{-6}} = 37.7 \times 10^6 \text{Pa} = 37.7 \text{MPa}$$

CB 段轴横截面内、外边缘处的切应力分别为

$$\tau_{内}^{CB} = \frac{T}{I_{P2}} \cdot \frac{d}{2} = \frac{200}{6.38 \times 10^{-8}} \times \frac{2.0 \times 10^{-2}}{2} = 31.3 \times 10^6 \text{Pa} = 31.3 \text{MPa}$$

$$\tau_{外}^{CB} = \frac{T}{I_{P2}} \cdot \frac{D}{2} = \frac{200}{6.38 \times 10^{-8}} \times \frac{3.0 \times 10^{-2}}{2} = 47.0 \times 10^6 \text{Pa} = 47.0 \text{MPa}$$

AC 段 m-m 截面和 CB 段 n-n 的应力分布如图 8-14 所示。

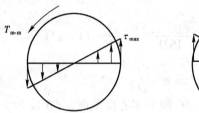
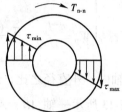

图 8-14

第五节　圆轴扭转时的变形和刚度条件

一、扭转角的计算

圆轴扭转时的变形可用两横截面绕轴线的转动形成的相对扭转角来衡量。

由 $\dfrac{d\phi}{dx} = \dfrac{T}{GI_p}$ 知

$$d\phi = \frac{Tdx}{GI_p}$$

所以

$$\phi = \int_l d\phi = \int_0^l \frac{T}{GI_p} dx = \frac{Tl}{GI_p} \quad (\text{rad}) \tag{8-17}$$

式中 GI_p 称为圆轴的**抗扭刚度**，扭转角 ϕ 与成反比 GI_p，它反映了圆轴抵抗扭转变形的能力。

二、圆轴扭转的刚度条件

在传动轴的设计中，除须考虑强度要求外，还常将其变形限制在一定范围内，以保证轴能正常工作。

为了消除 l 的影响，引入单位长度扭转角 θ，且 $\theta = \dfrac{d\phi}{dx} = \dfrac{T}{GI_p}$，通常规定最大单位扭转

角不得超过某一规定的许用值 [θ]，所以，圆轴扭转的刚度条件为：

$$\theta_{\max} = \frac{T_{\max}}{GI_P} \leqslant [\theta] \quad (\text{rad/m}) \tag{8-18}$$

上式中 $\theta_{\max}$ 的单位是弧度/米，在工程中 [θ] 的单位常用度/米，因此，上式可改为

$$\theta_{\max} = \frac{T_{\max}}{GI_P} \times \frac{180}{\pi} \leqslant [\theta] \quad (°/\text{m}) \tag{8-19}$$

【例 8-3】 如图 8-15 所示，已知传动轴的直径 $D = 80\text{mm}$，外力偶矩 $m_1 = 10\text{kN}\cdot\text{m}$，$m_2 = 4.0\text{kN}\cdot\text{m}$，$m_3 = 3.5\text{kN}\cdot\text{m}$，$m_4 = 2.5\text{kN}\cdot\text{m}$ 单位长度许用扭转角 $[\theta] = 0.3°/\text{m}$，材料的剪变弹性模量 $G = 8 \times 10^4 \text{MPa}$。

(a) 试校核轴的刚度；

(b) 若不满足强度或刚度条件，重新选择轴的直径；

(c) 求截面 D 与截面 A 之间的相对扭转角 ϕ_{AD}。

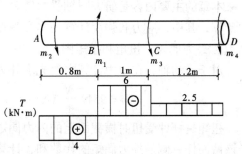

图 8-15

【解】 (1) 首先画出轴的扭矩图，如图 8-15 所示，最大扭矩发生在 BC 段，其值为 $|T_{\max}| = 6\text{kN}\cdot\text{m}$。

(2) 校核圆轴的刚度

$$I_p = \frac{\pi D^4}{32} = \frac{\pi \times 80^4 \times 10^{-12}}{32} = 4.02 \times 10^{-6} \text{m}^4$$

$$\theta_{\max} = \frac{T_{\max}}{GI_p} \times \frac{180}{\pi} = \frac{6 \times 10^3}{8 \times 10^{10} \times 4.02 \times 10^{-6}} \times \frac{180}{\pi} = 1.07°/\text{m} > [\theta]$$

所以该轴的刚度条件不满足。

(3) 按刚度条件重选轴的直径
由刚度条件

$$\theta_{\max} = \frac{T_{\max}}{GI_p} \times \frac{180}{\pi} = \frac{32 T_{\max}}{G\pi D^4} \times \frac{180}{\pi} \leqslant [\theta]$$

得

$$D \geqslant \sqrt[4]{\frac{32 \times T_{\max} \times 180}{G\pi^2 [\theta]}} = \sqrt[4]{\frac{32 \times 6 \times 10^3 \times 180}{8 \times 10^{10} \times \pi^2 \times 0.3}} = 0.11\text{m} = 110\text{mm}$$

为了使轴同时满足刚度要求，可取轴径 $D = 110\text{mm}$。

(4) 计算扭转角 ϕ_{AD}
轴的极惯性矩

$$I_p = \frac{\pi D^4}{32} = \frac{\pi \times (110 \times 10^{-3})^4}{32} = 14.37 \times 10^{-6} \text{m}^4$$

因 AB、BC 和 CD 三段的扭矩 T 分别为常量，故可先分别计算各段轴两端截面间的相对扭转角，然后叠加，即可得到 ϕ_{AD}：

$$\phi_{AD} = \phi_{AB} + \phi_{BC} + \phi_{CD} = \frac{1}{GI_P}(T_{AB}l_{AB} + T_{BC}l_{BC} + T_{CD}l_{CD})$$

$$= \frac{10^3}{8 \times 10^{10} \times 14.37 \times 10^{-6}} \times [(-4) \times 0.8 + 6 \times 1 + 2.5 \times 1.2]$$

$$= 5.05 \times 10^{-2} \text{rad}$$

小　　结

本章的主要内容是研究圆轴受扭转时，其内力、应力、变形的分析方法及强度和刚度的计算，其中，应力和强度计算为本章重点。具体概括如下：

1. 外力偶矩、扭矩和扭矩图

对于传动轴，在内力计算之前先求外力偶矩。计算公式为

$$m = 9549\frac{N}{n} \text{ (N·m)} \quad \text{或} \quad m = 7024\frac{N}{n} \text{ (N·m)}$$

扭矩是杆件受扭时横截面上的内力偶矩，杆内任一截面的扭矩可用截面法求得，它等于该截面任一侧的外力偶矩的代数和，计算时应注意正负号规定。

扭矩图是表示杆件各横截面上扭矩变化规律的图形。该图一般以杆件轴线为横轴表示横截面位置，纵轴表示扭矩大小。画图时，**先**确定分段情况及各段扭矩图的大致形状，然后，计算控制截面的扭矩值，最后，按比例画扭矩图。

2. 薄壁圆筒扭转时，假定沿筒壁厚度切应力不变。计算公式为

$$\tau = \frac{m}{2\pi r^2 t}$$

3. 圆轴扭转时横截面上的应力及强度条件

这部分内容是本章的重点。在线弹性范围内，圆轴扭转时横截面上切应力沿半径方向呈线性分布，即

$$\tau_\rho = \frac{T}{I_P}\rho$$

最大应力发生在横截面周边各点上，扭转最大切应力为

$$\tau_{max} = \frac{T}{W_P}$$

强度条件

$$\tau_{max} = \frac{T}{W_P} \leq [\tau]$$

4. 圆轴扭转时变形和刚度条件

圆轴扭转变形公式

$$\phi = \frac{Tl}{GI_P}$$

等直圆轴扭转时的刚度条件

$$\theta_{\max} = \frac{T_{\max}}{GI_p} \times \frac{180}{\pi} \leq [\theta]$$

5. 薄壁圆筒或圆轴扭转时，其横截面上仅有切应力。通过薄壁圆筒的分析和实验，得到有关切应力的两个定理是：

切应力互等定理

$$|\tau| = |\tau'|$$

剪切胡克定律

$$\tau = G\gamma \quad (\tau \leq \tau_p)$$

习　题

8-1　画出题 8-1 图所示各杆的扭矩图。

8-2　题 8-2 图所示钢制圆轴上作用有四个外力偶，其矩为 $m_1 = 2\text{kN}\cdot\text{m}$，$m_2 = 1.2\text{kN}\cdot\text{m}$，$m_3 = 0.4\text{kN}\cdot\text{m}$，$m_4 = 0.4\text{kN}\cdot\text{m}$。

(1) 作轴的扭矩图；

(2) 若 m_1 和 m_2 的作用位置互换，扭矩图有何变化？

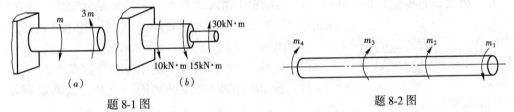

题 8-1 图　　　　　　　　　　题 8-2 图

8-3　题 8-3 图所示直径 $d = 100\text{mm}$ 的圆轴受到扭矩 $40\text{kN}\cdot\text{m}$ 的作用。试求截面上各点处的切应力，并标出其方向。

8-4　题 8-4 图示圆轴，其中 AB 段为实心，BC 段为空心，外径 $D = 200\text{mm}$，内径 $d = 10\text{mm}$，已知材料的许用切应力 $[\tau] = 50\text{MPa}$。求 m 的许可值。

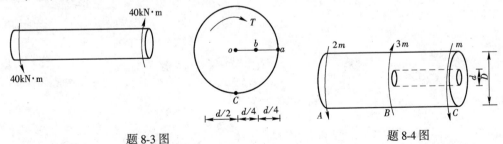

题 8-3 图　　　　　　　　　　题 8-4 图

8-5　某小型水电站的水轮机容量为 50kW，转速为 $n = 300\text{r/min}$，钢轴直径为 $D = 75\text{mm}$，如果在正常运转下且只考虑扭矩作用，其许用切应力 $[\tau] = 20\text{MPa}$。试校核轴的强度。

8-6　实心和空心轴通过牙嵌式离合器连接在一起，如题 8-6 图所示。已知轴的转速 $n = 100\text{r/min}$，传递的功率 $N_k = 7.5\text{kW}$，材料的许用应力 $[\tau] = 40\text{MPa}$。试

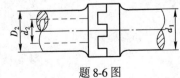

题 8-6 图

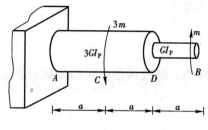

题 8-7 图

选择实心轴的直径 d_1 和内径比值为 1/2 的空心轴的外径 D_2。

8-7 阶梯圆轴 AB，受力如题 8-7 图所示，若 m、a、GI_P 均已知，试求 B 截面相对于 A 截面的扭转角 ϕ_{AB}。

8-8 空心钢轴的外径 $D = 100\text{mm}$，内径 $d = 50\text{mm}$。已知间距为 $l = 2.7\text{m}$ 之两横截面的相对扭转角 $\phi = 1.8°$，材料的剪变模量 $G = 80\text{GPa}$。求：

(1) 轴内的最大切应力；

(2) 当轴以 $n = 80\text{r/min}$ 的速度旋转时，轴传递的功率（kW）。

8-9 题 8-9 图所示阶梯形圆杆，AE 段为空心，外径 $D = 140\text{mm}$，内径 $d = 100\text{mm}$，BC 段为实心，直径 $d = 100\text{mm}$。外力偶矩 $m_A = 18\text{kN}\cdot\text{m}$，$m_B = 32\text{kN}\cdot\text{m}$，$m_C = 14\text{kN}\cdot\text{m}$。已知 $[\tau] = 80\text{MPa}$，$[\theta] = 1.2°/\text{m}$，$G = 80\text{GPa}$。试校核该轴的强度和刚度。

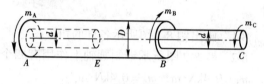

题 8-9 图

8-10 传动轴的转速为 $n = 500\text{r/min}$，主动轮 1 输入功率 $N_1 = 368\text{kW}$ 从动轮 2、3 分别输出功率 $N_2 = 7\text{kW}$，$N_3 = 221\text{kW}$（题 8-10 图）。已知 $[\tau] = 70\text{MPa}$，$[\theta] = 1°/\text{m}$，$G = 80\text{GPa}$。

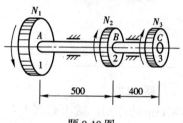

题 8-10 图

(1) 试确定 AB 段的直径 d_1 和 BC 段的直径 d_2。

(2) 若 AB 和 BC 两段选用同一直径，试确定直径 d。

(3) 主动轮和从动轮应如何安排才比较合理？

第九章 弯曲强度

第一节 概 述

一、平面弯曲的概念

在实际工程和日常生活中,广泛存在着受弯构件。例如,图9-1为工程中常见的桥式起重机大梁和汽轮机叶片,它们都是受弯构件。

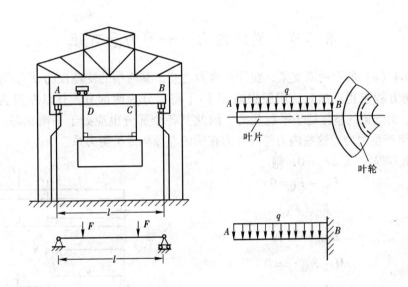

图9-1

一般说来,当杆件受到垂直于轴线的外力即横向力,或在其轴线平面内作用有外力偶时,杆件的轴线将由直线变为曲线,这种变形形式称为**弯曲**。凡以弯曲为主要变形的杆件,通常称为**梁**。

如果梁的每一个横截面至少有一根对称轴,这些对称轴构成对称面。所有外力都作用在其对称面内时,梁弯曲变形后的轴线将是位于这个对称面内的一条平面曲线,这种弯曲形式称为**平面弯曲**,如图9-2所示。平面弯曲是弯曲问题中最常见、最基本的情况,本章及后面一章的讨论只限于平面弯曲。

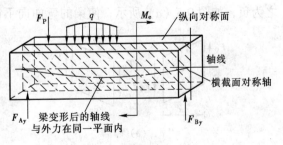

图9-2

二、静定梁的分类

静定梁:梁的所有支座反力均可由静

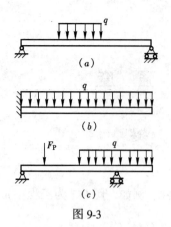

图 9-3

力平衡方程确定。

静定梁的基本形式有：

简支梁：一端为固定铰支座，而另一端为可动铰支座的梁，如图 9-3（a）所示。

悬臂梁：一端为固定端，另一端为自由端的梁，如图 9-3（b）所示。

外伸梁：一端伸出支座之外的梁，如图 9-3（c）所示。

第二节 梁的内力——剪力和弯矩

如图 9-4（a）所示的简支梁，在计算内力之前，其两端的支座反力 F_{Ay}、F_{By} 可由梁的静力平衡方程求得。然后，用假想截面Ⅰ-Ⅰ将梁分为两部分，并以左段为研究对象（图 9-4b）。由于梁的整体处于平衡状态，因此其各个部分也应处于平衡状态。据此，截面Ⅰ-Ⅰ上将产生内力，这些内力将与外力在梁的左段构成平衡力系。

由平衡方程 $\Sigma F_y = 0$，则

$$F_{Ay} - F_Q = 0$$

$$F_Q = F_{Ay}$$

$\Sigma m_O = 0$，则

$$M - F_{Ay} \cdot c = 0$$

$$M = F_{Ay} \cdot c$$

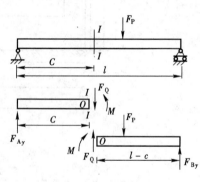

图 9-4

F_Q 称为横截面Ⅰ-Ⅰ上的**剪力**，它是与横截面相切的分布内力系的合力；M 称为横截面Ⅰ-Ⅰ上的**弯矩**，它是与横截面垂直的分布内力系的合力偶矩。剪力和弯矩均为梁弯曲时横截面上的内力。

通常，剪力、弯矩的正负号这样规定：使梁产生顺时针转动趋势的剪力规定为正，反之为负，如图 9-5（a）所示；使梁的弯曲向下凸，下部产生拉伸而上部产生压缩的弯矩

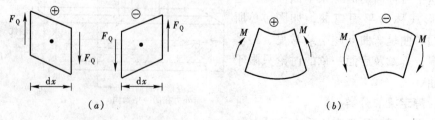

图 9-5

规定为正，反之为负，如图9-5（b）所示。

根据剪力、弯矩的符号规定以及截面法，可以直接由脱离体上的外荷载来计算截面上的弯曲内力，具体求法为：

（1）横截面上的剪力 F_Q，在数值上等于截面脱离体上所有横向外力的代数和。左半段脱离体向上的横向力或右半段脱离体向下的横向力在等式右边取正，反之为负，如图9-6所示。

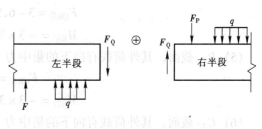

图 9-6

（2）横截面上的弯矩 M，在数值上等于截面左半段脱离体或右半段脱离体上所有外力对该截面形心的力矩的代数和。对于向上的横向外力，不论在截面的左半段脱离体或右半段脱离体上，所产生的力矩均取正值，反之，取负值。作用在左半段脱离体上的外力偶矩，顺时针转向的产生正号的弯矩，反之，产生负值弯矩；作用在右半段脱离体上的外力偶矩，逆时针转向的产生正号弯矩，反之，产生负值弯矩。如图9-7所示。

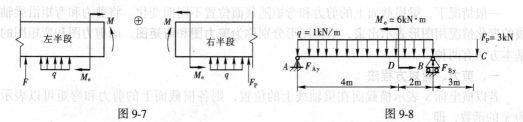

图 9-7　　　　　　　　　　　　图 9-8

【例 9-1】 求梁各截面的剪力和弯矩。截面分别为 $A_右$（$A_右$ 侧截面，即在 $A_右$ 侧，离 A 很近的截面），$D_右$，$D_左$，$B_右$，$B_左$，$C_左$。

【解】 1. 求支反力

$\Sigma M_B = 0$　$F_{Ay} \cdot 6 = 1 \times 6 \times 3 + 6 - 3 \times 3$ 得　$F_{Ay} = 2.5 \text{kN}$

$\Sigma M_A = 0$　$F_{By} \cdot 6 = 1 \times 6 \times 3 - 6 + 3 \times 9$ 得　$F_{By} = 6.5 \text{kN}$

利用 $\Sigma F_y = 0$ 验证，确保 F_{Ay}、F_{By} 求解正确。

2. 求各截面剪力、弯矩

取左半段脱离体

（1）$A_右$ 截面，其外荷载只有一向上的支座反力 F_{Ay}。

$F_{QA右} = 2.5 \text{kN}$

$M_{A右} = 0$

（2）$D_左$ 截面，其外荷载有向上的支座反力 F_{Ay} 和向下的均布荷载 q。

$F_{QD左} = 2.5 - 4 \times 1 = -1.5 \text{kN}$

$M_{D左} = 2.5 \times 4 - 1 \times 4 \times 2 = 2 \text{kN} \cdot \text{m}$

（3）$D_右$ 截面与 $D_左$ 截面比较其外荷载中增加了一个逆时针转的集中力偶矩。

$F_{QD右} = 2.5 - 4 \times 1 = -1.5 \text{kN}$

$M_{D右} = 2.5 \times 4 - 1 \times 4 \times 2 - 6 = -4 \text{kN} \cdot \text{m}$

取右半段脱离体

(4) $B_左$ 截面,其外荷载有向下的集中力 F_p 和向上的支座反力 F_{By}。

$$F_{QB左} = 3 - 6.5 = -3.5 \text{kN}$$

$$M_{B左} = -3 \times 3 = -9 \text{kN·m}$$

(5) $B_右$ 截面,其外荷载有向下的集中力 F_p。

$$F_{QB右} = 3 \text{kN}$$

$$M_{B右} = -3 \times 3 = -9 \text{kN·m}$$

(6) $C_左$ 截面,其外荷载有向下的集中力 F_p。

$$F_{QC左} = 3 \text{kN}$$

$$M_{C左} = 0$$

可见,集中外力偶将引起左右截面弯矩的突变,集中外力会引起左右截面剪力的突变,突变差量等于集中外力偶或集中力的大小。

第三节 剪力图和弯矩图

一般情况下,梁横截面上的剪力和弯矩随截面位置不同而变化,将剪力和弯矩沿梁轴线的变化情况用图形表示出来,这种图形分别称为**剪力图**和**弯矩图**。画剪力图和弯矩图的基本方法有两种:

一、剪力、弯矩方程法

若以横坐标 x 表示横截面在梁轴线上的位置,则各横截面上的剪力和弯矩可以表示为 x 的函数,即

$$F_Q = F_Q(x)$$

$$M = M(x)$$

上述函数表达式称为梁的**剪力方程**和**弯矩方程**。在集中力、集中力偶和分布荷载的起止点处,剪力方程和弯矩方程可能发生变化,所以这些点均为剪力方程和弯矩方程的分段点。若梁内部(不包括两个端部)有 n 个分段点,则梁需分为 $n+1$ 段列剪力、弯矩方程。

为了形象地显示剪力和弯矩沿梁轴线的变化情况,可根据剪力方程和弯矩方程分别给出梁的剪力图和弯矩图,剪力图和弯矩图可以用来确定梁的剪力和弯矩的最大值及其所在截面的位置,为梁的强度计算提供依据。此外,弯矩方程和弯矩图在梁的变形计算中也起着重要作用。作图方法与轴力图或扭矩图的作法相似,即以梁横截面梁轴线的位置为横坐标,以横截面上的剪力或弯矩为纵坐标,按适当的比例给出 $F_Q = F_Q(x)$ 和 $M = M(x)$ 的图线。绘制剪力图时,通常规定将正剪力画在 x 轴的上侧,负剪力画在 x 轴的下侧;绘制弯矩图时则规定正弯矩画在 x 轴的下侧,负弯矩画在 x 轴的上侧,也就是将弯矩图中画在梁弯曲变形时的受拉一侧。

【**例 9-2**】 简支梁 AB 受集度为 q 的均布荷载作用,如图 9-9(a)所示,列出剪力方程和弯矩方程,并作该梁的剪力图和弯矩图。

【**解**】 (1) 求支座反力

由于荷载及支座反力都是对称的,故

$$F_{Ay} = F_{By} = \frac{ql}{2}$$

(2) 列剪力方程和弯矩方程

以梁左端 A 点为坐标原点。因为，梁内部无分段点，所以取一整段梁来列剪力方程和弯矩方程。以距左端为 x 的任意横截面将梁截开，取左半段梁来研究，如图 9-9（b）所示。根据截面左侧梁上的外力，分别得梁的剪力方程和弯矩方程为

$$F_Q(x) = F_{Ay} - qx = \frac{ql}{2} - qx \quad (0 < x < l) \quad (a)$$

$$M(x) = F_{Ay}x - qx\frac{x}{2} = \frac{ql}{2}x - \frac{qx^2}{2} \quad (0 \leq x \leq l) \quad (b)$$

(3) 作剪力图和弯矩图

由式（a）知，剪力方程是 x 的一次函数，故剪力图是一条倾斜的直线，需确定其上两个截面的剪力值，于是，应选择 $A_右$ 和 $B_左$ 为特定截面，计算其剪力值就可以绘出此梁的剪力图，如图 9-9（c）所示。

由式（b）知，弯矩方程是 x 的二次函数，弯矩图为一条抛物线。为了画出此抛物线，至少须确定其上三、四个点，如 $x = 0$ 处，$M = 0$；$x = \frac{l}{4}$ 处，$M = \frac{3}{32}ql^2$；$x = \frac{l}{2}$ 处，$M = \frac{ql^2}{8}$；$x = l$ 处，$M = 0$。通过这几个点梁的弯矩图如图 9-9（d）所示。

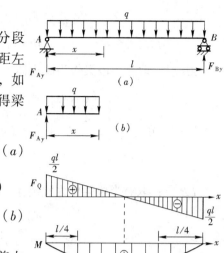

图 9-9

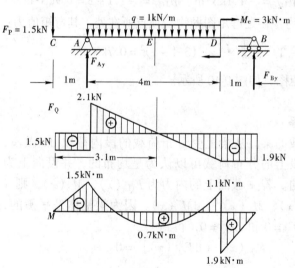

图 9-10

由剪力图和弯矩图可以看出，弯矩极值所在处为跨度中点横截面，$M_{max} = \frac{ql^2}{8}$，而在此截面上剪力 $F_Q = 0$。在两个支座内侧横截面上剪力最大，其值为 $|F_Q|_{max} = \frac{ql}{2}$。

【例 9-3】 一外伸梁如图 9-10 所示，列出剪力方程和弯矩方程，并作该梁的剪力图和弯矩图。

【解】 (1) 求支座反力

由平衡方程 $\Sigma M_B = 0$ 得 $F_{Ay} = 3.6$ kN

$\Sigma M_A = 0$ 得 $F_{By} = 1.9$ kN

用平衡方程 $\Sigma F_y = 0$ 校核。

(2) 确定分段点，给梁分段。

根据梁上外力（包括支座反力和外荷载）的情况，A、D 应作为分段点，梁应分为 CA、AD 和 DB 三段。

(3) 列各段剪力、弯矩方程

CA 段：取左半段梁作为脱离体

$$F_Q(x_1) = -F_P = -1.5\text{kN} \qquad (0 < x_1 < 1)$$
$$M(x_1) = -F_P x_1 = -1.5 x_1 \qquad (0 \leqslant x_1 \leqslant 1)$$

AD 段：取左半段梁作为脱离体
$$F_Q(x_2) = -F_P + F_{Ay} - q(x_2 - 1) = 3.1 - x_2 \qquad (1 < x_2 \leqslant 5)$$
$$M(x_2) = -F x_2 + F_{Ay}(x_2 - 1) - \frac{q(x_2-1)^2}{2} = -4.1 + 3.1 x_2 - \frac{x_2^2}{2}$$
$$(1 \leqslant x_2 < 5)$$

DB 段：取右半段梁作为脱离体
$$F_Q(x_3) = -F_{By} = -1.9\text{kN} \qquad (5 \leqslant x_3 < 6)$$
$$M(x_3) = F_{By}(6 - x_3) = 11.4 - 1.9 x_3 \qquad (5 < x_3 \leqslant 6)$$

（4）作各段剪力、弯矩图

根据剪力方程可以看出，剪力图在 CA 段为一条水平线；在 AD 段为一条从左到右斜向下直线；在 DB 段为一条水平线。分别计算各特定截面的剪力值为：

$$F_{QA左} = -1.5\text{kN} \quad F_{QA右} = -1.5 + 3.6 = 2.1\text{kN} \quad F_{QD} = -1.9\text{kN}$$

根据弯矩方程可以看出，弯矩图在 CA 段为一条从左到右斜向上直线；在 AD 段为一条向下凸的抛物线；在 DB 段为一条从左到右斜向上直线。分别计算各特定截面的弯矩值为：

$M_C = 0$ $M_B = 0$ $M_A = -1.5\text{kN·m}$ $M_{D左} = -1.1\text{kN·m}$ $M_{D右} = -1.1 + 3 = 1.9\text{kN·m}$

经计算 AD 段距 C 点 3.1m 处，剪力为零，是弯矩图抛物线顶点所在处，其弯矩值为：

$$M_E = 1.5 \times 3.1 + 3.6 \times (3.1 - 1) - \frac{1}{2} \times 1 \times (3.1 - 1)^2 = 0.7\text{kN·m}$$

按以上分析和计算结果绘剪力、弯矩图，如图 9-10 所示。

二、微分关系法

1. 弯矩、剪力和分布荷载集度的关系

考察图 9-11（a）所示承受任意荷载的梁。从梁上受分布荷载的段内截取 dx 微段，其受力如图 9-11（b）所示。作用在微段上的分布荷载可以认为是均布的，并设向上为正。微段两侧截面上的内力均设为正方向。若 x 截面上的内力为 $F_Q(x)$、$M(x)$，则 $x + dx$ 截面上的内力为 $F_Q(x) + dF_Q(x)$、$M(x) + dM(x)$。因为梁整体是平衡的，dx 微段也应处于平衡。根据平衡条件 $\Sigma F_y = 0$ 和 $\Sigma m_o = 0$，得到

$$F_Q(x) + q(x)dx - [F_Q(x) + dF_Q(x)] = 0$$
$$M(x) + dM(x) - M(x) - F_Q(x)dx - q(x)\frac{dx^2}{2} = 0$$

略去其中的高阶微量后得到

$$\frac{dF_Q(x)}{dx} = q(x) \qquad (9-1)$$

$$\frac{dM(x)}{dx} = F_Q(x) \qquad (9-2)$$

利用式 (9-1) 和式 (9-2) 可进一步得出

$$\frac{d^2M(x)}{dx^2} = q(x) \qquad (9-3)$$

式 (9-1)、式 (9-2) 和式 (9-3) 是剪力、弯矩和分布荷载集度 q 之间的平衡微分关系。由导数的几何意义可知，剪力图上某点处的切线斜率等于梁上相应截面处的荷载集度；弯矩图上某点处的切线斜率等于梁上相应截面的剪力。

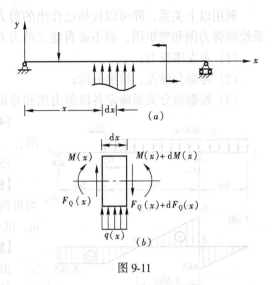

图 9-11

2. 利用微分关系画剪力、弯矩图

根据上述微分关系，由梁上荷载的变化即可推知剪力图和弯矩图的形状。例如：

（1）若某段梁上无分布荷载，即 $q(x)=0$，则该段梁 $F_Q(x)=C$（C 为常量），剪力图为平行于 x 轴的直线；而弯矩 $M(x)$ 为 x 的一次函数，弯矩图为斜直线。当剪力为正值时，在本书规定的坐标中（剪力轴向上为正，弯矩轴向下为正），弯矩图从左到右斜向下，反之亦然。

（2）若某段梁上的分布荷载 $q(x)=q$（q 为常量），则该段梁的剪力 $F_Q(x)$ 为 x 的一次函数，剪力图为斜直线，而 $M(x)$ 为 x 的二次函数，弯矩图为抛物线。当 $q<0$（q 向下）时，剪力图从左到右斜向下，弯矩图为向下凸的抛物线，反之亦然。

（3）在集中力作用处，剪力图有跳跃（突变），且从左至右跳跃的方向与外力的指向一致，跳跃值等于集中力的大小。而弯矩值在该处连续，且弯矩图在此处有尖角。

（4）在集中力偶作用处，剪力图无突变，弯矩图在该处有跳跃（突变），当集中力偶为顺时针转动时，弯矩图从左到右向下跳跃，跳跃值等于集中力偶的大小，反之亦然。

（5）最大弯矩可能发生在集中力、集中力偶或剪力为零的截面上。

将上述弯矩、剪力和分布荷载集度的关系汇总为表 9-1。

在几种荷载作用下剪力、弯矩图的特征　　　　　　表 9-1

一段梁上的外力情况	向下的均布荷载 q	无荷载	集中力 F_P	集中力偶 M_e
剪力图的特征	向下方倾斜的直线 ⊕ 或 ⊖	水平直线 ⊕ 或 ⊖	在 C 点处有突变 F_P	在 C 处无变化
弯矩图的特征	下凸的二次抛物线 或	斜直线 或	在 C 处有尖角 或	在 C 处有突变 M_e
最大弯矩所在截面的可能位置	在剪力为零的截面		剪力突变的截面	在靠近 C 点的某一侧截面

利用以上关系，除可以校核已作出的剪力图和弯矩图是否正确外，还可以利用微分关系绘制剪力图和弯矩图，而不必再建立剪力方程和弯矩方程，其步骤如下：

（1）求支座反力；

（2）考察分段点，给梁分段；

（3）根据微分关系确定各段剪力图和弯矩图的大致形状；

（4）求特定截面剪力、弯矩，绘剪力图和弯矩图；

（5）用微分关系对剪力图和弯矩图进行校核。

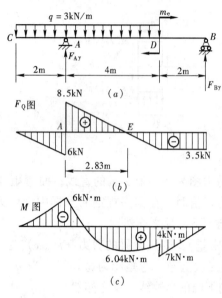

图 9-12

【例 9-4】 如图 9-12（a）所示的外伸梁上，受均布荷载集度 $q = 3\text{kN/m}$，集中力偶矩 $M_e = 3\text{kN/m}$，试作剪力图和弯矩图。

【解】（1）求支座反力

由平衡方程得 $F_{Ay} = 14.5\text{kN}$，$F_{By} = 3.5\text{kN}$

（2）考察分段点，给梁分段

A、C 为分段点，将梁分为 CA、AD、DB 三段。

（3）画剪力图和弯矩图

剪力图大致形状：CA、AD 段梁上有向下的均布荷载，故 CA、AD 的剪力图分别为两段斜直线，且从左至右斜向下，由于两段梁上作用的均布荷载的分布集度相同，故两条斜直线的斜率相同，但在 A 截面有向上作用的集中力，剪力在该截面发生突变，剪力图从左至右图线向上跳跃；DB 段梁上无荷载，剪力图为一水平直线。

计算特定截面剪力值分别为：$F_{QC} = 0$；$F_{QA左} = -3 \times 2 = -6\text{kN}$；$F_{QA右} = -6 + 14.5 = 8.5\text{kN}$；$F_{QD} = 14.5 - 3 \times 6 = -3.5\text{kN}$。

按以上分析和计算结果绘剪力图，如图 9-12（b）所示。

弯矩图的大致形状：CA、AD 段梁上有向下的均布荷载，故 CA、AD 的弯矩图分别为两段向下凸的抛物线；DB 段梁上无荷载，弯矩图为一条斜直线，其倾斜方向要根据该段梁剪力的正负号来判定。此外，D 截面有顺时针转的集中力偶，弯矩在该截面发生突变，且从左至右弯矩图向下跳跃。剪力在 A 截面突变，弯矩图在该截面连续，但有尖角。

计算特定截面弯矩值分别为：$M_C = 0$；$M_A = -3 \times 2 \times 1 = -6\text{kN·m}$；$M_{D左} = 14.5 \times 4 - \frac{1}{2} \times 3 \times 6^2 = 4\text{kN·m}$；$M_{D右} = 3.5 \times 2 = 7\text{kN·m}$；$M_B = 0$。

根据剪力图可以看出，E 点剪力等于零，弯矩出现极值。先计算 E 到 A 的距离为 $\frac{8.5}{3} = 2.83\text{m}$，再可求出 E 截面上的弯矩极值

$$M_E = 14.5 \times 2.83 - \frac{1}{2} \times 3 \times (2 + 2.83)^2 = 6.04\text{kN·m}$$

按以上分析和计算结果绘弯矩图，如图 9-12（c）所示。由剪力图、弯矩图可知：$F_{Q\max} = 8.5\text{kN}$，$M_{\max} = 7\text{kN·m}$。

【例 9-5】 多跨静定梁，如图 9-13（a）所示，试画出其剪力、弯矩图。

【解】 （1）求支反力

求支反力时，可将中间铰 C 拆开，如图 9-13（b）所示。可以看出，铰 C 拆开后，AC 段为静定梁，CD 段为几何可变体，所以，AC 段为基本梁或主梁，CD 段为副梁。先列副梁 CD 的平衡方程得

$$F_{Cy} = F_{Dy} = qa \text{（向上）}$$

然后，把 F_{Cy} 的反力 F'_{Cy} 加在主梁 AC 上，将 F'_{Cy} 当作外力对待，列主梁 AC 的平衡方程

$\Sigma M_B = 0$ 则 $F_{Ay} = qa$（向下）

$\Sigma M_A = 0$ 则 $F_{By} = 2qa$（向上）

（2）给梁分段，并分析各段剪力、弯矩图大致形状

B、C 为梁分段点，故梁分为 AB、BC、CD 三段。

（3）画剪力图和弯矩图

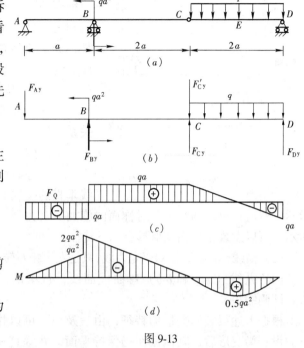

图 9-13

剪力图：AB 段、BC 段上无荷载，则两段剪力图分别为两条水平线。在 B 截面有向上集中力 F_{By}，因此，剪力图在 B 截面有突变，而且从左至右向上跳跃。CD 段有向下作用的均布荷载，因此，CD 段剪力图为从左至右倾向下的斜直线。特定截面剪力值分别为：$F_{QA右} = -qa$；$F_{QB右} = qa$；$F_{QD左} = -qa$。按以上分析和计算结果绘剪力图，如图 9-13（c）所示。

弯矩图：AB 段、BC 段上无荷载，则两段弯矩图分别为两条斜直线。由于在 B 截面处有逆时针转的集中力偶，因此，B 截面弯矩有突变，且从左至右向上跳跃。CD 段有向下作用的均布荷载，CD 段弯矩图为向下凸抛物线。特定截面弯矩值分别为：$M_A = 0$，$M_{B左} = -qa^2$，$M_{B右} = -qa^2 - qa^2 = -2qa^2$，$M_C = 0$，$M_D = 0$。

此外，从剪力图上可以看出，在 E 点剪力为零，弯矩出现数值，取 ED 段作为脱离体

$$M_E = qa \cdot a - qa \cdot \frac{1}{2} a = \frac{1}{2} qa^2$$

按以上分析和计算结果绘弯矩图，如图 9-13（d）所示。

可见，中间铰 C 处的弯矩值为零，这说明中间铰只传递力，不能传递力矩。

第四节 弯曲正应力

为了解决梁的强度计算问题，在求解内力的基础上，还必须进一步研究横截面上应力。如果直梁发生平面弯曲时，横截面上同时存在剪力和弯矩，这种弯曲称为**横力弯曲**。由于剪力是横截面切向分布内力的合力，弯矩是横截面法向分布内力的合力偶矩，因此，

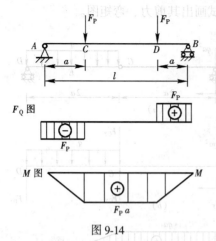

图 9-14

横力弯曲时，梁横截面上同时存在切应力 τ 和正应力 σ。当横截面上只有弯矩而无剪力时，这种弯曲称为**纯弯曲**。实践和理论都证明，弯矩是影响梁的强度和变形的主要因素。因此，我们先讨论 F_Q 等于零，M 为常数的纯弯曲问题。图 9-14 所示梁的 CD 段为纯弯曲，其余部分则为横力弯曲。

与圆轴扭转相似，分析纯弯梁横截面上的正应力，同样需要综合考虑变形、物理和静力三方面的关系。

一、变形几何关系

考察等截面直梁。加载前在梁表面上画上与轴线垂直的横线和与轴线平行的纵线，如图 9-15（a）所示。然后在梁的两端纵向对称面内施加一对力偶，使梁发生弯曲变形，如图 9-15（b）所示。可以发现梁表面变形具有如下特征：

（1）横线（m-m 和 n-n）仍是直线，只是发生相对转动，但仍与纵线（如 a-a，b-b）正交。

（2）纵线（a-a 和 b-b）弯曲成曲线，且梁的凸侧伸长，凹侧缩短。

根据上述梁表面变形的特征，由表及里，可以作出以下假设：梁变形后，其横截面仍保持平面，并垂直于变形后梁的轴线，只是绕着横截面内的某一轴转过一个角度。这一假设称**平面假设**。

此外，还假设梁的各纵向层互不挤压，即梁的纵截面上无正应力作用。

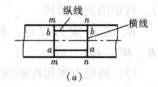
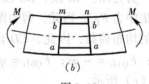

图 9-15

根据上述假设，梁弯曲后，其纵向层一部分产生伸长变形，另一部分则产生缩短变形，由于变形是连续的，纵向层中必然存在既不伸长也不缩短的一层，这一层称为**中性层**，如图 9-16 所示。中性层与横截面的交线为截面的**中性轴**。梁变形时横截面绕中性轴转动。

下面根据平面假设找出纵向线应变沿截面高度的变化规律。

考察梁上相距为 dx 的微段（图 9-17a），其变形如图 9-17（b）所示。则距中性轴为 y 处的纵向层 a-a 弯曲后的长度为 $(\rho+y)d\theta$，其纵向正应变为

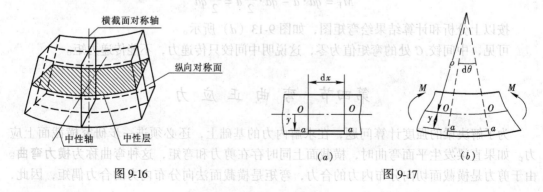

图 9-16　　　　　　　　　　　　　　图 9-17

$$\varepsilon = \frac{(\rho+y)\,d\theta - dx}{dx}$$

由于中性层的变形后即不伸长也不缩短，故

$$\rho d\theta = dx$$

$$\varepsilon = \frac{(\rho+y)\,d\theta - \rho d\theta}{\rho d\theta} = \frac{y}{\rho} \qquad (a)$$

式（a）表明：纯弯曲时梁横截面上各点的纵向线应变与它到中性轴的距离 y 成正比。

二、物理关系

根据以上分析，梁横截面上各点只受正应力作用。若将梁看成由无数纤维构成的，纵向纤维之间互不挤压，则纵向纤维处于单向拉伸和压缩的应力状态。当应力未超过材料的比例极限时，根据胡克定律

$$\sigma = E \cdot \varepsilon$$

于是有

$$\sigma = \frac{E}{\rho} \cdot y \qquad (b)$$

式（b）中 E、ρ 均为常数，上式表明：纯弯梁横截面上任一点处的正应力与该点到中性轴的垂直距离 y 也成正比。即正应力沿着与中性轴垂直的方向按线性分布，如图9-18（a）所示。最大压应力和最大拉应力分别出现在横截面上距中性轴最远的上下边缘，中性轴上各点的正应力为零。

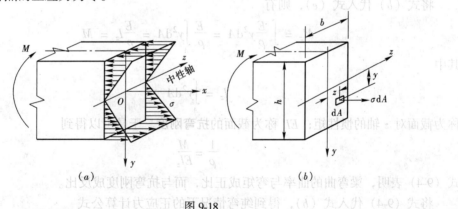

图 9-18

式（b）还不能直接用以计算应力，因为中性层的曲率半径 ρ 以及中性轴的位置尚未确定，这要利用静力平衡关系来解决。

三、静力平衡关系

如图9-18（b）所示，为了求出截面上坐标为 y、z 的一点处的弯曲正应力表达式，围绕该点取微面积 dA，则作用在微面积 dA 上的微内力为 σdA。在横截面上所有微内力将组成一个垂直于横截面的空间平行力系。该力系可简化为三个内力分量，即轴力 F_N 以及对 y、z 轴的力矩 M_y 和 M_z：

$$F_N = \int_A \sigma dA \qquad (c)$$

$$M_y = \int_A z\sigma dA \qquad (d)$$

$$M_z = \int_A y\sigma \mathrm{d}A \qquad (e)$$

在纯弯情况下，梁横截面上只有弯矩 $M_z = M$，而 $F_N = 0$，$M_y = 0$。

将式（b）代入式（c），则有

$$F_N = \int_A \frac{E}{\rho} y \mathrm{d}A = \frac{E}{\rho} \int_A y \mathrm{d}A = \frac{E}{\rho} S_z = 0$$

其中

$$S_z = \int_A y \mathrm{d}A$$

称为截面对 z 轴的**静矩**。因为 $\frac{E}{\rho} \neq 0$，故有 $S_z = 0$。这表明中性轴 z 通过截面形心。

将式（b）代入式（d），则有

$$M_y = \int_A \frac{E}{\rho} yz \mathrm{d}A = \frac{E}{\rho} \int_A yz \mathrm{d}A = \frac{E}{\rho} I_{yz} = \frac{E}{\rho} I_{yz} = 0$$

其中

$$I_{yz} = \int_A yz \mathrm{d}A$$

称为截面对 y、z 轴的**惯性积**。由于 y 轴为横截面的对称轴，根据截面几何性质可知，$I_{yz} = 0$ 自然满足。

将式（b）代入式（e），则有

$$M_z = \int_A \frac{E}{\rho} y^2 \mathrm{d}A = \frac{E}{\rho} \int_A y^2 \mathrm{d}A = \frac{E}{\rho} I_z = M$$

其中

$$I_z = \int_A y^2 \mathrm{d}A$$

称为截面对 z 轴的惯性矩；EI_z 称为截面的**抗弯刚度**。于是可以得到

$$\frac{1}{\rho} = \frac{M}{EI_z} \tag{9-4}$$

式（9-4）表明，梁弯曲的曲率与弯矩成正比，而与抗弯刚度成反比。

将式（9-4）代入式（b），得到纯弯情况下的正应力计算公式

$$\sigma = \frac{M \cdot y}{I_z} \tag{9-5}$$

上式中正应力 σ 的正负号与弯矩 M 及点的坐标 y 的正负号有关。但在实际计算中，一般由梁的变形直接判断，即以中性轴为界，梁凸出的一侧受拉，凹入的一侧受压。

梁在横弯曲作用下，其横截面上不仅有正应力，还有切应力。由于存在切应力，横截面不再保持平面，而发生"翘曲"现象。进一步的研究表明，对于细长梁（例如矩形截面梁，$l/h \geq 5$，l 为梁长，h 为截面高度），式（9-4）和式（9-5）可推广用于横力弯曲。

第五节　弯曲正应力强度条件

根据上节的分析，对细长梁进行强度计算时，主要考虑弯矩的影响。为保证梁的安

全，梁的最大正应力点应满足强度条件

$$\sigma_{\max} = \frac{M_{\max} y_{\max}}{I_z} \leqslant [\sigma] \tag{9-6}$$

式中 $[\sigma]$ 为材料的许用应力。对于等截面直梁，若材料的拉、压强度相等，则最大弯矩的所在面为危险面，危险面上距中性轴最远的点为危险点。此时强度条件式（9-6）可表达为

$$\sigma_{\max} = \frac{M_{\max}}{W_z} \leqslant [\sigma] \tag{9-7}$$

式中

$$W_z = \frac{I_z}{y_{\max}} \tag{9-8}$$

称为**抗弯截面系数**（或抗弯截面模量），其量纲为 [长度]³。

对于宽度为 b、高度为 h 的矩形截面，抗弯截面系数为

$$W_z = \frac{bh^3/12}{h/2} = \frac{bh^2}{6} \tag{9-9}$$

直径 d 为的圆截面，抗弯截面系数为

$$W_z = \frac{\frac{\pi}{64}d^4}{d/2} = \frac{\pi d^3}{32} \tag{9-10}$$

内径为 d，外径为 D 的空心圆截面，抗弯截面系数为

$$W_z = \frac{\frac{\pi D^4}{64}(1-\alpha^4)}{D/2} = \frac{\pi D^3}{32}(1-\alpha^4), \quad \alpha = \frac{d}{D} \tag{9-11}$$

轧制型钢（工字钢、槽钢等）的 W_z 可从型钢表中查得。

对于由脆性材料制成的梁，由于其抗拉强度和抗压强度相差甚大，所以要对最大拉应力点和最大压应力点分别进行校核。

根据式（9-7），可以解决三类强度问题，即强度校核、截面设计和许用荷载计算。

【例 9-6】 试为图 9-19 所示的悬臂梁选择一工字形截面。已知 $F_p = 40\text{kN}$，$l = 6\text{m}$，$[\sigma] = 150\text{MPa}$。

【解】 作悬臂梁的弯矩图如图 9-19 所示。由弯矩图可知最大弯矩发生在固定端，其值为

$$M_{\max} = F_p l = 40 \times 6 = 240 \text{kN} \cdot \text{m}$$

由强度条件式（9-7）计算所需的抗弯截面系数为

$$W \geqslant \frac{M_{\max}}{[\sigma]} = \frac{240 \times 10^3}{150 \times 10^6} = 1.60 \times 10^{-3} \text{m}^3 = 1600 \text{cm}^3$$

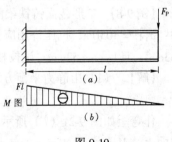

图 9-19

由附录的型钢表选用 45c 工字钢，其 $W = 1570 \text{cm}^3$。

$$\frac{1600 - 1570}{1600} \times 100\% = 2\% < 5\%$$

故可选用 45c 工字钢。

【例 9-7】 螺栓压板夹紧装置如图 9-20 所示。已知板长 $3a = 150\text{mm}$，压板材料的弯曲许用应力 $[\sigma] = 140\text{MPa}$。试计算压板传给工件的最大允许压紧力 F_P。

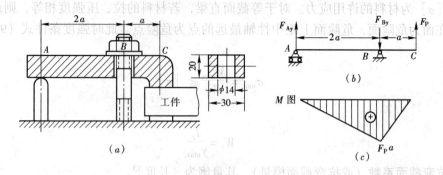

图 9-20

【解】 压板可简化为图 9-20（b）所示的外伸梁，其弯矩图如图 9-20（c）所示，最大弯矩在截面 B 上，且

$$M_\text{max} = M_B = F_\text{P}a$$

根据截面 B 的尺寸求出

$$I = \frac{3 \times 2^3}{12} - \frac{1.4 \times 2^3}{12} = 1.07\text{cm}^4$$

$$W = \frac{I}{y_\text{max}} = \frac{1.07}{1} = 1.07\text{cm}^3$$

把强度条件式（9-7）改写成

$$M_\text{max} \leq W[\sigma]$$

于是有

$$F_\text{P}a \leq W[\sigma]$$

$$F_\text{P} \leq \frac{W[\sigma]}{a} = \frac{1.07 \times (10^{-2})^3 \times 140 \times 10^6}{5 \times 10^{-2}} = 3000\text{N} = 3\text{kN}$$

所以根据压板的强度，最大压紧力不应超过 3kN。

【例 9-8】 T 形截面铸铁梁的荷载和截面尺寸如图 9-21（a）所示。铸铁的抗拉许用应力 $[\sigma_\text{t}] = 30\text{MPa}$，抗压许用应力 $[\sigma_\text{c}] = 160\text{MPa}$。已知截面对形心轴 z 的惯性矩为 $I_z = 763\text{cm}^4$，且 $|y_1| = 52\text{mm}$。试校核梁的强度。

【解】 （1）由静力平衡方程求出梁的支座反力为

$$F_{Ay} = 2.5\text{kN} \quad F_{By} = 10.5\text{kN}$$

作弯矩图如图 9-21（b）所示。最大正弯矩在截面 C 上，$M_C = 2.5\text{kN}\cdot\text{m}$；最大负弯矩在截面上，$M_B = -4\text{kN}\cdot\text{m}$。

（2）校核拉应力强度

由于 T 形截面对中性轴不对称 $|y_2| > |y_1|$，虽然 $|M_C| < |M_B|$，但在 C 截面上，M_C 是正弯矩，最大拉应力发生于截面的下边缘各点（图 9-21c），这些点到中性轴的距离却比

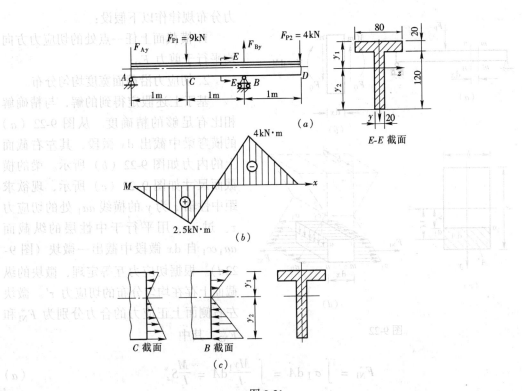

图 9-21

较远，而在 B 截面上，M_B 是负弯矩，最大拉应力发生于截面的上边缘各点（图 9-21c），这些点到中性轴的距离却比较近，因此，应分别计算两截面的拉应力。由公式（9-5）得

$$(\sigma_{Bt})_{max} = \frac{M_B y_1}{I_Z} = \frac{4 \times 10^3 \times 52 \times 10^{-3}}{763 \times (10^{-2})^4} = 27.2 \times 10^6 Pa = 27.2 MPa$$

$$(\sigma_{Ct})_{max} = \frac{M_C y_2}{I_Z} = \frac{2.5 \times 10^3 \times (120 + 20 - 52) \times 10^{-3}}{763 \times (10^{-2})^4} = 28.8 MPa < [\sigma_t]$$

(3) 校核压应力强度

由于 $|M_B| > |M_C|$，且 $|y_2| > |y_1|$，因此，最大压应力发生于 B 截面下边缘各点

$$(\sigma_{BC})_{max} = \frac{M_B y_2}{I_Z} = \frac{4 \times 10^3 \times (120 + 20 - 52) \times 10^{-3}}{763 \times (10^{-2})^4} = 46.2 \times 10^6 MPa < [\sigma_c]$$

从所得结果看出，无论是最大拉应力或最大压应力未超过许用应力，强度条件是满足的。

第六节 梁的弯曲切应力

梁受横弯曲时，虽然横截面上既有正应力 σ，又有切应力 τ。本节将讨论几种常见的截面形状梁的切应力计算公式。

一、矩形截面梁

梁的横截面上的切应力分布比较复杂，为了简化计算，对矩形截面，梁横截面的切应

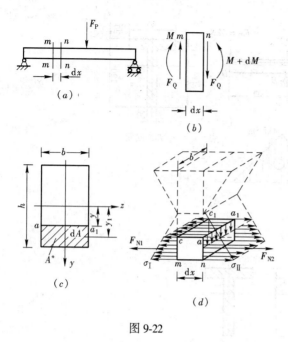

图 9-22

力分布规律作以下假设：

1. 横截面上任一点处的切应力方向均平行于剪力 F_Q；

2. 切应力沿截面宽度均匀分布。

基于上述假定得到的解，与精确解相比有足够的精确度。从图 9-22（a）的横弯梁中截出 dx 微段，其左右截面上的内力如图 9-22（b）所示。梁的横截面尺寸如图 9-22（c）所示，现欲求距中性轴 z 为 y 的横线 aa_1 处的切应力 τ。过 aa_1 用平行于中性层的纵截面 aa_1cc_1 自 dx 微段中截出一微块（图 9-22d）。根据切应力互等定理，微块的纵截面上存在均匀分布的切应力 τ'。微块左右侧面上正应力的合力分别为 F_{N1}^* 和 F_{N2}^*，其中

$$F_{N1}^* = \int_{A^*} \sigma_I dA = \int_{A^*} \frac{My_1}{I_z} dA = \frac{M}{I_z} S_z^* \qquad (a)$$

$$F_{N2}^* = \int_{A^*} \sigma_{II} dA = \int_{A^*} \frac{(M+dM)y_1}{I_z} dA = \frac{(M+dM)}{I_z} S_z^* \qquad (b)$$

式中，A^* 为横截面距中性轴为 y 的横线以外的面积（图 9-22c），两截面上距中性轴为 y_1 处的正应力分别为 σ_I 和 σ_{II}，$S_z^* = \int_{A^*} y_1 dA$ 为面积 A^* 对横截面中性轴的静矩。

由微块沿 x 方向的平衡条件 $\Sigma F_x = 0$，得

$$-F_{N1}^* + F_{N2}^* - \tau' b dx = 0 \qquad (c)$$

将式（a）和式（b）代入式（c），得

$$\frac{dM}{I_z} S_z^* - \tau' b dx = 0$$

故

$$\tau' = \frac{dM}{dx} \frac{S_z^*}{bI_z}$$

因为 $\frac{dM}{dx} = F_Q$，$\tau' = \tau$，故求得横截面上距中性轴为 y 处横线上各点的切应力 τ 为

$$\tau = \frac{F_Q S_z^*}{bI_z} \qquad (9-12)$$

式中，F_Q 为截面上的剪力；I_z 为整个截面对中性轴 z 的惯性矩；b 为横截面的宽度；S_z^* 为面积 A^* 对中性轴的静矩。

对于矩形截面梁（图 9-23a），可取 $dA = b dy_1$，于是

$$S_z^* = A^* \cdot y_c = b\left(\frac{h}{2} - y\right) \cdot \frac{1}{2}\left(\frac{h}{2} + y\right) = \frac{b}{2}\left(\frac{h^2}{4} - y^2\right)$$

这样，式（9-12）可写成

$$\tau = \frac{F_Q}{2I_z}\left(\frac{h^2}{4} - y^2\right)$$

图 9-23

上式表明，沿截面高度切应力 τ 按抛物线规律变化（图 9-23b）。在截面上、下边缘处，$y = \pm \frac{h}{2}$，$\tau = 0$；在中性轴上，$z = 0$，切应力值最大，其值为

$$\tau_{max} = \frac{3}{2}\frac{F_Q}{A} \qquad (9\text{-}13)$$

式中 $A = bh$，即矩形截面梁的最大切应力是其平均切应力的 3/2 倍。

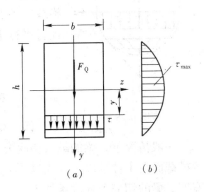

二、工字形截面梁

工字形截面梁由腹板和翼缘组成。腹板是一个狭长的矩形，其切应力可用矩形截面的公式计算，只是将矩形截面的宽度 b 改为腹板宽度 d，其表达式为

$$\tau = \frac{F_Q S_z^*}{dI_z} \qquad (9\text{-}14)$$

$$S^* = B\left(\frac{H}{2} - \frac{h}{2}\right)\left[\frac{h}{2} + \left(\frac{H}{2} - \frac{h}{2}\right)\right] + b\left(\frac{h}{2} - y\right)\left[y + \frac{1}{2}\left(\frac{h}{2} - y\right)\right]$$

$$= \frac{B}{8}(H^2 - h^2) + \frac{b}{2}\left(\frac{h^2}{4} - y^2\right)$$

则 $$\tau = \frac{F_Q}{Ib}\left[\frac{B}{8}(H^2 - h^2) + \frac{b}{2}\left(\frac{h^2}{4} - y^2\right)\right] \qquad (9\text{-}16)$$

图 9-24

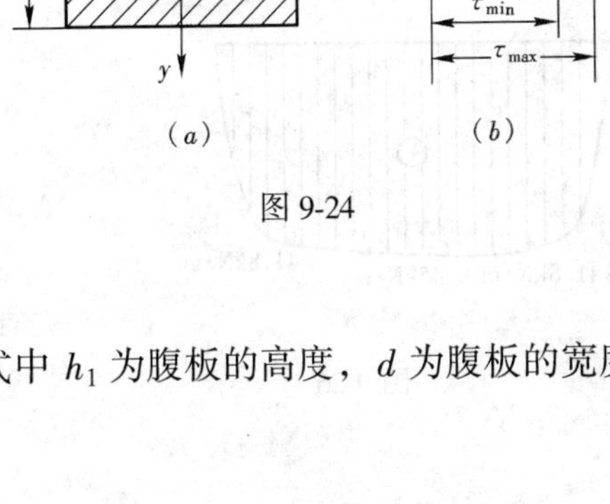

式（9-15）的计算结果表明，在腹板上切应力沿腹板高度按抛物线规律变化，如图 9-24 所示。最大切应力在中性轴上，其值为

$$\tau_{max} = \frac{F_Q (S_z^*)_{max}}{dI_z} \qquad (9\text{-}16)$$

式中 $(S_z^*)_{max}$ 为中性轴一侧截面面积对中性轴的静矩。对于轧制的工字钢，式中的 $I_z/(S_z^*)_{max}$ 可以从型钢表中查得。

计算结果表明，腹板承担的剪力约为（0.95～0.97）F_Q，因此也可用下式计算 τ_{max} 的近似值

$$\tau_{max} \approx \frac{F_Q}{h_1 d}$$

式中 h_1 为腹板的高度，d 为腹板的宽度。

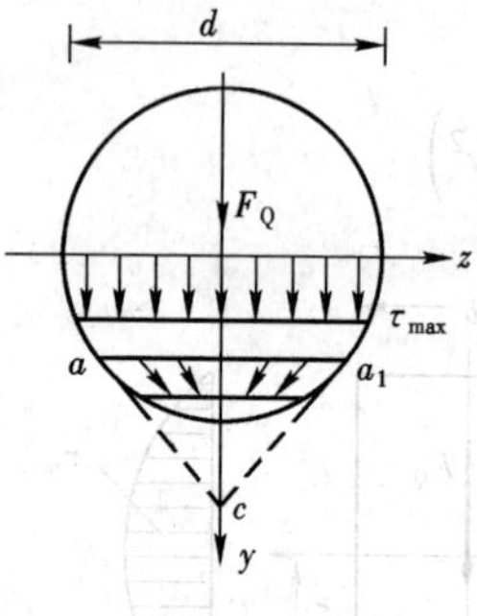

三、圆形截面梁

在圆形截面上（图 9-25），任一平行于中性轴的横线 aa_1 两端处，切应力的方向必切于圆周，并相交于 y 轴上的 c 点。因此，横线上各点切应力方向是变化的。但在中性轴上各点切应力的方向皆平行于剪力 F_Q，设为均匀分布，其最大值为

$$\tau_{max} = \frac{4}{3} \frac{F_Q}{A} \quad (9-17)$$

式中 $A = \frac{\pi}{4} d^2$，即圆截面的最大切应力为其平均切应力的 4/3 倍。

图 9-25

四、切应力强度条件

一般情况下，梁的最大切应力发生在最大剪力所在横截面的中性轴上各点处。S_{zmax}^* 表示横截面在中性轴以上（或以下）部分截面对中性轴的静矩，以 b 表示截面沿中性轴的宽度，梁的切应力强度条件为

$$\tau_{max} = \frac{F_{Qmax}(S_z^*)_{max}}{bI_z} \leqslant [\tau] \quad (9-18)$$

细长梁的强度，控制因素是弯曲正应力，满足弯曲正应力强度条件的梁，一般说都能满足切应力强度条件。只有在下述几种特殊情况下，必须进行梁的切应力强度校核：

（1）梁的跨度较短，或在支座附近作用较大的荷载，以致梁的弯矩较小，而剪力很大。

（2）对于焊接或铆接的组合截面（如工字形）钢梁，如腹板较薄而高度较大，以致厚度与高度的比值小于型钢的相应比值，则须对腹板进行切应力校核。

（3）经焊接、铆接或胶合而成的梁，对焊缝、铆钉或胶合面等，一般要进行剪切计算。

（4）木材在顺纹方向的抗剪强度较差，同一品种木材在顺纹方向的许用切应力 $[\tau]$ 比其抗拉、抗压许用正应 $[\sigma]$ 要低得多，故木梁在横力弯曲时，可能因中性层上的剪力过大而使梁沿中性层发生剪切破坏。因此，对木梁一般要进行切应力校核。

【例 9-9】 简支梁 AB 如图 9-26（a）所示，$l = 2m$，$a = 0.2m$。梁上的荷载 $q = 10kN/m$，$F_P = 200kN$。材料的许用应力为 $[\sigma] = 160MPa$，$[\tau] = 100MPa$。试选择适用的工字钢型号。

【解】（1）计算支反力，得

$$F_{Ay} = F_{By} = 210kN$$

（2）画剪力图和弯矩图，如图 9-26（b）和 9-26（c）所示。

（3）根据最大弯矩选择工字钢型号。

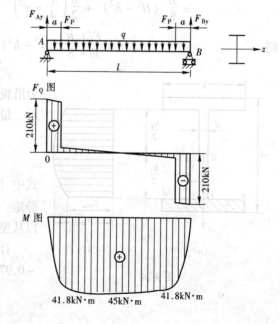

图 9-26

$M_{\max} = 45 \text{kN·m}$，由正应力强度条件，得

$$W_z = \frac{M_{\max}}{[\sigma]} = \frac{45 \times 10^3}{160 \times 10^6} = 281 \times 10^{-6} \text{m}^3 = 281 \text{cm}^3$$

查型钢表，选用 22a 工字钢，其 $W_z = 309 \text{cm}^3$。

（4）校核梁的切应力。由表中查出，$\dfrac{I_z}{S_z^*} = 18.9 \text{cm}$，腹板厚度 $d = 0.75 \text{cm}$。由剪力图知 $F_{Q\max} = 210 \text{kN}$。代入切应力强度条件，

$$\tau_{\max} = \frac{F_{Q\max} S_{z\max}^*}{I_z b}$$

$$= \frac{210 \times 10^3}{18.9 \times 10^{-2} \times 0.75 \times 10^{-2}}$$

$$= 148 \text{MPa} > [\tau]$$

$\tau_{\max}$ 超过 $[\tau]$ 很多，应重新选择更大的截面。现以 25b 工字钢进行试算。由表查出，$\dfrac{I_z}{S_z^*} = 21.3 \text{cm}$，$d = 1 \text{cm}$。再次进行切应力校核，

$$\tau_{\max} = \frac{210 \times 10^3}{21.3 \times 10^{-2} \times 10^{-2}} = 98.6 \text{MPa} < [\tau]$$

因此，要同时满足正应力和切应力强度条件，应选用型号为 25b 工字钢。

【例 9-10】 一简易起重设备如图 9-27 所示。起重量（含电葫芦自重）$F_P = 30 \text{kN}$，跨长 $l = 5\text{m}$。吊车大梁 AB 由 20a 工字钢制成，其许用应力 $[\sigma] = 170 \text{MPa}$，$[\tau] = 100 \text{MPa}$，试校核此梁强度。

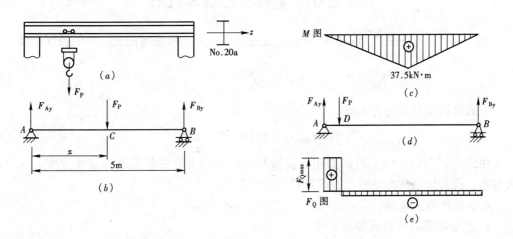

图 9-27

【解】 此吊车梁可简化为简支梁，如图 9-27 所示。
（1）求荷载的最不利位置
设荷载移动到离 A 支座距离为 x 处截面时梁的弯矩最大，则支座反力为

$$F_{Ay} = \frac{F_p(l-x)}{l} \qquad F_{By} = \frac{F_p x}{l}$$

弯矩为 $M = \dfrac{F_p(l-x)}{l} \cdot x$ 则，

当 $\dfrac{dM}{dx} = 0$，$x = \dfrac{l}{2}$ 时，弯矩达到最大。此时梁的弯矩图，如图9-27（b）所示，$M_{max} = 37.5 \text{kN·m}$。

（2）校核正应力强度

由型钢表查得20a工字钢的 $W_z = 237 \text{cm}^3$，将 M_{max}、W_z 之值代入正应力强度条件，

$$\sigma_{max} = \frac{M_{max}}{W_z} = \frac{37.5 \times 10^3}{137 \times 10^{-6}} = 158 \text{MPa} < [\sigma]$$

（3）切应力强度校核

当荷载移动紧靠任一支座，例如 A 支座处时（图9-27d）此时支座反力最大，而梁的剪力也最大，剪力如图9-27（e）所示。

$$F_{Qmax} = F_{Ay} \approx F_p = 30 \text{kN}$$

由型钢表查出20a工字钢的 $I_Z/S_Z^* = 17.2 \text{cm}$，腹板厚 $d = 0.7 \text{cm}$。将以上三个数值代入切应力强度条件，

$$\tau_{max} = \frac{F_{Qmax}}{\dfrac{I_Z}{S_Z^*} d} = \frac{30 \times 10^3}{17.2 \times 10^{-2} \times 0.7 \times 10^{-2}} = 24.9 \text{MPa} < [\tau]$$

正应力及切应力强度条件均能满足，所以此梁是安全的。

第七节　梁的合理强度设计

如前所述，弯曲正应力是影响弯曲强度的主要因素。根据弯曲正应力的强度条件

$$\sigma_{max} = \frac{M_{max}}{W_z} \leqslant [\sigma] \qquad (a)$$

上式可以改写成内力的形式

$$M_{max} \leqslant [M] = W_z [\sigma] \qquad (b)$$

由式（a）和式（b）可以看出，提高弯曲强度的措施主要是从三方面考虑：减小最大弯矩、提高抗弯截面系数和提高材料的力学性能。

一、减小最大弯矩

1. 改变加载的位置或加载方式

可以通过改变加载位置或加载方式达到减小最大弯矩的目的。如当集中力作用在简支梁跨度中间时（图9-28a），其最大弯矩为 $\dfrac{1}{4}F_p l$；当荷载的作用点移到梁的一侧，如距左侧 $\dfrac{1}{6}l$ 处（图9-28b），则最大弯矩变为 $\dfrac{5}{36}F_p l$，是原最大弯矩的0.56倍。当荷载的位置不能改变时，可以把集中力分散成较小的力，或者改变成分布荷载，从而减小最大弯矩。例

如利用副梁把作用于跨中的集中力分散为两个集中力（图9-28c），而使最大弯矩降低为$\frac{1}{8}F_\mathrm{P}l$。利用副梁来达到分散荷载，减小最大弯矩是工程中经常采用的方法。

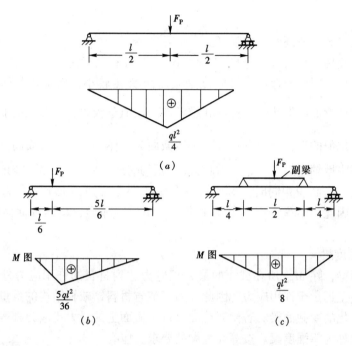

图 9-28

2. 改变支座的位置

可以通过改变支座的位置来减小最大弯矩。例如图9-29（a）所示受均布荷载的简支梁，$M_\mathrm{max}=\frac{1}{8}ql^2=0.125ql^2$。若将两端支座各向里移动$0.2l$（图9-29b），则最大弯矩减小为$M_\mathrm{max}=\frac{1}{40}ql^2=0.025ql^2$，只及前者的$\frac{1}{5}$。

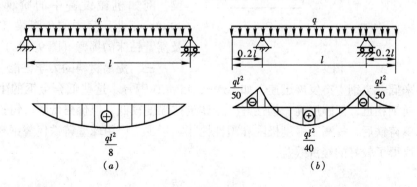

图 9-29

二、提高抗弯截面系数

1. 选用合理的截面形状

梁承受的 M_{max} 与抗弯截面系数 W 成正比，W 越大越有利。例如高度 h 大于宽度 b 的矩形截面梁，当其截面竖放时，$W_1 = \dfrac{bh^2}{6}$；当其截面平放时，$W_2 = \dfrac{hb^2}{6}$。二者之比为

$$\frac{W_1}{W_2} = \frac{h}{b} > 1$$

所以竖放比平放有较高的抗弯强度。

另一方面，使用材料的多少和自重的大小与截面面积 A 成正比，面积越小，用的材料就越少，越轻巧。因而合理截面形状该是截面面积 A 较小，而抗弯截面系数 W 较大。所以用比值 $\dfrac{W}{A}$ 来衡量截面形状的合量性和经济性。比值 $\dfrac{W}{A}$ 较大，则截面的形状就较为经济合理。而增加 $\dfrac{W}{A}$ 比值的途径有两种：①变实体截面为空体；②增加截面高度。这是因为弯曲时梁截面上离中性轴越远处，正应力越大。为了充分利用材料，尽可能地把材料放置到离中性轴较远处。当面积相同时，对比材料布置的特点可知，工字形最为合理，矩形次之，圆形最差。因此，工程上广泛采用工字形、槽形、环形、箱形等截面形状的抗弯构件。

2．采用等强度梁

对于等截面梁，除 M_{max} 所在截面的最大正应力达到材料的许用应力外，其余截面的应力均小于、甚至远小于许用应力。因此，为了节省材料，减轻结构的重量，可采用截面尺寸沿梁轴线变化的变截面梁。若使变截面梁每个截面上的最大正应力都等于材料的许用应力，则这种梁称为**等强度梁**。按等强度梁的要求，应有

$$W(x) = \frac{M(x)}{[\sigma]}$$

因此，可根据弯矩变化规律来确定等强度梁的截面变化规律。

考虑到加工的经济性及其他工艺要求，工程实际中只能做成近似的等强度梁，例如机械设备中的阶梯轴（图 9-30a），工业厂房中的鱼腹梁（图 9-30b）及摇臂钻床的摇臂（图 9-30c）等。

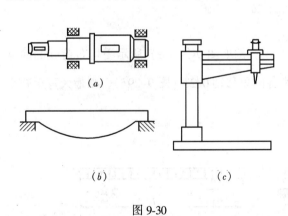

图 9-30

三、提高材料的力学性能

近年来低合金钢生产发展迅速，如 16Mn、15MnTi 钢等。这些低合金钢的生产工艺和成本与普通钢相近，但强度高、韧性好。铸铁抗拉强度较低，但价格低廉。铸铁经球化处理成为球墨铸铁后，提高了强度极限和塑性性能。不少工厂用球墨铸铁代替钢材制造曲轴和齿轮，取得了较好的经济效益。

小　　结

本章的主要内容有弯曲内力计算、应力计算和强度校核，可概括如下：

1．梁在横向荷载作用下，横截面上的内力有剪力和弯矩。求剪力和弯矩的基本方法

是截面法，即用一假想的截面将梁截为二段，考虑其中任一段的平衡，利用平衡条件即可求得截面上的剪力和弯矩。

2．内力的正负号是根据变形规定的：使梁产生顺时针转动的剪力规定为正，反之为负；使梁下部产生拉伸而上部产生压缩的弯矩规定为正，反之为负。

3．剪力和弯矩可直接利用脱离体上的外荷载计算。

剪力等于脱离体上横向力的代数和。左侧脱离体有向上的横向力或右侧脱离体有向下的横向力，则截面处相应地产生正号的剪力，反之为负。简记为"**左上右下为正**"。

弯矩等于脱离体上所有外力对截开截面形心的代数和。若脱离体（左侧或右侧）有向上的横向力，则截面处相应地产生正号的弯矩；若左侧脱离体有顺时针转的集中力偶或右侧脱离体有逆时针转的集中力偶，则截面处相应地产生正号的弯矩，反之为负。简记为：横向力"**向上为正**"和集中力偶"**左顺右逆为正**"。

4．画剪力、弯矩图的方法可以分为二种：根据剪力、弯矩方程作图和利用剪力、弯矩与分布荷载间的微分关系作图。无论用哪种方法，其作图步骤可以分为五步。

1）求支座反力；
2）确定分段点，给梁分段；
3）分段列方程或分段利用微分关系确定曲线形状；
4）求控制截面内力，绘剪力、弯矩图；
5）确定最大剪力、弯矩值。

5．正应力计算：

$$\sigma = \frac{M \cdot y}{I_z}$$

这个公式的应用条件是材料服从胡克定律。该公式虽然是在纯弯曲条件下建立的，但对于细长梁横力弯曲也可推广使用，应力的符号可根据梁的变形来判断。

6．切应力计算：

矩形截面梁　　$\tau = \dfrac{F_Q S_z^*}{b I_z}$ 和 $\tau_{max} = \dfrac{3}{2} \dfrac{F_Q}{A}$

工字形截面梁　　$\tau = \dfrac{F_Q S_z^*}{d I_z}$ 和 $\tau_{max} = \dfrac{F_Q (S_z^*)_{max}}{d I_z}$

7．强度校核

(1) 正应力强度条件：$\sigma_{max} = \dfrac{M_{max}}{W_z} \leq [\sigma]$

(2) 切应力强度条件：$\tau_{max} \leq [\tau]$

由于弯曲正应力是控制梁强度的主要因素，因此，梁的强度都按正应力条件来进行。对于材料抗拉、抗压性能不同的梁，若其横截面不对称于中性轴，则应分别进行强度计算。

习　　题

9-1　试求题 9-1 图所示各梁中截面 1-1、2-2、3-3、4-4 上的剪力和弯矩。

9-2　用剪力、弯矩方程法作题 9-2 图所示梁的剪力图和弯矩图。

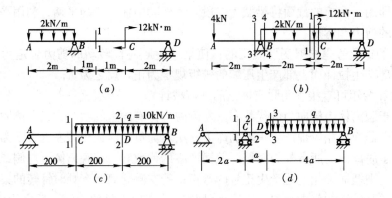

题 9-1 图

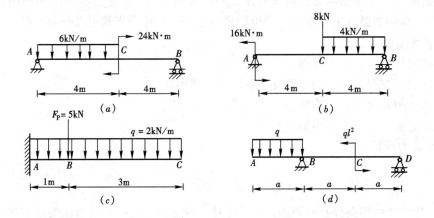

题 9-2 图

9-3 用微分关系法作题 9-3 图所示梁的剪力图和弯矩图。

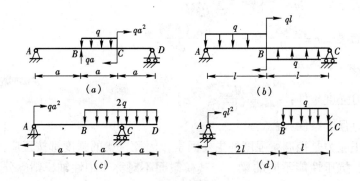

题 9-3 图

9-4 矩形截面的悬臂梁受集中力和集中力偶作用，如题 9-4 图所示。试求Ⅰ-Ⅰ截面和固定端Ⅱ-Ⅱ截面上 A、B、C、D 四点处的正应力。

9-5 某圆轴的外伸部分系空心圆截面，载荷情况如题 9-5 图所示。试作该轴的弯矩

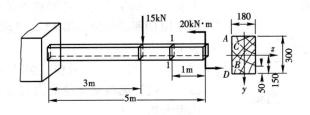

题 9-4 图

图，并求轴内的最大正应力。

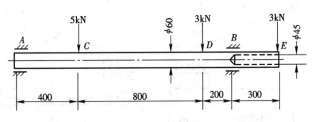

题 9-5 图

9-6 矩形截面悬臂梁如题 9-6 图所示。已知 $l = 4\text{m}$，$b/h = 2/3$，$q = 10\text{kN/m}$，$[\sigma] = 10\text{MPa}$。试确定此梁横截面的尺寸。

9-7 20a 工字钢梁的支承和受力情况如题 9-7 图所示。若 $[\sigma] = 160\text{MPa}$，试求许可载荷 F_p。

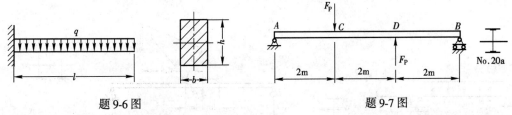

题 9-6 图　　　　　　　　　　　题 9-7 图

9-8 题 9-8 图所示 AB 梁为 10 号工字钢，D 点由钢杆 CD 支承，已知圆杆的直径 $d = 20\text{mm}$，梁及圆杆材料的许用应力相同，$[\sigma] = 160\text{MPa}$，试求许用均布载荷 $[q]$。

9-9 铸铁梁的载荷及横截面尺寸如题 9-9 图所示。许用拉应力 $[\sigma_t] = 40\text{MPa}$，许用压应力 $[\sigma_c] = 160\text{MPa}$。试按正应力强度条件校核梁的强度。若载荷不变，但将 T 形截面倒置是否合理？

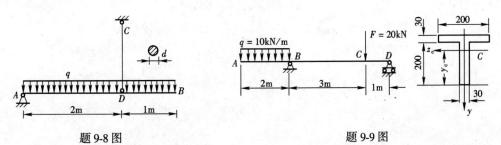

题 9-8 图　　　　　　　　　　　题 9-9 图

9-10 当力 F_p 直接作用在跨长 $l = 6\text{m}$ 的梁 AB 的中点时，梁内的最大正应力 σ 超过

159

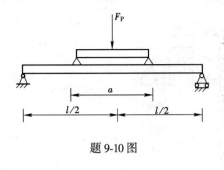

题 9-10 图

了容许值 30%，为了消除这种过载现象，配置了如题 9-10 图所示的辅助梁 CD，试求此辅助梁应有的跨长 a。

9-11 梁的受力及横截面尺寸如题 9-11 图所示。试求：（1）梁内最大拉应力与最大压应力；（2）梁内最大切应力。

9-12 题 9-12 图示工字钢外伸梁，$F_P = 10\text{kN}$，$q = 20\text{kN/m}$，$l = 4\text{m}$ 材料的 $[\sigma] = 160\text{MPa}$，$[\tau] = 100\text{MPa}$，试选择工字钢型号。

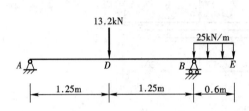
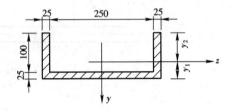

题 9-11 图

9-13 题 9-13 图示起重机下的梁由两根工字钢组成，起重机自重 $Q = 50\text{kN}$，起重量 $F_p = 10\text{kN}$。许用应力 $[\sigma] = 160\text{MPa}$，$[\tau] = 100\text{MPa}$。若暂不考虑梁的自重，试按正应力强度条件选定工字钢型号，然后再按切应力强度条件进行校核。

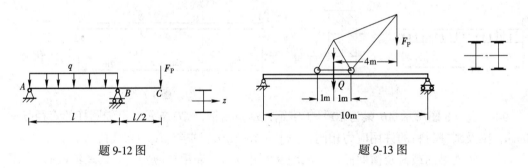

题 9-12 图 题 9-13 图

第十章 弯曲变形

第一节 梁的转角和挠度

在外力作用下,梁产生了变形,如图10-1所示,以变形前梁的轴线为 x 轴,垂直向下的轴为 y 轴。在 xy 平面内,梁变形后的轴线为一条曲线,称为**挠曲线**。因研究的是小变形,且在线弹性范围内,所以梁的挠曲线是一条平坦而光滑连续的曲线,故又称挠曲线为弹性曲线。根据对梁所作的平面假设,梁横截面仍垂直于变形后轴线,即垂直于挠曲线。这样,每个横截面将同时发生线位移和角位移。

用横截面形心的位移来度量其线位移,由如图10-1所示,梁轴线上任一点 C(即横截面形心),变形后移到了 C'。由于梁的变形很小,则可略去 C 点沿 x 方向的线位移,从而认为线位移 CC' 垂直于变形前梁的轴线。把梁横截面的形心在垂直于变形前轴线方向的线位移,称为该截面的**挠度**,用 w 表示。挠度 w 是截面位置 x 的函数,故挠曲线的方程式可以表示为

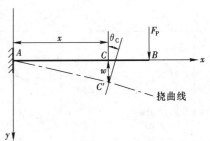

图 10-1

$$w = f(x) \quad (10-1)$$

横截面在产生线位移的同时,还绕中性轴转动一个角度,梁的横截面相对于原来位置转过的角度,称为该截面的**转角**,用 θ 表示。

由于在工程实际中,梁的变形很小,θ 是极小的角度,因 $\tan\theta \approx \theta$,转角与挠角之间的关系为

$$\theta \approx \tan\theta = \frac{\mathrm{d}w}{\mathrm{d}x} = w'(x) \quad (10-2)$$

式(10-2)称为**转角方程**。规定挠度向下为正,转角以横截面绕中性轴顺时针转动为正,反之为负。求得挠曲线方程后,就能确定梁任一横截面的挠度及转角的大小和方向。

第二节 用积分法求梁的位移

一、梁的挠曲线近似微分方程

在上一章,已经建立了梁在纯弯曲时的曲率表达式,即

$$\frac{1}{\rho} = \frac{M}{EI_z}$$

横力弯曲时,对于细长梁由剪力引起的挠度很小,可以忽略不计。但这时的 M 和 ρ 都随梁截面位置而变化,因此,应将上式改写为

$$\frac{1}{\rho(x)} = \frac{M(x)}{EI} \qquad (a)$$

而由微分几何学可知，平面曲线的曲率为

$$\frac{1}{\rho(x)} = \pm \frac{\dfrac{d^2 w}{dx^2}}{\left[1 + \left(\dfrac{dw}{dx}\right)^2\right]^{3/2}} \qquad (b)$$

由式（a）和式（b），得到

$$\pm \frac{\dfrac{d^2 w}{dx^2}}{\left[1 + \left(\dfrac{dw}{dx}\right)^2\right]^{3/2}} = \frac{M(x)}{EI} \qquad (c)$$

小挠度条件下，$\dfrac{dw}{dx} = \theta \ll 1$，式（c）可简化为：

$$\pm \frac{d^2 w}{dx^2} = \frac{M(x)}{EI} \qquad (d)$$

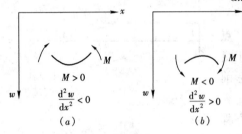

图 10-2

式中弯矩的正负号取决于的符号规定和所取的坐标系来确定。弯矩的正负号仍按上一章的规定，当梁的挠曲线向下凸时，弯矩为正，反之为负。如图 10-2（a）所示，在选定的坐标系下，当弯矩为正，梁的挠曲线向下凸时，挠度的二阶导数 w'' 为负；如图 10-2（b）所示，当弯矩为负，梁的挠曲线向上凸时，挠度的二阶导数 w'' 为正，可见，M 与 w'' 的正、负号总是相反的，故在式（d）的两边应取相反的正负号，即

$$\frac{d^2 w}{dx^2} = -\frac{M(x)}{EI} \qquad (10\text{-}3)$$

式（10-3）称为**梁的挠曲线近似微分方程**。显然，该方程仅适用于线弹性范围内的平面弯曲问题。

二、用积分法求梁的位移

1. 逐步积分法

对于等截面直梁，EI 为常量，挠曲线近似微分方程又可改写为

$$EIw'' = -M(x) \qquad (10\text{-}4)$$

将式（10-4）两边积分一次得转角方程为

$$EI\theta = EIw' = -\int M(x)dx + C \qquad (10\text{-}5)$$

将（10-5）两边积分一次得挠曲线方程为

$$EIw = -\int\left[\int M(x)dx + Cx + D\right] \qquad (10\text{-}6)$$

求解时，按弯矩方程分段列挠曲线近似微分方程。对于阶梯梁，也应在截面突变处分段计算。

在式（10-5）和式（10-6）中，C、D 为积分常数。

2. 积分常数的确定

积分常数可通过梁的位移边界条件来确定。

(1) 约束条件

在图 10-3（a）中，简支梁左、右两铰支座处的挠度为零，即

$$x = 0, \quad w_A = 0; \quad x = l, \quad w_B = 0$$

在图 10-3（b）中，悬臂梁固定端处的挠度和转角，即

$$x = 0, \quad w_A = 0; \quad x = 0, \quad \theta_A = 0$$

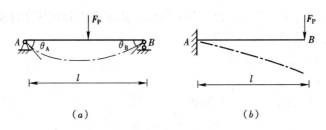

图 10-3

(2) 位移连续条件

挠曲线是一条光滑而连续的曲线，因此，在挠曲线的任一点上，有惟一确定的挠度和转角。对于梁内距坐标原点为 a 的某一截面，由该截面以左梁段和右梁段求得的挠度和转角值是相等的，即

$$x_1 = x_2 = a, \quad w_1 = w_2, \quad \theta_1 = \theta_2$$

对于荷载无突变的情形，梁上的弯矩可以用一个函数来描述，则式（10-5）和式（10-6）中将仅有两个积分常数，由梁的边界条件确定。

对于荷载有突变（集中力、集中力偶、分布荷载始末端）的情况，弯矩方程需要分段描述，对式（10-5）和式（10-6）必须分段积分，每增加一段就多出两个积分常数。确定积分常数时，除了要利用位移约束条件外，还需要应用位移连续条件。

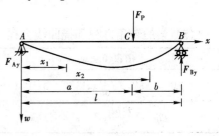

图 10-4

此外，如果截面突变，抗弯刚度不同，也应分段求解。

【例 10-1】 如图 10-4 所示，简支梁在 C 点作用一集中力 F，试讨论这一简支梁的弯曲变形。

【解】 (1) 求支反力，

$$F_{Ay} = \frac{F_P b}{l} \qquad F_{By} = \frac{F_P a}{l}$$

(2) 列出弯矩方程

$$AC \text{ 段} \quad M(x_1) = \frac{F_P b}{l} x_1 \qquad (0 \leq x_1 \leq a)$$

$$BC \text{ 段} \quad M(x_2) = \frac{F_P b}{l} x_2 - F_P(x_2 - a) \qquad (a \leq x_2 \leq l)$$

(3) 分段列出并积分挠曲线近似微分方程

AC 段$(0 \leqslant x_1 \leqslant a)$	CB 段$(a \leqslant x_2 \leqslant l)$
$EIw''_1 = -M(x_1) = -\dfrac{F_P b}{l}x_1$	$EIw''_2 = -M(x_2) = -\dfrac{F_P b}{l}x_2 + F_P(x_1 - a)$
$EIw'_1 = -\dfrac{F_P b}{l}\dfrac{x_1^2}{2} + C_1$ (a)	$EIw'_2 = -\dfrac{F_P b}{l}\dfrac{x_2^2}{2} + F_P\dfrac{(x_2-a)^2}{2} + C_2$ (c)
$EIw_1 = -\dfrac{F_P b}{l}\dfrac{x_1^3}{6} + C_1 x_1 + D_1$ (b)	$EIw_2 = -\dfrac{F_P b}{l}\dfrac{x_2^3}{6} + F_P\dfrac{(x_2-a)^3}{6} + C_2 x_2 + D_2$ (d)

(4) 确定积分常数

两段梁积分后共有四个积分常数，须利用位移边界条件和连续条件来确定。

首先，截面 C 处位移连续条件为

当，$x_1 = x_2 = a$ 时，$w'_1 = w'_2$

当，$x_1 = x_2 = a$ 时，$w_1 = w_2$

代入式 (a)、式 (b)、式 (c) 和式 (d)，得

$$C_1 = C_2, D_1 = D_2$$

另外，支座 A、B 截面的位移边界条件为

当 $x_1 = 0$ 时，$w_1 = 0$

当 $x_2 = l$ 时，$w_2 = 0$

代入式 (b)、式 (d) 得

$$C_1 = C_2 = \frac{F_P b}{6l}(l^2 - b^2)$$

$$D_1 = D_2 = 0$$

(5) 梁的转角方程和挠曲线方程

AC 段$(0 \leqslant x_1 \leqslant a)$	CB 段$(a \leqslant x_2 \leqslant l)$
$EI\theta_1 = EIw'_1 = \dfrac{F_P b}{6l}(l^2 - b^2 - 3x_1^2)$ (e)	$EI\theta_2 = EIw'_2 = \dfrac{F_P b}{6l}(l^2 - b^2 - 3x_2^2) + \dfrac{F_P(x_2-a)^3}{2}$ (g)
$EIw_1 = \dfrac{F_P b x_1}{6l}(l^2 - b^2 - x_1^2)$ (f)	$EIw_2 = \dfrac{F_P b x_2}{6l}(l^2 - b^2 - x_2^2) + \dfrac{F_P(x_2-a)^3}{6}$ (h)

(6) 讨论

①最大挠度 $w_{\max}$ 和最大转角 $\theta_{\max}$

最大挠度：当 $\theta = \dfrac{dw}{dx} = 0$ 时，w 取极值，即

$$\frac{F_P b}{6l}(l^2 - b^2 - 3x_0^2) = 0$$

$$x_0 = \sqrt{\frac{l^2 - b^2}{3}} = \sqrt{\frac{a(a+2b)}{3}}$$

将 x_0 值代入式 (f)，求得最大挠度为

$$w_{\max} = w_1\bigg|_{x_1 = x_0} = \frac{F_P b}{9\sqrt{3}\,EIl}\sqrt{(l^2-b^2)^3}$$

在式 (e) 中令 $x_1 = 0$，在式 (g) 中令 $x_2 = l$，得到 A、B 两端的截面转角分别为

$$\theta_A = \frac{F_P b(l^2 - b^2)}{6EIl} = \frac{F_P ab(l+b)}{6EIl}$$

$$\theta_B = -\frac{F_P ab(l+a)}{6EIl}$$

当 $a > b$ 时，可以断定 $\theta_{max} = \theta_B$。

②简支梁最大挠度的近似计算

为了，讨论简支梁 w_{max} 的近似计算问题，先求出上述梁跨度中点截面挠度，以 $x = \frac{l}{2}$ 代入式（f），得

$$w_{\frac{l}{2}} = \frac{F_P b}{48EI}(3l^2 - 4b^2)$$

当集中力 F 无限靠近右端支座，以至 b^2 与 l^2 相比可以省略，此时，跨中挠度、最大挠度及其所在位置分别为：

$$w_{\frac{l}{2}} \approx -\frac{F_P bl^2}{16EI} = 0.0625\frac{F_P bl^2}{EI}$$

$$x_0 \approx \frac{l}{\sqrt{3}} = 0.577l$$

$$w_{max} \approx -\frac{F_P bl^2}{9\sqrt{3}EI} = 0.0642\frac{F_P bl^2}{EI}$$

这时用 $w_{\frac{l}{2}}$ 代替 w_{max} 所引起的误差为 2.65%。

可见在简支梁中，只要挠曲线上无拐点，总可用跨度中点的挠度代替最大挠度，其精度能满足工程上的要求。

③当集中载荷 F 作用于简支梁的跨中时的最大转角和挠度

$$w_{max} = w_{\frac{l}{2}} = \frac{F_P l^3}{48EI}$$

$$\theta_{max} = \theta_A = -\theta_B = \frac{F_P l^2}{16EI}$$

(7) 在上面的例题中，遵循了两个规则：

①对各段梁，都是根据从坐标原点到所研究的截面之间的一段梁中的外力来写弯矩方程，所以各一段梁的弯矩方程总包括了前一段梁的弯矩方程，只增加了包含 $(x-a)$ 的项。

②对包含 $(x-a)$ 的项积分时，就用 $(x-a)$ 作为自变量，于是，由挠曲线在 $x = a$ 处的位移连续性条件，就能得到两段梁上相应积分常数分别相等的结果，从而简化了确定积分常数的计算。

【例 10-2】 图 10-5 所示的阶梯梁，若 m、l、E 和 I 已知，试求 θ_C、w_C。

【解】 (1) 分段列挠曲线近似微分方程

虽然弯矩方程不必分段，但因在 C 处抗弯刚度有突变，故

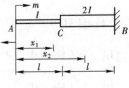

图 10-5

分段列挠曲线近似微分方程

AC 段 $(0 \leq x_1 \leq l)$ $\qquad w''_1 = \dfrac{-m}{EI}$

积分得 $\qquad w'_1 = \dfrac{-m}{EI}x_1 + C_1 \qquad (a)$

$$w_1 = \dfrac{-m}{2EI}x_1^2 + C_1 x_1 + D_1 \qquad (b)$$

BC 段 $(l \leq x_2 \leq 2l)$ $\qquad w''_2 = \dfrac{-m}{E(2I)}$

积分得 $\qquad w'_2 = \dfrac{-m}{2EI}x_2 + C_2 \qquad (c)$

$$w_2 = \dfrac{-m}{4EI}x_2^2 + C_2 x_2 + D_2 \qquad (d)$$

(2) 确定积分常数

在固定端 B 处，约束条件为：
$$x_2 = 2l, \quad \theta_2 = 0, \quad w_2 = 0$$

分别代入式 (c)、式 (d)，得
$$C_2 = \dfrac{ml}{EI} \qquad D_2 = \dfrac{-ml^2}{EI}$$

在分段处 C，光滑、连续条件为：
$$x_1 = x_2 = l, \quad \theta_1 = \theta_2, \quad w_1 = w_2$$

由式 (a)、式 (c) 得 $C_1 = \dfrac{3ml}{2EI}$

由式 (b)、式 (d) 得 $D_1 = -\dfrac{5ml^2}{4EI}$

(3) 建立梁的转角方程和挠度方程

把积分常数分别代入式 (a)、式 (c) 得：

$$\theta_1 = \dfrac{-m}{2EI}(2x_1 - 3l) \qquad (0 \leq x_1 \leq l) \qquad (e)$$

$$\theta_2 = \dfrac{-m}{2EI}(x_2 - 2l) \qquad (l \leq x_2 \leq 2l) \qquad (f)$$

把积分常数分别代入式 (b)、式 (d)，得：

$$w_1 = \dfrac{-m}{4EI}(2x_1^2 - 6lx_1 + 5l^2) \qquad (0 \leq x_1 \leq l) \qquad (g)$$

$$w_2 = \dfrac{-m}{4EI}(x_2^2 - 4lx_2 + 4l^2) \qquad (l \leq x_2 \leq 2l) \qquad (h)$$

(4) 计算 θ_c、w_c

以 $x = l$ 代入式 (e) 或式 (f) 得 $\qquad \theta_c = \dfrac{ml}{2EI}$（顺时针）

以 $x = l$ 代入式 (g) 或式 (h) 得 $\qquad w_c = \dfrac{-ml^2}{4EI}$（向上）

第三节 用叠加法求梁的位移

在材料服从胡克定律和小变形的条件下，由小挠度曲线微分方程得到的挠度和转角均与荷载成线性关系。因此，当梁承受复杂荷载时，可将其分解成几种简单荷载，利用梁在简单荷载作用下的位移计算结果，叠加后得到梁在复杂荷载作用下的挠度和转角。为此，将梁在某些简单荷载作用下，用积分法求得的转角和挠度公式及最大值列入表 10-1 中，以便直接查用。使用叠加法并利用表 10-1，可以比较方便地求解梁上指定截面的转角和挠度。

简单荷载作用下梁的挠度和转角　　表 10-1

序号	支座和荷载情况	梁端截面转角	挠曲线方程	最大挠度
1	(悬臂梁，自由端受集中力 F_P)	$\theta_B = \dfrac{F_P l^2}{2EI}$	$w = \dfrac{F_P x^2}{6EI}(3l - x)$	$w_{\max} = \dfrac{F_P l^3}{3EI}$
2	(悬臂梁，距 A 端 c 处受集中力 F_P)	$\theta_B = \dfrac{F_P c^2}{2EI}$	$w = \dfrac{F_P x^2}{6EI}(3c - x)$ $(0 \leqslant x \leqslant c)$ $w = \dfrac{F_P c^2}{6EI}(3x - c)$ $(c \leqslant x \leqslant l)$	$w_{\max} = \dfrac{F_P c^2}{6EI}(3l - c)$
3	(悬臂梁，均布荷载 q)	$\theta_B = \dfrac{q l^3}{6EI}$	$w = \dfrac{q x^2}{24EI}(x^2 + 6l^2 - 4lx)$	$w_{\max} = \dfrac{q l^4}{8EI}$
4	(悬臂梁，三角形分布荷载 q_0)	$\theta_B = \dfrac{q_0 l^3}{24EI}$	$w = \dfrac{q_0 x^2}{120EIl}(10l^3 - 10l^2 x + 5lx^2 - x^2)$	$w_{\max} = \dfrac{q_0 l^4}{30EI}$
5	(悬臂梁，自由端受力偶 M_0)	$\theta_B = \dfrac{M_0 l}{24EI}$	$w = \dfrac{M_0 x^2}{2EI}$	$w_{\max} = \dfrac{M_0 l^2}{2EI}$
6	(简支梁，跨中受集中力 F_P)	$\theta_A = -\theta_B = \dfrac{F_P l^2}{16EI}$	$w = \dfrac{F_P x}{48EI}(3l^2 - 4x^2)$ $(0 \leqslant x \leqslant l/2)$	$w_{\max} = \dfrac{F_P l^3}{48EI}$

续表

序号	支座和荷载情况	梁端截面转角	挠曲线方程	最大挠度
7	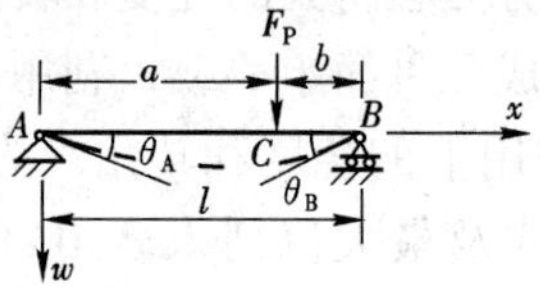	$\theta_A = \dfrac{F_P ab(l+b)}{6lEI}$ $\theta_B = -\dfrac{F_P ab(l+a)}{6lEI}$	$w = \dfrac{F_P bx}{16EI}$ $(l^2 - x^2 - b^2)$ $(0 \leq x \leq a)$ $w = \dfrac{F_P a(l-x)}{6lEI}$ $(2lx - x^2 - a^2)$ $(a \leq x \leq l)$	当 $a > b$，在 $x = \sqrt{\dfrac{l^2 - b^2}{3}}$ 处 $w_{\max} = \dfrac{\sqrt{3} F_P b}{27 EIl}(l^2 - b^2)^{3/2}$ 在 $x = l/2$ 处 $w_{\max} = \dfrac{F_P b}{48 EI}(3l^2 - 4b^2)$
8	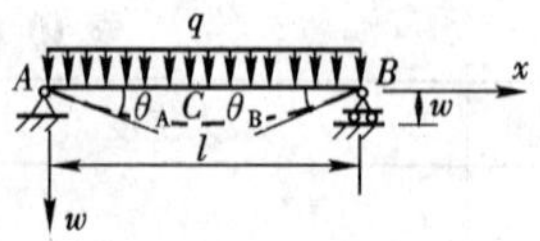	$\theta_A = -\theta_B = \dfrac{ql^3}{24EI}$	$w = \dfrac{qx}{24EI}$ $(l^3 - 2lx^2 + x^3)$	$w_{\max} = \dfrac{5ql^4}{384EI}$
9	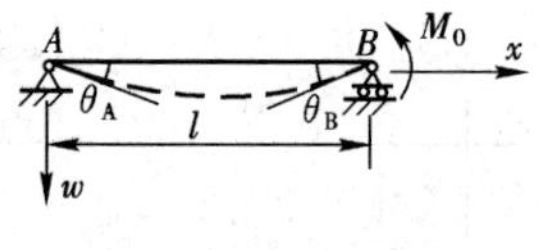	$\theta_A = \dfrac{M_0 l}{6EI}$ $\theta_B = \dfrac{M_0 l}{3EI}$	$w = \dfrac{M_0 x}{6EIl}(l^2 - x^2)$	在 $x = l/\sqrt{3}$ 处 $w_{\max} = \dfrac{M_0 l^2}{9\sqrt{3} EI}$
10	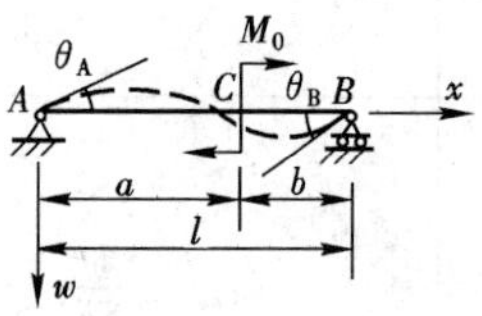	$\theta_A = -\dfrac{M_0}{6EIl}(l^2 - 3b^2)$ $\theta_B = -\dfrac{M_0}{6EIl}(l^2 - 3a^2)$	$w = \dfrac{M_0 x}{6EIl}(l^2 - 3b^2 - x^2)$ $(0 \leq x \leq a)$ $w = \dfrac{M_0 x(l - x)}{6EIl}$ $[l^2 - 3a^2 - (l - x)^2]$ $(a \leq x \leq l)$	在 $x = \sqrt{\dfrac{l^2 - 3b^2}{3}}$ 处 $w = -\dfrac{M_0(l^2 - 3b^2)^{3/2}}{9\sqrt{3} EIl}$ 在 $x_m = \sqrt{\dfrac{l^2 - 3a^2}{3}}$ 处 $w = -\dfrac{M_0(l^2 - 3a^2)^{3/2}}{9\sqrt{3} EIl}$
11	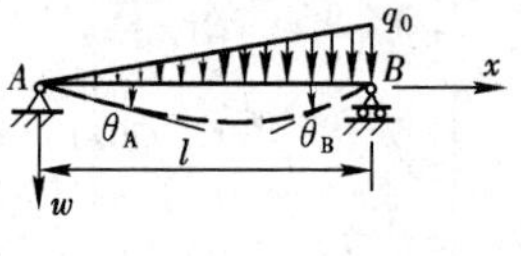	$\theta_A = \dfrac{7 q_0 l^3}{360 EI}$ $\theta_B = -\dfrac{q_0 l^3}{45 EI}$	$w = \dfrac{q_0 x}{360 EIl}$ $(7l^4 - 10 l^2 x^2 + 3x^4)$	$x = \dfrac{l}{2}$ $w = \dfrac{5 q_0 l^4}{768 EI}$

【例 10-3】 简支梁受均布荷载和集中力偶作用，如图 10-6（a）所示。梁的 EI 为已知，试用叠加法求梁跨中截面的挠度 w_C 和支座截面的转角 θ_A 及 θ_B。

【解】 将梁上的荷载分解为 q 和 m 两种简单荷载，如图 10-6（b）、（c）所示。从表 10-1 中查出它们单独作用时梁的位移，然后求出相应位移的代数和，即得所要求的位移，即

$$w_c = w_{cq} = w_{cm} = \frac{5ql^4}{384EI} - \frac{ml^2}{16EI}$$

$$\theta_A = \theta_{Aq} = w_{Am} = \frac{ql^3}{24EI} - \frac{ml}{6EI}$$

$$\theta_B = \theta_{Bq} = w_{Bm} = -\frac{ql^3}{24EI} + \frac{ml}{3EI}$$

【例 10-4】 梁 AB 如图 10-7 所示，已知 q、a 和 EI。试求截面 C 的转角 θ_C 和 C 点处的挠度 w_C。

【解】 此例可采用两种方法计算。

方法一：荷载叠加

把分布在 CB 上的均布荷载视为图 10-7（b）、（c）所示的两分布荷载的叠加，图中的 q' 与 q 数值相等。

由表 10-1 第 3 项可查得在 q 作用下截面 C 的转角 θ_{cq}、挠度 w_{cq} 和 q' 作用下截面 C 的转角 $\theta_{cq'}$、$w_{cq'}$ 分别为

$$\theta_{cq} = \frac{-qa}{6EI}[3\times(3a)\times a - 3\times(3a)^2 - a^2] = \frac{19qa^3}{6EI}$$

$$w_{cq} = \frac{-qa^2}{24EI}[4(3a)a - 6(3a)^2 - a^2] = \frac{43qa^4}{24EI}$$

$$\theta_{cq'} = \frac{-qa^3}{6EI} \qquad w_{cq'} = \frac{-qa^4}{8EI}$$

所以梁 C 点的的转角 θ_C、挠度 w_C 为

$$w_C = w_{cq} + w_{cq'} = \frac{43qa^4}{24EI} - \frac{qa^4}{8EI} = \frac{5qa^4}{3EI}（向下）$$

$$\theta_C = \theta_{cq} + \theta_{cq'} = \frac{19qa^3}{6EI} - \frac{qa^3}{6EI} = \frac{3qa^3}{EI}（顺时针）$$

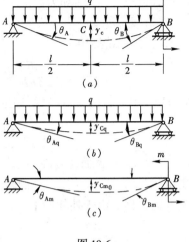

图 10-6

方法二：变形叠加

将原来的悬臂梁分解成图 10-7（d）、（e）两个悬臂梁。在 C 截面加了一个固定端支座，产生了相应支座反力，为了与原结构受力相同，在 AC 梁 C 截面加上一个集中力 $F = 2qa$ 和力偶 $M = 2qa^2$。

由表 10-1 第 1 项和第 5 项可查得 θ_{cF}、θ_{cm}、w_{cF}、w_{cm}，所以得

$$\theta_C = \theta_{cF} + \theta_{cm} = \frac{2qa \times a^2}{2EI} + \frac{2qa \times a}{2EI} = \frac{3qa^3}{EI}（向下）$$

$$w_C = w_{cF} + w_{cm} = \frac{2qa \times a^3}{3EI} + \frac{2qa^2 \times a^2}{2EI} = \frac{5qa^4}{3EI}（顺时针）$$

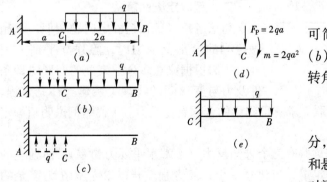

图 10-7

【例 10-5】 车床主轴的计算简图可简化成外伸梁，如图 10-8（a）、（b）所示。试求用叠加法求截面 B 的转角和端点 C 的挠度。

【解】（1）梁的分解

设想沿截面 B 将外伸梁分成两部分，AB 部分成为简支梁（图 10-8b）和悬臂梁 BC（图 10-8c），考虑到 F_{P1} 对梁 AB 段的影响，将 F_{P1} 向 B 截面

简化，得集中力 F_{P1} 和力偶矩 $M = F_{P1}a$。

(2) F_{P1} 直接传递于支座 B，不引起变形。在弯矩 M 作用下，由表 10-1 第 9 栏查出截面 B 的转角为

$$(\theta_B)_M = \frac{Ml}{3EI} = -\frac{F_{P1}al}{3EI}$$

在 F_2 作用下，由表 10-1 第 6 栏查出截面 B 的转角为

$$(\theta_B)_{F_2} = \frac{F_{P2}l^2}{16EI}$$

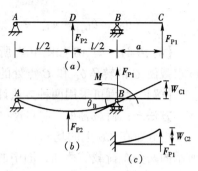

图 10-8

(3) 求 C 截面挠度在原结构中 AB 段后连有外伸段图 10-8（b）所示，当 B 截面转动时，将带动外伸段产生变向位移。由于外伸段上无荷载，因此，外伸段相当于作钢体位移，此位移近似等于：

$$w_{c1} = \left(-\frac{F_{P1}al}{3EI} + \frac{F_{P2}l^2}{16EI}\right)a$$

先把 BC 部分作为悬臂梁（图 10-8b），在 F_{P1} 作用下，由表 10-1 第 1 栏查出 C 点的挠度是

$$w_{c2} = -\frac{F_{P1}a^3}{3EI}$$

其次，把外伸梁的 BC 部分看作是整体转动了一个 θ_B 的悬臂梁，于是 C 点挠度应为 w_{c1} 和 w_{c2} 的叠加，故有

$$w_c = w_{c1} + w_{c2} = -\frac{F_{P1}a^2}{3EI}(a+l) + \frac{F_{P2}al^2}{16EI}$$

第四节 简单超静定梁

一、超静定梁的概念

前面所研究过的梁，如简支梁和悬臂梁等都是静定梁，其支座反力都是由静力平衡方程确定的。但在工程实际中，有时为了提高梁的强度和刚度，或由于构造上的需要，往往给静定梁再增加多余约束，于是，梁的约束反力数目多于静力平衡方程数目，这一类梁称为**超静定梁**。约束反力与平衡方程数目的差称为**超静定次数**。如图 10-9（a）所示为一次超静定梁，图 10-9（b）所示为二次超静定梁。

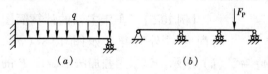

图 10-9

二、超静定梁的解法

与求解拉（压）超静定问题相似，求超静定梁的全部支反力时，除建立平衡方程外，还需根据梁在多余约束处的变形协调条件及力与变形间的物理关系建立补充方程，然后，将补充方程与静力平衡方程联立求解得到梁的全部支座反力。下面举例说明超静定梁的解法。

如图 10-10（a）所示的梁，该梁共有三个未知反力（A 端水平反力为零），而独立的平衡方程只有两个，故为一次超静定梁，需建立一个补充方程。若以铰支座 B 为多余约

束，予以解除，并以多余的未知反力 F_{By} 代替它的作用，如图 10-10（b）所示。从而，将原来的超静定梁在形式上转变为静定系统，这样得到的梁称为原超静定梁的**静定基**。在静定基上作用着均布荷载 q 和多余的未知反力 F_{By}。如图 10-10（c）、（d）所示，w_{Bq} 和 w_{BF} 分别表示 q 和 F_{By} 单独作用时 B 端的挠度，则由叠加法可得 B 端的挠度为：

$$w_B = w_{Bq} + w_{BF}$$

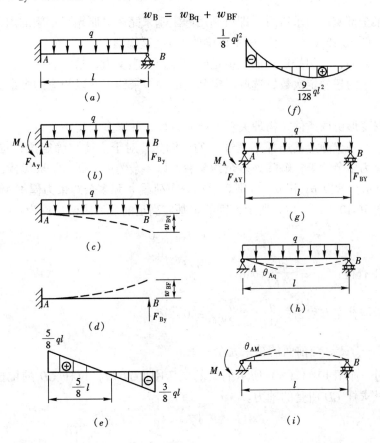

图 10-10

由于静定基的变形与原超静定梁完全一致，而原超静定梁 B 端为可动铰支座，挠度为零。因此，静定基应满足的变形协调条件为：

$$w_{Bq} + w_{BF} = 0 \tag{a}$$

由表 10-1 查得：

$$w_{Bq} = \frac{ql^4}{8EI} \tag{b}$$

$$w_{BF} = -\frac{F_{By}l^3}{3EI} \tag{c}$$

式（b）和式（c）为力与变形间得物理关系。将它们代入式（a）得：

$$\frac{ql^4}{8EI} - \frac{F_{By}l^3}{3EI} = 0 \tag{d}$$

式（d）为补充方程，由该方程可解得：

$$F_{By} = \frac{3}{8}ql$$

求出多余支座反力后,再由静力平衡条件得到其余支座反力为:

$$F_{Ay} = \frac{5}{8}ql, \quad M_A = \frac{1}{8}ql^2$$

超静定梁全部支反力求得后,即可利用静定基来完成对原超静定梁的内力、应力、位移等的计算。图 10-10 (e)、(f) 所示该梁的剪力和弯矩图。

以上分析表明,求超静定梁的关键是确定多余支座反力,求解它的主要步骤是:

(1) 判定梁的超静定次数,选取静定基。解除多余约束并以相应的多余支座反力代替其作用。

(2) 根据变形协调条件、物理关系列补充方程,并求多余支座反力。

需要指出的是,静定基选择不是惟一的。例如,对于上述超静定梁,也可选 A 端阻止转动的约束为多余约束,解除该多余约束后,以多余约束力偶 M_A 来代替,静定基如图 10-10 (g) 所示。若以 θ_{Aq} 和 θ_{AM} 分别表示在分布荷载 q 和多余约束力偶 M_A 作用下截面 A 的转角,如图 10-10 (h)、(i) 所示,则静定基应满足的变形协调条件为:

$$\theta_{Aq} + \theta_{AM} = 0$$

由表 10-1 查得:$\theta_{Aq} = \dfrac{ql^3}{24EI}, \theta_{AM} = -\dfrac{M_A l}{3EI}$

于是,所需补充方程为:$\dfrac{ql^3}{24EI} - \dfrac{M_A l}{3EI} = 0$

解得 $M_A = \dfrac{1}{8}ql^2$,与前面的结果完全一致。

【例 10-6】 如图 10-11 (a) 所示的梁的抗弯刚度为 EI,拉杆 CD 的抗拉刚度为 EA,且 $I = Al^2$,试求杆 CD 所受的轴力。

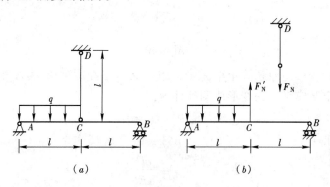

图 10-11

【解】 1. 选取静定基

该梁为一次超静定梁。选杆 CD 的轴力为多余支座反力。如图 10-11 (b) 所示。

2. 列变形协调方程

$$w_c = \Delta l$$

3. 建立补充方程

$$\frac{5 \times \frac{q}{2}(2l)^4}{384EI} - \frac{F_N(2l)^3}{48EI} = \frac{F_N l}{EA}$$

解得
$$F_N = \frac{5ql}{56}(拉力)$$

第五节 梁的刚度校核及提高弯曲刚度的措施

一、梁的刚度校核

在实际的工程结构中，对于某些受弯杆件设计时除了要满足强度需要，往往还有刚度方面的要求，使其变形不至于过大，否则将带来一些不良后果。例如，桥梁如果挠度过大，则在车辆通过时将发生很大的振动；车床主轴，若变形过大，将影响步轮的啮合和轴承的配合，造成磨损不均匀，产生噪声，降低寿命，还会影响加工精度等。因此，在土建结构中，通常对梁的挠度加以限制，在机械制造中，对挠度和转角都有一定的限制，即在按强度选择了截面尺寸以后，还须进行刚度校核。梁的刚度条件表达式为：

$$|w|_{max} \leq [w] \quad 或 \quad \left|\frac{w_{max}}{l}\right| \leq \frac{[w]}{l}$$

$$|\theta|_{max} \leq [\theta]$$

式中 $\frac{[w]}{l}$ 为许用挠度与梁跨长的比值。在土建工程中 $\frac{[w]}{l}$ 的值常限制在 $\frac{1}{250} \sim \frac{1}{1000}$ 范围内；在机械制造方面，对主要的轴，$\frac{[w]}{l}$ 的值限制在 $\frac{1}{5000} \sim \frac{1}{1000}$ 范围内，对传动轴在支座处的许可转角 $[\theta]$ 一般限制在 $0.005 \sim 0.001 \text{rad}$ 范围内。

【**例 10-7**】 图 10-12（a）所示桥式起重机的最大荷载 $F_P = 20\text{kN}$，跨长 $l = 9\text{m}$，试按强度条件及刚度条件为起重机大梁选择一工字钢的型号，已知钢材的 $E = 210\text{GPa}$，许用应力 $[\sigma] = 170\text{MPa}$，许用挠度 $[w] = \frac{l}{500}$。

【**解**】（1）按强度条件选择截面

① 计算最大弯矩

设荷载 F 距 A 支座的距离为 x 时梁的弯矩值最大（图 10-12b），则 A、B 支座的约束反力为

$$F_{Ay} = \frac{F_P(l-x)}{l} \quad F_{By} = \frac{F_P x}{l}$$

最大弯矩表达式为

$$M_{max} = \frac{F_P(l-x)}{l} \cdot x$$

弯矩要取极值，则

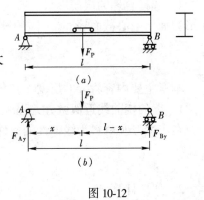

图 10-12

$$\frac{dM_{max}}{dx} = 0 \text{ 得}$$

$$x = \frac{1}{2} \text{ 时}, M_{max} = \frac{F_P l}{4} = \frac{20 \times 9}{4} = 45 \text{kN} \cdot \text{m}$$

②选择截面

所需的抗弯截面系数为

$$W \geqslant \frac{M_{\max}}{[\sigma]} = \frac{45 \times 10^3}{170 \times 10^6} = 0.265 \times 10^{-3} \mathrm{m}^3 = 265 \mathrm{cm}^3$$

选用 22a 工字钢，其 $W = 309 \mathrm{cm}^3$，$I = 3400 \mathrm{cm}^4$。

(2) 进行刚度校核

当荷载移至跨中时挠度出现最大值

$$|w|_{\max} = \frac{F_P l^3}{48EI} = \frac{20 \times 10^3 \times 9^3}{48 \times 210 \times 10^9 \times 3400 \times 10^{-8}} = 0.0425 \mathrm{m} = 42.5 \mathrm{mm}$$

但许用挠度 $[w] = \dfrac{l}{500} = \dfrac{9}{500} = 0.018 \mathrm{m} = 18 \mathrm{mm}$

故 $[w]_{\max} > [w]$，不能满足刚度条件。

(3) 按刚度条件重新选择截面

由刚度条件 $|w|_{\max} = \dfrac{F_P l^3}{48EI} \leqslant [w]$ 可知，要求

$$I \geqslant \frac{F_P l^3}{48E[w]} = \frac{20 \times 10^3 \times 9^3}{48 \times 210 \times 10^9 \times \dfrac{9}{500}} = 80.36 \times 10^{-6} \mathrm{m}^4 = 8036 \mathrm{cm}^4$$

选用 32a 工字钢，其 $I = 11100 \mathrm{cm}^4$，$W = 692 \mathrm{cm}^3$。

二、提高梁刚度的措施

从挠曲线的近似微分方程及其积分可以看出，弯曲变形与弯矩大小、跨度长短、支座条件，梁截面的惯性矩、材料的弹性模量有关。故提高梁刚度的措施为：

1. 改善结构形式，减小弯矩 M；
2. 增加支承，减小跨度 l；
3. 选用合适的材料，增加弹性模量 E，但因各种钢材的弹性模量基本相同，所以为提高梁的刚度而采用高强度钢，效果并不显著；
4. 选择合理的截面形状，增大截面的惯性矩是提高抗弯刚度的主要途径，如采用工字形截面、空心截面等。

小　　结

本章主要内容为梁的挠度、转角计算和刚度校核，可概括为：

1. 梁的挠曲线近似微分方程

在小变形和材料为线弹性的条件下，梁的挠曲线近似微分方程为

$$\frac{\mathrm{d}^2 w}{\mathrm{d}x^2} = -\frac{M(x)}{EI}$$

2. 变形计算

(1) 逐步积分法

根据小挠度微分方程，对 $M(x)$ 积分一次，求得

$$\theta(x) = \frac{\mathrm{d}w(x)}{\mathrm{d}x} = \int \frac{M(x)}{EI} \mathrm{d}x + C$$

积分二次，求得

$$w(x) = \iint \frac{M(x)}{EI} dx dx + Cx + D$$

若 $M(x)$ 分为 n 段，则应分 n 段进行积分，出现 $2n$ 个积分常数。积分常数根据位移边界条件确定。

(2) 叠加法

在弹性范围内小变形情况下，将结构所承受的复杂载荷分解或简化成几种简单载荷，然后利用各简单荷载下结构的计算结果，叠加后求得原复杂荷载的挠度、转角。

3．刚度条件

$$w_{\max} \leqslant [w] \text{ 和 } \theta_{\max} \leqslant [\theta]$$

4．简单超静定梁的解法

超静定梁具有多余约束，解除多余约束而得到的静定梁称为静定基，以相应的多余约束反力代替其作用，根据变形协调条件、物理关系列补充方程，并求多余支座反力，这种方法称为变形比较法；它是求解超静定问题的基本方法。

习　题

10-1　写出题10-1图示各梁的边界条件。在图 (b) 中 BC 杆的横截面面积为 A，在图 (c) 中支座 B 的弹簧刚度为 C (N/m)。

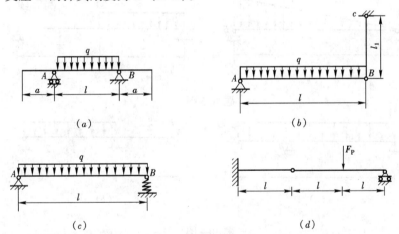

题 10-1 图

10-2　用积分法求题10-2图示各梁的挠曲线方程及自由端的挠度和转角。设 EI = 常数。

10-3　用积分法求题10-3图示各梁的挠曲线方程、端截面转角 θ_A 和 θ_B、跨度中点的挠度和最大挠度。设 EI = 常量。

10-4　用积分法求题10-4图示各梁的 θ_A、θ_C、w_C 和 w_D。设 EI = 常量。

10-5　用叠加法求题10-5图示各梁截面 A 的挠度和截面 B 的转角。EI 为已知常数。

10-6　用叠加法求题10-6图示各外伸梁外伸端的挠度和转角。设 EI = 常数。

10-7　用叠加法求题10-7图示简支梁跨度中点的挠度。设 EI 为常数。

10-8　题10-8图中两根梁的 EI 相同，且为常量。两梁由铰链相互联接。试求 F 力作用点 D 的位移。

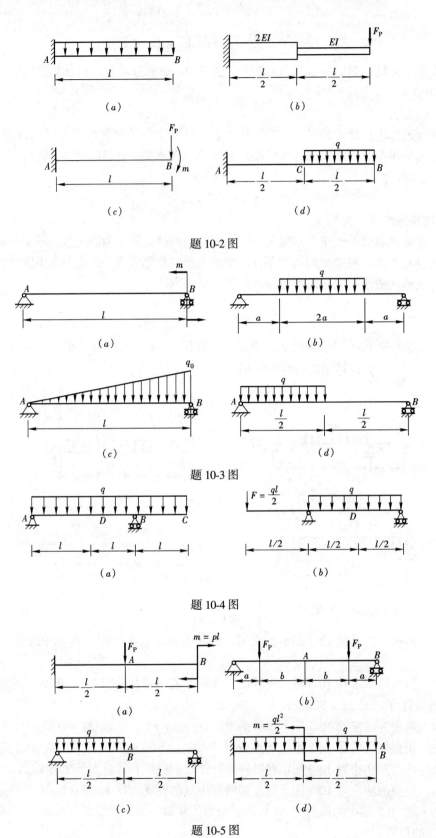

题 10-2 图

题 10-3 图

题 10-4 图

题 10-5 图

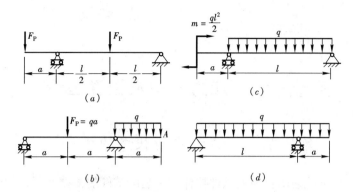

题 10-6 图

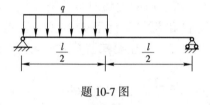

题 10-7 图

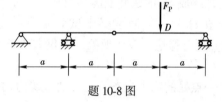

题 10-8 图

10-9 题 10-9 图示梁 AB 的右端由钢拉杆支撑，已知梁的横截面为边长 $a = 0.2\text{m}$ 的正方形，$E_1 = 10\text{GPa}$；钢拉杆的横截面面积 $A_2 = 250\text{mm}^2$，$E_2 = 210\text{GPa}$。试求拉杆的伸长 Δl 和梁的中点的挠度 w_C。

10-10 求题 10-10 图示各梁得支座反力，并画出剪力图和弯矩图，EI 为常量。

10-11 题 10-11 图示简易桥式起重机的大梁为 32a 号工字钢制成，起重机的最大荷载 $F_P = 20\text{kN}$，$E = 210\text{GPa}$，$l = 8.76\text{m}$，许用挠度 $[w] = l/500$，试校核梁的刚度。

10-12 题 10-12 图示简支梁由两根 22a 槽钢组成。$l = 4\text{m}$，$q = 10\text{kN/m}$，$E = 200\text{GPa}$，$[\sigma] = 100\text{MPa}$，$[w] = l/1000$，若考虑自重的影响，试校核梁的强度和刚度。

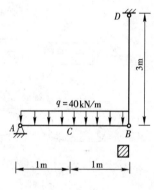

题 10-9 图

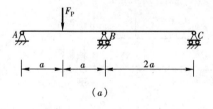

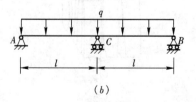

题 10-10 图

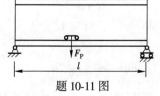

题 10-11 图

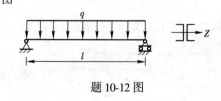

题 10-12 图

第十一章 应力状态及强度理论

第一节 一点处应力状态的概念

材料的力学性能试验表明：铸铁试件拉伸破坏是沿试件的横截面断裂的，而低碳钢拉伸破坏却沿着杯形面（图 11-1a、b）；低碳钢圆轴扭转破坏沿横截面，铸铁圆轴扭转时却沿与轴线成 45°的螺旋面断裂（图 11-2a、b）；混凝土试块压缩破坏时沿着竖向往四周张裂（图 11-3）；钢筋混凝土试验梁在一定的钢筋配置和荷载条件下会出现斜裂缝（图 11-4）。要解释这些破坏现象，不仅需要了解横截面上的应力，还要知道其他斜截面上的应力。

一点处的应力状态，是指通过受力构件内一点的所有截面上的应力情况。

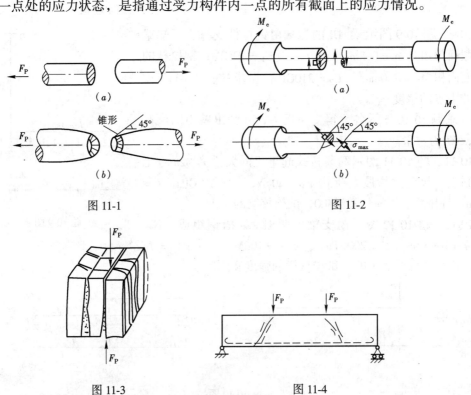

图 11-1   图 11-2

图 11-3   图 11-4

例如，图 11-5 所示轴向拉（压）杆斜截面上的应力

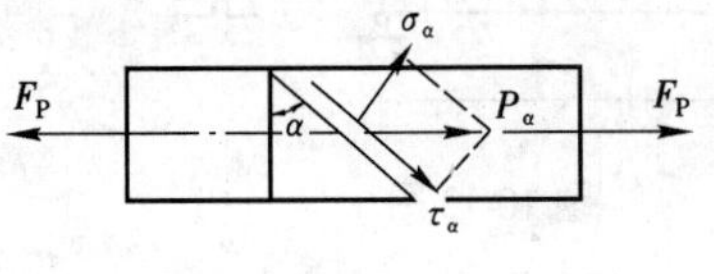

图 11-5

$$\sigma_\alpha = p_\alpha \cos\alpha = \sigma\cos^2\alpha$$

$$\tau_\alpha = p_\alpha \sin\alpha = \frac{\sigma}{2}\sin 2\alpha$$

上面两式就代表了轴向拉（压）杆内一点处的应力

状态。显然，随着截面方位角 α 的变化，斜截面上的应力 σ_α、τ_α 也在变化。

为了研究受力构件内一点处的应力状态，可围绕该点，用三对相互垂直的平行平面切出一个正六面体，称为**单元体**，单元体一般在三个方向上的尺寸均为无穷小，以致可以认为，在它的每个面上应力均匀分布，单元体内相互平行的平面上的应力都相同，都等于通过所研究的点与其平行的平面上的应力。可以证明，当单元体上三对相互垂直平面上的应力为已知时，用截面法就可确定通过该点的其他截面上的应力。因此，一点处的应力状态可以用围绕该点截取的单元体上三对相互垂直平面上的应力情况来表示。

下面图 11-6 中给出杆件在基本变形时的单元体。

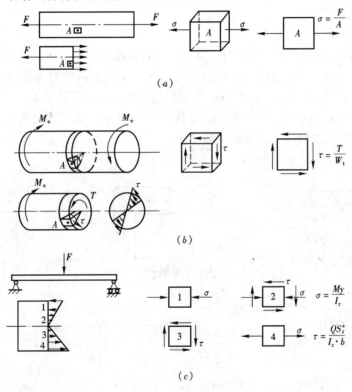

图 11-6

研究通过一点不同截面上的应力变化情况，这是应力分析的内容。

单元体上切应力等于零的平面称为**主平面**，作用在主平面上的正应力称为**主应力**。弹性力学研究表明，对于受力构件内任意一点，有且只有三个相互垂直的主平面。由主平面围成的单元体称为主单元体，主单元体上的三个主应力用符号 σ_1、σ_2、σ_3 表示，它们按照代数值的大小顺序排列，即 $\sigma_1 > \sigma_2 > \sigma_3$。

按照不等于零的主应力的数目，可以把一点处的应力状态划分为三类：单向应力状态，二向应力状态，三向应力状态。如果只有一个主应力不等于零，称为**单向应力状态**；有两个主应力不等于零，称为**二向应力状态**；有三个主应力不等于零，称为**三向应力状态**。应力状态还可以按照平面和空间划分为平面应力状态和空间应力状态两类：单向应力状态和二向应力状态合称为**平面应力状态**，三向应力状态又称为**空间应力状态**。有时，又把单向应力状态称为**简单应力状态**，平面和空间应力状态又称为**复杂应力状态**。

研究一点处应力状态的目的,是为了找出该点的最大应力及其所在截面的方位,为分析构件的破坏原因和建立复杂应力状态下的强度条件提供依据。

第二节 二向应力状态下的应力分析

二向应力状态是工程中最常见的应力状态。本节将介绍二向应力状态应力分析的两种方法——解析法和图解法。即单元体截取后,如何确定通过一点其他截面上的应力,进而确定主应力和主平面。

一、解析法

1. 斜截面上的应力

围绕构件内任意一点截出单元体如图 11-7（a）所示,与 x（y, z）轴垂直的面称为 x（y, z）面,x 面上的应力为 σ_{xx}（σ_x）、τ_{xy}、τ_{xz}；y 面上的应力为 σ_{yy}（σ_y）、τ_{yx}、τ_{yz}；z 面上的应力为 σ_{zz}（σ_z）、τ_{zx}、τ_{zy},第一个脚标表示应力所作用的平面,第二个脚标表示应力的方向。当 z 面上的应力为零时,如图 11-7（b）所示,单元体又可由它的正投影（图 11-7c）表示,即为二向应力状态的一般情况。

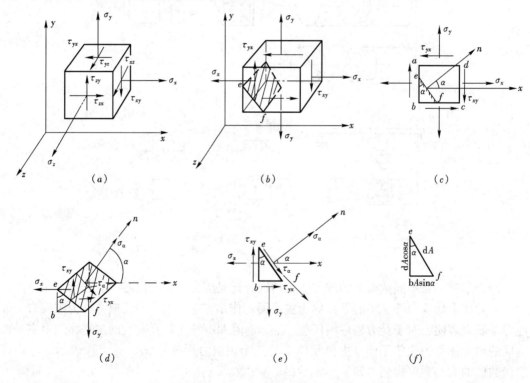

图 11-7

图 11-7（b）、（c）中,σ_x、σ_y、τ_{xy}、τ_{yx} 均为已知,且 $|\tau_{xy}| = |\tau_{yx}|$,下面研究与 z 面垂直的任意斜截面 ef 上的应力。

沿 ef 假想地将单元体切开,取图 11-7（d）、（e）所示楔形体 ebf 为研究对象。斜截面 ef 的外法线 n 与 x 轴的夹角用 α 表示,ef 面简称 α 面,α 角的符号可规定为：从 x 轴正向转到斜截面外法线 n 时，逆时针转动者为正，反之为负。应力的符号规定为：正应力以拉应力为正，压应力为负；切应力以对单元体内任意一点取矩为顺时针时，这时的切应力为正，反之为负。在上述规定下，图 11-7 中，σ_x (σ_{xx})、σ_y (σ_{yy})、τ_{xy}、σ_α、τ_α 和 α 均为正号，τ_{yx} 为负号。

设 α 面面积为 dA，be、bf 面积分别为 $dA\cos\alpha$ 和 $dA\sin\alpha$，如图 11-7（f）所示。以 ef 面的外法线 n 和切线 t 为坐标轴建立直角坐标系，沿 n、t 方向列平衡方程，有

$$\sum F_n = 0, \quad \begin{array}{l} \sigma_\alpha dA + (\tau_{xy}dA\cos\alpha)\sin\alpha - (\sigma_x dA\cos\alpha)\cos\alpha \\ + (|\tau_{yx}|dA\sin\alpha)\cos\alpha - (\sigma_y dA\sin\alpha)\sin\alpha = 0 \end{array}$$

$$\sum F_t = 0, \quad \begin{array}{l} \tau_\alpha dA - (\tau_{xy}dA\cos\alpha)\cos\alpha - (\sigma_x dA\cos\alpha)\sin\alpha \\ + (|\tau_{yx}|dA\sin\alpha)\sin\alpha + (\sigma_y dA\sin\alpha)\cos\alpha = 0 \end{array}$$

根据切应力互等定理，$|\tau_{yx}| = \tau_{xy}$，上面两式化简后得：

$$\sigma_\alpha = \sigma_x\cos^2\alpha + \sigma_y\sin^2\alpha - \tau_{xy} \cdot 2\sin\alpha\cos\alpha$$
$$= \frac{1}{2}(\sigma_x + \sigma_y) + \frac{1}{2}(\sigma_x - \sigma_y)\cos2\alpha - \tau_{xy}\sin2\alpha \tag{11-1a}$$

$$\tau_\alpha = (\sigma_x - \sigma_y)\sin\alpha\cos\alpha + \tau_{xy}(\cos^2\alpha - \sin^2\alpha)$$
$$= \frac{1}{2}(\sigma_x - \sigma_y)\sin2\alpha + \tau_{xy}\cos2\alpha \tag{11-1b}$$

式（11-1）所示即为二向应力状态下斜截面上的应力计算公式。式中 σ_x、σ_y、τ_{xy}、和 α 为代数值。

2. 主应力和主平面

式（11-1）表明，斜截面上的应力随截面方位角变化而变化，σ_α 是 α 的连续函数，因此，可利用条件 $\frac{d\sigma_\alpha}{d\alpha} = 0$，求出极值正应力所在截面的方位角，并进而求出极值正应力的数值。

设 $\alpha = \alpha_0$，使 $\left(\frac{d\sigma_\alpha}{d\alpha}\right)_{\alpha = \alpha_0} = 0$，即

$$(-(\sigma_x - \sigma_y)\sin2\alpha - 2\tau_{xy}\cos2\alpha)_{\alpha = \alpha_0} = 0$$

$$\tan2\alpha_0 = -\frac{2\tau_{xy}}{\sigma_x - \sigma_y}$$

$$\alpha_0 = \frac{1}{2}\arctan\left(-\frac{2\tau_{xy}}{\sigma_x - \sigma_y}\right) \text{和} \frac{1}{2}\arctan\left(-\frac{2\tau_{xy}}{\sigma_x - \sigma_y}\right) + \frac{\pi}{2} \tag{11-2}$$

式（11-2）给出 α_0 的两个角度，它们是两个相互垂直的平面，这两个面上的正应力，在通过单元体所在点、和 z 面垂直的所有斜截面上的正应力中，一个是最大值，一个是最小值。

将 α_0 的两个角度代入 σ_α 的表达式，得到 σ_{max} 和 σ_{min}：

$$\sigma_{\min}^{\max} = \frac{1}{2}(\sigma_x + \sigma_y) \pm \frac{1}{2}\sqrt{(\sigma_x - \sigma_y)^2 + 4\tau_{xy}^2} \tag{11-3}$$

将 α_0 的两个角度代入 τ_α 的表达式，可得：$\tau_{\alpha_0} = 0$，即 α_0 的两个面上的切应力等于零，二向应力状态下，z 面上切应力为零，α_0 所确定的两个面和 z 面是单元体所在点的三个主平面，其上的正应力就是该点的三个主应力，按照代数值的大小分别计为 σ_1、σ_2、σ_3。

3. 极值切应力及其所在平面

同理，利用条件 $\dfrac{\mathrm{d}\tau_\alpha}{\mathrm{d}\alpha}=0$ 可确定极值切应力所在平面，进而求出极值切应力的数值。

设 $\alpha=\alpha_1$，使 $\left(\dfrac{\mathrm{d}\tau_\alpha}{\mathrm{d}\alpha}\right)_{\alpha=\alpha_1}=0$，即

$$\left(2\left(\frac{\sigma_x-\sigma_y}{2}\right)\cos2\alpha - 2\tau_{xy}\sin2\alpha\right)_{\alpha=\alpha_1}=0$$

$$\tan2\alpha_1 = \frac{\sigma_x-\sigma_y}{2\tau_{xy}}$$

$$\alpha_1 = \frac{1}{2}\arctan\left(\frac{\sigma_x-\sigma_y}{2\tau_{xy}}\right) \text{和} \frac{1}{2}\arctan\left(\frac{\sigma_x-\sigma_y}{2\tau_{xy}}\right)+\frac{\pi}{2} \tag{11-4}$$

式（11-4）给出 α_1 的两个角度，它们是两个相互垂直的平面，这两个面上的切应力，在通过单元体所在点、和 z 面垂直的所有斜截面上的切应力中，一个是最大值，一个是最小值。

将 α_1 的两个角度代入 τ_α 的表达式，得到 $\tau_{\max}$ 和 $\tau_{\min}$：

$$\tau_{\min}^{\max}=\pm\frac{1}{2}\sqrt{(\sigma_x-\sigma_y)^2+4\tau_{xy}^2}=\pm\frac{1}{2}(\sigma_{\max}-\sigma_{\min}) \tag{11-5}$$

比较式（11-2）和式（11-4）

$$\tan2\alpha_0 \cdot \tan2\alpha_1 = -1$$

即

$$\alpha_1 = \alpha_0 + \frac{\pi}{4}$$

这表明，极值切应力所在平面与主平面成 45°角。

二、图解法

1. 应力圆方程

公式（11-1a）和公式（11-1b）可以改写成如下形式：

$$\sigma_\alpha - \frac{1}{2}(\sigma_x+\sigma_y) = \frac{1}{2}(\sigma_x-\sigma_y)\cos2\alpha - \tau_{xy}\sin2\alpha \tag{a}$$

$$\tau_\alpha = \frac{1}{2}(\sigma_x-\sigma_y)\sin2\alpha + \tau_{xy}\cos2\alpha \tag{b}$$

$(a)^2+(b)^2$ 整理得

$$\left(\sigma_\alpha - \frac{\sigma_x+\sigma_y}{2}\right)^2 + \tau_\alpha^2 = \left(\frac{\sigma_x-\sigma_y}{2}\right)^2 + \tau_{xy}^2 \tag{11-6}$$

式（11-6）中 σ_x、σ_y 和 τ_{xy} 是已知量，σ_α 和 τ_α 是变量。若以 σ 为横坐标轴，τ 为纵坐标轴，建立 $\sigma-\tau$ 直角坐标系，式（11-6）是一个圆方程，圆心坐标 $\left[\dfrac{1}{2}(\sigma_x+\sigma_y),0\right]$，半径 $R=\left[\left(\dfrac{\sigma_x-\sigma_y}{2}\right)^2+\tau_{xy}^2\right]^{\frac{1}{2}}$，圆周上任意一点的横、纵坐标值分别代表单元体相应截面上的正应力和切应力，如图 11-8（c）所示，此圆称**应力圆**或**莫尔**（Mohr）**圆**，是德国工程师在 1882 年首先提出的。

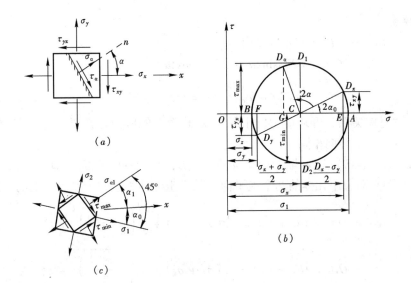

图 11-8

2. 应力圆的作法

图 11-8（a）所示为二向应力状态单元体的一般情况，σ_x、σ_y 和 τ_{xy} 为已知，可按下述步骤作出应力圆。

(1) 根据已知应力 σ_x、σ_y、τ_{xy} 和 τ_{yx} 值，选取适当比例尺，建立 $\sigma-\tau$ 坐标系；

(2) 按照所选比例尺，在 $\sigma-\tau$ 坐标系内，用单元体 x、y 面上的应力值作出坐标点 $D_x(\sigma_x,\tau_{xy})$，$D_y(\sigma_y,\tau_{yx})$；

(3) 用直线连接 D_x、D_y 两点交 σ 轴于点 C，以 C 为圆心，CD_x 或 CD_y 为半径作应力圆。

根据切应力互等定理，$\tau_{xy}=-\tau_{yx}$，又因为 C 为 D_xD_y 中点，因此，C 点坐标为：$\left[\dfrac{1}{2}(\sigma_x+\sigma_y),\ 0\right]$，所作圆的半径：

$$CD_x=\sqrt{CE^2+ED_x^2}=\sqrt{\left(\dfrac{\sigma_x-\sigma_y}{2}\right)^2+\tau_x^2}$$

因此，所作圆的方程即为式（11-6）。

3. 应力圆的应用

由单元体作出应力圆后，可以证明：单元体 α 截面上的应力，与应力圆上的点有这样的对应关系：从应力圆上的 D_x 点出发，沿圆周按与 α 相同的转向（即按从 x 轴到 α 截面外法线的转动方向）转过 2α 圆心角而得到 D_α 点，该点的横、纵坐标即为 α 截面上的应力 σ_α、τ_α。证明如下。

D_α 点的横坐标为：

$$\begin{aligned}OG&=OC+CG=OC+CD_\alpha\cos(2\alpha_0+2\alpha)\\&=OC+CD_x\cos(2\alpha_0+2\alpha)\\&=OC+CD_x(\cos2\alpha_0\cos2\alpha-\sin2\alpha_0\sin2\alpha)\\&=\dfrac{\sigma_x+\sigma_y}{2}+\dfrac{\sigma_x-\sigma_y}{2}\cos2\alpha-\tau_{xy}\sin2\alpha\end{aligned}$$

D_α 点的纵坐标为：
$$GD_\alpha = CD_\alpha \sin(2\alpha_0 + 2\alpha)$$
$$= CD_x(\cos2\alpha_0\sin2\alpha + \sin2\alpha_0\cos2\alpha)$$
$$= \frac{\sigma_x - \sigma_y}{2}\sin2\alpha + \tau_{xy}\cos2\alpha = \tau_\alpha$$

利用上述对应关系，可从应力圆上求得 α 截面上的应力。其要点是：点面对应，找准基点，角度二倍，转向相同。

应力圆（图 11-8b）与 σ 轴的两个交点 A、B，它们的纵坐标（即切应力）均为零，因此，A、B 两点对应单元体的两个主平面，其横坐标即为这两个主平面上的主应力

$$\sigma_1 = OA = OC + CA = \frac{1}{2}(\sigma_x + \sigma_y) + \sqrt{\left(\frac{\sigma_x - \sigma_y}{2}\right)^2 + \tau_{xy}^2}$$

$$\sigma_2 = OB = OC + CB = \frac{1}{2}(\sigma_x + \sigma_y) - \sqrt{\left(\frac{\sigma_x - \sigma_y}{2}\right)^2 + \tau_{xy}^2}$$

弧 D_xA（或 D_xB）（从点 D_x 沿圆周转到 A（或 B），逆时针为正，顺时针为负）所对应的圆心角的一半，即为点 A（或点 B）所对应主平面的方位角。以 A 点为例，设弧 D_xA 所对应的圆心角为 $2\alpha_0$，由图 11-8（b）可得

$$\tan2\alpha_0 = -\frac{ED_x}{CE} = -\frac{2\tau_{xy}}{(\sigma_x - \sigma_y)}$$

或直接在应力圆上量取，$2\alpha_0 = \angle D_xCA$。

在图 11-8（b）中，过圆心 C 作 σ 轴的垂线，与应力圆交于 D_1，D_2 点，D_1，D_2 点的纵坐标即为 τ_{max} 和 τ_{min}

$$\tau_{min}^{max} = \pm\frac{1}{2}\sqrt{(\sigma_x - \sigma_y)^2 + 4\tau_{xy}^2} = \pm\frac{1}{2}(\sigma_{max} - \sigma_{min})$$

弧 D_xD_1（或 D_xD_2）（从点 D_x 沿圆周转到 D_1（或 D_2））所对应的圆心角的一半，即为点 D_1（或 D_2）所对应平面（极值切应力所在平面）的方位角。

由应力圆可见，极值切应力所在平面与主平面成 45°角，这与解析法所得结论一致。

【例 11-1】 一点处的应力状态如图 11-9（a）所示，试求：

(1) 图 11-9（a）所示斜截面上的应力；

(2) 主应力值，主平面的方位，并画出主单元体；

(3) τ_{max}、τ_{min} 并标在在单元体图中。

【解】 由图 11-9（a）可知，$\sigma_x = 60$MPa，$\sigma_y = 110$MPa，$\tau_{xy} = -90$MPa，$\alpha = 30°$
解析法

(1) 计算斜截面上的应力

$$\sigma_{30°} = \frac{1}{2}(60 + 110) + \frac{1}{2}(60 - 110)\cos(2\times30°) - (-90)\sin(2\times30°)$$
$$= 150.4 \text{MPa}$$

$$\tau_{30°} = \frac{1}{2}(60 - 110)\sin(2\times30°) + (-90)\cos(2\times30°) = -66.7\text{MPa}$$

30° 截面上的应力表示在单元体图上如图 11-9（b）所示。

(2) 计算主应力、主平面方位

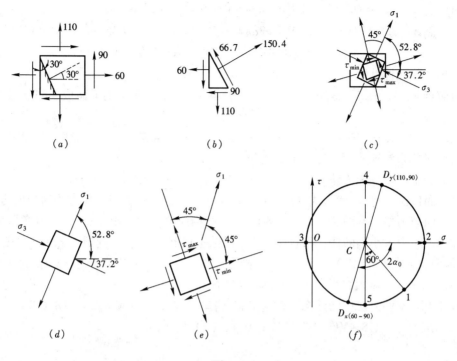

图 11-9

$$\begin{aligned}\sigma_{\max}\\\sigma_{\min}\end{aligned} = \frac{1}{2}(60+110) \pm \frac{1}{2}\sqrt{(60-110)^2+4\times(-90)^2} = \begin{aligned}178.4\text{MPa}\\-8.4\text{MPa}\end{aligned}$$

$$\sigma_1 = 178.4\text{MPa}, \sigma_2 = 0, \sigma_3 = -8.4$$

$$\tan 2\alpha_0 = -\frac{2\times(-90)}{60-110} = -3.6, \alpha_0 = -37.2°、52.8°$$

主单元体如图 11-9 (c)、(d) 所示。

(3) 计算 $\tau_{\max}$、$\tau_{\min}$

$$\begin{aligned}\tau_{\max}\\\tau_{\min}\end{aligned} = \pm\frac{1}{2}\sqrt{(\sigma_x-\sigma_y)^2+4\tau_{xy}^2}$$

$$= \pm\frac{1}{2}\times\sqrt{(60-110)^2+4\times(-90)^2} = \pm 93.4\text{MPa}$$

如图 11-9 (c)、(e) 所示。

图解法

对图 11-9 (a) 所示的平面应力状态作应力圆，步骤如下：

a. 取比例尺如图 11-9 (f) 所示；

b. 在方格纸上画出 $\sigma-\tau$ 坐标系，按选定比例尺在 $\sigma-\tau$ 平面（图 11-9 (f)）上画出点 D_x (60, -90)，点 D_y (110, 90)；

c. 用直线连接 D_x、D_y 两点交 σ 轴于点 C，以 C 为圆心，$\overline{CD_x}$ 为半径作应力圆；

对应图 11-9 (a) 所示 $\alpha = 30°$ 截面上的应力分量求解如下：在应力圆上找到对应 x 面的点 D_x，逆时针转过 $2\alpha = 2\times 30°$ 的圆心角得点 1，则量得点 1 (150.4, -66.7) 即为 $\alpha = 30°$ 截面上的应力分量。

对应点 2，$\sigma_{max} = \overline{O2} = 178.4\text{MPa}$，$2\alpha_0 = 105.6°$，$\alpha_0 = 52.8°$

对应点 3，$\sigma_{min} = \overline{O3} = -8.4\text{MPa}$，$2\alpha_0 = -74.4°$，$\alpha_0 = -37.2°$

$$\sigma_1 = 178.4\text{MPa}, \sigma_2 = 0, \sigma_3 = -8.4$$

由此画出主单元体见图 11-9（c）、（d）。

对应点 4、5，τ_{max}、$\tau_{min} = \overline{C4}$、$\overline{C5} = \pm 93.4\text{MPa}$（作用面与主平面成 ±45°）见图 11-9（c）、（e）。

在求得的 $\sigma_{max} = 178.4\text{MPa}$、$\sigma_{min} = -8.4\text{MPa}$ 和 $\alpha_0 = -37.2°$、$\alpha_0 + 90° = 52.8°$ 中，如何确定其对应关系？这是解析法的不足之处。

下面介绍三个判断方法。

(1) 回代法：将 α_0 代入式（11-1a），算出 $\sigma_{\alpha 0}$，便知 α_0 为哪个主应力对应的方位角；

(2) 切应力指向判断法：x 面上的切应力 τ_{xy} 指向哪一个象限，σ_{max} 必在此象限内。

(3) 正应力大小判断法：根据 σ_x 和 σ_y 代数值的相对大小来判断：$\sigma_x > \sigma_y$，则 σ_{max} 靠近 σ_x 即两者夹角小于 45°）；若 $\sigma_x < \sigma_y$，则 σ_{min} 靠近 σ_x（两者夹角小于 45°）。这个规律可以通俗的说成"大靠大，小靠小，夹角比 45°小"。

按照上述三种方法中的任意一种，可知 $\alpha_0 = -37.2°$，对应 $\sigma_{min} = -8.4\text{MPa}$，$\alpha_0 + 90° = 52.8°$ 对应 $\sigma_{max} = 178.4\text{MPa}$，如图 11-9（c）、（d）所示。

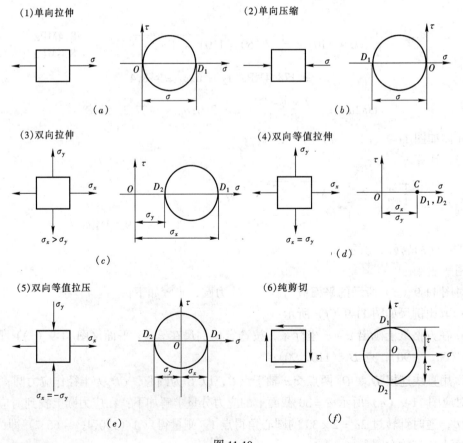

图 11-10

【例 11-2】 介绍几种简单受力情况下单元体的应力圆。

【解】
图 11-10 列出几种简单应力状态的应力圆，其中双向等值拉伸有特殊意义，如图 11-10（d）所示应力圆缩小成一个点，称为点圆（即半径为无限小的圆），这就意味着在任何方向的截面上没有切应力，且正应力值均相同。图 11-10（e）中两个相互垂直方向的等值拉伸和压缩应力状态，与图 11-10（f）中纯剪切应力状态相同，它们之间的差别就在于主平面方位不同而已。

【例 11-3】 图 11-11（a）为一横力弯曲的梁，求得截面 $m-n$ 上的弯矩 M 及剪力 F_Q 后，算出截面上一点 A 处的弯曲正应力和切应力分别为：$\sigma = -70\mathrm{MPa}$，$\tau = 50\mathrm{MPa}$（图 11-11b）。试确定 A 点的主应力及主平面的方位，并讨论同一横截面上其他点的应力状态。

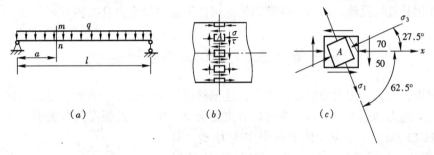

图 11-11

【解】 把从 A 点处截取的单元体放大，如图 11-11（c）所示

$$\sigma_x = -70, \sigma_y = 0\mathrm{MPa}, \tau_{xy} = 50\mathrm{MPa}$$

由式（11-2），可得

$$\tan 2\alpha_0 = -\frac{2\tau_{xy}}{\sigma_x - \sigma_y} = -\frac{2 \times (50)}{-70 - 0} = 1.429$$

$$2\alpha_0 = 55° \text{ 或 } -125°$$

$$\alpha_0 = 27.5° \text{ 或 } -62.5°$$

按照切应力指向判断法：x 面上的切应力 τ_a 指向哪一个象限，σ_{max} 必在此象限内。将 x 轴按逆时针方向转过 $27.5°$，确定 σ_{min} 所在主平面的外法线；再将 x 轴按顺时针方向转过 $62.5°$，确定 σ_{max} 所在的另一主平面的外法线，从而确定主平面的方位。这两个主应力的大小，可由式（11-3）算出为

$$\begin{matrix}\sigma_{max}\\\sigma_{min}\end{matrix} = \frac{(-70)+0}{2} \pm \sqrt{\left[\frac{(-70)-0}{2}\right]^2 + 50^2} = \begin{matrix}26\\-96\end{matrix}\mathrm{MPa}$$

按照主应力的记号规定，

$$\sigma_1 = 26\mathrm{MPa}, \sigma_2 = 0, \sigma_3 = -96\mathrm{MPa}$$

主应力及主平面的位置表示于图 11-11（c）中。

在利用式（11-2）算出确定主平面的两个 α_0 以后，也可以把它们分别代入式（11-1a），以确定每一主平面上的主应力。

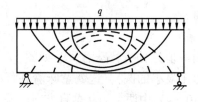

图 11-12

在梁的横截面 $m-n$ 上,其他点的应力状态都可用相同的方法进行分析。截面上、下边缘处的点为单向拉伸或压缩,横截面即为它们的主平面,在中性轴上,各点的应力状态为纯剪切,主平面与梁轴成45°。从上边缘到下边缘,各点的应力状态如图 11-11 (b) 所示。

在求出梁截面上一点主应力的方向后,把其中一个主应力的方向延长与相邻横截面相交,求出交点的主应力方向,再将其延长与下一个相邻横截面相交。依次类推,我们将得到一条折线,它的极限将是一条曲线。在这样的曲线上,任一点的切线即代表该点主应力的方向,这种曲线称为**主应力迹线**。图 11-12 表示梁内的两组**主应力迹线**,虚线是主压应力迹线,实线是主拉应力迹线。在钢筋混凝土梁中,钢筋的作用是抵抗拉伸,所以,应使钢筋尽可能地沿主拉应力迹线的方向放置。

第三节 三向应力状态分析简介

三向应力状态的应力分析比较复杂,这里只讨论当一点的三个主应力已知时,计算该点的最大正应力和最大切应力,为今后解决复杂应力状态下的强度问题提供理论依据。

图 11-13 (a) 所示单元体上三个主应力 σ_1、σ_2 和 σ_3 均为已知,下面讨论与 σ_3 平行的斜截面上的应力。根据截面法,用平行于 σ_3 的任意斜截面将单元体截开,取左边楔形体为研究对象,由切应力互等定理可知,该斜截面上没有平行于 σ_3 的应力分量(图 11-13b);又由于楔形体前后面面积相等,在这两个面上的应力 σ_3 组成一对自平衡力系,因此,与 σ_3 平行的斜截面上的应力与 σ_3 无关,只取决于 σ_1 和 σ_2,可用 σ_1、σ_2 确定的应力圆上点的坐标来表示。同理,平行于 σ_1 (σ_2) 的斜截面上的应力,可用 σ_2 (σ_3) 和 σ_3 (σ_1) 的应力圆上点的坐标来表示。三个主应力(两两确定一个应力圆)所确定的应力圆称为三向应力圆(图 11-13c)。可以证明,与三个主应力都不平行的任意斜截面上的应力,可用三个应力圆所围成的阴影区域内某一点的坐标来表示。

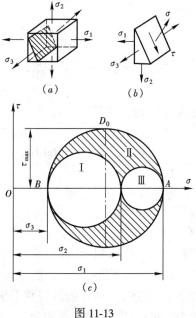

图 11-13

综上所述,通过受力构件内一点的所有截面上的应力,与三向应力圆圆周及其所围成阴影范围内的点一一对应。因此,从三向应力圆可以看出一点处

$$\sigma_{\max} = \sigma_1$$
$$\tau_{\max} = \tau_{13} = \frac{\sigma_1 - \sigma_3}{2} \tag{11-7}$$

【**例 11-4**】 试求图 11-14 (a) 所示单元体的主应力及最大切应力。(应力单位为 MPa)

【**解**】 单元体前后两平面上没有切应力,故这一对平面为主平面,其上的正应力

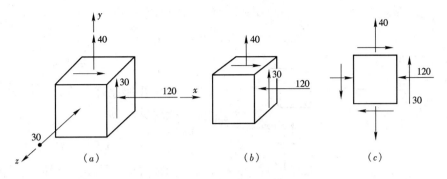

图 11-14

−30MPa 就是主应力,另外两个主应力则由 x、y 面上的应力决定,即这两个主应力与图 11-14(b)、(c)所示的平面应力状态的极值正应力相同。图 11-14(b)、(c)中,$\sigma_x = -120$,$\sigma_y = 40$,$\tau_{xy} = -30$。

$$\begin{matrix}\sigma_{\max}\\ \sigma_{\min}\end{matrix} = \frac{\sigma_x + \sigma_y}{2} \pm \sqrt{\left(\frac{\sigma_x - \sigma_y}{2}\right)^2 + \tau_{xy}^2}$$

$$= \frac{-120 + 40}{2} \pm \sqrt{\left(\frac{-120 - 40}{2}\right)^2 + (-30)^2} = \begin{matrix}45.4\text{MPa}\\ -125.4\text{MPa}\end{matrix}$$

根据主应力符号规定,单元体的主应力为:

$$\sigma_1 = 45.4\text{MPa} \quad \sigma_2 = -30\text{MPa} \quad \sigma_3 = -125.4\text{MPa}$$

由式(11-7)求得单元体的最大切应力为:

$$\tau_{\max} = \tau_{13} = \frac{\sigma_1 - \sigma_3}{2} = \frac{45.4 - (-125.4)}{2} = 85.4\text{MPa}$$

第四节 各向同性材料的应力—应变关系

研究构件的承载能力时,不仅要知道应力,还要考虑变形。在力学试验中,经常要从测得的变形计算应力。

单元体如图 11-15 所示,在这种普遍情况下,描述一点的应力状态需要 9 个应力分量,考虑到切应力互等定理,则独立的应力分量只有 6 个。设单元体沿 σ_x、σ_y、σ_z 三个方向产生的线应变分别为 ε_x、ε_y、ε_z,下面来计算 ε_x、ε_y、ε_z 的数值。

各向同性线弹性材料小变形条件下,线应变只与正应力有关,切应变只与切应力有关,线应变与切应变的相互影响可以略去,在复杂应力状态下,应变分量可由各应力分量引起的应变分量叠加得到。

图 11-16 中,在 σ_x 单独作用下,单元体沿 x 方向的线应变为:

$$\varepsilon'_x = \frac{\sigma_x}{E}$$

由于横向效应,在 σ_y 和 σ_z 单独作用下,单元体沿 x 方向的线应变分别为:

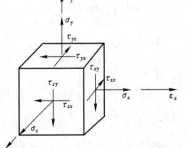

图 11-15

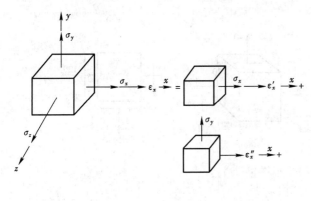

$$\varepsilon''_x = -\mu \frac{\sigma_y}{E}$$

$$\varepsilon'''_x = -\mu \frac{\sigma_z}{E}$$

根据叠加原理，单元体沿 x 方向的线应变 ε_x 为：

$$\varepsilon_x = \frac{1}{E}[\sigma_x - \mu(\sigma_y + \sigma_z)]$$

同理可得单元体沿 y 和 z 方向的线应变 σ_y 和 σ_z。

因此，对空间一般应力状态，有

$$\begin{cases} \varepsilon_x = \frac{1}{E}[\sigma_x - \mu(\sigma_y + \sigma_z)] \\ \varepsilon_y = \frac{1}{E}[\sigma_y - \mu(\sigma_z + \sigma_x)] \\ \varepsilon_z = \frac{1}{E}[\sigma_z - \mu(\sigma_x + \sigma_y)] \end{cases}$$

(11-8a)

图 11-16

根据弹性力学研究结果可知，切应力与切应变之间有如下关系：

$$\begin{cases} \gamma_{yz} = \dfrac{\tau_{yz}}{G} \\ \gamma_{zx} = \dfrac{\tau_{zx}}{G} \\ \gamma_{xy} = \dfrac{\tau_{xy}}{G} \end{cases}$$

(11-8b)

式(11-8)即为**广义胡克定律**的一般表达式。

若单元体各面上的切应力等于零，如图 11-17（a）所示，单元体即为该点的主单元体，使 x、y、z 方向分别与主应力 σ_1、σ_2、σ_3 方向一致，单元体沿 σ_1、σ_2、σ_3 方向产生的线应变称为主应变，分别用 ε_1、ε_2、ε_3 来表示，对于主单元体而言，式（11-8）变为：

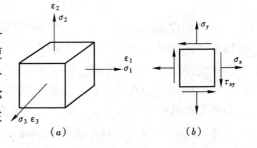

图 11-17

$$\begin{cases} \varepsilon_1 = \frac{1}{E}[\sigma_1 - \mu(\sigma_2 + \sigma_3)] \\ \varepsilon_2 = \frac{1}{E}[\sigma_2 - \mu(\sigma_3 + \sigma_1)] \\ \varepsilon_3 = \frac{1}{E}[\sigma_3 - \mu(\sigma_1 + \sigma_2)] \end{cases} \quad \begin{cases} \gamma_{23} = 0 \\ \gamma_{31} = 0 \\ \gamma_{12} = 0 \end{cases}$$

(11-9)

上式即为主应力形式的广义胡克定律。

对于一般的平面应力状态，如图 11-17（b）所示，$\sigma_z = \tau_{zy} = \tau_{zx} = 0$，式（11-8）变为：

$$\begin{cases}\varepsilon_x = \dfrac{1}{E}(\sigma_x - \mu\sigma_y)\\ \varepsilon_y = \dfrac{1}{E}(\sigma_y - \mu\sigma_x)\end{cases}, \gamma_{xy} = \dfrac{\tau_{xy}}{G}, 其余\begin{cases}\varepsilon_z = -\dfrac{\mu}{E}(\sigma_x + \sigma_y)\\ \gamma_{yz} = \gamma_{zx} = 0\end{cases} \qquad (11\text{-}10)$$

【例 11-5】 在图 11-18（a）所示矩形截面梁的中性层上 A 点处，已知沿与轴线成 45°方向的线应变 $\varepsilon_{-45°}$ 及材料的 E、μ，求梁上作用的荷载 F_P。

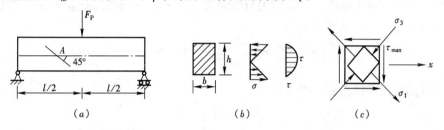

图 11-18

【解】 由内力分析可知，A 点所在横截面上的剪力 $F_Q = \dfrac{F_P}{2}$，该截面上的应力分布如图 11-18（b）所示。由应力分析知，A 点的应力状态为纯剪切应力状态（图 11-18c），由例 11-2 中图 11-10（f）可知：

$$\sigma_{-45°} = \tau_{max}, \sigma_{45°} = -\tau_{max}, \sigma_z = 0 \qquad (1)$$

而矩形截面梁中性层处的切应力为：

$$\tau_{max} = \dfrac{3F_Q}{2A} = \dfrac{3F_P}{4bh} \qquad (2)$$

将式（1）、（2）代入式（11-10）

$$\varepsilon_{-45°} = \dfrac{1}{E}(\sigma_{-45°} - \mu\sigma_{45°}) = \dfrac{1}{E}(\tau_{max} - \mu(-\tau_{max}))$$
$$= \dfrac{\tau_{max}}{E}(1 + \mu) = \dfrac{3F_P}{4Ebh}(1 + \mu)$$

即

$$F_P = \dfrac{4Ebh\varepsilon_{-45°}}{3(1+\mu)}$$

在工程实际中，一般是在 A 点沿与轴线成 45°方向贴电阻应变片来测量线应变 $\varepsilon_{-45°}$。由上例可见，借助于广义胡克定律，用测量应变的方法可以确定外荷载。

【例 11-6】 试证明各向同性材料的 3 个弹性常数 E、G 和 μ 间存在着如下关系，即

$$G = \dfrac{E}{2(1+\mu)}$$

【证明】 验证 E、G 和 μ 三者间关系的途径很多，下面只结合纯剪切应力状态下单元体的应力与应变关系加以验证。

图 11-19（a）所示单元体处于纯剪切应力状态，单元体变成菱形 $ABC'D'$，图 11-19（b）所示。切应变为 γ，此时对角线变成 AC'，伸长量为：

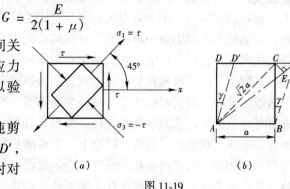

图 11-19

$$C'E \approx CC'\sin 45° = \frac{\sqrt{2}a\gamma}{2}$$

于是，对角线方向的线应变为：

$$\varepsilon_{45°} = \frac{C'E}{AC} = \frac{\sqrt{2}a\gamma/2}{\sqrt{2}a} = \frac{\gamma}{2}$$

另一方面，纯剪切应力状态下，由应力分析可知 $\sigma_{45°}=\tau$，$\sigma_2=0$，$\sigma_{-45°}=-\tau$。由广义胡克定律可得对角线方向的线应变为：

$$\varepsilon_{45°} = \frac{(\sigma_{45°}-\mu\sigma_{-45°})}{E} = \frac{[\tau-\mu(-\tau)]}{E} = \frac{\tau(1+\mu)}{E}$$

联合两个方面得出的线应变，则有：

$$\frac{\gamma}{2} = \frac{\tau(1+\mu)}{E}$$

利用剪切胡克定律 $\tau = G\gamma$，则得：

$$G = \frac{E}{2(1+\mu)}$$

这就是三个弹性常数之间的关系。

第五节 强度理论与应用

一、强度理论概述

保证构件安全使用，研究构件发生破坏的条件并建立构件的强度准则，是材料力学的一个基本问题。

简单应力状态下，强度条件是直接通过实验建立的。例如，前面几章对单向应力状态和纯剪切应力状态建立了强度条件，即

$$\sigma_{max} \leqslant [\sigma]$$

$$\tau_{max} \leqslant [\tau]$$

上述两式中，许用应力 $[\sigma]$、$[\tau]$ 是通过拉伸（压缩）试验或纯剪切试验所测得的极限应力除以安全因数得到的。

在复杂应力状态下，不能通过直接试验的方法来建立强度条件。这是因为复杂应力状态下，材料的破坏与三个主应力的大小及它们之间的比值有关，而三个主应力的比值有无数种，要通过实验测定每一种比值下材料的极限应力值，实际上并不可行，而且，有的实验还无法实现。实际工程中，人们是在有限实验的基础上，从考察材料的破坏形式着手，提出一些假说，研究材料在复杂应力状态下的强度问题。

常温、静载下材料的破坏形式可归结为两类：即脆性断裂和塑性屈服。长期以来，人们通过对材料破坏现象的观察和分析，提出了各种关于破坏原因的假说，这些假说认为，无论在简单应力状态或复杂应力状态下，只要破坏形式相同，破坏原因（应力、应变、应变能等）也相同。这些假说称为强度理论。这样，就可以利用简单应力状态下的实验结果来建立复杂应力状态下的强度条件。至于这些假说是否正确，在什么条件下适用，还必须

经过科学实验和生产实践的检验。

二、常用的四种强度理论

针对脆性断裂和塑性屈服这两类破坏形式，相应地强度理论也分为两类：解释材料脆性断裂的理论：最大拉应力理论、最大伸长线应变理论；解释材料塑性屈服的理论：最大切应力理论、形状改变比能理论。这些都是在常温、静载下常用的四种强度理论。

1. 最大拉应力理论（第一强度理论）

这个理论是在 17 世纪提出的，相对于其他强度理论而言最早，所以又称为第一强度理论。

17 世纪工程上使用的材料主要是砖、石、铸铁等脆性材料，这类材料的抗拉性能很差，构件的破坏形式主要是脆性断裂。

第一强度理论认为，引起材料脆性断裂破坏的主要因素是最大拉应力，即不论材料处于简单应力状态还是复杂应力状态，只要最大拉应力 σ_1 达到材料在简单拉伸破坏时的极限应力 σ_b，就会发生脆性断裂破坏。

材料发生脆性断裂破坏的条件是

$$\sigma_1 = \sigma_b$$

将 σ_b 除以安全因数 n_b，得到材料的许用拉应力 $[\sigma]$。按第一强度理论建立的强度条件为

$$\sigma_1 \leq [\sigma] \tag{11-11}$$

实践证明，该理论与铸铁等脆性材料在单向和二向拉伸及扭转时的破坏现象相符合，其脆性断裂破坏都是发生在最大拉应力 σ_1 所在的截面上。但是，这一理论没有考虑其余两个主应力对材料强度的影响，而且对没有拉应力的应力状态（如单向、二向和三向压缩）不适用。

2. 最大伸长线应变理论（第二强度理论）

这一理论也是针对脆性断裂这种破坏形式提出的。

第二强度理论认为，引起材料脆性断裂破坏的主要因素是最大伸长线应变。即不论材料处于简单应力状态还是复杂应力状态，只要最大伸长线应变 ε_1 达到材料在简单拉伸破坏时的极限伸长线应变 ε_1^0，材料就会发生脆性断裂破坏。脆性断裂破坏的条件为：

$$\varepsilon_1 = \varepsilon_1^0 \tag{a}$$

假定脆性材料直到断裂前应力和应变服从胡克定律，危险点处最大线应变为：

$$\varepsilon_1 = \frac{1}{E}(\sigma_1 - \mu(\sigma_2 + \sigma_3)) \tag{b}$$

简单拉伸破坏时的极限伸长线应变为：

$$\varepsilon_1^0 = \frac{\sigma_b}{E} \tag{c}$$

将式 (b)、式 (c) 代入式 (a)，脆性断裂破坏条件可改写为：

$$\sigma_1 - \mu(\sigma_2 + \sigma_3) = \sigma_b$$

将 σ_b 除以安全因数 n_b，得到材料的许用拉应力 $[\sigma]$。按第二强度理论建立的强度条件为

$$\sigma_1 - \mu(\sigma_2 + \sigma_3) \leq [\sigma] \tag{11-12}$$

从形式上看，这一理论因为考虑了 σ_2、σ_3 的影响，要比第一强度理论完善，但是，

目前只有很少实验证实它比第一强度理论更符合实际情况,因此,在解决强度问题时这一强度理论用的较少。

3. 最大切应力理论(第三强度理论)

19世纪开始,工程上大量使用低碳钢等金属材料,这些材料的塑性较好,其主要破坏形式是塑性屈服。第三强度理论就是针对塑性屈服这种破坏形式提出的。

第三强度理论认为,引起材料发生塑性屈服破坏的主要因素是最大切应力,即不论材料处于简单应力状态还是复杂应力状态,只要构件危险点处的最大切应力 τ_{max} 达到材料简单拉伸屈服时的极限切应力 τ_{max}^0,材料就会发生屈服破坏。因此,材料发生屈服破坏的条件为:

$$\tau_{max} = \tau_{max}^0 \quad (a)$$

由应力分析可知,危险点处

$$\tau_{max} = \tau_{13} = \frac{\sigma_1 - \sigma_3}{2} \quad (b)$$

简单拉伸屈服时,极限切应力

$$\tau_{max}^0 = \frac{\sigma_s}{2} \quad (c)$$

将式(b)、式(c)代入式(a),得到用主应力表示的屈服破坏条件

$$\sigma_1 - \sigma_3 = \sigma_s$$

将 σ_s 除以安全因数 n_s,得到材料的许用应力 $[\sigma]$,按第三强度理论建立的强度条件为:

$$\sigma_1 - \sigma_3 \leqslant [\sigma] \tag{11-13}$$

这一理论能较好地解释塑性材料出现塑性屈服的现象,并可用于像硬铝那样塑性变形较小,无颈缩材料的剪切破坏,此准则也称为特雷斯卡(Tresca)屈服准则。由于没有考虑中间主应力 σ_2 的影响,按该理论计算的结果与试验结果相比是偏于安全的,目前在工程上应用很广。

4. 形状改变比能理论(第四强度理论)

这一理论也是针对塑性屈服这种破坏形式提出的。

在绪论中曾经指出,材料力学所讨论的问题仅限于弹性变形范围内,只发生弹性变形的物体称为弹性体。弹性体在外力作用下发生变形,外力的作用点将产生位移,因而,外力对弹性体作了功,外力的功则以能量的形式储存于弹性体内,弹性体因变形而储存的能量称为弹性变形能 v。单元体的变形表现为两方面:体积的增加或减小和形状的改变,相应的变形能也被认为由两部分组成:因体积改变而储存的变形能和因形状改变而储存的变形能。弹性体单位体积内储存的变形能称为比能,弹性体的比能也由两部分组成:体积改变比能 v_v 和形状改变比能 v_d。

第四强度理论认为,引起材料塑性屈服破坏的主要因素是形状改变比能,即不论材料是处于简单应力状态还是复杂应力状态,只要危险点处的形状改变比能 v_d 达到简单拉伸屈服时的形状改变比能 v_d^0,材料就会发生屈服破坏。因此塑性屈服破坏的条件是:

$$v_d = v_d^0 \quad (a)$$

简单拉伸屈服时

$$\sigma_1 = \sigma_s, \sigma_2 = \sigma_3 = 0,$$

简单拉伸屈服时形状改变比能（推导过程略）

$$v_{\mathrm{d}}^0 = \frac{1+\mu}{6E} \cdot 2\sigma_{\mathrm{s}}^2 \tag{b}$$

危险点处的形状改变比能（推导过程略）

$$v_{\mathrm{d}} = \frac{1+\mu}{6E}[(\sigma_1-\sigma_2)^2 + (\sigma_2-\sigma_3)^2 + (\sigma_3-\sigma_1)^2] \tag{c}$$

将式（b）、式（c）代入式（a），得到用主应力表示的屈服破坏条件

$$\sqrt{\frac{1}{2}[(\sigma_1-\sigma_2)^2 + (\sigma_2-\sigma_3)^2 + (\sigma_3-\sigma_1)^2]} = \sigma_{\mathrm{s}}$$

将 σ_{s} 除以安全因数 n_{s}，得到材料的许用应力 $[\sigma]$，按第四强度理论建立的强度条件为

$$\sqrt{\frac{1}{2}[(\sigma_1-\sigma_2)^2 + (\sigma_2-\sigma_3)^2 + (\sigma_3-\sigma_1)^2]} \leqslant [\sigma] \tag{11-14}$$

这一理论考虑了中间主应力 σ_2 的影响，对于塑性较好材料，试验结果表明，第四强度理论比第三强度理论符合得更好。此准则也称为米赛斯（Mises）屈服准则，由于机械、动力行业遇到的荷载往往较不稳定，因而较多地采用偏于安全的第三强度理论；土建行业的荷载往往较为稳定，因而较多地采用第四强度理论。

三、强度理论的选用

综上所述，强度理论的强度条件可以写成统一的形式，即

$$\sigma_{\mathrm{r}} \leqslant [\sigma] \tag{11-15a}$$

式中，σ_{r} 称为相当应力，是根据各强度理论得到的复杂应力状态下三个主应力的综合值。四个常用强度理论的相当应力分别为

$$\begin{aligned}
\sigma_{\mathrm{r}1} &= \sigma_1 \\
\sigma_{\mathrm{r}2} &= \sigma_1 - \mu(\sigma_2+\sigma_3) \\
\sigma_{\mathrm{r}3} &= \sigma_1 - \sigma_3
\end{aligned} \tag{11-15b}$$

$$\sigma_{\mathrm{r}4} = \sqrt{\frac{1}{2}[(\sigma_1-\sigma_2)^2 + (\sigma_2-\sigma_3)^2 + (\sigma_3-\sigma_1)^2]}$$

这四个常用的强度理论是针对塑性屈服和脆性断裂这两种失效形式提出的，因此，应根据失效形式选择相应的强度理论。

像铸铁、石料等脆性材料，通常情况下其失效形式为脆性断裂破坏，故采用第一和第二强度理论进行计算；像低碳钢等塑性材料，通常情况下其失效形式为塑性屈服破坏，故采用第三和第四强度理论进行计算，且第三强度理论的计算结果更偏于安全。在三向拉伸应力状态下，不论是脆性材料还是塑性材料，其失效形式均为脆性断裂破坏，通常采用第一强度理论进行计算；在三向压缩应力状态下，不论是脆性材料还是塑性材料，其失效形式均为塑性屈服破坏，通常采用第三或第四强度理论进行计算。

最后指出，由于各种因素相互影响，使强度问题变得很复杂。目前，各种因素间的本质联系还不完全清楚，上述四个常用的强度理论都具有一定的片面性，人们也陆续提出了一些其他的强度理论。随着科学技术的进一步发展，对材料的力学性质、应力状态与材料强度之间关系的研究的深入，将会提出更为适用的强度理论。

【例 11-7】 单元体如图 11-20 所示，试分别按第三和第四强度理论写出其相当应力。

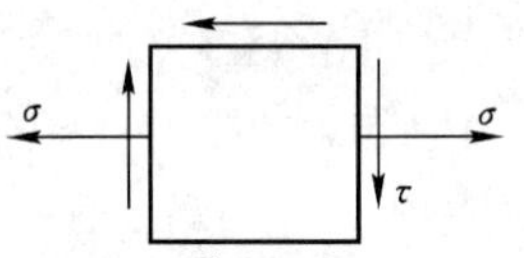

【解】 由图 11-20 可知 $\sigma_x = \sigma$，$\sigma_y = 0$，$\tau_{xy} = \tau$，按主应力计算式（11-3）有：

$$\begin{matrix}\sigma_{\max}\\ \sigma_{\min}\end{matrix} = \frac{\sigma_x + \sigma_y}{2} \pm \sqrt{\left(\frac{\sigma_x - \sigma_y}{2}\right)^2 + \tau_{xy}^2} = \frac{\sigma}{2} \pm \sqrt{\left(\frac{\sigma}{2}\right)^2 + \tau^2}$$

图 11-20

根据主应力符号规定，单元体的主应力为：

$$\sigma_1 = \frac{\sigma}{2} + \sqrt{\left(\frac{\sigma}{2}\right)^2 + \tau^2}, \sigma_2 = 0, \sigma_3 = \frac{\sigma}{2} - \sqrt{\left(\frac{\sigma}{2}\right)^2 + \tau^2}$$

将主应力的数值代入（11-15b）中第三和第四强度理论相当应力的表达式中，整理有

$$\sigma_{r3} = \sqrt{\sigma^2 + 4\tau^2}$$

$$\sigma_{r4} = \sqrt{\sigma^2 + 3\tau^2} \tag{11-16}$$

从构件中取出的单元体处于平面应力状态，只要 $\sigma_y = 0$（或 $\sigma_x = 0$），使用第三或第四强度理论进行强度校核时，可以不计算三个主应力，直接利用式（11-16）计算第三或第四强度理论的相当应力。

【例 11-8】 工字钢梁 No.20a 受力如图 11-21（a）所示，已知材料的许用应力 $[\sigma]$ = 150MPa，$[\tau]$ = 95MPa，试校核梁的强度。

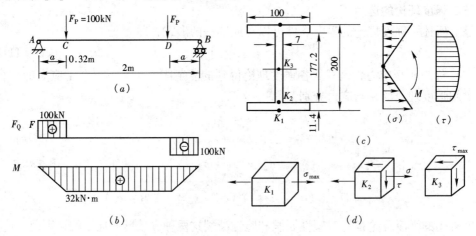

图 11-21

【解】 梁的剪力图和弯矩图如图 11-21（b）所示。因在 $C_左$ 和 $D_右$ 截面上剪力和弯矩数值相同，并且弯矩、剪力均为最大，所以这两个截面危险程度相同，都是危险截面。现在选择 $C_左$ 截面来进行强度校核。$C_左$ 截面上内力为：$F_Q = 100$kN，$M = 32$kN，该截面上应力分布如图 11-21（c）所示。由此图可看出：$C_左$ 截面上的最大正应力发生在截面的上下边缘处，例如 K_1 点；最大切应力发生在截面的中性轴上，例如 K_3 点；在腹板与翼缘交界的 K_2 点处的切应力和正应力也都比较大，可能在该点发生破坏。因此，K_1、K_2、K_3 点都是危险点，对这些点都需要进行强度校核。现将各点的强度校核分述如下。

（1）K_1 点的强度校核：K_1 点的单元体如图 11-21（d）所示，该点处于单向应力状态，可直接利用梁的正应力强度条件进行强度校核。

$$\sigma_{\max} = \frac{M_{\max}}{W_z} = \frac{32 \times 10^3}{237 \times 10^{-6}} = 135\text{MPa} < [\sigma] = 150\text{MPa}$$

所以 $C_左$ 截面上的 K_1 点满足正应力强度条件。

(2) K_3 点的强度校核：K_3 点的单元体如图 11-21（d）所示，该点处于纯剪切应力状态，可直接利用梁的切应力强度条件进行强度校核。

$$\tau_{max} = \frac{F_{Qmax} S^*_{max}}{I_z b} = \frac{F_{Qmax}}{\frac{I_z}{S^*_{max}} b} = \frac{100 \times 10^3}{17.2 \times 10^{-2} \times 7 \times 10^{-3}} = 83.1 \text{MPa} < [\tau] = 95 \text{MPa}$$

所以 $C_左$ 截面上的 K_3 点满足切应力强度条件。

(3) 腹板与翼缘交界处（K_2 点）的强度校核：K_2 点的单元体如图 11-21（d）所示。该点的正应力和切应力虽都不是最大值，但都与最大值很接近，两者综合起来，有可能发生破坏。该点处于复杂应力状态，工字钢为塑性材料，所以采用第三或第四强度理论对该点处进行强度校核。

K_2 点处的应力

$$\sigma = \frac{My}{I_z} = \frac{32 \times 10^3 \times 88.6 \times 10^{-3}}{2370 \times 10^{-8}} = 119.6 \text{MPa}$$

$$\tau = \frac{F_{Qmax} S^*_z}{I_z b} = \frac{100 \times 10^3 \times (11.4 \times 100) \times \left(88.6 + \frac{11.4}{2}\right) \times 10^{-9}}{2370 \times 10^{-8} \times 7 \times 10^{-3}} = 64.8 \text{MPa}$$

将 σ、τ 之值代入式（11-16）中，得

$$\sigma_{r3} = \sqrt{\sigma^2 + 4\tau^2} = \sqrt{119.6^2 + 4 \times 64.8^2} = 176 \text{MPa}$$

$$\sigma_{r4} = \sqrt{\sigma^2 + 3\tau^2} = \sqrt{119.6^2 + 3 \times 64.8^2} = 164 \text{MPa}$$

由上两式可看出 $\sigma_{r3} > \sigma_{r4}$。由于第四强度理论比第三强度理论更符合实际情况，此处以第四强度理论作为计算依据。由于 $\sigma_{r4} > [\sigma] = 150$MPa，说明此钢梁在 $C_左$ 截面上腹板与翼缘交界处的相当应力已超过许用应力，其百分比为

$$\frac{\sigma_{r4} - [\sigma]}{[\sigma]} \times 100\% = \frac{164 - 150}{150} \times 100\% = 9.3\% > 5\%$$

所以 K_2 点不能满足强度要求。

由本例可以看到，梁内的危险点有时会在正应力和切应力都比较大的点处。虽然在这些点处，横截面上的正应力小于构件内的最大正应力，切应力也小于构件内的最大切应力，但是由于这些点所在横截面上的正应力和切应力都比较大，且又是复杂应力状态，其相当应力就有可能大于许用应力，这对腹板较薄的梁需特别注意。

【例 11-9】 按强度理论建立纯剪切应力状态的强度条件，并寻求塑性材料许用切应力 $[\tau]$ 与许用正应力 $[\sigma]$ 之间的关系。

【解】 纯剪切应力状态下，由应力分析可知：

$$\sigma_1 = \tau, \sigma_2 = 0, \sigma_3 = -\tau。$$

对塑性材料，按第三强度理论建立的强度条件为：

$$\sigma_1 - \sigma_3 = \tau - (-\tau) = 2\tau \leq [\sigma]$$

$$\tau \leq \frac{[\sigma]}{2} \tag{1}$$

按第四强度理论建立的强度条件为：

$$\sqrt{\frac{1}{2}[(\sigma_1-\sigma_2)^2+(\sigma_2-\sigma_3)^2+(\sigma_3-\sigma_1)^2]}$$
$$=\sqrt{\frac{1}{2}[(\tau-0)^2+(0-(-\tau)^2+(-\tau-\tau)^2)]}=\sqrt{3}\tau\leqslant[\sigma]$$

$$\tau\leqslant\frac{[\sigma]}{\sqrt{3}} \tag{2}$$

纯剪切应力状态的强度条件是：

$$\tau\leqslant[\tau] \tag{3}$$

比较式（1）和式（3），有

$$[\tau]=\frac{[\sigma]}{2}$$

比较式（2）和式（3），有

$$[\tau]=\frac{[\sigma]}{\sqrt{3}}=0.577[\sigma]\approx0.6[\sigma]$$

其中按第四强度理论得到的 $[\tau]$ 与 $[\sigma]$ 之间的关系，即 $[\tau]=0.6[\sigma]$ 与实验结果比较接近。

【**例 11-10**】 薄壁圆筒如图 11-22（a）所示。设内部压力为 p，壁厚 t 远小于圆筒的直径 D（通常 $t\leqslant D/20$ 叫薄壁圆筒）。求筒壁内纵向截面和横截面上的应力，并推导强度校核的公式。

【**解**】（1）计算横截面上的应力 σ' 用截面法将薄壁圆筒横向截开，如图 11-22（b）所示，筒底压力为 $F=\dfrac{p\pi D^2}{4}$，由平衡条件有：

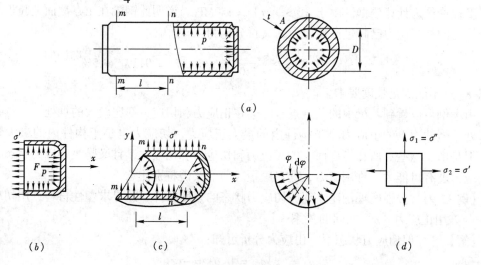

图 11-22

$$\Sigma F_x=0,\ -\sigma'\pi Dt+\frac{p\pi D^2}{4}=0$$

$$\sigma'=\frac{pD}{4t}$$

(2) 计算纵向截面上的应力 σ''。用相距为 l 的两个横截面和包含直径的纵向平面假想地从筒中截出一部分如图 11-22（c）所示，由平衡条件有：

$$\Sigma F_y = 0, \sigma'' \times 2tl - \int_0^\pi p \frac{D}{2} \mathrm{d}\varphi l \sin\varphi = 0$$

$$\sigma'' = \frac{pD}{2t}$$

另外，筒壁上还有径向应力 σ_r，在内壁有最大值 $\sigma_{r\max} = p$。但因内壁上的内压力 p 和外壁上的大气压力（沿径向）都远小于 σ'、σ''，可以认为径向应力 σ_r 等于 0。另一方面，由于圆筒的对称性，所以在 σ'、σ'' 作用的横截面和纵向截面上没有切应力，显而易见，圆周面上也没有切应力。因此，纵向截面、横截面和圆周面是各点处的三个主平面，对应的三个主应力按照主应力符号规定，有 $\sigma_1 = \sigma''$，$\sigma_2 = \sigma'$，$\sigma_3 = 0$，以圆筒的纵向截面、横截面和圆周面从筒壁上截取单元体如图 11-22（d）所示。因为受内压的圆筒一般由塑性材料制成，因此应按第三和第四强度理论进行强度校核。将 σ_1，σ_2 和 σ_3 代入式（11-13）和式（11-14）中，有：

$$\sigma_{r3} = \frac{pD}{2t} \leq [\sigma]$$

$$\sigma_{r4} = \frac{pD}{2.3t} \leq [\sigma]$$

这就是按第三和第四强度理论对薄壁圆筒进行强度校核的公式。对于压力容器，压力管道，通常按第三强度理论校核强度。

<h2 style="text-align:center">小　　结</h2>

本章的主要内容是研究二向应力状态应力分析、三向应力状态、广义胡克定律、四种常用的强度理论。其中，一点的应力状态的概念、二向应力状态应力分析、广义胡克定律、材料破坏的两种形式、强度条件为本章重点。具体内容概括如下：

1．一点的应力状态的概念

一点处的应力状态，是指通过受力构件内一点的所有截面上的应力情况。可以用围绕该点三对相互垂直的平行平面切出的微正六面体——单元体来表示，如果作用于三对相互垂直面上的应力分量已知，则该点的应力状态即为已知。

单元体上切应力等于零的平面称为主平面，作用在主平面上的正应力称为主应力。

一点处的主平面有且只有三个，且相互垂直，由主平面围成的单元体称为主单元体。主单元体上的三个主应力用符号 σ_1、σ_2、σ_3 表示，它们按照代数值的大小顺序排列，即 $\sigma_1 > \sigma_2 > \sigma_3$。

2．二向应力状态应力分析

根据已知应力状态求解任意指定斜截面上应力，这是应力分析的内容。平面一般应力状态应力分析有两种方法——解析法和图解法。解析法的基本思想为截面法，利用平衡条件可求得平行 z 轴且与 x 轴成 α 倾角的斜截面上应力。图解法的理论基础是应力圆方程，单元体上的"面"与应力圆上的"点"的对应关系是应用应力圆法求解指定截面上应力的关键。用图解法和解析法都可以求解任一斜截面上的应力，主应力、主平面方位、极值切应力、极值切应力所在平面方位。

3．三向应力状态

三向应力状态具有三个非零主应力 $\sigma_1 \geq \sigma_2 \geq \sigma_3$，受力构件内一点的所有截面上的应力，与三向应力圆圆周及其所围成区域内的点一一对应。

4．广义胡克定律

广义胡克定律给出了各向同性材料在弹性范围内，小变形条件下（即线性弹性范围内）应力分量与应变分量之间的关系，把力和变形联系起来。

5．四种常用的强度理论

在常温、静载条件下，材料的破坏（弹性失效）形式可归结为两类：脆性断裂和塑性屈服。强度理论提出引起材料"破坏"的共同力学原因的假说，利用简单应力状态下的实验结果来建立复杂应力状态下的失效准则，考虑安全因数后可进而建立起不同受力形式下构件的强度条件。

四个经典强度理论中，第一、第二强度理论是针对脆性断裂提出的，认为最大拉应力和最大拉应变是引起材料脆断的共同原因；第三、第四强度理论针对塑性屈服提出的，认为最大切应力和形状改变比能是导致材料进入失效形式的共同原因。这四个常用的强度理论是针对塑性屈服和脆性断裂这两种失效形式提出的，因此，应根据失效形式选择相应的强度理论。

四个经典的强度理论

名称	选用准则	相当应力	强度条件
第一强度理论	脆性材料；塑性材料三向拉伸应力状态下	$\sigma_{r1} = \sigma_1$	$\sigma_r \leq [\sigma]$
第二强度理论	仅用于石料、混凝土	$\sigma_{r2} = \sigma_1 - \mu(\sigma_2 + \sigma_3)$	
第三强度理论	塑性材料；脆性材料（如大理石）在三向压缩应力状态下	$\sigma_{r3} = \sigma_1 - \sigma_3$	
第四强度理论		$\sigma_{r4} = \sqrt{\dfrac{1}{2}\left[(\sigma_1-\sigma_2)^2 + (\sigma_2-\sigma_3)^2 + (\sigma_3-\sigma_1)^2\right]}$	

注：当 $\sigma_x = \sigma$，$\sigma_y = 0$，$\tau_{xy} = \tau$ 时，$\sigma_{r3} = \sqrt{\sigma^2 + 4\tau^2}$，$\sigma_{r4} = \sqrt{\sigma^2 + 3\tau^2}$。

习 题

11-1 题 11-1 图所示矩形截面梁某截面上的弯矩及剪力分别为 $M = 10\text{kN} \cdot \text{m}$，$F_Q = 120\text{kN}$，试绘出截面上 1、2、3、4 各点应力状态的单元体，并求其主应力。

11-2 已知应力状态如题 11-2 图所示，求指定斜截面 ab 上的应力，并画在单元体上。

11-3 已知应力状态如题 11-3 图所示，图中应力单位皆为 MPa。试用解析法及图解法求：

(1) 主应力大小，主平面位置；

(2) 在单元体上绘出主平面位置及主应力方向；

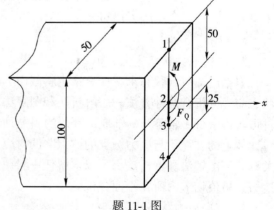

题 11-1 图

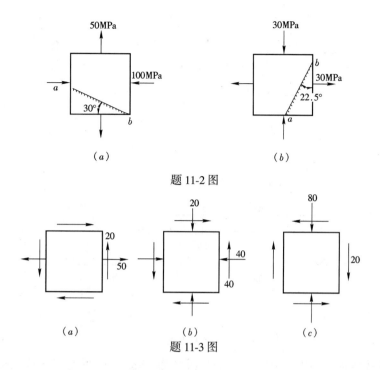

题 11-2 图

题 11-3 图

（3）切应力极值。

11-4 试求题 11-4 图所示应力状态的主应力及最大切应力（应力单位为 MPa）。

11-5 题 11-5 图所示为一钢制圆截面轴，直径 $d = 60\text{mm}$。材料的弹性模量 $E = 210\text{GPa}$。泊松比 $\mu = 0.28$，用电测法测得 A 点与水平线成 45°方向的线应变 $\varepsilon_{-45°} = 431 \times 10^{-6}$，求轴受的外力偶矩 M_e。

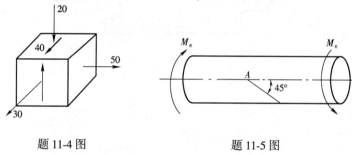

题 11-4 图 　　　　题 11-5 图

11-6 在题 11-6 图所示矩形截面钢拉伸试样的中段 B 点处，与其轴线成 30°方向贴上应变片。当拉力 $F_P = 20\text{kN}$ 时，测得应变片的线应变为 $\varepsilon_{30°} = 3.25 \times 10^{-4}$。已知该试样材料的弹性模量 $E = 210\text{GPa}$，求横向变形系数（泊松比）μ。

11-7 从某铸铁构件内的危险点处取出的单元体，其各面上的应力如题 11-7 图所示。已知铸铁材料的横向变形系数 $\mu = 0.25$，许用拉应力 $[\sigma_t] = 30\text{MPa}$，许用压应力 $[\sigma_c] = 90\text{MPa}$。试按第一和第二强度理论校核其强度。

11-8 一简支钢板梁受荷载如题 11-8（a）图所示，它的截面尺寸见题 11-8（b）图。已知钢材的许用应力为 $[\sigma] = 170\text{MPa}$，$[\tau] = 100\text{MPa}$。试校核梁内的最大正应力和最大切应力，并按第四强度理论对危险截面上的 a 点作强度校核。

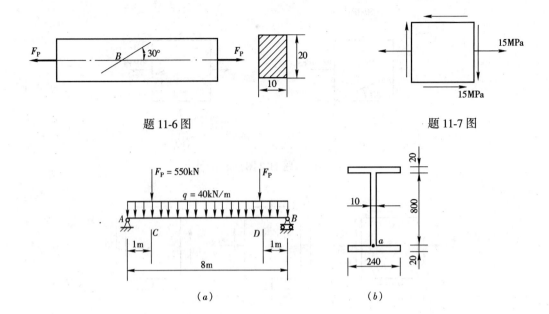

题 11-6 图　　　　　　　　　　题 11-7 图

题 11-8 图

11-9　铸铁薄管如题 11-9 图所示。管的外径为 17mm，壁厚 $t = 15$mm，内压 $p = 4$MPa，$F_P = 200$kN，铸铁的抗拉及抗压许用应力分别为 $[\sigma_t] = 30$MPa，$[\sigma_c] = 120$MPa，$\mu = 0.25$。试用第二强度理论校核薄管的强度。

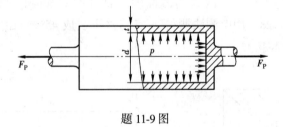

题 11-9 图

第十二章 组 合 变 形

第一节 概 述

杆件的基本变形形式有四种：拉压、剪切、扭转和弯曲。**组合变形**是由两种或两种以上基本变形形式组成。例如，图 12-1 所示工厂厂房的立柱，外力不通过立柱的中心线，立柱的变形既有压缩变形又有弯曲变形；图 12-2 所示工程中的转轴，同时发生扭转和弯曲变形。

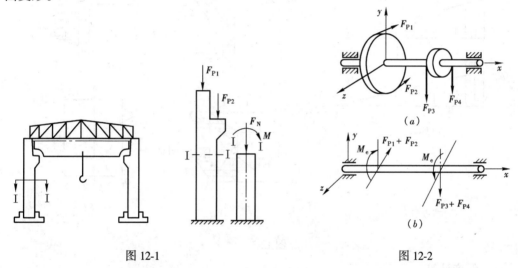

图 12-1　　　　　　　　　　　　　　图 12-2

工程中，杆件产生的组合变形是弹性、小变形，应力、应变服从胡克定律，可以认为组合变形中每一种基本变形都是各自独立，互不影响，位移、应变、内力和应力与外力成线性关系，因此，分析组合变形时，可先将外力进行平移或分解，把构件上的外力转化成几组静力等效的荷载，使其中每一组荷载对应一种基本变形，然后分别计算每一种基本变形各自引起的内力、应力、位移和应变，再将所得结果叠加，得到构件在组合变形下的内力、应力、位移和应变，最后，按照危险点的应力状态及构件的破坏形式选用合适的强度条件进行强度计算。

本章介绍工程上常见的几种组合变形：斜弯曲、拉伸（压缩）与弯曲、扭转与弯曲。

第二节 斜 弯 曲

对于工程中具有纵向对称面的梁，当所有外力都作用在纵向对称面内时，梁发生平面弯曲变形，梁变形后的挠曲线是荷载作用面内的一条平面曲线，当外力不作用在梁的纵向对称面内时，梁变形后的挠曲线不在荷载作用面内，这种弯曲变形是**斜弯曲**。

203

现在以图 12-3 所示矩形截面悬臂梁为例,说明斜弯曲时梁的应力和挠度计算。图12-3 中,x 轴是梁的轴线,y、z 轴是矩形截面的两个对称轴;荷载 F_P 垂直于梁的轴线,通过截面形心,与 z 轴的夹角为 φ。

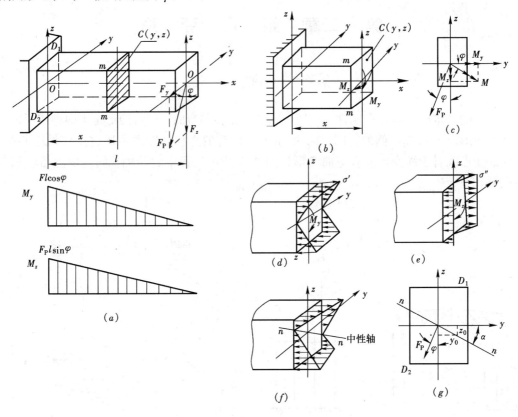

图 12-3

一、强度计算

将荷载 F_P 沿两个对称轴 y、z 轴分解,如图 12-3(a)所示:

$$F_y = F_P\sin\varphi \qquad F_z = F_P\cos\varphi$$

在 F_y、F_z 作用下,梁分别在两个纵向对称面 xoy、xoz 内发生平面弯曲。在 F_y、F_z 作用下,任意横截面 $m-m$(距固定端为 x 处,图 12-3b 所示)上的弯矩为

$$M_z = F_y(l - x) = F_P\sin\varphi(l - x) = M\sin\varphi$$
$$M_y = F_z(l - x) = F_P\cos\varphi(l - x) = M\cos\varphi$$

M_y、M_z 的方向如图 12-3(b)、12-3(c)所示,式中,$M = F_P(l - x)$ 是 F_P 在截面 $m-m$ 上引起的总弯矩。

截面 $m-m$ 上的剪力 F_{Qy}、F_{Qz},是截面上各点处切应力的合力,由于各点处的切应力较小,对梁的强度、刚度计算影响不大,通常可忽略不记。

由梁在平面弯曲时的正应力计算公式可知,截面 $m-m$ 上任意一点 $C(z,y)$ 处,使梁在两个纵向对称面内发生平面弯曲变形的正应力分别为 σ',σ'',

$$\sigma' = \frac{M_y z}{I_y} = \frac{M\cos\varphi z}{I_y}$$

$$\sigma'' = \frac{M_z y}{I_z} = \frac{M \sin\varphi \, y}{I_z}$$

σ'、σ'' 的分布如图 12-3（d）、（e）所示。根据叠加原理，C 点的总应力为

$$\sigma = \sigma' + \sigma'' = \frac{M_y z}{I_y} + \frac{M_z y}{I_z} = M\left(\frac{\cos\varphi \, z}{I_y} + \frac{\sin\varphi \, y}{I_z}\right) \tag{12-1}$$

这里需要指出的是，对于每一个具体问题，计算 σ' 和 σ'' 的大小时，可将 M_y、M_z 和 y、z 各量的绝对值代入式中，σ' 和 σ'' 的符号可根据梁的实际弯曲变形情况确定，所求应力的点位于弯曲凸出边时，则为拉应力，取正号，位于弯曲凹入边时，则为压应力，取负号。

设点（y_0，z_0）是中性轴上任意一点，由弯曲应力一章可知，中性轴上各点正应力为零，即

$$\sigma(y_0, z_0) = 0$$

$$\frac{M_y z_0}{I_y} + \frac{M_z y_0}{I_z} = 0 \tag{12-2a}$$

或

$$M\left(\frac{\cos\varphi \, z_0}{I_y} + \frac{\sin\varphi \, y_0}{I_z}\right) = 0 \tag{12-2b}$$

从式（12-2）中性轴方程可以看出，中性轴是通过截面形心的一条直线，如图 12-3（f）、（g）中的直线 $n-n$ 所示即为中性轴。设中性轴与 y 轴的夹角为 α，由式（12-2a）、（12-2b）可得：

$$\tan\alpha = \frac{z_0}{y_0} = -\frac{I_y M_z}{I_z M_y}$$

或

$$\tan\alpha = \frac{z_0}{y_0} = -\frac{I_y}{I_z}\tan\varphi \tag{12-2c}$$

梁发生弯曲变形时，横截面绕中性轴转动，截面上应力分布如图 12-3（f）所示。

从图 12-3（a）中的 M 图可以看出，M_y、M_z 在固定端截面上均达到最大值，因此，该截面为危险截面；从图 12-3（f）应力分布图可知，固定端截面上距离中性轴最远的角点 D_1 和 D_2 上应力值最大，是危险点。D_1 点有最大拉应力，D_2 有最大压应力，它们的绝对值均为：

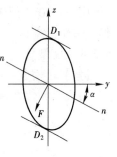

图 12-4

$$\sigma_{\max} = \frac{M_{z\max} y_{\max}}{I_z} + \frac{M_{y\max} z_{\max}}{I_y} = \frac{M_{z\max}}{W_z} + \frac{M_{y\max}}{W_y} = \frac{M_{\max}}{W_z}\left(\sin\varphi + \frac{W_z}{W_y}\cos\varphi\right)$$

危险点处于单向应力状态，故强度条件为

$$\sigma_{\max} = \frac{M_{\max}}{W_z}\left(\sin\varphi + \frac{W_z}{W_y}\cos\varphi\right) \leqslant [\sigma] \tag{12-3}$$

如果梁的横截面图形上没有凸角，如图 12-4 所示，在横截面图形周边上作与中性轴平行的切线，切点 D_1 和 D_2 就是距离中性轴最远的点，即为危险点。

图 12-5

二、挠度计算

如图 12-5 所示，按照叠加原理，自由端由 F_y 引起的挠度在 xoy 面内，为

$$w_y = \frac{F_y l^3}{3EI_z}$$

自由端由 F_z 引起的挠度在 xoz 面内，为

$$w_z = \frac{F_z l^3}{3EI_y}$$

自由端截面的总挠度

$$w = \sqrt{w_y^2 + w_z^2} \tag{12-4}$$

设总挠度 w 与 z 轴的夹角为 θ

$$\tan\theta = \frac{w_y}{w_z} = \frac{I_y}{I_z}\tan\varphi \tag{12-5}$$

由上式可知，$I_y \neq I_z$ 时，$\theta \neq \varphi$，说明梁变形后挠曲线不在荷载作用面内，故称为斜弯曲；$I_y = I_z$ 时，$\theta = \varphi$，说明梁变形后挠曲线在荷载作用面内，故称为平面弯曲。比较式（12-2c）和式（12-5），$\theta = \alpha$，说明无论是斜弯曲还是平面弯曲，中性轴始终和挠度方向垂直。图 12-6（a）、（b）分别给出了平面弯曲和斜弯曲时 θ、φ、α 三者之间的关系。

（a） （b）

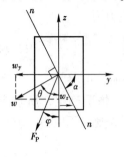

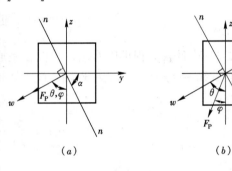

图 12-6

【例 12-1】 屋架的间距为 4m，上弦杆的坡度 $\varphi = 30°$，架于屋架间的工字钢檩条受屋面传来的荷载（如屋面材料瓦、板等的重量）$q = 3.5\text{kN/m}$，材料的弹性模量 $E = 200\text{GPa}$，许用应力 $[\sigma] = 170\text{MPa}$，试选用工字钢檩条的截面型号。

【解】 檩条可简化为简支于两个屋架上的简支梁，长 $l = 4\text{m}$，计算简图如图 12-7 所示。最大弯距值在跨中截面，其值为

$$M_{max} = \frac{1}{8}ql^2 = \frac{1}{8} \times 3.5 \times 4^2 = 7\text{kN}\cdot\text{m}$$

（a） （b）

图 12-7

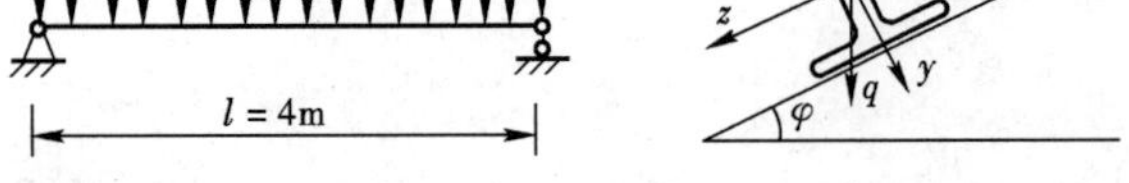

把 M_{max} 分解为：

$$M_z = M_{max}\cos\varphi = 7 \times 0.866 = 6.06\text{kN}\cdot\text{m}$$

$$M_y = M_{max}\sin\varphi = 7 \times 0.5 = 3.5\text{kN}\cdot\text{m}$$

根据强度条件式（12-3），并暂定 $\frac{W_z}{W_y} = 8$，进行试算

$$W_z \geq \frac{M_{\max}}{[\sigma]}\left(\cos\varphi + \frac{W_z}{W_y}\sin\varphi\right)$$

$$= \frac{7 \times 10^3}{170 \times 10^6} \times (0.866 + 8 \times 0.5) = 0.2 \times 10^{-3} \text{m}^3 = 200 \text{cm}^3$$

查型钢表选 20a 工字钢，其 $W_z = 237\text{cm}^3$，$W_y = 31.5\text{cm}^3$，$\frac{W_z}{W_y} = 7.52$。

对选出的截面进行正应力验算

$$\sigma_{\max} = \frac{M_z}{W_z} + \frac{M_y}{W_y} = \frac{6.06 \times 10^3}{237 \times 10^{-6}} + \frac{3.5 \times 10^3}{31.5 \times 10^{-6}} = 136.7 \text{MPa} \leq [\sigma]$$

最大正应力比 $[\sigma]$ 小得多，应重新选小一些工字钢，现选 18 号工字钢，$W_z = 185 \text{cm}^3$，$W_y = 26 \text{cm}^3$，这时的最大正应力为

$$\sigma_{\max} = \frac{M_z}{W_z} + \frac{M_y}{W_y} = \frac{6.06 \times 10^3}{185 \times 10^{-6}} + \frac{3.5 \times 10^3}{26 \times 10^{-6}} = 167 \text{MPa} \leq [\sigma]$$

故选用 18 号工字钢比较合适。

第三节　拉伸或压缩与弯曲组合　截面核心

一、拉伸（或压缩）与弯曲组合

拉伸（或压缩）与弯曲组合是工程上常见的一种组合变形，如图 12-8（a）中起重机的横梁 AB，其受力简图如图 12-8（b）所示，轴向力 F_{Bx} 和 F_{Ax} 引起压缩变形，横向力 F_{Ay}，G，F_{By} 引起弯曲变形，因此，AB 产生压缩与弯曲的组合变形。

下面以图 12-9（a）所示悬臂杆件为例，说明拉伸（或压缩）与弯曲组合时的强度计算方法。

AB 杆同时受到轴向力 F_P 和横向均布荷载 q 的作用，发生拉伸和弯曲的组合变形。杆的抗弯刚度较大，弯曲变形的挠度与梁的截面尺寸相比很小，轴向力由于弯曲变形而引起的弯矩可以忽略不计。因此，轴向力和横向力作用下产生的拉伸和弯曲变形各自独立、互不影响，叠加原理仍可应用。由截面法可知，$m-m$ 截面上的内力有：轴力 F_N、弯矩 M 和剪力 F_Q，如图 12-9（b）所示。剪力 F_Q 对强度的影响很小，忽略不计，只考虑轴力 F_N 和弯矩 M 的作用。

杆件发生拉伸变形时（F_N 的作用）横截面上应力 σ_{FN} 均匀分布，如图 12-9（c）所示。

$$\sigma_{FN} = \frac{F_N}{A} \tag{12-6a}$$

杆件在纵向对称平面内发生弯曲变形时（M 的作用），横截面上的应力 σ_M 线性分布，如图 12-9（d）所示，距中性轴 z 为 y 处的应力为：

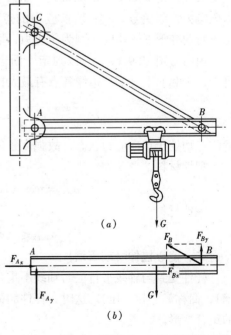

图 12-8

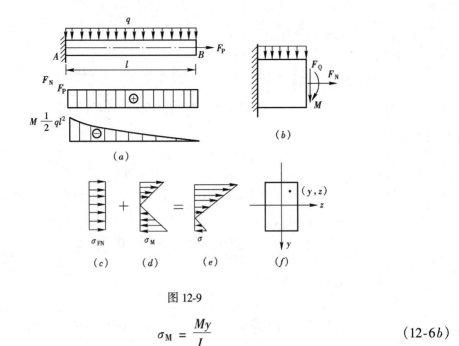

图 12-9

$$\sigma_M = \frac{My}{I_z} \tag{12-6b}$$

两种应力叠加，得到拉伸和弯曲组合变形时横截面上的正应力分布图，如图 12-9（e）所示。横截面上任意一点的总应力为：

$$\sigma = \sigma_{FN} + \sigma_M = \frac{F_N}{A} + \frac{My}{I_z} \tag{12-6c}$$

这里需要指出，计算 σ_{FN}、σ_M，将式 (12-6) 中 F_N、M 和 y 用绝对值代入，σ_{FN}、σ_M 的正负号可由实际变形情况确定。σ_{FN}：拉伸变形时，为拉应力，取正号；压缩变形时，为压应力，取负号。σ_M：所求应力的点位于弯曲变形凸出边时，则为拉应力，取正号，位于弯曲变形凹入边时，则为压应力，取负号。

由内力图 12-9（a）可以判定，固定端截面 A 为危险截面，从应力分布图 12-9（e）可知，A 截面上（下）边缘各点有最大拉（压）应力，为危险点，其值为：

$$\begin{matrix}\sigma_{tmax} \\ \sigma_{cmax}\end{matrix} = \frac{F_N}{A} \pm \frac{M_{max} y_{max}}{I_z} = \frac{F_N}{A} \pm \frac{M_{max}}{W_z} \tag{12-6d}$$

危险点均处于单向应力状态，故强度条件为：

塑性材料

$$\sigma_{max} = \max(|\sigma_{tmax}|, |\sigma_{cmax}|) \leq [\sigma]$$

脆性材料

$$\sigma_{tmax} \leq [\sigma_t], \quad \sigma_{cmax} \leq [\sigma_c] \tag{12-6e}$$

二、偏心拉伸（或压缩）

杆件受到与轴线平行但与轴线不重合的外力作用时，发生的变形称为**偏心拉伸（或压缩）**，简称偏心拉（压）。这时，杆件的横截面上有轴力和弯矩，实质上是拉（压）与弯曲的组合变形。

下面就以图 12-10（a）所示立柱为例，讨论偏心拉伸（或压缩）时的强度计算。

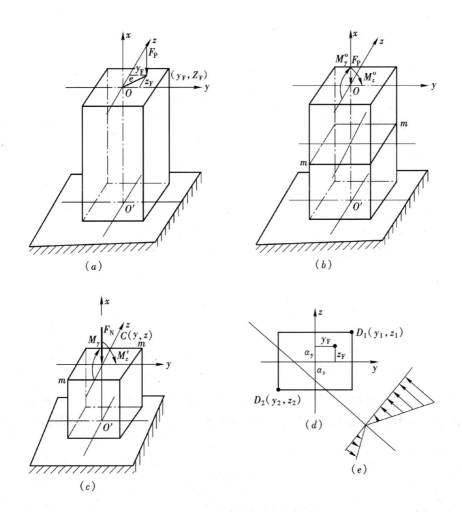

图 12-10

图 12-10（a）表示一立柱，在上端受集中力 F_P 的作用。力 F_P 的作用点到截面形心的距离 $OA = e$，称为偏心距。取轴线为 x 轴，截面的对称轴分别为 y、z 轴，压力 F_P 的作用点是 $A(y_F, z_F)$。将荷载 F_P 向顶面形心 O 点简化，得到轴向压力 F_P，作用在 xoy 平面内的力偶矩 $M_z^0 = F_P y_F$，作用在 xoz 平面内的力偶矩 $M_y^0 = F_P z_F$，如图 12-10（b）所示。在该力系的作用下，立柱发生轴向压缩和 xoy、xoz 两个纵向对称面内平面弯曲的组合变形。由截面法，立柱的任意横截面 $m - m$ 上的内力（图 12-10c）为：

$$F_N = F_P, M_y = F_P z_F, M_z = F_P y_F$$

F_N、M_y、M_z 代表 $m - m$ 截面上内力的大小。在截面 $m - m$ 上任意点 $C(y, z)$ 处，使立柱发生压缩变形，xoy、xoz 两个纵向对称面内平面弯曲变形的应力分别是：

$$\sigma' = -\frac{F_N}{A} = -\frac{F_P}{A}, \sigma'' = -\frac{M_z y}{I_z}, \sigma''' = -\frac{M_y z}{I_y}$$

$C(y, z)$ 点的总应力 $\sigma = \sigma' + \sigma'' + \sigma'''$，即

$$\sigma = -\frac{F_P}{A} - \frac{M_z y}{I_z} - \frac{M_y z}{I_y} \tag{12-7a}$$

或
$$\sigma = -\frac{F_P}{A} - \frac{F_P y_F y}{I_z} - \frac{F_P z_F z}{I_y} \tag{12-7b}$$

或
$$\sigma = -\frac{F_P}{A}\left(1 + \frac{y_F y}{i_z^2} + \frac{z_F z}{i_y^2}\right) \tag{12-7c}$$

式（12-7c）中，截面惯性半径 $i_y = \sqrt{\frac{I_y}{A}}, i_z = \sqrt{\frac{I_z}{A}}$。

需要指出的是，在实际计算时，式（12-7）中的外力 F_P，弯矩及截面上点的坐标均取绝对值代入，而各项的正负号可直接根据杆的变形情况确定。σ'：拉伸变形时，为拉应力，取正号；压缩变形时，为压应力，取负号。σ''，σ'''：所求应力的点位于弯曲变形凸出边时，则为拉应力，取正号，位于弯曲变形凹入边时，则为压应力，取负号。图 12-10（c）中，C 点处的正应力 σ'、σ''、σ''' 均为压应力，所以式（12-7）中均取负号。

设点（y_0, z_0）是中性轴上任意一点，由弯曲应力一章可知，中性轴上各点正应力为零，即

$$\sigma(y_0, z_0) = 0$$

$$-\frac{F_P}{A} - \frac{M_z y_0}{I_z} - \frac{M_y z_0}{I_y} = 0 \tag{12-8a}$$

或
$$1 + \frac{y_F y_0}{i_z^2} + \frac{z_F z_0}{i_y^2} = 0 \tag{12-8b}$$

由式（12-8）可知，偏心拉（压）时，横截面上的中性轴是一条不通过截面形心的直线（图 12-10d 所示）。设中性轴在坐标轴 z、y 上的截距分别为 a_z、a_y，根据截距定义，由式（12-8b）得：

$$a_y = -\frac{i_z^2}{y_F}, a_z = -\frac{i_y^2}{z_F} \tag{12-9}$$

中性轴的位置确定后，应力分布如图 12-10（e）所示。

横截面上离中性轴最远的点的应力最大，在横截面图形周边上作与中性轴平行的切线，切点 D_1、D_2 是截面上离中性轴最远的点，故为危险点

$$\sigma_{D1} = \sigma_{cmax} = -\frac{F_P}{A} - \frac{F_P z_F z_{D1}}{I_y} - \frac{F_P y_F y_{D1}}{I_z} = -\frac{F_P}{A} - \frac{F_P z_F}{W_y} - \frac{F_P y_F}{W_z} \tag{12-10a}$$

$$\sigma_{D2} = \sigma_{tmax} = -\frac{F_P}{A} + \frac{F_P z_F z_{D2}}{I_y} + \frac{F_P y_F y_{D2}}{I_z} = -\frac{F_P}{A} + \frac{F_P z_F}{W_y} + \frac{F_P y_F}{W_z} \tag{12-10b}$$

其中 $W_y = I_y/z_{D1}$，I_y/z_{D2}，$W_z = I_z/y_{D1}$，I_z/y_{D2}

危险点处于单向应力状态，因此，强度条件为

塑性材料　　　　　　$\sigma_{max} = \max(|\sigma_{tmax}|, |\sigma_{cmax}|) \leq [\sigma]$

脆性材料　　　　　　$\sigma_{tmax} \leq [\sigma_t]$，　　$\sigma_{cmax} \leq [\sigma_c]$ （12-10c）

三、截面核心

由式（12-8）、（12-9）可知，中性轴是一条不通过坐标原点的直线，它在坐标轴上的截距与外力作用点的坐标值成反比，因此，外力作用点离形心越近，中性轴离形心就越远，当中性轴与截面周边相切或位于截面之外时，整个截面上就只有压应力而无拉应力，与这些中性轴对应的偏心外力的作用点会在截面形心周围形成一个小区域，这个区域称为

截面核心。对于混凝土、大理石等抗拉能力比抗压能力小得多的材料，设计时不希望偏心压缩在构件中产生拉应力，为达到这一要求，只需将外力作用在截面核心内即可。

根据截面核心的定义，以截面周边上若干点的切线为中性轴，算出其在坐标轴上的截距，再利用公式（12-9）求出各中性轴所对应的外力作用点的坐标，顺序连接所求得的各外力作用点，得到一条围绕截面形心的封闭曲线，它所包围的区域就是截面核心。

图 12-11 中的阴影区域给出矩形和圆形截面的截面核心。

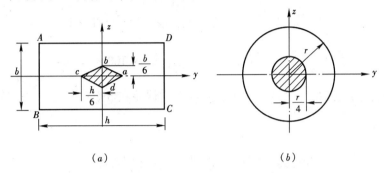

图 12-11

【例 12-2】 最大吊重 $F_P = 8kN$ 的起重机如图 12-12（a）所示。若 AB 杆为工字钢，材料为 Q235 钢，$[\sigma] = 100MPa$，试选择工字钢型号。

【解】 先求出 CD 杆的长度为

$$l = \sqrt{2500^2 + 800^2} = 2625mm = 2.625m$$

AB 杆的受力简图如图 12-12（b）所示。设 CD 杆的拉力为 F_{NCD}，由平衡方程 $\Sigma M_A = 0$，得

$$F_{NCD} \times \frac{0.8}{2.625} \times 2.5 - 8 \times (2.5 + 1.5) = 0$$

$$F_{NCD} = 42kN$$

把 F_{NCD} 分解为沿 AB 杆轴线的分量 H 和垂直于 AB 杆轴线的分量 V

$$H = F_{NCD} \times \frac{2.5}{2.625} = 40kN$$

$$V = F_{NCD} \times \frac{0.8}{2.625} = 13.7kN$$

AB 杆在 AC 段内产生压缩与弯曲的组合变形，作 AB 杆的弯矩图和轴力图如图 12-12（c）所示，在 C 点左侧截面上弯矩、轴力均为最大值，故为危险截面。

由于引起轴向压缩变形的正应力与弯曲变形正应力相比很小，因此，可以先不考虑轴力的影响，只根据弯曲强度条件选取工字钢。这时

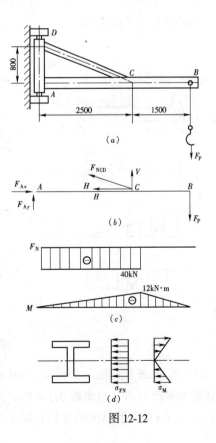

图 12-12

$$W \geq \frac{M_{max}}{[\sigma]} = \frac{12 \times 10^3}{100 \times 10^6} = 12 \times 10^{-5} \text{m}^3 = 120 \text{cm}^3$$

查型钢表，选取 16 号工字钢，$W = 141 \text{cm}^3$，$A = 26.1 \text{cm}^2$。选定工字钢后，同时考虑轴力 F_N 及弯矩 M 的影响，进行强度校核。在危险截面 C 点左侧截面的下边缘各点上应力绝对值最大，且为压应力。

$$\sigma_{max} = |\sigma_{cmax}| = \left|\frac{F_N}{A} + \frac{M_{max}}{W}\right| = \left|-\frac{40 \times 10^3}{26.1 \times 10^{-4}} - \frac{12 \times 10^3}{141 \times 10^{-6}}\right| = 100.4 \text{MPa}$$

$$\frac{\sigma_{max} - [\sigma]}{[\sigma]} \times 100\% = \frac{100.4 - 100}{100} \times 100\% = 0.4\%$$

计算结果表明，最大压应力与许用应力接近相等，误差在 5% 范围内，故无需重新选择截面的型号。

第四节 弯曲与扭转组合

机械中的传动轴，与皮带轮、飞轮和齿轮等连接时，发生扭转和弯曲的组合变形。由于传动轴以圆截面居多，因此，本节就以圆截面杆为研究对象，讨论杆件在发生弯扭组合变形时的强度计算方法。

图 12-13（a）所示为一摇臂轴，AB 轴的直径为 d，A 端可视为固定端，在 C 端作用有垂直向下的集中力 F_P。

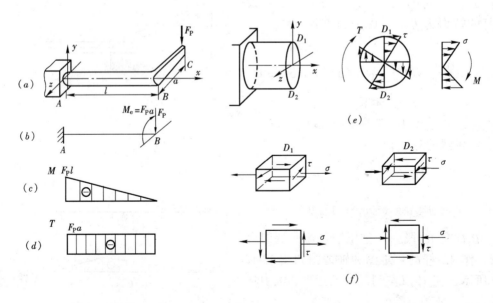

图 12-13

将外力 F_P 向 B 截面的形心简化，AB 轴的计算简图如图 12-13（b）所示，横向力 F_P 使 AB 轴发生平面弯曲，力偶矩 $M_e = F_P a$ 使发生扭转变形。AB 轴的弯矩图和扭矩图如图 12-13（c）、（d）所示。由图可知，固定端截面 A 为危险截面，其上内力为

$$M = F_P l, T = F_P a$$

固定端截面（A 截面）上的弯曲正应力和扭转切应力的分布如图 12-13（e）所示，由应力分布图可知，A 截面上的 D_1、D_2 点为危险点，应力为：

$$\sigma = \frac{M}{W}, \tau = \frac{T}{W_p} \tag{12-11a}$$

式中 $W = \dfrac{\pi d^3}{32}$，$W_p = \dfrac{\pi d^3}{16}$，$D_1$、$D_2$ 点的单元体如图 12-13（f）所示。危险点 D_1（D_2）处于二向应力状态，其主应力为

$$\sigma_{1,3} = \frac{\sigma}{2} \pm \sqrt{\left(\frac{\sigma}{2}\right)^2 + \tau^2}, \sigma_2 = 0$$

AB 轴为钢材，复杂应力状态下可按第三或第四强度理论建立强度条件

$$\sigma_{r3} = \sigma_1 - \sigma_3 = \sqrt{\sigma^2 + 4\tau^2} \leqslant [\sigma] \tag{12-11b}$$

$$\sigma_{r4} = \sqrt{\frac{1}{2}[(\sigma_1 - \sigma_2)^2 + (\sigma_2 - \sigma_3)^2 + (\sigma_3 - \sigma_1)^2]} = \sqrt{\sigma^2 + 3\tau^2} \leqslant [\sigma] \tag{12-11c}$$

将式（12-11a）中的 σ、τ 代入式（12-11b）、式（12-11c），对圆截面，有 $W_p = 2W$，则

$$\sigma_{r3} = \frac{1}{W}\sqrt{M^2 + T^2} \leqslant [\sigma]$$

$$\sigma_{r4} = \frac{1}{W}\sqrt{M^2 + 0.75 T^2} \leqslant [\sigma] \tag{12-12}$$

式（12-12）即为圆杆在弯曲与扭转组合时以内力矩表示的第三、四强度理论的强度条件。

【例 12-3】 齿轮轴 AB 如图 12-14（a）所示。已知轴的转速 $n = 265\text{r/min}$，输入功率 $P = 10\text{kW}$，两齿轮节圆直径 $D_1 = 396\text{mm}$，$D_2 = 168\text{mm}$，压力角 $\alpha = 20°$，轴的直径 $d = 50\text{mm}$，材料为 45 号钢，许用应力 $[\sigma] = 50\text{MPa}$。试校核轴的强度。

【解】（1）轴的外力分析：将啮合力分解为切向力与径向力，并向齿轮中心（轴线上）平移，考虑轴承约束力后得轴的受力图如图 12-14（b）所示。

由 $\Sigma M_x(F) = 0$ 得

$$m_{eC} = m_{eD} = 9549 \frac{P}{n} = 9549 \times \frac{10}{265} = 360.3 \text{N} \cdot \text{m}$$

由扭转力偶计算相应切向力，径向力

$$m_{eC} = F_{1z}\frac{D_1}{2}, F_{1z} = \frac{2 m_{eC}}{D_1} = \frac{2 \times 360.3}{0.396} = 1820\text{N}$$

$$F_{1y} = F_{1z}\tan 20° = 1820 \times 0.364 = 662.4\text{N}$$

$$m_{eD} = F_{2y}\frac{D_2}{2}, F_{2y} = \frac{2 m_{eD}}{D_2} = \frac{2 \times 360.3}{0.168} = 4289\text{N}$$

$$F_{2z} = F_{2y}\tan 20° = 4289 \times 0.364 = 1561\text{N}$$

轴上铅垂面内的作用力 F_{1y}，F_{2y}，约束力 F_{Ay}，F_{By} 构成铅垂面内的平面弯曲，由平衡条件 $\Sigma M_{z,B}(F) = 0$ 和 $\Sigma M_{z,A}(F) = 0$ 可求得

$$F_{Ay} = 1663\text{N}, \quad F_{By} = 3289\text{N}$$

轴上水平面内的作用力 F_{1z}，F_{2z}，约束力 F_{Az}、F_{Bz} 构成水平面内的平面弯曲，由平

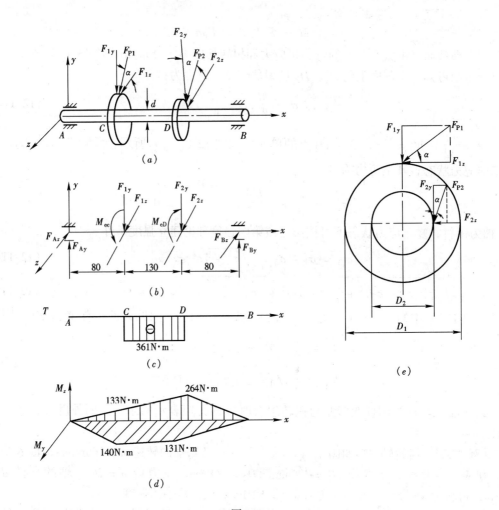

图 12-14

衡条件 $\Sigma M_{y,B}(F) = 0$ 和 $\Sigma M_{y,A}(F) = 0$,可求得

$$F_{Az} = 1749\text{N}, F_{Bz} = 1632\text{N}$$

(2) 作内力图：分别作杆件的扭矩图 T（图 12-14c），铅垂面内外力引起的杆件的弯矩图 M_z，水平面内外力引起的杆件的弯矩图 M_y（图 12-14d）

(3) 强度校核：由弯矩图及扭矩图确定可能危险面为 C 右侧截面和 D 左侧截面，其上 $M = \sqrt{M_y^2 + M_z^2}$，即

$$M_C = \sqrt{140^2 + 133^2} = 193\text{N} \cdot \text{m}$$
$$M_D = \sqrt{131^2 + 264^2} = 294\text{N} \cdot \text{m}$$

由上式可知 D 左侧截面更危险。对塑性材料，采用第三强度理论或第四强度理论作强度校核

$$\sigma_{r3} = \frac{1}{W}\sqrt{M_D^2 + T^2} = \frac{\sqrt{294^2 + 361^2}}{\frac{\pi}{32} \times 0.05^3} = 37.2 \times 10^6 \text{Pa} = 37.2\text{MPa} < [\sigma] = 55\text{MPa}$$

$$\sigma_{r4} = \frac{1}{W}\sqrt{M_D^2 + 0.75T^2} = \frac{\sqrt{294^2 + 0.75 + 361^2}}{\frac{\pi}{32} \times 0.05^3}$$

$$= 34.4 \times 10^6 \text{Pa} = 34.3 \text{MPa} < [\sigma] = 55 \text{MPa}$$

因此，杆件的强度足够。

小　　结

本章的主要内容是研究求解组合变形问题解题方法、斜弯曲、拉伸（或压缩）与弯曲的组合、弯曲与扭转的组合。其中，斜弯曲、拉伸（或压缩）与弯曲的组合、圆杆的弯曲与扭转的组合为本章重点。具体内容概括如下：

1．求解组合变形问题解题方法

求解组合变形问题的基本方法是叠加法。运用叠加法来处理组合变形问题的条件是：线弹性材料，加载在弹性范围内，即服从胡克定律；小变形，每一种基本变形都是各自独立，互不影响。

叠加法求解组合变形问题主要步骤为：

（1）将外力进行平移或分解，使简化或分解后的每一种荷载只产生一种基本变形。

（2）根据各基本变形的内力分布，确定危险截面；计算各基本变形形式下的应力，根据叠加原理，得到组合变形形式下的应力分布，确定危险点；围绕危险点取出危险点处的单元体。

（3）根据构件的失效形式选取强度理论，由危险点的应力状态，进行应力分析求三个主应力，写出构件在组合变形情况下的强度条件，进而进行强度计算。

2．斜弯曲

这里主要讨论两个互相垂直纵向对称平面内的平面弯曲问题的组合。危险点的应力状态为单向应力状态，故强度条件为

$$\sigma_{\max} = \frac{M_y}{W_y} + \frac{M_z}{W_z} \leqslant [\sigma]$$

3．拉伸（或压缩）与弯曲的组合

这里的弯曲可以是一个纵向对称平面内的平面弯曲，也可以是两个互相垂直纵向对称平面内的平面弯曲组合成的斜弯曲。危险点的应力状态为单向应力状态，故强度条件为：

塑性材料，$\quad \sigma_{\max} = \max(|\sigma_{t\max}|, |\sigma_{c\max}|) \leqslant [\sigma]$

脆性材料，$\quad \sigma_{t\max} \leqslant [\sigma_t], \quad \sigma_{c\max} \leqslant [\sigma_c]$

偏心拉伸（或压缩）的实质是拉伸（或压缩）与弯曲的组合变形。截面核心是截面形心周围的一个小区域，当偏心外力的作用点作用在截面核心时，整个截面上就只有压应力而无拉应力。对于混凝土、大理石等抗拉能力比抗压能力小得多的材料，设计时不希望偏心压缩在构件中产生拉应力，为达到这一要求，只需将外力作用在截面核心内即可。

4．弯曲与扭转的组合

工程上常见的有圆轴和曲柄轴，由于受力较复杂，需要画出弯矩图和扭矩图分析危险截面，画出相应的应力分布图分析危险点，根据材料和危险点应力状态写出强度条件。对于圆轴，强度条件写为：

$$\sigma_{r3} = \frac{1}{W}\sqrt{M^2 + T^2} \leqslant [\sigma]$$

$$\sigma_{r4} = \frac{1}{W}\sqrt{M^2 + 0.75T^2} \leqslant [\sigma]$$

这里，$M = \sqrt{M_y^2 + M_z^2}$。

利用斜弯曲、拉伸（或压缩）与弯曲组合及弯曲与扭转组合的强度条件，可以对发生组合变形的构件进行强度校核、截面设计及确定结构的承载力。

习　题

12-1　试分析题 12-1 图所示杆件各段杆的变形形式。

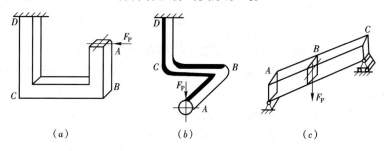

题 12-1 图

12-2　带有切槽的正方形木杆如题 12-2 图所示。试求：

（1）$m-m$ 截面上的 σ_{tmax} 和 σ_{cmax}；

（2）此 σ_{tmax} 是截面削弱前的几倍？

12-3　试求题 12-3 图所示杆件在 F_P 作用下的 σ_{tmax}，并指明所在位置。

12-4　题 12-4 图所示短柱受荷载 F_P 和 H 的作用，试求固定端截面上角点 A、B、C 及 D 的正应力，并确定其中性轴的位置。

12-5　一矩形截面短柱，受力如题 12-5 图所示，许用拉应力 $[\sigma_t]$ = 30MPa，许用应压力 $[\sigma_c]$ = 90MPa，求许可荷载 $[F_P]$。

12-6　一手摇绞车如题 12-6 图所示。已知轴的直径 d = 25mm，材料为 Q235 钢，其许用应力 $[\sigma]$ = 80MPa，试按第四强度理论求绞车的最大起吊重量 G。

12-7　材料为灰铸铁 HT15-33 的压力机框架如题 12-7 图所示。许用拉应力为 $[\sigma_t]$ = 30MPa，许用压应力为 $[\sigma_c]$ = 80MPa，试校核框架立柱的强度。

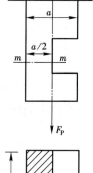

题 12-2 图

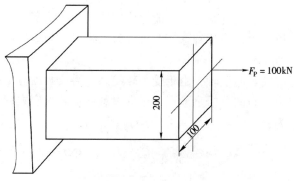

题 12-3 图

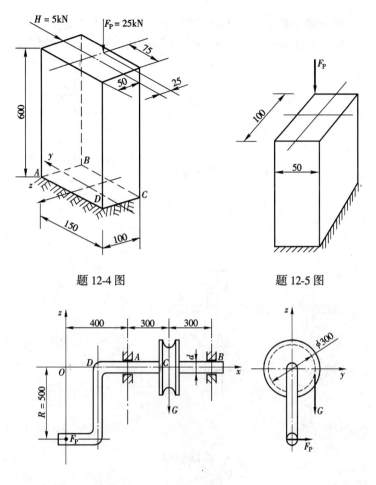

题 12-4 图　　　　　　题 12-5 图

题 12-6 图

12-8　题 12-8 所示为一矩形截面杆，用应变片测得杆件上、下表面的轴向应变分别为 $\varepsilon_a = 1 \times 10^{-3}$，$\varepsilon_b = 0.4 \times 10^{-3}$，材料的弹性模量 $E = 210\text{GPa}$，试绘制横截面的正应力分布图，并求拉力 F_P 及其偏心距 e 的数值。

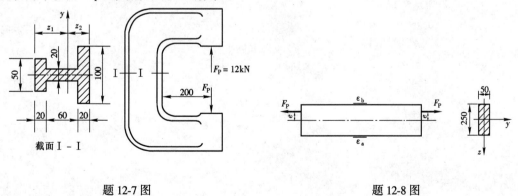

题 12-7 图　　　　　　题 12-8 图

12-9　题 12-9 图所示简支梁，截面为 32a 工字钢，$W_z = 692\text{cm}^3$，$W_y = 70.8\text{cm}^3$，$l = 4\text{m}$，$[\sigma] = 170\text{MPa}$，试校核其强度。

12-10 一轴上装有两个圆轮如题 12-10 图所示，F_P、G 两力分别作用于两轮上并处于平衡状态，圆轴直径 $d = 110$mm，$[\sigma] = 60$MPa，试按第四强度理论确定许可荷载。

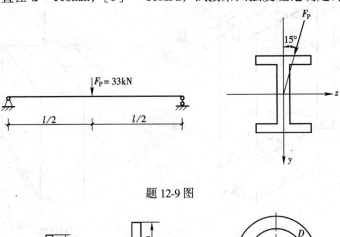

题 12-9 图

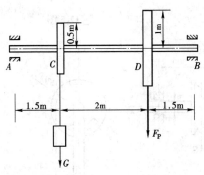
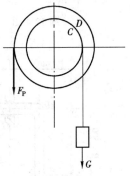

题 12-10 图

第十三章 压 杆 稳 定

第一节 压杆稳定的概念

构件的承载力包括强度、刚度和稳定性三个方面。构件除了强度和刚度失效外，还可能发生稳定失效。例如，受轴向压力的细长杆，当压力超过一定数值时，压杆会由原来的直线平衡形式突然变弯（图 13-1a），致使结构丧失承载能力；又如，狭长截面梁在横向荷载作用下，将发生平面弯曲，但当荷载超过一定数值时，梁的平衡形式将突然变为弯曲和扭转（图 13-1b）；受均匀压力的薄圆环，当压力超过一定数值时，圆环将不能保持圆对称的平衡形式，而突然变为非圆对称的平衡形式（图 13-1c）。上述各种关于平衡形式的突然变化，统称为**稳定失效**，简称为**失稳或屈曲**。工程中的柱、桁架中的压杆、薄壳结构及薄壁容器等，在有压力存在时，都可能发生失稳。由于构件的失稳往往是突然发生的，其危害性也较大。因此，稳定问题在工程设计中占有重要地位。

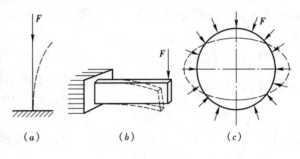

图 13-1

关于弹性平衡的稳定性，可以通过下面的现象来说明一下。例如，图 13-2（a）所示处于凹面的球体，当球受到微小干扰，偏离其平衡位置后，经过几次摆动，它会重新回到原来的平衡位置，其平衡是稳定的。图 13-2（b）所示处于凸面的球体，当球受到微小干扰，它将偏离其平衡位置，而不再恢复原位，故该球的平衡是不稳定的。

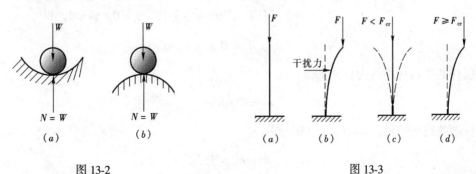

图 13-2　　　　　　　　　图 13-3

再将压杆的弹性稳定问题与上述现象比较。例如，如图 13-3（a）所示下端固定、上端自由的中心受压直杆，当压力 F 小于某一临界值 F_{cr} 时，杆件若受到某种微小干扰，它将偏离直线平衡位置，产生微弯（13-3b）；当干扰撤除后，杆件又回到原来的直线平衡位置（图 13-3c）。此时，杆件的直线平衡形式是稳定的。但当压力 F 超过临界值 F_{cr} 时，撤除干扰后，杆件不再回到直线平衡位置，而在弯曲形式下保持平衡（图 13-3d），这表明原有的直线平衡形式是不稳定的。以上使中心受压直杆的直线平衡形式，由稳定平衡转变为不稳定平衡时所受的轴向压力，称为临界荷载，或简称为**临界力**，用 F_{cr} 表示。

第二节　细长压杆的临界力

根据压杆失稳是由直线平衡形式转变为弯曲平衡形式的这一重要概念，可知临界力是压杆在临界状态下的轴向压力，是压杆在原有的直线状态下保持平衡的最大荷载，也是压杆在微弯状态下保持平衡的最小压力。因此，可以从压杆处于微弯状态着手，推导细长压杆的临界力公式。确定临界力的方法有静力法、能量法等。本节采用静力法，以两端铰支的中心受压直杆为例，说明确定临界力的基本方法。

一、两端铰支压杆的临界力

如图 13-4（a）所示，两端铰支中心受压的直杆。设压杆处于临界状态，并具有微弯的平衡形式，如图 13-4（b）所示。建立 $w - x$ 坐标系，任意截面（x）处的内力（图 13-4c）为

$$F_N = F （压力），M(x) = Fw$$

在图示坐标系中，根据小挠度近似微分方程 $\dfrac{d^2 w}{dx^2} = -\dfrac{M(x)}{EI}$，得到

$$\frac{d^2 w}{dx^2} = -\frac{F}{EI} w$$

令 $k^2 = \dfrac{F}{EI}$，得微分方程

$$\frac{d^2 w}{dx^2} + k^2 w = 0 \tag{a}$$

此方程的通解为

$$w = A\sin kx + B\cos kx$$

利用杆端的约束条件，$x = 0$，$w = 0$，得

$$B = 0$$

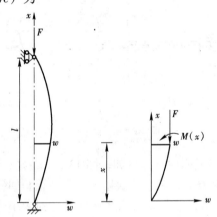

图 13-4

可知压杆的微弯挠曲线为正弦函数：

$$w = A\sin kx \tag{b}$$

利用杆端的约束条件，$x = l$，$w = 0$，得

$$A\sin kl = 0 \tag{c}$$

在（c）式中，若 $A = 0$，即压杆没有弯曲变形，这与一开始的假设（压杆处于微弯平衡形式）不符；因此，只能是

$$\sin kl = 0 \quad 则$$

$$kl = n\pi (n = 1、2、3\cdots\cdots)$$

由此得出相应于临界状态的临界力表达式

$$F_{cr} = \frac{n^2\pi^2 EI}{l^2}$$

实际工程中有意义的是最小的临界力值，即 $n=1$ 时的 F_{cr} 值：

$$F_{cr} = \frac{\pi^2 EI}{l^2} \tag{13-1}$$

这就是计算压杆临界力的表达式，又称为**欧拉公式**。因此，F_{cr} 也称为**欧拉临界力**。此式表明，F_{cr} 与抗弯刚度（EI）成正比，与杆长的平方（l^2）成反比。压杆失稳时，总是绕抗弯刚度最小的轴发生弯曲变形。因此，对于各个方向约束相同的情形（例如球铰约束），式（13-1）中的 I 应为截面最小的形心主惯性矩。

将 $k = \dfrac{\pi}{l}$ 代入式（b）得两端铰支细长压杆的挠度方程为

$$w = A\sin\frac{\pi x}{l} \tag{d}$$

由此可见，挠曲线是一条半波正弦曲线，常数 A 为压杆中点截面的挠度。

二、其他约束情况压杆的临界力

用上述方法，还可求得其他约束条件下压杆的临界力。几种理想约束条件下细长压杆的临界力公式列于表 13-1 中。

从表 13-1 可以看出，细长压杆在各种不同的杆端约束条件下的临界力的公式是相似的，写成统一的形式，即

$$F_{cr} = \frac{\pi^2 EI}{(\mu l)^2} \tag{13-2}$$

式中，μ 称为压杆的**长度因数**，它反映了约束情况对临界荷载的影响。杆端的约束愈强，则 μ 值愈小，压杆的临界力愈高；杆端的约束愈弱，则 μ 值愈大，压杆的临界力愈低。μl 称为**相当长度**。由于压杆失稳时的挠曲线上拐点处的弯矩为零，故可设想拐点处有一铰，两拐点间的一段可以看作是两端铰支的压杆，两拐点之间的长度即为原压杆的相当长度。事实上，压杆的临界力与其挠曲线形状是有联系的，如果将它们的挠曲线形状与两端铰支压杆的挠曲线形状加以比较，就可以用几何比拟的方法，求出它们的临界力。从表 13-1 中可以看出，长为 l 的一端固定、另端自由的压杆，与长为 $2l$ 的两端铰支压杆相当；长为 l 的两端固定压杆（其挠曲线上有 A、B 两个拐点，该处弯矩为零），与长为 $0.5l$ 的两端铰支压杆相当；长为 l 的一端固定、另端铰支的压杆，约与长为 $0.7l$ 的两端铰支压杆相当；长为 $0.5l$ 的两端固定但可沿横向相对移动的压杆，约与长为 $0.5l$ 的两端铰支压杆相当。

需要指出的是，欧拉公式的推导中应用了弹性小挠度微分方程，因此公式只适用于弹性稳定问题。另外，上述各种 μ 值都是对理想约束而言的，实际工程中的约束往往是比较复杂的，例如压杆两端若与其他构件连接在一起，则杆端的约束是弹性的，μ 值一般在 0.5 与 1 之间，通常将 μ 值取接近于 1。对于工程中常用的支座情况，长度系数 μ 可从有关设计手册或规范中查到。

各种约束条件下细长压杆临界力和长度系数　　　　　　　　　表 13-1

杆端约束情况	两端铰支	一端固定 一端铰支	两端固定	一端固定 一端自由	两端固定但可沿横向相对移动
压杆失稳时挠曲线形状			C、D：挠曲线拐点		C：挠曲线拐点
临界力 F_{cr}	$F_{cr}=\dfrac{\pi^2 EI}{l^2}$	$F_{cr}\approx\dfrac{\pi^2 EI}{(0.7l)^2}$	$F_{cr}=\dfrac{\pi^2 EI}{(0.5l)^2}$	$F_{cr}=\dfrac{\pi^2 EI}{(2l)^2}$	$F_{cr}=\dfrac{\pi^2 EI}{l^2}$
长度因数 μ	$\mu=1$	$\mu\approx 0.7$	$\mu=0.5$	$\mu=2$	$\mu=1$

【例 13-1】 两端铰支钢质细长压杆，长 $l_0 = 1.5\text{m}$，三种情况的截面面积相同。图 13-5（a）所示，直径 $d = 50\text{mm}$；图 13-5（b）所示，内径 $d_1 = 10\text{mm}$；图 13-5（c），内径 $d_2 = 15\text{mm}$；设材料的弹性模量 $E = 200\text{GPa}$。试求三根细长杆的临界力。

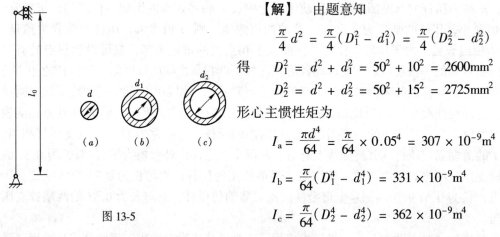

图 13-5

【解】 由题意知

$$\frac{\pi}{4}d^2 = \frac{\pi}{4}(D_1^2 - d_1^2) = \frac{\pi}{4}(D_2^2 - d_2^2)$$

得　$D_1^2 = d^2 + d_1^2 = 50^2 + 10^2 = 2600\text{mm}^2$

$D_2^2 = d^2 + d_2^2 = 50^2 + 15^2 = 2725\text{mm}^2$

形心主惯性矩为

$$I_a = \frac{\pi d^4}{64} = \frac{\pi}{64}\times 0.05^4 = 307\times 10^{-9}\text{m}^4$$

$$I_b = \frac{\pi}{64}(D_1^4 - d_1^4) = 331\times 10^{-9}\text{m}^4$$

$$I_c = \frac{\pi}{64}(D_2^4 - d_2^4) = 362\times 10^{-9}\text{m}^4$$

由公式（13-1）得，临界力分别为

$$F_{cr} = \frac{\pi^2 EI_a}{l^2} = \frac{\pi^2\times 200\times 10^9\times 307\times 10^{-9}}{1.5^2} = 269\text{kN}$$

$$F_{cr} = \frac{\pi^2 EI_b}{l^2} = \frac{\pi^2\times 200\times 10^9\times 331\times 10^{-9}}{1.5^2} = 290\text{kN}$$

$$F_{cr} = \frac{\pi^2 EI_c}{l^2} = \frac{\pi^2 \times 200 \times 10^9 \times 362 \times 10^{-9}}{1.5^2} = 317 \text{kN}$$

从以上计算可以看出，压杆的临界力与杆横截面的面积无关，而与杆的抗弯刚度 EI 有关。对于长度、截面面积及材料相同而形状不同的杆，它们的临界力可以相差很大。这一点也可说明压杆的稳定问题完全不同于杆件的轴向拉、压强度问题。

第三节　压杆的临界应力

如上节所述，欧拉公式只有在弹性范围内才是适用的。为了判断压杆失稳时是否处于弹性范围，以及超出弹性范围后临界力的计算问题，必须引入临界应力及柔度的概念。

一、临界应力和柔度

压杆在临界力作用下，其在直线平衡位置时横截面上的应力称为**临界应力**，用 σ_{cr} 表示。压杆在弹性范围内失稳时，则临界应力为：

$$\sigma_{cr} = \frac{F_{cr}}{A} = \frac{\pi^2 EI}{(\mu l)^2 A} = \frac{\pi^2 Ei^2}{(\mu l)^2} = \frac{\pi^2 E}{\lambda^2} \tag{13-3}$$

$$\lambda = \frac{\mu l}{i}, \quad i = \sqrt{\frac{I}{A}} \tag{13-4}$$

式中的 i 为截面的惯性半径；λ 为**柔度**，又称为压杆的**长细比**，是一个无量纲的量，它综合反映了杆端约束、杆的长度、截面形状和尺寸等因素对临界应力的影响。从式（13-3）可以看出：压杆柔度越大，临界应力就越小，压杆就越容易失稳。若压杆在两个形心主惯性平面内的柔度不同，则压杆总是在柔度较大的那个形心主惯性平面内失稳。

二、欧拉公式应用范围及临界应力总图

根据 λ 所处的范围，可以把压杆分为三类：

1. 细长杆（$\lambda \geqslant \lambda_p$）

欧拉公式是根据杆件弯曲变形的挠曲线近似微分方程导出的，而这个微分方程只有在小变形和材料服从胡克定律的前提下才能成立，所以，欧拉公式的适用条件为临界应力小于或等于材料的比例极限 σ_p，即

$$\sigma_{cr} = \frac{\pi^2 E}{\lambda^2} \leqslant \sigma_p$$

若令

$$\lambda_p = \sqrt{\frac{\pi^2 E}{\sigma_p}} \tag{13-5}$$

则欧拉公式的适用条件为

$$\lambda \geqslant \lambda_p$$

将 $\lambda \geqslant \lambda_p$ 的压杆称为**细长杆**，又称为**大柔度杆**。对于不同的材料，因弹性模量 E 和比例极限 σ_p 各不相同，λ_p 的数值亦不相同。例如 Q235 钢 $E = 206 \text{GPa}$，$\sigma_p = 200 \text{MPa}$，用式（13-5）可算得 $\lambda_p \approx 100$。

2. 中长杆（$\lambda_s \leqslant \lambda \leqslant \lambda_p$）

这类杆又称**中柔度杆**。这类压杆失稳时，横截面上的应力已超过比例极限，故属于弹

塑性稳定问题。对于中长杆，一般采用经验公式计算其临界应力，如直线公式：

$$\sigma_{cr} = a - b\lambda \qquad (13\text{-}6)$$

式中 a、b 为与材料性能有关的常数。当 $\sigma_{cr} = \sigma_s$ 时，其相应的柔度 λ_s 为中长杆柔度的下限，据式（13-6）不难求得：

$$\lambda_s = \frac{a - \sigma_s}{b}$$

例如 Q235 钢，$\sigma_s = 235\text{MPa}$，$a = 304\text{MPa}$，$b = 1.12\text{MPa}$，代入上式算得 $\lambda_s = 61.6$。

3. 粗短杆（$\lambda \leqslant \lambda_s$）

这类杆又称为**小柔度杆**。这类压杆将发生强度破坏，而不是失稳。故

$$\sigma_{cr} = \sigma_s$$

上述三类压杆临界应力与 λ 的关系，可画出 $\sigma_{cr} - \lambda$ 曲线如图 13-6 所示。该图称为压杆的临界应力总图。

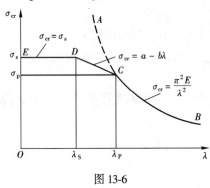

图 13-6

需要指出的是，对于中长杆和粗短杆，不同的工程设计中，可能采用不同的经验公式计算临界应力，如抛物线公式

$$\sigma_{cr} = a_1 - b_1 \lambda^2$$

式中，a_1 和 b_1 是和材料有关的常数，可查阅相关的设计规范。

常用材料的 a、b 和 λ_p 值　　　　　　　　　　表 13-2

材　料	a（MPa）	b（MPa）	λ_p
Q235 钢 $\sigma_s = 235\text{MPa}$	304	1.12	102
优质碳钢 $\sigma_s = 306\text{MPa}$	461	2.568	95
铸　铁	332.2	1.454	70
木　材	28.7	0.190	80

【例 13-2】　在图 13-7 所示铰接杆系 ABC 中，BC 杆为直径 $d_1 = 100\text{mm}$ 的圆截面，AB 杆为内径 $d_2 = 60\text{mm}$，外径 $D_2 = 80\text{mm}$ 的空心圆截面，两杆材料均为 Q235 钢。试确定杆系在 ABC 平面内失稳时的极限荷载 $F_{\max}$。

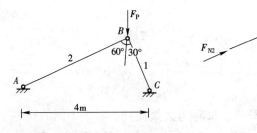

图 13-7

【解】　（1）求两杆的极限内力

由节点 B 的平衡条件求出两杆的轴力为

$$F_{N1} = 0.866 F_p,$$
$$F_{N2} = 0.5 F_p,$$

AB 和 BC 都压杆，应按稳定性进行计算。两杆的长度分别为
$$l_1 = 4 \times \sin 30° = 2\text{m}$$
$$l_2 = 4 \times \cos 30° = 3.46$$

截面的惯性半径
$$i_1 = \sqrt{\frac{I_1}{A_1}} = \sqrt{\frac{\pi d_1^4/64}{\pi d_1^2/4}} = \frac{d_1}{4} = \frac{100 \times 10^{-3}}{4} = 25 \times 10^{-3}\text{m}$$

$$i_2 = \sqrt{\frac{I_2}{A_2}} = \sqrt{\frac{\pi D_2^4/64 - \pi d_2^4/64}{\pi D_2^2/4 - \pi d_2^2/4}} = \frac{\sqrt{D_2^2 + d_2^2}}{4} = \frac{100 \times 10^{-3}}{4} = 25 \times 10^{-3}\text{m}$$

长度因数
$$\mu_1 = \mu_2 = 1$$

两杆的柔度
$$\lambda_1 = \frac{\mu_1 l_1}{i_1} = \frac{1 \times 2}{25 \times 10^{-3}} = 80 < \lambda_p$$

$$\lambda_2 = \frac{\mu_2 l_2}{i_2} = \frac{1 \times 3.464}{25 \times 10^{-3}} = 138.6 > \lambda_p$$

因为 $\lambda_2 > \lambda_p$，AB 杆为细长杆，则
$$F_{N2} = F_{cr2} = \frac{\pi^2 EI_2}{l_2^2} = \frac{\pi^2 \times 206 \times 10^9 \times \frac{\pi \times (80^4 - 60^4) \times 10^{-12}}{64}}{(3.464)^2} = 232.6\text{kN}$$

因 $\lambda_2 > \lambda_s$，BC 杆属于中长杆，其极限轴力可按线性公式或抛物线公式计算。若按直线公式计算：
$$F_{N1} = F_{cr1} = \sigma_{cr2} \cdot A = (304 - 1.12 \times 80) \times 7854 \times 10^{-6} = 1684\text{kN}$$

(2) 计算结构的极限荷载 F_{max}

按 AB 杆的临界状态计算，则
$$F_{max} = \frac{F_{N2}}{0.5} = \frac{232.6}{0.5} = 465\text{kN} \tag{a}$$

按 BC 杆的临界状态计算：
$$F_{max} = \frac{F_{N1}}{0.866} = \frac{1684}{0.866} = 1945\text{kN} \tag{b}$$

将计算结果 (a) 与 (b) 比较，可知结构的极限荷载由 AB 杆的临界状态决定，
$$F_{max} = 465\text{kN}。$$

第四节 压杆的稳定计算

工程上通常采用下列两种方法进行压杆的稳定计算。

一、安全因数法

为了保证压杆不失稳，并具有一定的安全度，因此压杆的稳定条件可表示为

$$n = \frac{F_{cr}}{F} = \frac{\sigma_{cr}}{\sigma} \geqslant [n_{st}] \tag{13-7}$$

式中 F 为压杆的工作荷载，F_{cr} 是压杆的临界荷载，$[n_{st}]$ 是稳定安全因数。由于压杆存在初曲率和荷载偏心等不利因素的影响。$[n_{st}]$ 值一般比强度安全因数要大些，并且 λ 越大，$[n_{st}]$ 值也越大。具体取值可从有关设计手册中查到。在机械、动力、冶金等工业部门，由于荷载情况复杂，一般都采用安全因数法进行稳定计算。

二、稳定因数法

压杆的稳定条件用应力的形式表达为

$$\sigma = \frac{F}{A} \leqslant [\sigma]_{st} \tag{13-8}$$

式中的 F 为压杆的工作荷载，A 为横截面面积，$[\sigma]_{st}$ 为稳定许用应力。$[\sigma]_{st} = \dfrac{\sigma_{cr}}{n_{st}}$，它总是小于强度许用应力 $[\sigma]$。于是式（13-8）又可表达为

$$\sigma = \frac{F}{A} \leqslant \varphi[\sigma] \tag{13-9}$$

其中 φ 称为**稳定因数**。我国钢结构设计规范根据国内常用构件的截面形式、尺寸和加工条件，规定了相应的残余应力变化规律，并考虑了 $l/1000$ 的初曲率，计算了 96 根压杆的稳定因数 φ 与柔度 λ 间的关系值，然后把承载能力相近的截面归并为 a、b、c 三类，根据不同材料的屈服强度分别给出 a、b、c 三类截面在不同柔度 λ 下的 φ 值。表 13-3、表 13-4 给出了 Q235 钢 a、b 类截面的稳定因数 φ。在土建工程中，一般按稳定因数法进行稳定计算。

Q235 钢 a 类截面中心受压直杆的稳定因数 φ 表 13-3

λ	0	1.0	2.0	3.0	4.0	5.0	6.0	7.0	8.0	9.0
0	1.000	1.000	1.000	1.000	0.999	0.999	0.998	0.998	0.997	0.996
10	0.995	0.994	0.993	0.992	0.991	0.989	0.988	0.986	0.985	0.983
20	0.981	0.979	0.977	0.976	0.974	0.972	0.970	0.968	0.966	0.964
30	0.963	0.961	0.959	0.957	0.955	0.952	0.950	0.948	0.946	0.944
40	0.941	0.939	0.937	0.934	0.932	0.929	0.927	0.924	0.921	0.919
50	0.916	0.913	0.910	0.907	0.904	0.900	0.897	0.894	0.890	0.886
60	0.883	0.879	0.875	0.871	0.867	0.863	0.858	0.851	0.849	0.844
70	0.830	0.834	0.829	0.824	0.818	0.813	0.807	0.801	0.795	0.789
80	0.788	0.776	0.770	0.763	0.757	0.750	0.743	0.736	0.728	0.721
90	0.714	0.706	0.699	0.691	0.684	0.676	0.668	0.661	0.653	0.645
100	0.638	0.630	0.622	0.615	0.607	0.600	0.592	0.585	0.577	0.570
110	0.563	0.555	0.548	0.541	0.534	0.527	0.520	0.514	0.507	0.500
120	0.494	0.488	0.481	0.475	0.469	0.463	0.457	0.451	0.445	0.440
130	0.434	0.429	0.423	0.418	0.412	0.407	0.402	0.397	0.392	0.387
140	0.383	0.378	0.373	0.369	0.364	0.360	0.356	0.351	0.347	0.343
150	0.339	0.335	0.331	0.327	0.323	0.320	0.316	0.312	0.309	0.305
160	0.302	0.298	0.295	0.292	0.289	0.285	0.282	0.279	0.276	0.273
170	0.270	0.267	0.264	0.262	0.259	0.256	0.253	0.251	0.248	0.246
180	0.243	0.241	0.238	0.236	0.233	0.231	0.229	0.226	0.224	0.222
190	0.220	0.218	0.215	0.213	0.211	0.209	0.207	0.205	0.203	0.201
200	0.199	0.198	0.196	0.194	0.192	0.190	0.189	0.187	0.185	0.183
210	0.182	0.180	0.179	0.177	0.175	0.174	0.172	0.171	0.169	0.168
220	0.166	0.165	0.164	1.162	0.161	0.159	0.158	0.157	0.155	0.154
230	0.150	0.152	0.150	0.149	0.148	0.147	0.146	0.144	0.143	0.142
240	0.141	0.140	0.139	0.138	0.136	0.135	0.134	0.133	0.132	0.131
250	0.130									

Q235 钢 b 类截面中心受压直杆的稳定因数 φ 表 13-4

λ	0	1.0	2.0	3.0	4.0	5.0	6.0	7.0	8.0	9.0
0	1.000	1.000	1.000	0.999	0.999	0.998	0.997	0.996	0.995	0.994
10	0.992	0.991	0.989	0.987	0.985	0.983	0.981	0.978	0.976	0.973
20	0.970	0.967	0.963	0.960	0.957	0.953	0.950	0.946	0.943	0.939
30	0.936	0.932	0.929	0.925	0.922	0.918	0.914	0.910	0.906	0.903
40	0.899	0.895	0.891	0.887	0.882	0.878	0.874	0.870	0.865	0.861
50	0.856	0.852	0.847	0.842	0.838	0.833	0.828	0.823	0.818	0.813
60	0.807	0.802	0.797	0.791	0.786	0.780	0.774	0.769	0.763	0.757
70	0.751	0.745	0.739	0.732	0.726	0.720	0.714	0.707	0.701	0.694
80	0.688	0.681	0.675	0.668	0.661	0.655	0.648	0.641	0.635	0.628
90	0.621	0.614	0.608	0.601	0.594	0.588	0.581	0.575	0.568	0.561
100	0.555	0.549	0.542	0.536	0.529	0.523	0.517	0.511	0.505	0.499
110	0.493	0.487	0.481	0.475	0.470	0.464	0.458	0.453	0.447	0.442
120	0.437	0.432	0.426	0.421	0.416	0.411	0.406	0.402	0.397	0.392
130	0.387	0.383	0.378	0.374	0.370	0.365	0.361	0.357	0.353	0.349
140	0.345	0.341	0.337	0.333	0.329	0.326	0.322	0.318	0.315	0.311
150	0.308	0.304	0.301	0.298	0.265	0.291	0.288	0.285	0.282	0.279
160	0.276	0.273	0.270	0.267	0.265	0.262	0.259	0.256	0.254	0.251
170	0.249	0.246	0.244	0.241	0.239	0.236	0.234	0.232	0.229	0.227
180	0.225	0.223	0.220	0.218	0.216	0.214	0.212	0.210	0.208	0.206
190	0.204	0.202	0.200	0.198	0.197	0.195	0.193	0.191	0.190	0.188
200	0.186	0.184	0.183	0.181	0.180	0.178	0.176	0.175	0.173	0.172
210	0.170	0.169	0.167	0.166	0.165	0.163	0.162	0.160	0.159	0.158
220	0.156	0.155	0.154	0.153	0.151	0.150	0.149	0.148	0.146	0.145
230	0.144	0.143	0.142	0.141	0.140	0.138	0.137	0.136	0.135	0.134
240	0.133	0.132	0.131	0.130	0.129	0.128	0.127	0.126	0.125	0.124
250	0.123									

【例 13-3】 某机器的连杆如图 13-8 所示，截面为工字型，材料为优质碳钢，连杆所受的最大压力 30kN，稳定安全因数 $[n_{st}] = 5$。试对连杆进行稳定性校核。

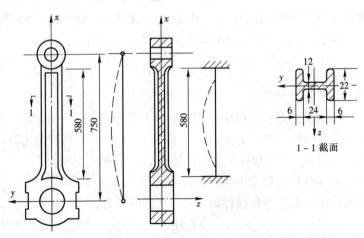

图 13-8

【解】 当连杆受压时，可能在 $x-y$ 及 $x-z$ 两个平面内发生弯曲，故应先计算出压杆在两个弯曲平面内的柔度 λ，以确定失稳平面。若在 $x-y$ 平面内弯曲（横截面绕 x 轴转动），两端可以认为是铰支；若在 $x-z$ 平面内弯曲，由于上下销钉不能在 $x-z$ 平面内转动，故两端可以认为是固定端。

(1) 计算截面的几何性质：

$$I_z = \frac{1}{12} \times 12 \times 24^3 + 2\left[\frac{1}{12} \times 22 \times 6^3 + 22 \times 6 \times 15^2\right] = 74 \times 10^3 \text{mm}^4$$

$$I_y = \frac{1}{12} \times 24 \times 12^3 + 2 \times \frac{1}{12} \times 6 \times 22^3 = 14.1 \times 10^3 \text{mm}^4$$

$$A = 24 \times 12 + 2 \times 6 \times 22 = 552 \text{mm}^2$$

$$i_z = \sqrt{\frac{I_z}{A}} = 11.6 \text{mm}$$

$$i_z = \sqrt{\frac{I_z}{A}} = 5.05 \text{mm}$$

(2) 计算柔度；

在 $x-y$ 平面内的柔度

$$\lambda_{xy} = \frac{\mu_{xy} l}{i_z} = \frac{1 \times 750}{11.6} = 64$$

在 $x-z$ 平面内的柔度

$$\lambda_{xz} = \frac{\mu_{xz} l}{i_y} = \frac{0.5 \times 580}{5.05} = 57$$

由于 $\lambda_{xy} > \lambda_{xz}$，故只须对连杆在 xy 平面内进行稳定性校核。

(3) 稳定性校核：

连杆的工作应力

$$\sigma = \frac{F}{A} = \frac{30 \times 10^3}{552 \times 10^{-6}} = 54.4 \text{MPa}$$

连杆的临界应力 $\lambda_{xy} = 65$，属中长杆，由表 13-2 查得 $a = 461$MPa，$b = 2.57$MPa
由式（13-6）得 $\sigma_{cr} = a - b\lambda = 461 - 2.57 \times 65 = 293$MPa。

由式（13-7）得 $n_{st} = \frac{\sigma_{cr}}{\sigma} = \frac{293}{54.4} = 5.43 > [n_{st}]$

因此连杆的稳定性满足要求。

【例 13-4】 在图 13-9 所示结构中，AB 为 14 号工字钢，$a = 1.25$m，F_p 与轴线的夹角 $\alpha = 30°$；CD 为圆截面杆，直径 $d = 20$mm，杆长 $l = 550$mm；材料为 Q235 钢 a 类截面，AB、CD 的许用应力 $[\sigma] = 160$MPa，试确定结构的许可荷载 $[F_p]$。

【解】 (1) 按 CD 杆的稳定条件计算许可荷载

取 AB 梁为脱离体，由其平衡条件可求得 CD 杆的轴力为

$$F_{NCD} = 2F_p \sin 30° = F_p$$

CD 杆两端铰支，$\mu = 1$，其柔度为

$$\lambda = \frac{\mu l}{i} = \frac{1 \times 550}{\frac{20}{4}} = 110$$

查表 13-3，得 $\varphi = 0.563$，则由稳定条件

$$\sigma = \frac{F_{NCD}}{A_{CD}} \leq \varphi[\sigma]$$

即 $\dfrac{F_p \times 10^3}{\dfrac{\pi \times 20^2}{4} \times 10^{-6}} \leq 0.563 \times 160 \times 10^6$

得 $F_p \leq 28.3 \text{kN}$

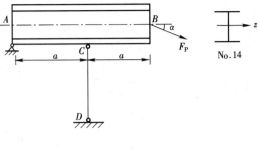

图 13-9

(2) 按 AB 梁的强度条件计算许可荷载

分析 AB 梁的内力，可知 C 截面为危险截面，其轴力和弯矩为

$$F_{NAB} = F_p \cos 30° = 0.866 F_p$$

$$M_{max} = F \sin 30° \times a = F_p \times \frac{1}{2} \times 1.25 = 0.625 F_p$$

由型钢表查得 14 号工字钢的截面模量和面积为

$$W_z = 102 \times 10^{-6} \text{m}^3, \quad A = 21.5 \times 10^{-4} \text{m}^2$$

则由强度条件得

$$\sigma_{max} = \frac{F_{NAB}}{A} + \frac{M_{max}}{W_z} \leq [\sigma],$$

$$\frac{0.866 F \times 10^3}{21.5 \times 10^{-4}} + \frac{0.625 F \times 10^3}{102 \times 10^{-6}} \leq 160 \times 10^6$$

得 $F_p \leq 24.5 \text{kN}$

为了使 CD 杆的稳定条件和 AB 梁的强度条件都能满足，取结构的许可荷载 $[F_p] = 24.5 \text{kN}$。

第五节　提高压杆稳定性的措施

影响压杆的稳定性的因素有：压杆的截面形状和尺寸大小、长度、约束条件以及材料的性质。

一、减小压杆的柔度

1. 减小压杆的长度

减小压杆的长度，可使 λ 降低，从而提高了压杆的临界荷载。工程中，为了减小柱子的长度，通常在柱子的中间设置一定形式的撑杆，它们与其他构件连接在一起后，对柱子形成支点，限制了柱子的弯曲变形，起到减小柱长的作用。对于细长杆，若在柱子中设置一个支点，则长度减小一半，而承载能力可增加到原来的 4 倍。

2. 选择合理的截面形状

压杆的承载能力取决于最小的惯性矩 I，因此，当压杆各个方向的约束条件相同时，使截面对两个形心主轴的惯性矩尽可能大，而且相等。例如，如图 13-10（a）、（b）所

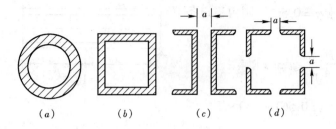

图 13-10

示,薄壁圆管和正方形薄壁箱形截面就是理想截面,它们各个方向的惯性矩相同,且惯性矩比同等面积的实心杆大得多。但这种薄壁杆的壁厚不能过薄,否则会出现局部失稳现象。对于型钢截面,由于它们的两个形心主轴惯性矩相差较大,为了提高这类型钢截面压杆的承载能力,工程实际中常用几个型钢,通过缀板组成一个组合截面,如图 13-7(c)、(d)所示。并选用合适的距离 a,使 $I_z = I_y$,这样可大大的提高压杆的承载能力。

3. 增加支承的刚性

对于大柔度的细长杆,一端铰支另一端固定压杆的临界荷载比两端铰支的大一倍。因此,杆端越不易转动,杆端的刚性越大,长度因数就越小。

二、合理选用材料

对于大柔度杆,临界应力与材料的弹性模量 E 成正比。因此,钢压杆比铜、铸铁或铝制压杆的临界荷载高。但各种钢材的 E 基本相同,所以对大柔度杆选用优质钢材与低碳钢并无多大差别。对中柔度杆,材料的屈服极限 σ_s 和比例极限 σ_p 越高,则临界应力就越大。这时选用优质钢材会提高压杆的承载能力。

小 结

本章研究中心受压直杆的稳定问题,主要内容压杆的临界力计算、压杆的稳定计算和提高压杆承载能力的措施。可概括为:

1. 压杆临界力计算

细长压杆临界力(欧拉公式)

$$F_{cr} = \frac{\pi^2 EI}{(\mu l)^2}$$

(1) 细长压杆($\lambda \geqslant \lambda_p$)临界应力用欧拉公式

$$\sigma_{cr} = \frac{\pi^2 E}{\lambda^2} \left(\lambda \geqslant \pi \sqrt{\frac{E}{\sigma_p}} \right)$$

$\lambda = \dfrac{\mu l}{i}$ ——柔度;

$i = \sqrt{\dfrac{I}{A}}$ ——压杆截面惯性半径;

(2) 非细长压杆($\lambda < \lambda_p$)临界应力计算公式

直线公式 $\sigma_{cr} = a - b\lambda \left(\dfrac{a - \sigma_s}{b} < \lambda \leqslant \pi \sqrt{\dfrac{E}{\sigma_p}} \right)$

抛物线公式 $\sigma_{cr} = a_1 - b_1 \lambda^2 \left(\lambda \leqslant \pi \sqrt{\dfrac{E}{\sigma_p}} \right)$

计算临界力或临界应力时，必须首先计算压杆的柔度，然后判断属于哪一类压杆，再选用相应的公式计算。

2．压杆的稳定计算

安全因数法 $\quad n = \dfrac{F_{cr}}{F} = \dfrac{\sigma_{cr}}{\sigma} \geqslant n_{st}$

折减因数法 $\quad \sigma = \dfrac{F}{A} \leqslant \varphi[\sigma]$

3．提高压杆承载能力的措施应从减小杆长；增强杆端约束；提高截面形心主轴惯性矩 I，且在各个方向的约束相同时，应使截面的两个形心主轴惯性矩相等及合理选用材料这几方面着手。

习　题

13-1　三根圆截面压杆，直径均为 $d=160\text{mm}$，材料为 Q235 钢，$E=200\text{GPa}$，$\sigma_s=240\text{MPa}$。两端均为铰支，长度分别为 l_1、l_2 和 l_3，且 $l_1=2l_2=4l_3=5\text{m}$。试求各杆的临界压力 F_{cr}。

13-2　题 13-2 图示立柱由两根 10 号槽钢组成，立柱上端为球铰，下端固定，柱长 $L=6\text{m}$，试求两槽钢距离 a 值取多少立柱的临界力最大？其值是多少？已知材料的弹性模量 $E=200\text{GPa}$，比例极限 $\sigma_p=200\text{GPa}$

13-3　题 13-3 图所示截面为 $b \times h$ 的矩形压杆，在 xy 平面内视为两端铰支；在 xz 平面内视为两端固定。已知 $E=200\text{GPa}$，$\sigma_p=200\text{MPa}$，$b=30\text{mm}$，$h=50\text{mm}$，求压杆的临界力。

13-4　题 13-4 图示结构 AB 为圆截面直杆，直径 $d=80\text{mm}$，A 端固定，B 端与 BC 直杆球铰连接。BC 杆为正方形截面，边长 $a=70\text{mm}$，C 端也是球铰。两杆材料相同，弹性模量 $E=200\text{GPa}$，比例极限 $\sigma_p=200\text{GPa}$，长度 $l=3\text{m}$，求该结构的临界力。

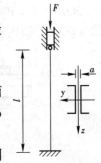

题 13-2 图

13-5　如题 13-5 图所示，外径 $D=10\text{cm}$，内径 $d=8\text{cm}$ 的钢管，在室温下安装，装配后钢管不受力。若材料的 $E=210\text{GPa}$，$a=12.5 \times 10^{-6}1/℃$，$\sigma_p=220\text{MPa}$，求温度升高多少时，钢管将失稳。

13-6　题 13-6 图示托架，承受荷载 $Q=10\text{kN}$，已知 AB 杆的外径 $D=50\text{mm}$，内径 $d=40\text{mm}$，两端为球铰，材料为 Q235，$E=200\text{GPa}$，稳定安全因数 $n_{st}=3.0$，试校核 AB 杆的稳定。

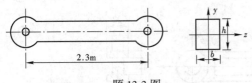

题 13-3 图

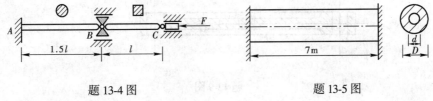

题 13-4 图　　　　　　　题 13-5 图

13-7　某快锻水压机工作台油缸柱塞如题 13-7 图所示。已知油压 $p=32\text{MPa}$，柱塞直

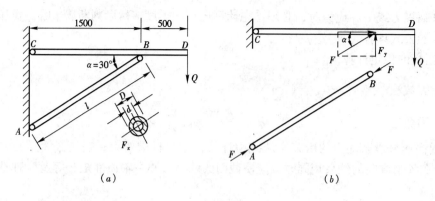

题 13-6 图

径 $d = 120\text{mm}$，伸入油缸的最大行程 $l = 1600\text{mm}$，材料为 Q235 钢，$E = 210\text{GPa}$。试求柱塞的工作安全因数。

13-8 题 13-8 图示结构中 AC 与 CD 杆均用 Q235 钢制成，C、D 两处均为球铰。已知 $d = 20\text{mm}$，$b = 100\text{mm}$，$h = 180\text{mm}$；$E = 200\text{GPa}$，$\sigma_\text{s} = 235\text{MPa}$，$\sigma_\text{b} = 400\text{MPa}$；强度安全因数 $n = 2.0$，稳定安全因数 $n_\text{st} = 3.0$。试确定该结构的最大许可荷载。

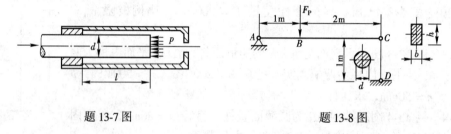

题 13-7 图　　　　　　　题 13-8 图

13-9　如题 13-9 图所示用 Q235 钢制成的工字形的截面连杆，两端为柱形铰，即在 xy 面内失稳，杆端约束为两端铰支（$\mu = 1.0$），在 xz 面内失稳，杆端约束为两端固定（$\mu = 0.6$），属 a 类中心受压杆，连杆承受的最大压力为 $F = 35\text{kN}$，材料的许用应力 $[\sigma] = 206\text{MPa}$，试校核杆的稳定性。

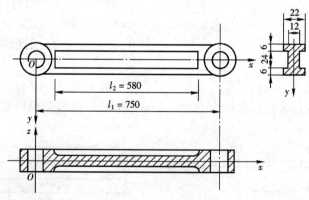

题 13-9 图

13-10　题 13-10 图示结构中，AB 杆和 AC 杆的直径 $d = 8\text{cm}$，材料为 Q235 钢，a 类截面，材料的许用应力 $[\sigma] = 160\text{MPa}$，求结构的许用荷载。

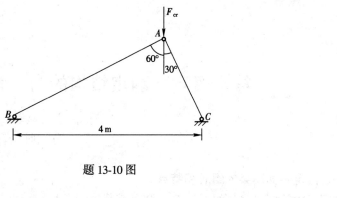

题 13-10 图

第十四章 静定结构的内力计算

第一节 静定平面刚架

一、静定平面刚架的组成和特点

刚架是由梁柱等直杆组成、全部结点或部分结点是刚结点的结构。当刚架各杆轴线和外力作用线均在同一平面内时称为**平面刚架**。

图 14-1 (a) 为一平面刚架，结点 B 和 C 是刚结点。如果将刚结点改为铰结点，便成

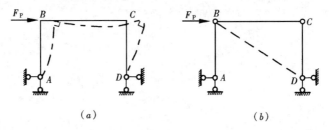

图 14-1

为几何可变体系，如图 14-1 (b) 所示。要使它成为几何不变体系，可增设斜杆 BD，如图 14-1 (b) 中虚线所示。由此可见，刚架中由于具有刚结点，因而不用斜杆也可组成几何不变体系，这样，刚架结构内部就具有较大的空间，便于使用。

与铰结点相比，刚结点的特点主要体现在：从变形方面看，刚结点处各杆端不能发生

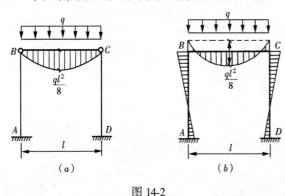

图 14-2

相对转动，因此在荷载作用下，各杆间的夹角保持不变；从受力方面看，由于刚结点能约束杆端之间的相对转动，故能承受和传递弯矩，从而使结构的内力分布较为均匀，减小了弯矩的峰值，如图 14-2 所示。

凡由静力平衡条件即可求出全部反力和内力的平面刚架，称为静定平面刚架。静定平面刚架的几何组成应符合无多余约束几何不变体系的组成规则。工程中常见的静定平面刚架的主要形式有悬臂刚架、简支刚架、三铰刚架及多跨和多层刚架等，如图 14-3 所示。

二、静定刚架支座反力的计算

在静定平面刚架的受力分析中，通常需先求出支座反力后再求杆端截面的内力，最后作内力图。因此，正确地计算支座反力是准确地计算内力的前提。悬臂刚架和简支刚架的

支座反力只需由整体的三个独立平衡方程便可求得，但三铰刚架和多跨刚架等则要综合考虑整体及其部分的平衡条件联立求得，现举例说明。

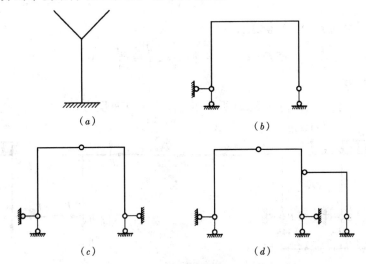

图 14-3

【例 14-1】 计算图 14-4（a）所示三铰刚架的支座反力。

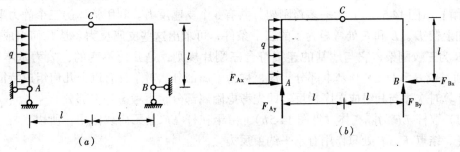

图 14-4

【解】 图 14-4（a）所示三铰刚架通过两个固定铰支座与基础相连。如果以刚架整体为隔离体，则在荷载作用下有四个支座反力 F_{Ax}、F_{Ay}、F_{Bx}、F_{By}，如图 14-4（b）所示。

(1) 由整体平衡方程求支座反力

$$\Sigma F_x = 0, F_{Ax} - F_{Bx} + ql = 0$$

$$\Sigma M_A = 0, F_{By} \times 2l - ql \times \frac{l}{2} = 0 \quad F_{By} = \frac{ql}{4}(\uparrow)$$

$$\Sigma M_B = 0, -F_{Ay} \times 2l - ql \times \frac{l}{2} = 0 \quad F_{Ay} = -\frac{ql}{4}(\downarrow)$$

(2) 取铰 C 右半部分 CB 为隔离体，利用铰 C 处弯矩为零的条件，得

$$\Sigma M_C = 0, F_{By} \times l - F_{Bx} \times l = 0 \quad F_{Bx} = F_{By} = \frac{ql}{4}(\leftarrow)$$

将 F_{Bx} 代入整体的第一个平衡方程，得

235

$$F_{Ax} = F_{Bx} - ql = -\frac{3ql}{4}(\leftarrow)$$

(3) 校核

以整体为研究对象，由平衡条件

$$\Sigma F_y = F_{By} + F_{Ay} = \frac{ql}{4} - \frac{ql}{4} = 0$$

得知，计算结果正确。

【**例 14-2**】 计算图示 14-5（a）所示多跨刚架的支座反力。

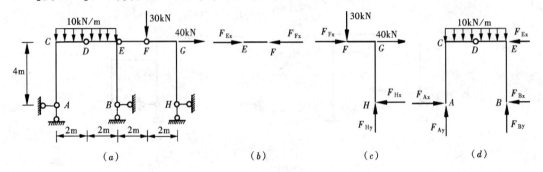

图 14-5

【**解**】 图 14-5（a）为一多跨刚架，共有 6 个支座反力。利用整体的三个静力平衡方程，加上铰 D、E 和 F 处弯矩为零的三个条件，可求出这些支座反力。从几何组成上看，ACDEB 为三铰刚架，它与地基的连接符合三刚片规则，是几何不变的，故为基本部分；FGH 通过铰 H 和杆 EF 与基本部分相连，称为附属部分。对于具有以上几何组成特征的结构，计算时次序与其组成次序相反，即先考虑附属部分，再考虑基本部分。

(1) 取杆 EF 为隔离体（见图 14-5b），由于在杆 EF 上无荷载作用，所以，杆 EF 为二力杆，结点 E、F 处只作用有水平约束反力。

$$F_{Ex} = F_{Fx}$$

(2) 再取附属部分 FGH 为隔离体（图 14-5c），由平衡方程求得附属部分支座反力。

$$\Sigma M_H = 0, -F_{Fx} \times 4 - 40 \times 4 + 30 \times 2 = 0 \quad F_{Fx} = -25\text{kN}(\leftarrow)$$

$$\Sigma F_x = 0, F_{Fx} + 40 - F_{Hx} = 0 \quad F_{Hx} = 15\text{kN}(\leftarrow)$$

$$\Sigma F_y = 0, F_{Hy} - 30 = 0 \quad F_{Hy} = 30\text{kN}(\uparrow)$$

(3) 最后取基本部分 ACDEB 为隔离体（图 14-5d），由平衡方程求得基本部分支座反力。

$$\Sigma M_A = 0, F_{By} \times 4 + F_{Ex} \times 4 - 10 \times 4 \times 2 = 0 \quad F_{By} = 45\text{kN}(\uparrow)$$

$$\Sigma M_B = 0, -F_{Ay} \times 4 + F_{Ex} \times 4 + 10 \times 4 \times 2 = 0 \quad F_{Ay} = -5\text{kN}(\downarrow)$$

基本部分 ACDEB 为三铰刚架，其水平支座反力的计算方法与例 14-1 中相同，即由铰 D 处弯矩为零的条件，利用截面 D 任意一侧部分刚架的平衡条件求得。

$$F_{Ax} = -7.5\text{kN}(\leftarrow)$$

$$F_{Bx} = 17.5\text{kN}(\leftarrow)$$

(4) 校核

以整体为研究对象，由平衡条件

$\Sigma F_x = F_{Ax} - F_{Bx} - F_{Hx} + 40 = -7.5 - 17.5 - 15 + 40 = 0$

$\Sigma F_y = F_{Ay} + F_{By} + F_{Hy} - 10 \times 4 - 30 = -5 + 45 + 30 - 40 - 30 = 0$

$\Sigma M_B = -F_{Ay} \times 4 + 10 \times 4 \times 2 - 30 \times 2 - 40 \times 4 + F_{Hy} \times 4$

$= 5 \times 4 + 10 \times 4 \times 2 - 30 \times 2 - 40 \times 4 + 30 \times 4 = 0$

得知，计算结果正确。

三、静定刚架的内力计算和内力图的绘制

刚架中的杆件多为梁式杆，一般情况下，刚架的内力有弯矩、剪力和轴力，其任一截面的内力可由截面法求得。刚架的内力图即为刚架中各杆内力图的组合。

根据刚架的特点，在计算刚架的内力值和绘制内力图时应注意下面几点：

1. 刚架内力及内力图的符号规定

在刚架中，弯矩不规定正负号；弯矩图画在杆件受拉纤维的一侧。剪力和轴力的符号规定与梁相同，即剪力以使隔离体有顺时针转动趋势为正，反之为负；剪力图可画在杆的任一侧，但要注明正负号。轴力以拉力为正，压力为负；轴力图也可画在杆的任一侧，也要注明正负号。

2. 刚结点处的杆端截面及杆端截面内力的表示

刚架由梁、柱等不同方向的直杆用刚结点连接而成，所以，刚架的结点处有不同方向的杆端截面。在图 14-6（a）所示刚架中，结点 C 有两个不同的杆端截面 C_1 和 C_2。杆端内力的表示法为在内力符号后引入两个下标，第一个下标表示某杆内力所属截面，第二个下标表示该截面所属杆件的另一端。如杆端截面 C_1、C_2 的弯矩分别用 M_{CA}、M_{CB} 表示，称 M_{CA} 为 CA 杆 C 端的弯矩，M_{CB} 为 CB 杆 C 端的弯矩。对于剪力和轴力也采用同样的写法。

3. 杆端内力的计算

求出刚架的支座反力后，可用截面法计算各杆杆端内力，基本步骤为：

(1) 在待求内力的截面截开，取任一部分为隔离体。

(2) 画出隔离体的受力图。通常，截面上的剪力、轴力以正方向画出，弯矩正方向自行假设。

(3) 建立隔离体的平衡条件，求出截面上的剪力、轴力和弯矩。

(4) 利用结点的平衡条件校核刚结点杆端内力值。

4. 刚架内力图的绘制

刚架的内力图包括弯矩图、剪力图和轴力图。刚架内力图的基本作法是把刚架拆成杆件，求出各杆的杆端内力值，然后利用荷载、剪力、弯矩之间的微分关系或叠加法逐杆绘出内力图，最后将各杆内力图组合在一起就得到刚架的内力图。

【例 14-3】 作图 14-6（a）所示刚架的内力图。

【解】 (1) 求支座反力

考虑刚架的整体平衡条件，有

$\Sigma F_x = 0, -F_{Ax} + 20 \times 4 = 0 \quad F_{Ax} = 80\text{kN}(\leftarrow)$

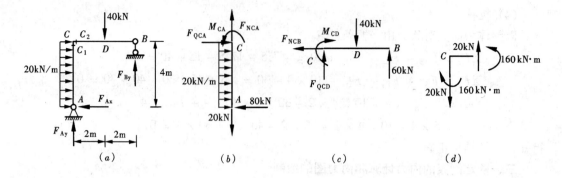

图 14-6

$$\Sigma M_A = 0, F_{By} \times 4 - 40 \times 2 - 20 \times 4 \times 2 = 0 \quad F_{By} = 60\text{kN}(\uparrow)$$
$$\Sigma F_y = 0, F_{Ay} + F_{By} - 40 = 0 \quad F_{Ay} = -20\text{kN}(\downarrow)$$

校核: $\Sigma M_B = -F_{Ax} \times 4 - F_{Ay} \times 4 + 40 \times 2 + 20 \times 4 \times 2$
$$= -320 + 80 + 80 + 160 = 0$$

(2) 求各杆端内力

取 AC 杆为隔离体（图 14-6b），由平衡方程

$$\Sigma F_x = 0, F_{QCA} + 20 \times 4 - 80 = 0 \quad F_{QCA} = 0$$
$$\Sigma F_y = 0, F_{NCA} - 20 = 0 \quad F_{NCA} = 20\text{kN}$$
$$\Sigma M_C = 0, M_{CA} + 20 \times 4 \times 2 - 80 \times 4 = 0 \quad M_{CA} = 160\text{kN}\cdot\text{m}(右边受拉)$$

AC 杆 A 端的杆端内力为

$$F_{QAC} = 80\text{kN}, F_{NAC} = 20\text{kN}, M_{AC} = 0。$$

取 CB 杆为隔离体（图 14-6c），由平衡方程

$$\Sigma F_x = 0 \quad F_{NCD} = 0$$
$$\Sigma F_y = 0, F_{QCD} + 60 - 40 = 0 \quad F_{QCD} = -20\text{kN}$$
$$\Sigma M_C = 0, -M_{CD} - 40 \times 2 + 60 \times 4 = 0 \quad M_{CD} = 160\text{kN}\cdot\text{m}(下边受拉)$$

由于 CB 杆无轴向荷载作用, 所以 $F_{NCB} = F_{NBC} = 0$。集中力作用 CB 段中点, D 处的剪力值有突变, 应分两段求杆端剪力

$$F_{QDC} = F_{QCD} = -20\text{kN}$$
$$F_{QDB} = F_{QBD} = -60\text{kN}$$

D 处弯矩为

$$M_D = M_{DC} = M_{DB} = 60 \times 2 = 120\text{kN}\cdot\text{m}(下边受拉)$$
$$M_{BD} = 0$$

(3) 作刚架内力图

弯矩图:

AC 杆上作用均布荷载, 将 AC 杆两端杆端弯矩的纵坐标以虚线相连, 并以此虚线为基线, 叠加以 AC 杆的长度为跨度的简支梁（称相应简支梁）受均布荷载作用的弯矩图, 由微分关系知 M 图为二次抛物线。此时, AC 杆中点截面的弯矩值为:

$$M = \frac{1}{2}(0 + 160) + \frac{1}{8} \times 20 \times 4^2 = 120\text{kN}\cdot\text{m}(右边受拉)$$

CB 杆 D 处作用集中力，CD 段和 DB 段为无荷载区。由微分关系作 M 图，两段杆的 M 图均为斜直线。CB 杆的弯矩图也可用叠加法获得，即以虚线连接 CB 杆两端的杆端弯矩纵坐标后，再叠加相应简支梁在集中力作用下的弯矩图。

将两杆弯矩图组合起来即得图 14-7（a）所示刚架的弯矩图，应注意各杆的弯矩图画在受拉侧。

剪力图：

根据 AC 杆的受力情况，其剪力图为斜直线，它可画在杆的任一侧，但要标注正负号。

CB 杆跨中 D 截面受集中力作用，D 截面的剪力图有突变，其突变值的大小为 40kN。而 CD、DB 段的剪力图分别为水平直线。刚架的剪力图如图 14-7（b）所示。

轴力图：

AC 杆的轴力为拉力，可画在 AC 杆的任一侧，要注明正负号。CB 杆的轴力为零。刚架的轴力图如图 14-7（c）所示。

(4) 校核内力图

内力图作出后应进行校核，通常取刚结点或刚架的任一部分为隔离体，验证平衡条件。如取结点 C 为隔离体，如图 14-6（d）所示。

$$\Sigma M_C = 160 - 160 = 0$$

结点 C 各杆端弯距满足力矩平衡条件；

$$\Sigma F_x = 0, \Sigma F_y = 20 - 20 = 0$$

结点 C 各杆端的剪力和轴力满足两个投影方程。

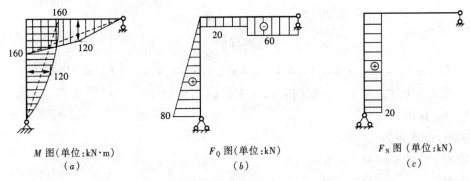

图 14-7

由以上内力计算过程可看出：某截面的弯矩等于该截面一侧所有外力对截面形心力矩的代数和；剪力等于该截面一侧所有外力在杆轴法线方向上投影的代数和；轴力等于该截面一侧所有外力在杆轴切线方向上投影的代数和。

利用上述结论，可以直接计算杆端截面的内力，而不必画出各杆的隔离体图。

【例 14-4】 作图 14-8（a）所示刚架的内力图。

【解】 (1) 计算支座反力

$$\Sigma F_x = 0, F_{Ax} - 6 \times 4 = 0 \quad F_{Ax} = 24\text{kN}(\rightarrow)$$

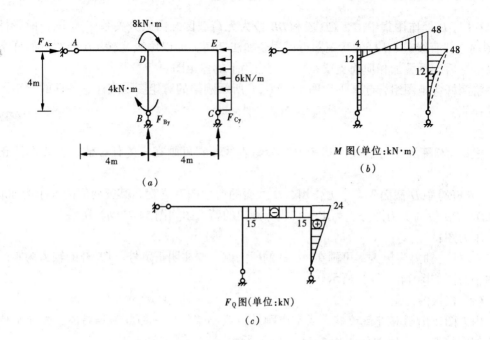

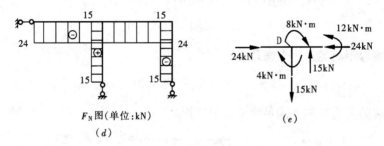

图 14-8

$$\Sigma M_B = 0, \ -F_{Ax} \times 4 - 8 - 4 + 6 \times 4 \times 2 + F_{cy} \times 4 = 0 \quad F_{cy} = 15 \text{kN}(\uparrow)$$
$$\Sigma F_y = 0, F_{By} + F_{cy} = 0 \quad F_{By} = -F_{cy} = -15 \text{kN}(\downarrow)$$

(2) 作 M 图

各杆杆端弯矩为

AD 杆： $\quad M_{AD} = M_{DA} = 0$

BD 杆： $\quad M_{BD} = M_{DB} = 4 \text{kN} \cdot \text{m}$(右边受拉)

DE 杆： $\quad M_{DE} = 8 + 4 = 12 \text{kN} \cdot \text{m}$(下边受拉)

$\quad M_{ED} = 8 + 4 - 15 \times 4 = -48 \text{kN} \cdot \text{m}$(上边受拉)

CE 杆： $\quad M_{CE} = 0$

$\quad M_{EC} = 6 \times 4 \times 2 = 48 \text{kN} \cdot \text{m}$(右边受拉)

AD 杆只有轴力，弯矩为零。BD 杆弯矩为常量。EC 杆受均布荷载作用，弯矩图为二次抛物线，用叠加法得 EC 杆的弯矩图，图中 EC 杆中点截面的弯矩值为

$$M = \frac{1}{2}(0 + 48) - \frac{1}{8} \times 6 \times 4^2 = 12 \text{kN} \cdot \text{m}$$

DE 杆无荷载作用，弯矩图为斜直线。刚架的弯矩图如图 14-8（b）所示。

(3) 作 F_Q 图

各杆杆端剪力为

AD 杆： $F_{QAD} = F_{QDA} = 0$

BD 杆： $F_{QBD} = F_{QDB} = 0$

DE 杆： $F_{QDE} = F_{QED} = -15\text{kN}$

CE 杆： $F_{QCE} = 0$

$F_{QEC} = 6 \times 4 = 24\text{kN}$

AD 杆、BD 杆剪力均为零。DE 杆上无荷载作用，剪力为常量。EC 杆受均布荷载作用，剪力图为斜直线。刚架的剪力图如图 14-8（c）所示。

(4) 作 F_N 图

各杆杆端轴力为

AD 杆： $F_{NAD} = F_{NDA} = -24\text{kN}$

BD 杆： $F_{NBD} = F_{NDB} = 15\text{kN}$

DE 杆： $F_{NDE} = F_{NED} = -24\text{kN}$

CE 杆： $F_{NCE} = F_{NEC} = -15\text{kN}$

由于各杆均无轴向荷载作用，故各杆轴力都为常量。刚架的轴力图如图 14-8（d）所示。

(5) 校核

取结点 D 为隔离体，如图 14-8（e）所示。

$$\Sigma M_D = 12 - 8 - 4 = 0$$

满足结点 D 的力矩平衡条件。

$$\Sigma F_x = 24 - 24 = 0$$

$$\Sigma F_y = 15 - 15 = 0$$

满足结点 D 的投影平衡方程。

【例 14-5】 作图 14-5（a）所示刚架的弯矩图。

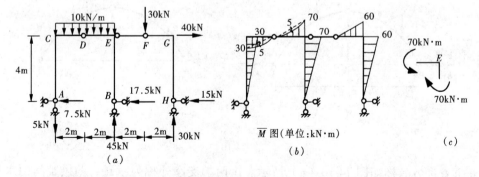

图 14-9

【解】 支座反力在例 14-2 中已经求出，如图 14-9（a）所示。下面，求各杆杆端弯矩并绘弯矩图。

AC 杆： $M_{AC} = 0$

$$M_{CA} = 7.5 \times 4 = 30 \text{kN} \cdot \text{m}（右边受拉）$$

CD 杆： $M_{CD} = M_{CA} = 30 \text{kN} \cdot \text{m}（下边受拉）$

$M_{DC} = 0$

DE 杆： $M_{DE} = 0$

$M_{ED} = 7.5 \times 4 - 5 \times 4 - 10 \times 4 \times 2 = -70 \text{kN} \cdot \text{m}（上边受拉）$

BE 杆： $M_{BE} = 0$

$M_{EB} = 17.5 \times 4 = 70 \text{kN} \cdot \text{m}（右边受拉）$

EF 杆： $M_{EF} = M_{FE} = 0$

FG 杆： $M_{FG} = 0$

$M_{GF} = 15 \times 4 = 60 \text{kN} \cdot \text{m}（上边受拉）$

HG 杆： $M_{GH} = M_{GF} = 60 \text{kN} \cdot \text{m}（右边受拉）$

$M_{HG} = 0$

根据各杆的杆端弯矩值，并注意到 EF 杆为二力杆，只承受轴力，弯矩为零；CD 杆、DE 杆上作用有均布荷载，可用叠加法绘图；其余各杆上均无荷载作用，弯矩图为斜直线，组合起来得刚架的弯矩图如图 14-9（b）所示。

校核：可取结点 E 为隔离体，验证其力矩平衡条件 $\Sigma M_E = 70 - 70 = 0$，如图 14-9（c）所示。

第二节 三 铰 拱

一、三铰拱的组成和特点

杆轴线为曲线且在竖向荷载下能产生水平反力的结构称为**拱**。三铰拱是一种静定的拱式结构，由于用料比梁省，因而在桥梁和屋盖中得到了广泛应用。图 14-10 所示为一三铰拱桥结构和一带拉杆的装配式钢筋混凝土三铰拱相应的计算简图

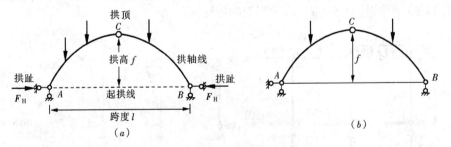

图 14-10

拱的各部分名称如图 14-10（a）所示。拱两端支座处称为**拱趾**，两拱趾间的水平距离称为拱的**跨度**，两拱趾的连线称为**起拱线**，拱轴上距起拱线最远处称为**拱顶**，三铰拱的铰通常设在拱顶处，拱顶至起拱线之间的竖直距离称为**拱高**，拱高与跨度之比 f/l 称为**高跨比**。

拱的基本特点是在竖向荷载作用下会产生水平反力，这种水平反力称为**水平推力**，用

F_H 表示。水平推力存在与否是区别拱与梁的主要标志。由于水平推力能在拱截面产生负弯矩（上边受拉），从而抵消一部分正弯矩（下边受拉），使得拱中的弯矩比同跨度、相同荷载作用下的梁的弯矩小得多，并主要承受压力。因此，拱截面上的应力分布较为均匀，更能发挥材料的作用，适用于抗压性能强的砖、石、混凝土等来建造。但也正是这个水平推力的存在，要求拱趾处的基础更加坚固。在屋架中，为消除水平推力对墙或柱的影响，去掉一个水平支杆，在两支座间增加一拉杆，支座上的水平推力由拉杆来承担，这就是带拉杆的三铰拱，如图 14-10（b）所示。

二、三铰拱支座反力计算

三铰拱可视为由两根曲杆和地基按三刚片规则组成的静定结构。四个支座反力由整体三个平衡方程和一个铰 C 处弯矩为零的平衡方程即可全部求得。

为了便于比较三铰拱与梁受力的不同，图 14-11（b）画出了与该三铰拱（图 14-11a）有相同跨度、相同荷载作用的简支梁，称为相应简支梁。在竖向荷载作用下，梁的竖向反力分别为 F_{Ay}^0、F_{By}^0，水平反力为零。

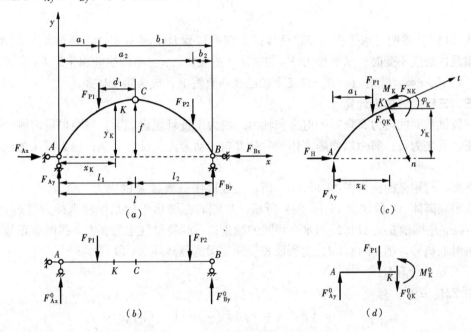

图 14-11

考虑拱的整体平衡条件，拱的竖向反力和水平推力为：

$$\Sigma M_B = 0, \quad F_{Ay} = \frac{1}{l}(F_{p1}b_1 + F_{p2}b_2) = F_{Ay}^0$$

$$\Sigma M_A = 0, \quad F_{By} = \frac{1}{l}(F_{p1}a_1 + F_{p2}a_2) = F_{By}^0$$

即三铰拱的竖向反力与相应简支梁的竖向反力相同。

$$\Sigma F_x = 0, \quad F_{Ax} = F_{Bx} = F_H$$

取拱顶铰 C 左边部分为隔离体，由铰 C 处弯矩为零的条件 $\Sigma M_C = 0$，有：

$$(F_{Ay}l_1 - F_{p1}d_1) - F_H \cdot f = 0$$

注意到上式中括号部分是铰 C 左边所有竖向力对 C 点力矩的代数和，它等于相应简支梁截面 C 的弯矩 M_C^0，即

$$M_C^0 = F_{Ay}^0 l_1 - F_{p1} d_1 = F_{Ay} l_1 - F_{p1} d_1$$

于是，有

$$M_C^0 - F_H \cdot f = 0$$

即

$$F_H = \frac{M_C^0}{f}$$

在竖向荷载作用下，梁中的弯矩 M_C^0 恒为正，所以，水平推力总是正值，即三铰拱的水平推力总是向内的。

因此，三铰拱支座反力的计算公式写为：

$$\left. \begin{array}{l} F_{Ay} = F_{Ay}^0 \\ F_{By} = F_{By}^0 \\ F_H = \dfrac{M_C^0}{f} \end{array} \right\} \tag{14-1}$$

式（14-1）表明，水平推力 F_H 只与三个铰的位置及荷载有关，与拱轴线形状无关。当荷载及拱跨度不变时，水平推力 F_H 与拱高 f 成反比。f 愈小即拱愈扁平，F_H 愈大。若 $f \to 0$，则 $F_H \to \infty$，此时 A、B、C 三个铰已在一直线上，成为瞬变体系。

三、三铰拱的内力计算

三铰拱截面的内力有弯矩、剪力和轴力。内力正负号规定如下：弯矩以拱内侧纤维受拉为正，反之为负；剪力以使隔离体顺时针方向转动为正，反之为负；轴力以压为正，拉为负。

下面，利用截面法求图 14-11（a）所示三铰拱任一截面 K 的内力。

取出隔离体 AK 段如图 14-11（c）所示，K 截面在图示坐标系中的坐标为（x_K, y_K）及 φ_K。φ_K 是拱轴在 K 处切线与水平线间的倾角，φ 的符号规定为在左半拱时取正号，在右半拱时取负号。图 14-11（d）为所取相应简支梁的隔离体 AK 段。

1. 弯矩的计算公式

由 $\Sigma M_K = 0$，有

$$M_K = [F_{Ay} x_K - F_{p1}(x_K - a_1)] - F_H y_K$$

因为 $F_{Ay} = F_{Ay}^0$，所以

$$M_K^0 = F_{Ay}^0 x_K - F_{p1}(x_K - a_1)$$

从而三铰拱 K 截面的弯矩表达式为

$$M_K = M_K^0 - F_H y_K \tag{14-2}$$

此式表明，三铰拱截面上的弯矩小于相应简支梁对应截面的弯矩。

2. 剪力和轴力的计算公式

分别列隔离体沿 K 截面切向及法向力的投影方程

由 $\Sigma F_n = 0$，有

$$F_{QK} - F_{Ay}\cos\varphi_K + F_{p1}\cos\varphi_K + F_H\sin\varphi_K = 0$$

$$F_{QK} = (F_{Ay} - F_{p1})\cos\varphi_K - F_H\sin\varphi_K$$

因为
$$F_{QK}^0 = F_{Ay}^0 - F_{pl} = F_{Ay} - F_{pl}$$
所以三铰拱 K 截面的剪力表达式为
$$F_{QK} = F_{QK}^0 \cos\varphi_K - F_H \sin\varphi_K \tag{14-3}$$

由 $\Sigma F_t = 0$，有
$$F_{NK} - F_{Ay}\sin\varphi_K + F_{pl}\sin\varphi_K - F_H\cos\varphi_K = 0$$
$$F_{NK} = (F_{Ay} - F_{pl})\sin\varphi_K + F_H\cos\varphi_K$$
即　三铰拱 K 截面的轴力表达式为
$$F_{NK} = F_{QK}^0 \sin\varphi_K + F_H \cos\varphi_K \tag{14-4}$$

由式（14-2）、式（14-3）、式（14-4）可知，三铰拱的内力值不但与荷载及三个铰的位置有关，而且与拱轴线的形状有关。

【例 14-6】　计算图 14-12（a）所示三铰拱的内力并绘内力图。已知拱轴为抛物线，拱轴方程为 $y = \dfrac{4f}{l^2}x(l-x)$。

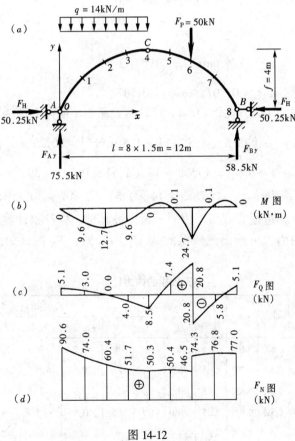

图 14-12

【解】　（1）求支座反力

由式（14-1），有
$$F_{Ay} = F_{Ay}^0 = \frac{14 \times 6 \times 9 + 50 \times 3}{12} = 75.5 \text{kN}$$

$$F_{By} = F_{By}^0 = \frac{14 \times 6 \times 3 + 50 \times 9}{12} = 58.5 \text{kN}$$

$$F_H = \frac{M_C^0}{f} = \frac{75.5 \times 6 - 14 \times 6 \times 3}{4} = 50.25 \text{kN}$$

(2) 计算各截面内力

将拱轴沿水平方向分为 8 等分，计算各分段点截面的弯矩、剪力和轴力值。现以距 A 支座 1.5m 的截面 1 为例，计算其内力如下：

将 $l = 12$m，$f = 4$m 代入拱轴方程，有：

$$y = \frac{4f}{l^2}(l-x)x = \frac{x}{9}(12-x)$$

于是

$$\tan\varphi = \frac{dy}{dx} = \frac{1}{9}(12-2x) = \frac{2}{9}(6-x)$$

再将截面 1 的横坐标 $x_1 = 1.5$m 代入以上两式，得

$$y_1 = \frac{1.5}{9}(12-1.5) = 1.75 \text{m}$$

$$\tan\varphi_1 = \frac{2}{9}(6-1.5) = 1$$

由此得 $\varphi_1 = 45°$ $\sin\varphi_1 = 0.707$，$\cos\varphi_1 = 0.707$

由式 (14-2)、式 (14-3)、式 (14-4) 计算得到截面 1 的内力值为：

$$M_1 = M_1^0 - F_H y_1 = \left(75.5 \times 1.5 - 14 \times 1.5 \times \frac{1.5}{2}\right) - 50.25 \times 1.75 = 9.6 \text{kN} \cdot \text{m}$$

$$F_{Q1} = F_{Q1}^0 \cos\varphi_1 - F_H \sin\varphi_1 = (75.5 - 14 \times 1.5) \times 0.707 - 50.25 \times 0.707 = 3.0 \text{kN}$$

$$F_{N1} = F_{Q1}^0 \sin\varphi_1 + F_H \cos\varphi_1 = (75.5 - 14 \times 1.5) \times 0.707 + 50.25 \times 0.707 = 74.0 \text{kN}$$

其他各截面的计算过程与截面 1 相同。为清楚起见，将各项计算结果列于表 14-1 内。根据表中各截面的内力值可绘出三铰拱的 M 图、F_Q 图、F_N 图，如图 14-12 (b)、(c)、(d) 所示。

三铰拱的内力计算　　　　　表 14-1

截面	x (m)	y (m)	$\tan\varphi$	$\sin\varphi$	$\cos\varphi$	F_Q^0 (kN)	M (kN·m)			F_Q (kN)			F_N (kN)		
							M^0	$-F_H y$	M	$F_Q^0 \cos\varphi$	$-F_H \sin\varphi$	F_Q	$F_Q^0 \sin\varphi$	$F_H \cos\varphi$	F_N
0	0	0	1.333	0.800	0.600	75.5	0	0	0	45.3	−40.2	5.1	60.4	30.2	90.6
1	1.5	1.75	1.000	0.707	0.707	54.5	97.5	−87.9	9.6	38.5	−35.5	3.0	38.5	35.5	74.0
2	3	3.00	0.667	0.555	0.832	33.5	163.5	−150.8	12.7	27.9	−27.9	0.0	18.6	41.8	60.4
3	4.5	3.75	0.333	0.316	0.949	12.5	198.0	−188.4	9.6	11.9	−15.9	−4.0	4.0	47.7	51.7
4	6	4.00	0	0	1.000	−8.5	201.0	−201.0	0	−8.5	0	−8.5	0	50.3	50.3
5	7.5	3.75	−0.333	−0.316	0.949	−8.5	188.3	−188.4	−0.1	−8.5	15.9	7.4	2.7	47.7	50.4
6 左/右	9	3.00	−0.667	−0.555	0.832	−8.8 / −58.5	175.5	−150.8	24.7	−7.1 / −48.7	27.9	20.8 / −20.8	4.7 / 32.5	41.8	46.5 / 74.3
7	10.5	1.75	−1.000	−0.707	0.707	−58.5	87.8	−87.9	−0.1	−41.3	35.5	−5.8	41.3	35.5	76.8
8	12	0	−1.333	−0.800	0.600	−58.5	0	0	0	−35.1	40.2	5.1	46.8	30.2	77.0

四、三铰拱的合理轴线

拱在荷载作用下各截面一般产生弯矩、剪力和轴力，截面处于偏心受压状态，正应力分布不均匀。当拱所有截面弯矩为零、只承受轴力时，正应力沿截面均匀分布，材料得以最充分的利用。这种在固定荷载作用下拱各截面的弯矩等于零（拱无弯矩状态）的轴线称为合理轴线，或称合理拱轴。

在竖向荷载作用下，三铰拱任一截面的弯矩可由式（14-2）表示为：
$$M(x) = M^0(x) - F_H \cdot y(x)$$

当拱轴线为合理轴线时，各截面的弯矩应为零，即
$$M(x) = M^0(x) - F_H \cdot y(x) = 0$$

因此，在竖向荷载作用下，三铰拱的合理轴线方程为
$$y(x) = \frac{M^0(x)}{F_H} \tag{14-5}$$

上式说明，在竖向荷载作用下，三铰拱的合理轴线的纵坐标与相应简支梁的弯矩成正比，两者之间的比例系数为 $\frac{1}{F_H}$。当拱上所受荷载已知时，只需求出相应简支梁的弯矩方程，然后除以水平推力 F_H，便可得到拱的合理轴线方程。

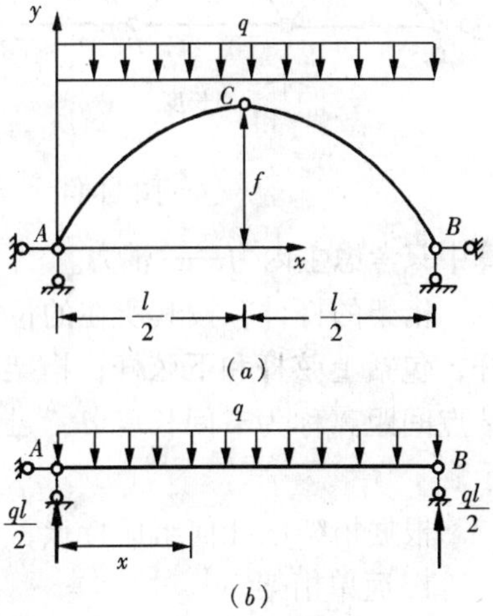

【例 14-7】 试求图 14-13（a）所示对称三铰拱在均布荷载 q 作用下的合理轴线。

【解】 由式（14-5）
$$y(x) = \frac{M^0(x)}{F_H}$$

相应简支梁（图 14-13b）的弯矩方程为：
$$M^0(x) = \frac{1}{2}qlx - \frac{1}{2}qx^2 = \frac{qx}{2}(l - x)$$

由式（14-1），拱的水平推力为：
$$F_H = \frac{M_c^0}{f} = \frac{ql^2}{8f}$$

所以，合理轴线方程为：
$$y = \frac{M^0(x)}{F_H} = \frac{4f}{l^2}x(l - x)$$

图 14-13

由此可见，在竖向均布荷载作用下，三铰拱的合理轴线是一二次抛物线。

第三节 静定平面桁架

一、桁架的特点和组成分类

桁架是由多根直杆在两端用铰连接而成的几何不变体系。与梁和刚架相比，桁架各杆只有轴力，截面应力分布均匀，可以充分发挥材料的作用。桁架重量轻，承受荷载大，是大跨度结构常用的一种形式，广泛地应用于各种土木工程以及机械工程，如屋架、桥梁、起重机塔架、输电塔架等。

实际的桁架受力较复杂，为了简化计算，通常在取桁架的计算简图、计算桁架内力

时，进行如下假设：

（1）桁架的各结点都是光滑的铰结点；

（2）桁架各杆轴线都是直线并通过铰的中心；

（3）荷载和支座反力都作用在结点上。

符合上述假设的桁架称为**理想桁架**。

当各杆轴线和荷载都作用在同一平面时称为平面桁架。实际工程中的桁架一般都是空间桁架，但有很多可以简化为平面桁架来分析。图14-14为一平面屋架的计算简图。根据上面假设，桁架中各杆均为二力杆，内力只有轴力，在计算中，规定拉力为正，压力为负。

工程中的实际桁架并非理想桁架，表现在各杆的连接处，不同材料有不同的连接方式。钢桁架采用焊接或铆接；钢筋混凝土采用整体浇筑；木结构则采用榫接或螺栓连接，因而都具有不同程度的抵抗转动的刚性。同时，各杆轴线不一定准确交于结点上。此外，桁架也不只承受结点荷载作用。以上因素造成了各杆除主要承受轴力外，还有弯矩、剪力等次内力的影响。但工程实践证明，这些次内力所占比例较小，对桁架计算的影响是次要的，通常予以忽略，故计算中只考虑主内力——轴力。

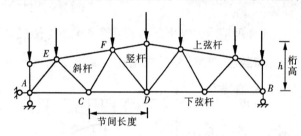

图 14-14

桁架的杆件，按其所在的位置不同，分为弦杆和腹杆。桁架上下周围的杆件称为**弦杆**，包括上弦杆和下弦杆；桁架内部的杆件称为**腹杆**，包括竖杆和斜杆。弦杆上相邻两结点间距离称为**节间长度 d**，上下两弦杆之间的最大距离称为**桁高 h**，如图14-14所示。

根据桁架的几何组成特点，可将其分为以下三类：

1．简单桁架

由基础或一个基本铰结三角形开始，依次增加二元体形成的桁架，如图14-15所示。

2．联合桁架

由几个简单桁架按照几何不变体系的组成规则联合组成的桁架，如图14-16所示。

3．复杂桁架

既不是简单桁架、又不是联合桁架的其他形式桁架称为复杂桁架，如图14-17所示。

二、结点法

以桁架结点为隔离体，由结点平衡条件求杆件内力的方法称为**结点法**。由于作用于平面桁架任一结点的诸力（包括荷载、支座反力及杆件轴力）均组成一平面汇交力系，故对每一结点只能列出两个独立的平衡方程，因此，每次所取结点上的未知轴力不能多于两个。求解时，应首先选择只有两个杆件的结点为隔离体。通常，对于简单桁架，可以从其几何组成的最后二根杆的结点开始，按其组成次序的相反顺序逐一截取结点，依次求出全部杆件的轴力。具体计算时，假设未知杆件的轴力为拉力（指向离开结点），如果计算结果为正值，说明此轴力为拉力；反之为压力。

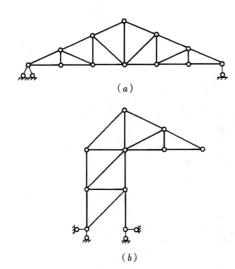

图 14-15

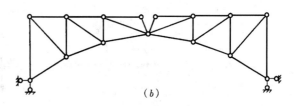

图 14-16

下面举例说明结点法的计算过程。

【例 14-8】 试用结点法计算图 14-18（a）所示桁架各杆的轴力。

【解】 （1）求支座反力

此桁架结构及荷载是对称的，所以两支座反力相等为

$$F_{Ay} = F_{By} = 20\text{kN}(\uparrow) \quad F_{Ax} = 0$$

（1）求各杆轴力

根据对称性，桁架的内力也是对称的，故只需计算半边桁架（如左半边）的轴力。由结点法的特点，按桁架几何组成的相反次序，即结点 A、D、E、C 顺序依次截取结点计算各杆轴力。

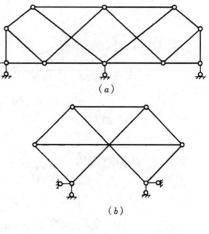

图 14-17

①结点 A

取结点 A 为隔离体，如图 14-18（b）所示。

由 $\Sigma F_y = 0, F_{NAE}\sin\alpha - 5 + 20 = 0$

$$F_{NAE} = -15\sqrt{5}\text{kN}(压力)$$

$$\Sigma F_x = 0, F_{NAE}\cos\alpha + F_{NAD} = 0$$

$$F_{NAD} = 15\sqrt{5} \times \frac{2}{\sqrt{5}} = 30\text{kN}(拉力)$$

②结点 D

取结点 D 为隔离体，如图 14-18（c）所示。

由 $\Sigma F_x = 0, F_{NDF} - F_{NAD} = 0$

$$F_{NDF} = 30\text{kN}(拉力)$$

$$\Sigma F_y = 0, F_{NDE} = 0$$

③结点 E

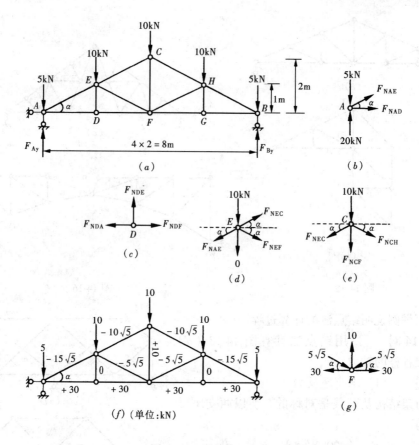

图 14-18 （单位：kN）

取结点 E 为隔离体，如图 14-18（d）所示。

由
$$\Sigma F_x = 0, F_{NEC}\cos\alpha + F_{NEF}\cos\alpha - F_{NAE}\cos\alpha = 0$$
$$F_{NEC} + F_{NEF} + 15\sqrt{5} = 0$$
$$\Sigma F_y = 0, F_{NEC}\sin\alpha - F_{NEF}\sin\alpha - F_{NAE}\sin\alpha - 10 = 0$$
$$F_{NEC} - F_{NEF} + 15\sqrt{5} = 10\sqrt{5}$$

联立求解以上两式，得
$$F_{NEC} = -10\sqrt{5}\text{kN}(压力)$$
$$F_{NEF} = -5\sqrt{5}\text{kN}$$

④结点 C

取结点 C 为隔离体，如图 14-18（e）所示。

由
$$\Sigma F_x = 0, F_{NCH}\cos\alpha - F_{NEC}\cos\alpha = 0$$
$$F_{NCH} = F_{NEC} = -10\sqrt{5}\text{kN}(压力)$$
$$\Sigma F_y = 0, -(F_{NEC} + F_{NCH})\sin\alpha - F_{NCF} - 10 = 0$$
$$F_{NCF} = 10\text{kN}(拉力)$$

(2) 校核

利用未曾用过的结点 F 的平衡条件来校核。

图 14-18（g）为结点 F 的隔离体图，图中各杆轴力按实际方向画出。

由
$$\Sigma F_x = 0, 30 - 5\sqrt{5}\cos\alpha + 5\sqrt{5}\cos\alpha - 30 = 0$$
$$\Sigma F_y = 0, 10 - 5\sqrt{5}\sin\alpha - 5\sqrt{5}\sin\alpha = 0$$

结点 F 的平衡条件满足，说明各杆轴力的计算结果正确。桁架各杆的轴力标注在图 14-18 (f) 中。

由本例看出，桁架中 DE 杆、GH 杆的轴力为零。通常称轴力为零的杆件为**零杆**。如果能够在计算之前，根据结点平衡的一些特殊情况判断出桁架中的零杆，则会对后续桁架的内力计算带来较大的方便。现列举几种结点平衡的特殊情况如下：

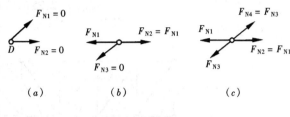

图 14-19

(1) 不共线的两杆结点上无荷载作用时，该两杆的轴力必为零（图 14-19a）。

(2) 三杆结点上无荷载作用时，如果其中两杆共线，则第三杆必为零杆，而共线两杆的轴力相等且符号相同（图 14-19b）。

(3) 四杆结点且两两共线，当结点上无荷载作用时，则共线两杆轴力相等且符号相同（图 14-19c）。

上述结论均可由结点的平衡条件验证。

应用以上结论，不难判断图 14-20 中桁架的零杆（图中虚线所示），从而大大简化余下杆件的内力计算。

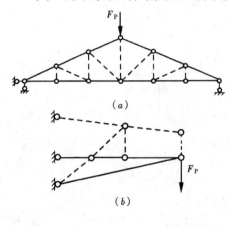

图 14-20

三、截面法

截面法是作一截面将桁架分成两部分，取其中任一部分为隔离体（隔离体包含两个以上的结点），根据平衡方程计算所截断杆件的内力。通常，作用于隔离体上的力系为平面任意力系，由它可建立三个独立的平衡方程。故只要隔离体上未知内力数目不多于三个，就可直接由平衡方程求得。

应用截面法时，应注意选取适当的截面形式，如平面、曲面或闭合截面等，务必将桁架分成两部分，一般使被截断杆件不多于三根。为避免联立求解，应注意选择适宜的平衡方程，即选择适当的矩心，适当的投影轴，使每个方程中最好只包含一个未知力。

截面法适用于求桁架中指定杆的轴力及联合桁架中连接杆的轴力。

【**例 14-9**】 桁架如图 14-21 (a) 所示，试求其中 a、b、c 杆的轴力。

【**解**】 (1) 求支座反力
$$\Sigma M_A = 0, F_{By} = 1.5 F_p$$
$$\Sigma M_B = 0, F_{Ay} = 1.5 F_p$$
$$\Sigma F_x = 0, F_{Ax} = 0$$

(2) 求 F_{Na}，F_{Nb}

作截面I-I，同时截断杆 a、b、$1'2'$，取截面I-I左部为隔离体，如图 14-21 (b) 所示。

由
$$\Sigma F_y = 0, F_{Na} + 1.5F_p - F_p = 0$$
$$F_{Na} = -0.5F_p(压力)$$
$$\Sigma M_{2'} = 0, F_{Nb} \times \frac{4}{3}d - 1.5F_p \times 2d = 0$$
$$F_{Nb} = 2.25F_p(拉力)$$

(3) 求 F_{Nc}

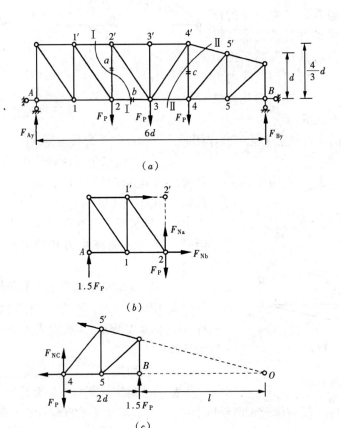

图 14-21

作截面Ⅱ-Ⅱ，同时截断杆 c、34、4′5′，取截面Ⅱ-Ⅱ右部为隔离体，如图 14-21（c）所示。以上下弦杆轴延长线的交点 O 为矩心，由力矩方程

$$\Sigma M_O = 0 \quad (F_{Nc} - F_p) \times (2d + l) + 1.5F_p \times l = 0$$

分析图 14-21（c）中杆件的几何关系，有 $l = 2d$。将 l 代入上式，得

$$F_{Nc} = -\frac{1.5F_p \times 2d}{2d + 2d} + F_p = 0.25F_p(拉力)$$

如果用截面法求桁架内力，所作截面截断了三根以上的杆件，但只要在被截各杆中，除一杆外，其余各杆均汇交于一点或平行，则该杆内力仍可由力矩方程或投影方程求得。如图 14-22（a）所示桁架，作截面Ⅰ-Ⅰ，取其左部为隔离体（图 14-22b），在所截五根杆中，除杆 1 外其余四根杆均相交于 C 点，故由力矩方程 $\Sigma M_c = 0$，便可求出 F_{N1}。又如图 14-23（a）所示桁架，作截面Ⅰ-Ⅰ，取其上部为隔离体（图 14-23b），在所截四根杆中，

除杆1外其余三杆均平行，所以，由投影方程$\Sigma F_x = 0$，就可求出F_{N1}。

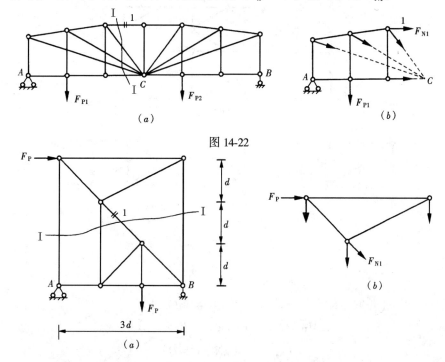

图 14-22

图 14-23

四、结点法和截面法的联合应用

结点法和截面法是求解桁架内力的常用方法。在桁架计算中，当只用一个结点的平衡条件或只作一次截面均无法求得某杆内力时，可考虑把结点法和截面法联合起来应用。举例说明如下。

【例 14-10】 求图 14-24（a）所示桁架中杆 1、2、3 的内力。

【解】 （1）求支座反力

由 $\quad\quad\quad \Sigma M_A = 0, F_{By} \times 24 - 90 \times 16 = 0 \quad F_{By} = 60\text{kN}(\uparrow)$

由 $\quad\quad\quad \Sigma M_B = 0, F_{Ay} \times 24 - 90 \times 8 = 0 \quad F_{Ay} = 30\text{kN}(\uparrow)$

由 $\quad\quad\quad \Sigma F_x = 0, F_{Ax} = 0$

（2）求 F_{N1}、F_{N2}、F_{N3}

为求杆 1、2、3 的内力，作截面Ⅰ-Ⅰ并取其左部为隔离体，如图 14-24（b）所示。由于截面Ⅰ-Ⅰ截断了四根杆，用隔离体的三个独立平衡方程无法求解四个未知内力，所以，需由其他的隔离体先计算出其中某一个未知力或确定某些未知力的关系。为此，取结点 G 为隔离体，如图 14-24（c）所示。由结点 G 的平衡条件

$$\Sigma F_x = 0, F_{N2}\cos\alpha + F_{N3}\cos\alpha = 0$$

得 $\quad\quad\quad\quad\quad\quad\quad F_{N3} = -F_{N2}$

再考虑图 14-24（b）的隔离体

由 $\quad\quad\quad\quad \Sigma F_y = 0, F_{N2}\sin\alpha - F_{N3}\sin\alpha + 30 = 0$

得 $\quad\quad\quad\quad\quad\quad F_{N2} = -25\text{kN} \quad (压力)$

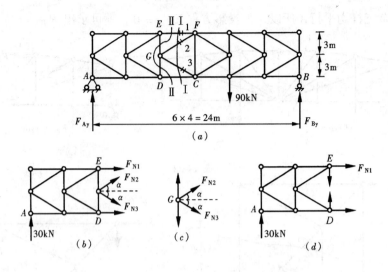

图 14-24

于是 $\quad F_{N3} = 25\text{kN} \quad$ (拉力)

再作截面Ⅱ-Ⅱ并取左部为隔离体，如图 14-24（d）所示。

由 $\quad \Sigma M_D = 0, -F_{N1} \times 6 - 30 \times 8 = 0$

得 $\quad F_{N1} = -40\text{kN} \quad$ (压力)

第四节 组 合 结 构

组合结构是由链杆和梁式杆件组成的结构体系。其中链杆两端铰接，只受轴力作用；梁式杆件为受弯构件，一般承受弯矩、剪力和轴力作用。组合结构常用于房屋建筑中的屋架、吊车梁以及桥梁中。图 14-25、图 14-26 为常见的三铰屋架和下撑式五角形屋架的计算简图，它们是静定组合结构，称为组合式屋架。其上弦杆是由钢筋混凝土制成，主要承受弯矩和剪力；下弦及腹杆则用型钢做成，主要承受轴力。

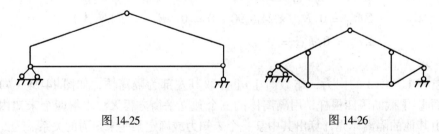

图 14-25　　　　　　图 14-26

计算组合结构时，一般是先求出支座反力和各链杆轴力，再计算梁式杆件的内力。计算时要特别注意区分只受轴力的链杆和受弯矩、剪力及轴力的梁式杆。计算方法仍是截面法和结点法。

【**例 14-11**】 试计算图 14-27（a）所示组合结构，求各链杆的轴力并绘梁式杆的弯矩图和剪力图。

【**解**】 此结构中 ADC 和 CEB 杆为梁式杆，截面上有弯矩、剪力和轴力，其余为链

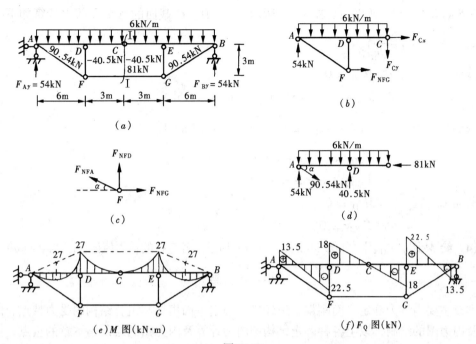

图 14-27

杆,仅受轴力。由于结构及荷载均为对称,所以反力和内力也是对称的,故只需求半边结构的内力。

(1) 求支座反力

由整体平衡条件 $\Sigma M_B = 0, \Sigma M_A = 0$,

得 $F_{Ay} = F_{By} = 54\text{kN}(\uparrow)$

由 $\Sigma F_x = 0$,得 $F_{Ax} = 0$。

(2) 计算各链杆的内力

作截面Ⅰ-Ⅰ,将铰 C 和链杆 FG 切开,考虑左半部隔离体,如图 14-27(b) 所示。

由 $\Sigma M_C = 0$

得 $F_{NFG} \times 3 + \dfrac{1}{2} \times 6 \times 9^2 - 54 \times 9 = 0$

即 $F_{NFG} = 81\text{kN}(拉力)$

由 $\Sigma F_x = 0$,得 $F_{Cx} = F_{NFG} = -81\text{kN}(\leftarrow)$

由 $\Sigma F_y = 0$,得 $F_{Cy} = 0$

再取结点 F 为隔离体,如图 14-27(c) 所示。

由 $\Sigma F_x = 0$,得 $F_{NFG} - F_{NFA}\cos\alpha = 0$

$$F_{NFA} = \dfrac{81}{2}\sqrt{5} = 90.54\text{kN}(拉力)$$

由 $\Sigma F_y = 0$,得 $F_{NFD} + F_{NFA}\sin\alpha = 0$

$$F_{NFD} = -90.54 \times \dfrac{1}{\sqrt{5}} = -40.5\text{kN}(压力)$$

(3) 计算梁式杆的弯矩、剪力

取 AC 杆为隔离体,在结点 A 处,除有支座反力 $F_{Ay} = 54\text{kN}$ 外,还有链杆 AF 的轴力

$F_{NAF} = F_{NFA} = 90.5\text{kN}$，如图 14-27（d）所示。$A$、$D$、$C$ 截面的弯矩和剪力计算如下（图中 $\cos\alpha = \dfrac{2}{\sqrt{5}}$，$\sin\alpha = \dfrac{1}{\sqrt{5}}$）。

截面 A $\quad M_{AD} = 0$

$\quad\quad\quad\quad F_{QAD} = 54 - 90.54 \times \sin\alpha = 13.5\text{kN}$

截面 D $\quad M_{DA} = M_{DC} = 6 \times \dfrac{3^2}{2} = 27\text{kN}\cdot\text{m}$（上边受拉）

$\quad\quad\quad\quad F_{QDA} = F_{QAD} - 6 \times 6 = -22.5\text{kN}$

$\quad\quad\quad\quad F_{QDC} = 6 \times 3 = 18\text{kN}$

截面 C $\quad M_{CD} = 0$

$\quad\quad\quad\quad F_{QCD} = 0$

（4）绘 M 图、F_Q 图、如图 14-27（e）、（f）所示。各链杆的轴力值记在图 14-27（a）中。

小 结

本章主要内容为静定平面刚架、三铰拱、静定平面桁架和组合结构的受力特点、内力计算及内力图的绘制，以上各种静定结构的内力计算及内力图的绘制是本章的重点，概括如下：

1. 静定平面刚架

静定刚架的计算步骤为首先计算支座反力或中间铰处的约束力，然后计算各杆端内力，最后绘制各杆的内力图即刚架的内力图。

在计算支座反力时，若刚架为悬臂式或简支式，则其三个支座反力直接利用整体的三个平衡方程求得；若为三铰刚架，则除利用整体的三个平衡方程外，还须利用中间铰处 $M=0$ 的补充方程联立求出支座反力；若为多跨或多层静定刚架，则应首先进行几何组成分析，然后根据组成次序相反的顺序截取隔离体计算支座反力。

刚架杆件截面的内力有弯矩、剪力和轴力。弯矩不规定正负号，只注明受拉侧；剪力和轴力的符号规定与梁相同。刚架杆件截面内力的计算方法依然是截面法，可根据截面一边所有外力对截面形心取矩或分别沿杆轴的法线和切线方向投影，求得截面的弯矩、剪力和轴力。

绘制刚架的内力图是刚架内力计算的重点。绘图时应根据已求得各杆端内力值逐杆绘制。弯矩图画在杆件受拉侧，不标注正负号。当杆件上无荷载作用时，可以直线连接两杆端截面的弯矩纵坐标求得；当杆件上有荷载作用时，以杆两端弯矩纵坐标所连的虚直线为基线、叠加相应简支梁的弯矩图后求得。剪力图和轴力图的纵坐标可画在杆件的任一侧，必须注明正负号。对绘制好的内力图要用刚结点处的平衡条件进行校核。

2. 三铰拱

三铰拱是按三刚片规则组成的静定结构，其支座反力和内力都可由静力平衡方程求得。三铰拱最明显的受力特征是：在竖向荷载作用下，除产生竖向反力外还产生水平推力。竖向反力的大小与相应简支梁的竖向反力相同，水平推力则与三个铰的位置及荷载有关。水平推力的存在，使拱各截面的弯矩比相应简支梁要小得多。拱的主要内力是轴力。式（14-2）、式（14-3）和式（14-4）为拱趾在同一水平位置时的三铰拱在竖向荷载下任一截面的内力计算式。对于受非竖向荷载作用或拱趾不在同一水平位置的三铰拱，可直接由平衡方程计算。

拱的合理轴线是其在固定荷载作用下各截面处于无弯矩状态时的轴线。荷载不同，合理拱轴是不一样的。

3. 静定平面桁架

平面桁架是由直杆通过铰接而成的结构体系。根据桁架的几何组成特点，平面桁架可分为简单桁架、联合桁架和复杂桁架。由于结点荷载的作用，桁架中各杆件截面的内力只有轴力，且以拉力为正值，压力为负值。

平面桁架内力计算方法有结点法、截面法以及两种方法的联合应用。

结点法是取桁架的结点为隔离体，利用结点的两个平衡方程计算各杆的轴力，故每次所取结点上未知的轴力不能多于两个。如在计算前能判断出零杆，则可使计算得以简化。结点法适用于求解简单桁架中各杆内力。

截面法是截取桁架的一部分为隔离体，利用平面任意力系的三个平衡方程计算杆件的轴力，故除特殊情况（即所截杆件中除一杆外，其余均汇交于一点或平行）外，隔离体上未知轴力的数目不得多于三个。为避免解联立方程，应选择适宜的投影轴和矩心，尽量使每个平衡方程只包含一个未知力。截面法适用于求桁架中指定杆的内力及联合桁架中连接杆的内力。

对于复杂桁架或桁架中的某些特殊情况，可灵活地联合应用结点法和截面法计算。

4. 组合结构

组合结构是由链杆和梁式杆件组成的结构体系。链杆只承受轴力；梁式杆件为受弯杆件，内力一般有弯矩、剪力和轴力。计算步骤为先计算支座反力，再求链杆的内力，最后计算梁式杆件的内力。求解方法仍为截面法和结点法。计算时要注意区分梁式杆和链杆（拉压杆）。选取隔离体时，一般先切断链杆，并从铰结点处分开，注意不要切断梁式杆。

习　题

14-1　求题 14-1 图示各刚架的支座反力。

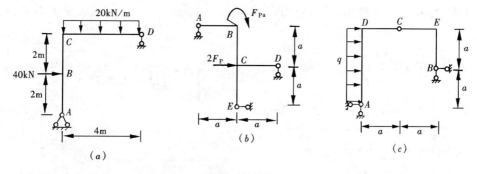

题 14-1 图

14-2　作题 14-2 图示刚架的内力图。

14-3　作题 14-3 图示三铰刚架的内力图。

14-4　作题 14-4 图示刚架的弯矩图。

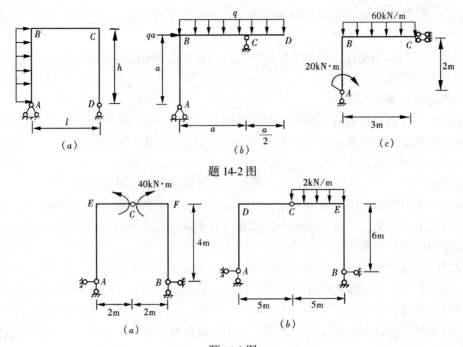

题 14-2 图

题 14-3 图

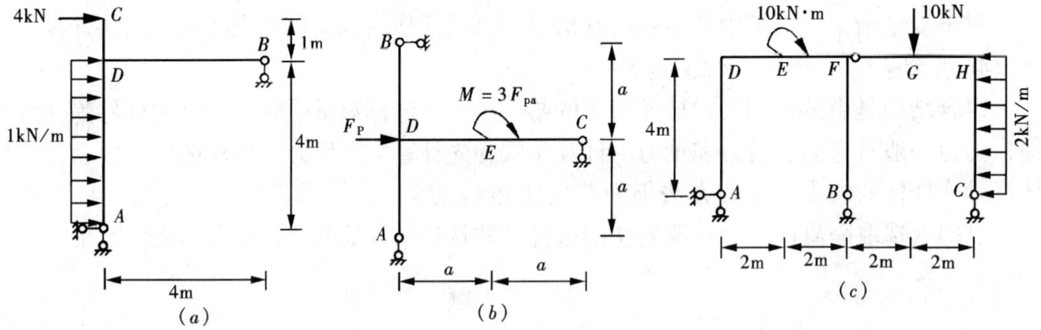

题 14-4 图

14-5 已知题 14-5 图示三铰拱的轴线方程为 $y = \dfrac{4f}{l^2}x(l-x)$，试求截面 D 的内力。

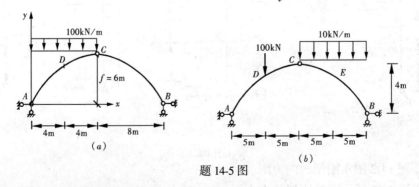

题 14-5 图

14-6 试用结点法求题 14-6 图示桁架中各杆轴力。

14-7 试用截面法求题 14-7 图示桁架中指定杆的轴力。

14-8 试求题 14-8 图示桁架中指定杆的轴力。

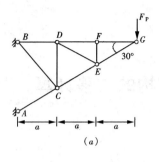
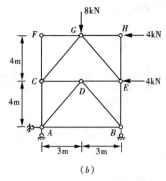

题 14-6 图

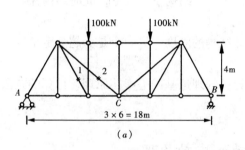
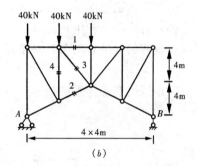

题 14-7 图

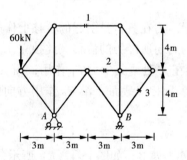

题 14-8 图

14-9 试计算题 14-9 图示组合结构，求出各链杆轴力，并绘梁式杆的 M 图。

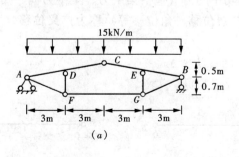
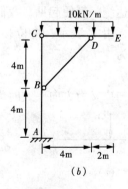

题 14-9 图

第十五章　静定结构的位移计算

第一节　概　　述

　　静定结构的位移计算是结构力学分析的一个重要内容，也是超静定结构内力分析的基础。产生结构位移的主要因素可归结为如下三种：(1) 荷载作用；(2) 温度变化和材料胀缩；(3) 支座沉降和制造误差。在这些因素作用下，结构发生变形，此时结构杆件上各点将产生线位移、各截面将产生角位移。

　　计算结构位移的目的有两个，一个是验算结构的刚度，另一个是为超静定结构内力计算作准备。

　　本章只讨论线性变形体系的位移计算，计算的理论基础是虚功原理，计算的方法是单位荷载法。

第二节　虚功和虚功原理

一、虚功

　　功包含力和位移两个要素。力在其自身引起的位移上作的功为实功。如果功中的位移不是由该力引起的，即作功的力与所经历的位移彼此独立无关，则称此力作的功为**虚功**。

　　图 15-1 (a) 所示简支梁在 C 处受集中力 F_P 作用；图 15-1 (c) 中虚线为该梁由于其他原因产生的变形，若用 Δ 表示相应截面 C 沿 F_P 作用方向的竖向位移，则 F_P 所作虚功为：

$$W = F_P \cdot \Delta$$

　　如果简支梁 B 处作用一外力偶 M，如图 15-1 (b) 所示，θ 为图 15-1 (c) 中相应截面 B 沿外力偶 M 方向的转角，则 M 所作虚功为：

$$W = M \cdot \theta$$

　　为了表达统一简便起见，我们将虚功中的力（包括集中力、集中力偶、支座反力等）称为**广义力**，用 F 表示；将位移（包括线位移、角位移等）称为**广义位移**，用 Δ 表示。这样，虚功为

$$W = F \cdot \Delta \tag{15-1}$$

当广义位移与广义力方向一致时为正，反之为负。

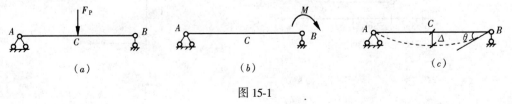

图 15-1

值得注意，虚功中作用力 F 与经历的位移 Δ 必须是相应的，但彼此独立无关，无因果关系。

二、刚体体系的虚功原理

当体系在位移过程中，不考虑材料应变，各杆只发生刚体运动时，体系属于刚体体系。

刚体体系的虚功原理表述为：刚体体系在任意平衡力系作用下，体系上所有外力在任一与约束条件相符合的无限小刚体位移上所作的虚功总和恒等于零，即

$$W_e = 0 \tag{15-2}$$

如图 15-2（a）所示，简支梁上作用有一组平衡力系，这里，体系上的外力除荷载外，还包括支座处的支座反力。图 15-2（b）为简支梁由于支座位移而产生的刚体位移。可见，图 15-2（a）和图 15-2（b）是两种彼此独立无关的状态，由式（15-2），外力虚功为：

$$W_e = F_{P1}\Delta_1 + F_{P2}\Delta_2 + F_{R1}c_1 + F_{R2}c_2 = 0$$

一般地，式（15-2）可写为

$$W_e = \Sigma F_{Pi}\Delta_i + \Sigma F_{RK}c_K = 0 \tag{15-3}$$

式中　F_{Pi}——体系所受的荷载；

F_{RK}——体系的约束反力；

Δ_i——与 F_{Pi} 相应的位移；

c_K——与 F_{RK} 相应的位移。

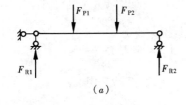 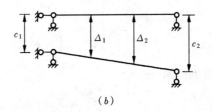

图 15-2

由于虚功原理中的力系和位移是两种彼此相互无关的状态，所以，对于一给定的平衡力系状态，可以利用虚设的可能位移状态，求未知力；对于一给定的位移状态，也可以利用虚设的平衡力系，求未知位移。

三、变形体体系的虚功原理

当体系在变形过程中，各杆不但发生刚体运动，内部材料同时也产生应变时，体系属于变形体体系。

变形体体系的虚功原理表达为：体系在任意平衡力系作用下，给体系以几何可能的位移和变形，体系上所有外力所作的虚功总和恒等于体系各微段上的内力在其变形上所作的虚功总和，即

$$W_e = W_i \tag{15-4}$$

式中　W_e——体系的外力虚功；

W_i——体系的内力虚功。

下面讨论内力虚功 W_i 的表达式。

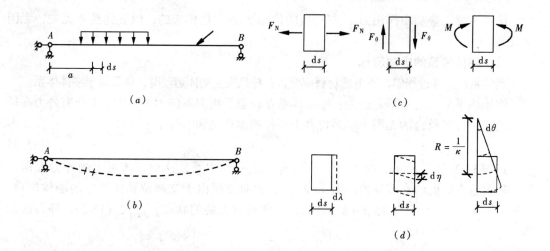

图 15-3

图 15-3（a）是简支梁 AB 在荷载作用下的一组平衡力系，图 15-3（b）为简支梁 AB 在其他因素作用下的位移和变形状态。从图 15-3（a）梁中取出微段 ds，微段 ds 上的内力为轴力 F_N，剪力 F_Q 和弯矩 M（图 15-3c）。图 15-3（b）中相应微段 ds 的相对变形为相对轴向变形 $d\lambda$、相对剪切变形 $d\eta$ 和相对转角 $d\theta$（图 15-3d）。

微段内力（图 15-3c）在微段变形（图 15-3d）上所作的内力虚功为：

$$dW_i = F_N d\lambda + F_Q d\eta + M d\theta$$

于是，简支梁 AB 的内力虚功为

$$W_i = \int_A^B (F_N d\lambda + F_Q d\eta + M d\theta)$$

对于杆件体系

$$W_i = \Sigma \int (F_N d\lambda + F_Q d\eta + M d\theta)$$

由于

$$d\lambda = \varepsilon ds, d\eta = \gamma_0 ds, d\theta = \kappa ds$$

ε、γ_0、κ 分别为微段 ds 相应的轴向应变、切应变和弯曲应变。

所以，杆件体系的内力虚功为：

$$W_i = \Sigma \int (F_N \varepsilon + F_Q \gamma_0 + M\kappa) ds \tag{15-5}$$

由式（15-4），变形体体系的虚功原理表达式为：

$$\Sigma F_{Pi} \Delta_i + \Sigma F_{RK} c_K = \Sigma \int (F_N \varepsilon + F_Q \gamma_0 + M\kappa) ds \tag{15-6}$$

此即变形体体系的虚功方程式。

第三节　计算结构位移的一般公式　单位荷载法

图 15-4（a）所示杆系结构，由于荷载、支座位移等各种因素的作用发生虚线所示的变形，称这一状态为结构的实际状态。若需求实际状态中 D 点的水平位移 Δ，则可将实

际状态作为结构的位移状态。

为用虚功原理求 D 点的水平位移,需要建立一个力状态。由于力状态与位移状态是彼此独立无关的,因此力状态可完全根据计算需要来假设。为在虚功方程中只出现拟求位移 Δ、不再含有其他位移,只需在该结构的 D 点处沿拟求位移 Δ 方向(水平方向)加上一个虚设的单位荷载 $F_P = 1$,该单位荷载以及由此荷载产生的支座反力 $\overline{F}_{R1}$、$\overline{F}_{R2}$、$\overline{F}_{R3}$ 和内力 $\overline{F}_N$、$\overline{F}_Q$、$\overline{M}$ 构成的平衡力系称为虚设的力状态或虚拟状态,如图 15-4(b) 所示。虚设力系的外力在实际状态的位移上所作的外力虚功为:

$$W_e = 1 \times \Delta + \overline{F}_{R1} c_1 + \overline{F}_{R2} c_2$$

一般可写为:

$$W_e = \Delta + \Sigma \overline{F}_{RK} c_K$$

式中 ε、γ_0、κ 表示实际状态中微段的应变,

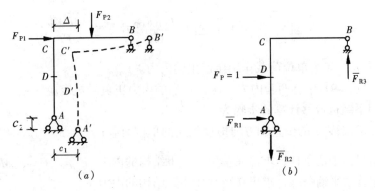

图 15-4
(a) 实际状态;(b) 虚拟状态

则内力虚功为

$$W_i = \Sigma \int (\overline{F}_N \varepsilon + \overline{F}_Q \gamma_0 + \overline{M} \kappa) \mathrm{d}s$$

由变形体体系的虚功原理

$$W_e = W_i$$

得计算结构位移的一般公式

$$\Delta = \Sigma \int (\overline{F}_N \varepsilon + \overline{F}_Q \gamma_0 + \overline{M} \kappa) \mathrm{d}s - \Sigma \overline{F}_{RK} c_K \tag{15-7}$$

式中 $\overline{F}_{Rk}$、$\overline{F}_N$、$\overline{F}_Q$、$\overline{M}$ 是在 $F_p = 1$ 作用时由平衡方程确定的虚拟状态的支座反力及结构内力;c_K 为已知的实际状态的支座位移;已知微段的应变 ε、γ_0、κ,可由式(15-7)算出结构位移。这种利用虚功原理求结构位移的方法称为**单位荷载法**。

应用单位荷载法每次只能求出一个位移。虚设的单位荷载的指向可以任意假定,按式(15-7)计算出来的结果为正,就表示实际位移 Δ 方向与所设的单位荷载的方向相同,否则相反。

式(15-7)不仅可用来计算结构的线位移,也可用来计算角位移和相对位移等。如需

计算某截面的转角时，只需在该截面加一个单位力偶，算出此虚拟状态下结构的支座反力和内力后，代入式（15-7），便可得到所要求的转角。

式（15-7）为计算平面杆件结构位移的一般公式。它适用于计算不同材料、由于各种外因所产生的不同结构类型的位移。

第四节 荷载作用下的位移计算

如果用 F_{NP}、F_{QP}、M_P 表示结构在荷载作用下的轴力、剪力、弯矩，则当材料为线弹性时，由胡克定律得到相应的弹性应变为

$$\varepsilon = \frac{F_{NP}}{EA} \quad \gamma_0 = k\frac{F_{QP}}{GA} \quad \kappa = \frac{M_P}{EI} \tag{15-8}$$

式中 k 是一个与截面形状有关的参数。将式（15-8）代入式（15-7）并注意到无支座移动（即 $c=0$），得荷载作用下位移计算的一般公式

$$\Delta = \Sigma\int\frac{\overline{F}_N F_{NP}}{EA}ds + \Sigma\int k\frac{\overline{F}_Q F_{QP}}{GA}ds + \Sigma\int\frac{\overline{M} M_P}{EI}ds \tag{15-9}$$

式中 $\overline{F}_N$、$\overline{F}_Q$、$\overline{M}$ 为单位荷载作用所产生的内力。

注意：式（15-9）中有两套内力，两种状态的内力正负号规定应一致。

荷载作用下结构位移计算的步骤为：

（1）在拟求位移 Δ 的位置和方向虚设相应的单位荷载；

（2）根据静力平衡条件，求出在单位荷载下结构的内力 $\overline{F}_N$、$\overline{F}_Q$、$\overline{M}$；

（3）根据静力平衡条件，求出在荷载作用下结构的内力 F_{NP}、F_{QP}、M_P；

（4）代入式（15-9）计算 Δ。

考虑到式（15-9）中右边的三项分别为结构的轴向变形、剪切变形和弯曲变形对位移的影响，所以对于梁和刚架，位移主要是由弯矩引起的，轴力和剪力的影响很小，可略去，于是，式（15-9）简化为：

$$\Delta = \Sigma\int\frac{\overline{M} M_P}{EI}ds \tag{15-10}$$

对于桁架，各杆只受轴力，且各杆的 EA 和轴力沿杆长为常量，于是式（15-9）简化为

$$\Delta = \Sigma\int\frac{\overline{F}_N F_{NP}}{EA}ds = \Sigma\frac{\overline{F}_N F_{NP}}{EA}l \tag{15-11}$$

对于一般的实体拱，位移计算可只考虑弯矩的影响，即式（15-10）；但在扁平拱中需要考虑弯矩和轴力的影响，即

$$\Delta = \Sigma\int\frac{\overline{M} M_P}{EI}ds + \Sigma\int\frac{\overline{F}_N F_{NP}}{EA}ds \tag{15-12}$$

【例 15-1】 试求图 15-5（a）所示悬臂梁在 A 端的竖向位移 Δ_{AV} 和转角 θ_A，EI 为常量。

【解】 1. 求 A 端的竖向位移 Δ_{AV}

（1）在 A 端加一个竖向单位荷载 $F_P = 1$，如图 15-5（b）所示。

（2）取 A 点为坐标原点，分别列出外荷载和单位荷载作用下悬臂梁任意截面 x 的弯矩（设梁下部受拉的弯矩为正）。

$$M_P = -\frac{1}{2}qx^2 \quad (0 \leqslant x \leqslant l)$$

$$\overline{M} = -x \quad (0 \leqslant x \leqslant l)$$

（3）计算 Δ_{AV}

将以上弯矩表达式代入式（15-10），得 A 端的竖向位移为

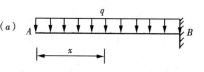
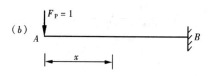
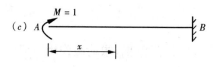

图 15-5

$$\Delta_{AV} = \int \frac{\overline{M} M_P}{EI} ds = \int_0^l \frac{(-x)\left(-\frac{1}{2}qx^2\right)}{EI} dx = \frac{ql^4}{8EI}(\downarrow)$$

计算结果为正值，说明 A 点的竖向位移与所假设单位荷载的方向相同，即方向向下。

2. 求 A 端的转角 θ_A

（1）在 A 端加一个单位力偶 $M = 1$，如图 15-5（c）所示。

（2）仍取 A 点为坐标原点，M_P 同上，单位力偶作用下任意截面 x 的弯矩

$$\overline{M} = 1 \quad (0 \leqslant x \leqslant l)$$

（3）计算 θ_A。

将以上弯矩表达式代入式（15-10），得 A 端的转角为：

$$\theta_A = \int \frac{\overline{M} M_P}{EI} ds = \int_0^l \frac{1 \times \left(-\frac{1}{2}qx^2\right)}{EI} dx = -\frac{ql^3}{6EI} \quad (\curvearrowleft)$$

计算结果为负值，说明 A 端实际转角的方向与所假设单位力偶的方向相反，即逆时针方向。

【例 15-2】 试求图 15-6（a）所示桁架结点 C 的竖向位移，已知各杆的 EA 都相同且为常数。

【解】（1）在 C 结点加竖向单位荷载 $F_P = 1$，如图 15-6（c）所示。

（2）分别计算桁架各杆在外荷载和单位荷载作用下的轴力 F_{NP} 和 $\overline{F}_N$，计算结果分别表示在图 15-6（b）和图 15-6（c）中。

（3）计算 Δ_{CV}

将各杆的 F_{NP} 和 $\overline{F}_N$ 代入式（15-11），得

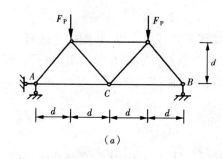
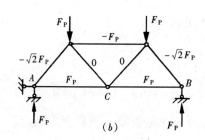
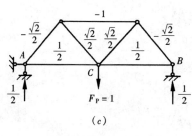

图 15-6

$$\Delta_{CV} = \Sigma \frac{\overline{F}_N F_{NP}}{EA} l$$

$$= \frac{1}{EA}\left[2\times(-\sqrt{2}F_P)\times\left(-\frac{\sqrt{2}}{2}\right)\times\sqrt{2}d + 2\times F_P\times\frac{1}{2}\times 2d + (-F_P)\times(-1)\times 2d\right]$$

$$= \frac{2F_P d}{EA}(2+\sqrt{2})$$

$$= 6.83\frac{F_P d}{EA}(\downarrow)$$

第五节 图 乘 法

由上节可知，求荷载作用下梁和刚架的位移时，需计算下列积分值

$$\Delta = \Sigma\int\frac{\overline{M}M_P}{EI}ds \qquad (a)$$

当结构中各杆件满足条件（1）杆轴为直线；（2）EI 沿杆长不变；（3）$\overline{M}$ 和 M_P 两弯矩图中有一个是直线图形时，可应用图乘法代替上面的积分简化计算。

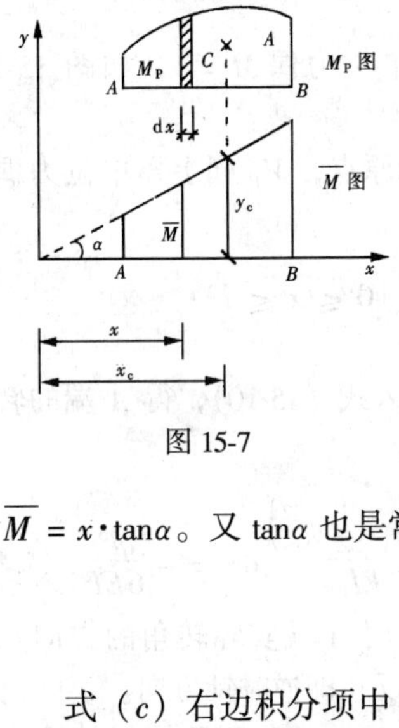

现以图 15-7 直杆 AB 的两个弯矩图来推导图乘法计算位移的公式。

如图 15-7 所示，设 $\overline{M}$ 图为直线段，以 $\overline{M}$ 图的直线延长线与 AB 线段延长线的交点为原点，x 轴方向如图，则积分式 (a) 中的 ds 可用 dx 替换，即

$$\int_A^B \frac{\overline{M}M_P}{EI}ds = \int_A^B \frac{\overline{M}M_P}{EI}dx \qquad (b)$$

图 15-7

EI 是常量，可提到积分号外；由于 $\overline{M}$ 为直线变化，故 $\overline{M} = x\cdot\tan\alpha$。又 $\tan\alpha$ 也是常数，也可提到积分号外，于是式 (b) 成为

$$\int_A^B \frac{\overline{M}M_P}{EI}ds = \frac{\tan\alpha}{EI}\int_A^B xM_P dx \qquad (c)$$

式 (c) 右边积分项中 $M_P dx$ 为 M_P 图中阴影线部分，它是一微分面积，$xM_P dx$ 为这个微分面积对 y 轴的静矩，$\int_A^B xM_P dx$ 为整个 M_P 图的面积对 y 轴的静矩。根据合力矩定理，它等于 M_P 图的全部面积 A 乘以其形心 C 到 y 轴的距离 x_C，即

$$\int_A^B xM_P dx = Ax_C \qquad (d)$$

将式 (d) 代入式 (c)，再利用 $\overline{M}$ 图的几何关系，得

$$\int_A^B \frac{\overline{M}M_P}{EI}dx = \frac{\tan\alpha}{EI}Ax_C = \frac{1}{EI}Ay_C \qquad (e)$$

式中：A——AB 杆上 M_P 图面积；

y_C——M_P 图形心对应的 $\overline{M}$ 图的纵坐标。

所以，结构位移的计算公式为

$$\Delta = \Sigma \int \frac{\overline{M} M_P}{EI} \mathrm{d}x = \Sigma \frac{1}{EI} A y_C \tag{15-13}$$

由此可见，在满足上述三个条件下，结构位移的积分运算就等于 M_P 图的面积 A 乘以其形心所对应的 $\overline{M}$ 图上的纵坐标 y_C，再除以 EI。这种方法称为图形相乘法或简称**图乘法**。

应用图乘法计算结构位移时须注意下列几点：

(1) 符合图乘法的应用条件；

(2) 纵坐标 y_C 只能取自直线图中；

(3) 面积 A 与纵坐标 y_C 在杆的同侧时乘积取正号，异侧时取负号。

图 15-8 给出了位移计算中几种常见的简单图形的面积和形心的位置。注意图中的各抛物线均为"标准抛物线"，即顶点处的切线平行于 x 轴的抛物线。

在实际计算中，常会遇到比图 15-8 中更复杂的图形。此时，可将复杂的图形分解成几个简单的图形，然后分别将简单的图形相乘后再叠加，如：

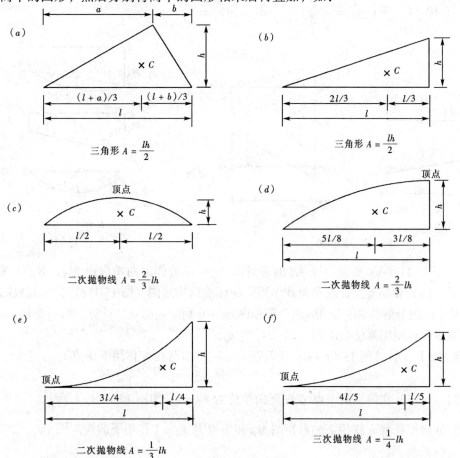

图 15-8 图形的面积和形心

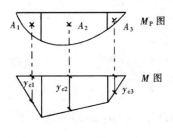

图 15-9

(1) 两图形中的一个图形是由几段直线组成的折线（图 15-9）时，应分段图乘计算，即

$$\int \frac{\overline{M} M_P}{EI} dx = \frac{1}{EI}(A_1 y_{C1} + A_2 y_{C2} + A_3 y_{C3})$$

(2) 杆件为阶梯杆，应在 EI 变化处分段进行图乘计算。

(3) 图形的面积或形心位置不便确定时，可先将其分解为计算简单的图形，然后叠加计算。

如当两个梯形相乘时（图 15-10），可把其中一个梯形分解为两个三角形（或一个矩形和一个三角形），分别应用图乘法，然后叠加，即

$$\frac{1}{EI}\int \overline{M} M_P dx = \frac{1}{EI}(A_1 y_{C1} + A_2 y_{C2})$$

式中，$A_1 = \frac{1}{2}al, A_2 = \frac{1}{2}bl$

图 15-10（a）中：$y_{C1} = \frac{2}{3}c + \frac{1}{3}d \quad y_{C2} = \frac{1}{3}c + \frac{2}{3}d$

图 15-10（b）中：$y_{C1} = -\frac{2}{3}c + \frac{1}{3}d \quad y_{C2} = \frac{1}{3}c - \frac{2}{3}d$

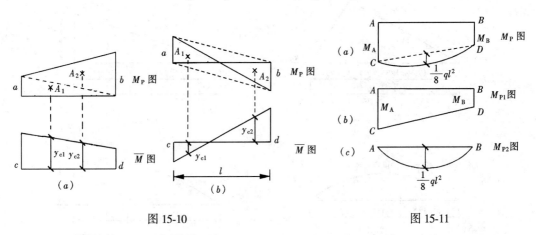

图 15-10 图 15-11

考察图 15-11（a）所示直杆 AB 的 M_P 图，它可以看作由两端弯矩 M_A、M_B 组成的梯形（图 15-11b）和简支梁在均布荷载作用下的标准抛物线图（图 15-11c）叠加而成的。因此，可将 M_P 图分解为 M_{P1} 和 M_{P2} 两个简单图形后分别应用图乘法计算，然后叠加。

下面举例说明图乘法的应用。

【例 15-3】 计算图 15-12（a）所示简支梁在均布荷载 q 作用下中点 C 的挠度，$EI =$ 常数。

【解】 (1) 在简支梁中点 C 加竖向单位力 $F_P = 1$，如图 15-12（c）所示。

(2) 分别作荷载 q 作用下的弯矩图 M_P 和单位力 $F_P = 1$ 作用下的弯矩图 $\overline{M}$，如图 15-12（b）、（c）所示。

(3) 计算点 C 的挠度 Δ_{CV}

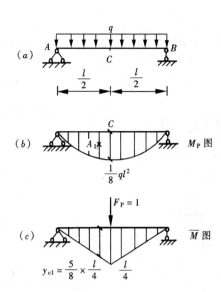

图 15-12

由于 $\overline{M}$ 图是由两段直线组成，故用图乘法公式计算时应分段进行。考虑到图形的对称性，可计算出一半再乘两倍。

$$A_1 = \frac{2}{3} \times \frac{l}{2} \times \frac{1}{8}ql^2 = \frac{ql^3}{24}$$

$$y_{C1} = \frac{5}{8} \times \frac{l}{4} = \frac{5l}{32}$$

所以，C 点挠度为：

$$\Delta_{CV} = \Sigma \int \frac{\overline{M} M_P}{EI} dx$$

$$= 2 \frac{1}{EI} A_1 y_{C1}$$

$$= 2 \times \frac{1}{EI} \times \frac{ql^3}{24} \times \frac{5l}{32} = \frac{5ql^4}{384EI}(\downarrow)$$

【例 15-4】 计算图 15-13（a）所示伸臂梁 C 端的转角，EI = 常数。

【解】 （1）在梁端 C 加一单位力偶 $M = 1$，如图 15-13（c）所示。

（2）分别作荷载作用下的 M_P 图和单位力偶作用下的 $\overline{M}$ 图，如图 15-13（b）、（c）所示。

（3）计算 C 端的转角 θ_C。

$\overline{M}$ 图包括两段直线，所以整个梁应分为 AB 和 BC 两段分别应用图乘法。AB 段的 M_P 图可分解为一个在轴线上边的三角形（面积 A_1）和一个在轴线下边的标准二次抛物线图形（面积 A_2）。

$$A_1 = \frac{1}{2} \times l \times \frac{1}{8}ql^2 = \frac{ql^3}{16} \qquad y_{C1} = \frac{2}{3} \qquad (y_{C1} 与 A_1 同侧)$$

$$A_2 = \frac{2}{3} \times l \times \frac{1}{8}ql^2 = \frac{ql^3}{12} \qquad y_{C2} = \frac{1}{2} \qquad (y_{C2} \text{ 与 } A_2 \text{ 异侧})$$

$$A_3 = \frac{1}{3} \times \frac{l}{2} \times \frac{1}{8}ql^2 = \frac{ql^3}{48} \qquad y_{C3} = 1 \qquad (y_{C3} \text{ 与 } A_3 \text{ 同侧})$$

所以，C 端的转角为：

$$\theta_C = \frac{1}{EI} \Sigma A y_C$$

$$= \frac{1}{EI}(A_1 y_{C1} + A_2 y_{C2} + A_3 y_{C3})$$

$$= \frac{1}{EI}\left(\frac{ql^3}{16} \times \frac{2}{3} - \frac{ql^3}{12} \times \frac{1}{2} + \frac{ql^3}{48} \times 1\right)$$

$$= \frac{ql^3}{48EI}(\curvearrowleft)$$

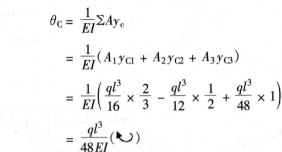

图 15-13

【例 15-5】 计算图 15-14（a）所示三铰刚架 E 点的水平位移，设各杆 $EI=$ 常数。

【解】 （1）在 E 点加水平单位力 $F_P = 1$，如图 15-14（c）所示。

（2）分别做荷载作用下的 M_P 图和单位力 $F_P = 1$ 作用下的 $\overline{M}$ 图，如图 15-14（b）、（c）所示。

（3）计算 E 点的水平位移 Δ_{EH}。

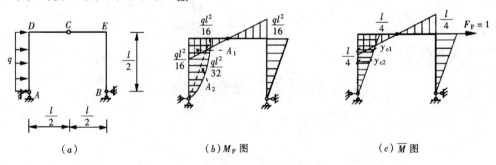

图 15-14

图 15-14（b）中 AD 杆的 M_P 图可分解为一个三角形面积 A_1 和一个抛物线 A_2。分别应用图乘法，然后叠加。

$$A_1 = \frac{1}{2} \times \frac{ql^2}{16} \times \frac{l}{2} = \frac{ql^3}{64} \qquad y_{C1} = \frac{2}{3} \times \frac{l}{4} = \frac{l}{6} \qquad (y_{C1} \text{ 与 } A_1 \text{ 同侧})$$

$$A_2 = \frac{2}{3} \times \frac{l}{2} \times \frac{ql^2}{32} = \frac{ql^3}{96} \qquad y_{C2} = \frac{1}{2} \times \frac{l}{4} = \frac{l}{8} \qquad (y_{C2} \text{ 与 } A_2 \text{ 同侧})$$

其余各杆的 M_P 图面积 A_i 均与 A_1 相同，$\overline{M}$ 图中相应 y_{Ci} 的值均与 y_{C1} 相同，于是，由图乘法公式，E 点的水平位移为

$$\Delta_{EH} = \frac{1}{EI}\Sigma A y_C = \frac{1}{EI}\left(4 \times \frac{ql^3}{64} \times \frac{l}{6} + \frac{ql^3}{96} \times \frac{l}{8}\right) = \frac{3ql^4}{256EI}(\rightarrow)$$

【例 15-6】 求图 15-15（a）所示刚架 D 点的竖向位移，已知梁的惯性矩为 $2I$，柱的惯性矩为 I。

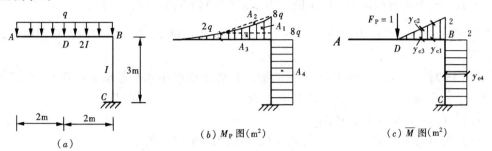

图 15-15

【解】 （1）在 D 点加一竖向单位荷载 $F_P = 1$，如图 15-15（c）所示。

（2）分别做荷载作用下的 M_P 图和单位力作用下的 $\overline{M}$ 图，如图 15-15（b）、（c）所示。

（3）计算 D 点的竖向位移 Δ_{DV}。

刚架中 AB 杆的 $\overline{M}$ 图包括两段直线，其中 AD 段 $\overline{M} = 0$，故应用图乘法时只需计算 DB 段。DB 段的 M_P 图可看作由三角形面积 A_1、抛物线面积 A_2 和矩形面积 A_3 叠加而成。计算如下：

$$A_1 = \frac{1}{2}(8q - 2q) \times 2 = 6q \quad y_{C1} = \frac{2}{3} \times 2 = \frac{4}{3} \quad (y_{C1} \text{ 与 } A_1 \text{ 同侧})$$

$$A_2 = \frac{2}{3} \times 2 \times \frac{1}{8}q \times 2^2 = \frac{2}{3}q \quad y_{C2} = \frac{1}{2} \times 2 = 1 \quad (y_{C2} \text{ 与 } A_2 \text{ 异侧})$$

$$A_3 = 2 \times 2q = 4q \quad y_{C3} = \frac{1}{2} \times 2 = 1 \quad (y_{C3} \text{ 与 } A_3 \text{ 同侧})$$

$$A_4 = 8q \times 3 = 24q \quad y_{C4} = 2 \quad (y_{C4} \text{ 与 } A_4 \text{ 同侧})$$

所以，刚架 D 点的竖向位移为

$$\Delta_{DV} = \Sigma \frac{1}{EI}A y_c$$

$$= \frac{1}{2EI}(A_1 y_{C1} + A_2 y_{C2} + A_3 y_{C3}) + \frac{1}{EI}A_4 y_{C4}$$

$$= \frac{1}{2EI}\left(6q \times \frac{4}{3} - \frac{2}{3}q \times 1 + 4q \times 1\right) + \frac{1}{EI} \times 24q \times 2 = \frac{53.67}{EI}q(\downarrow)$$

第六节 支座移动和温度改变时的位移计算

一、支座移动时的位移计算

静定结构是几何不变无多余约束的体系。当支座移动时，静定结构发生刚体位移。因此，支座移动在静定结构中不引起应变，也不产生内力，此时的位移可用刚体系的虚功原理计算。当用单位荷载法时，由式（15-7）可得支座移动时位移计算公式

$$\Delta = -\Sigma \overline{F}_{RK} c_K \tag{15-14}$$

式中：c_K——实际的支座位移；

$\overline{F}_{RK}$——单位荷载作用下产生的与实际支座位移相应的支座反力。

显然，$\overline{F}_{RK}c_K$ 为反力虚功。当 $\overline{F}_{RK}$ 与实际支座位移 c_K 方向一致时，乘积取正，反之取负。

【例 15-7】 如图 15-16（a）所示刚架，支座 A 处产生水平移动 $a = 10cm$，竖向下沉 $b = 5cm$，转角 $\theta_A = 0.001$ 弧度，试求 B 点的水平位移 Δ_{BH} 和竖向位移 Δ_{BV}。

【解】 1. 求 B 点水平位移 Δ_{BH}

（1）在 B 点加一单位水平荷载 $F_P = 1$，如图 15-16（b）所示。

（2）由静力平衡条件，求得 A 支座反力 $\overline{F}_{RA}$，如图 15-16（b）所示。

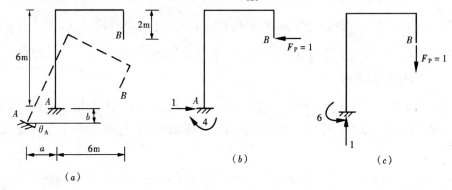

图 15-16

（3）代入式（15-14），得

$$\Delta_{BH} = -\Sigma \overline{F}_{RA}c_A = -(-1 \times a + 4 \times \theta_A) = -(-1 \times 0.1 + 4 \times 0.001) = 0.096m(\leftarrow)$$

这里，支座 A 的水平反力与该处水平位移相反，乘积为负；反力矩与转角方向相同，乘积为正。结果 Δ_{BH} 为正值，说明 B 点的实际水平位移方向与所设 $F_P = 1$ 方向相同，即向左。

2. 求 B 点竖向位移 Δ_{BV}

（1）在 B 点加一单位竖向荷载 $F_P = 1$，如图 15-16（c）所示。

（2）由静力平衡条件，求得 A 支座反力 $\overline{F}_{RA}$，如图 15-16（c）所示。

（3）代入式（15-14），得

$$\Delta_{BV} = -\Sigma \overline{F}_{RA}c_A = -(-1 \times b - 6 \times \theta_A) = -(-1 \times 0.05 - 6 \times 0.001) = 0.056m(\downarrow)$$

这里，支座 A 的竖向反力和反力矩均与该处竖向位移和转角方向相反，故乘积均分别为负。结果 Δ_{BV} 为正值，说明 B 点的实际竖向位移方向与所设 $F_P = 1$ 方向相同，即向下。

二、温度改变时的位移计算

对于静定结构，当杆件温度改变时，虽不会产生内力，但由于材料的膨胀和收缩，杆截面会产生应变，从而使结构发生变形和位移。

如图 15-17（a）所示，结构外侧温度升高 t_1℃，内侧温度升高 t_2℃，求由此引起的任一点的位移。当用单位荷载法计算位移，例如 C 点的竖向位移 Δ 时，取图 15-17（b）

所示的虚拟状态，即在 C 点加一个竖向单位荷载，这时结构的内力为 $\overline{M}$，$\overline{F}_Q$，$\overline{F}_N$。由计算位移的一般公式（15-7）并注意到支座位移为零，有

$$\Delta = \Sigma \int (\overline{F}_N \varepsilon + \overline{F}_Q \gamma_0 + \overline{M} \kappa) ds \tag{a}$$

式中 ε、γ_0、κ 为实际状态中杆件微段 ds 由于温度变化引起的应变。

假设温度沿杆件截面厚度 h 为线性分布（图 15-17c），则在产生温度变形后，截面仍保持为平面。截面的变形可分解为沿轴线方向的拉伸变形 du 和截面的转角 $d\theta$，无剪切变形。

当杆件截面对称于形心轴时（即 $h_1 = h_2$），则其形心轴处的温度为：

$$t_0 = \frac{1}{2}(t_1 + t_2)$$

当杆件截面不对称于形心轴时（即 $h_1 \neq h_2$），则其形心轴处的温度为：

$$t_0 = \frac{t_1 h_2 + t_2 h_1}{h}$$

式中　h——杆件的截面厚度；

h_1，h_2——杆轴至杆件上、下边缘的距离；

t_1，t_2——杆件上、下边缘的温度改变值。

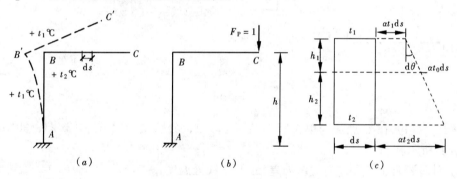

图 15-17

如果以 α 表示材料的线膨胀系数，$\Delta t = t_2 - t_1$ 为杆件上、下边缘的温度改变差，则杆件微段 ds 由于温度变化所产生的变形为

$$du = \varepsilon ds = \alpha t_0 ds, \varepsilon = \alpha t_0$$

$$d\theta = \kappa ds = \frac{\alpha(t_2 - t_1)}{h}ds = \frac{\alpha \Delta t}{h}ds, \kappa = \frac{\alpha \Delta t}{h}$$

将以上变形代入式（a），并注意到 $\gamma_0 = 0$，即得静定结构在温度改变时的位移计算公式：

$$\Delta = \Sigma \int \overline{F}_N \alpha t_0 ds + \Sigma \int \overline{M} \frac{\alpha \Delta t}{h} ds \tag{15-15}$$

如果 t_0、Δt 沿每根杆的全长为常数，则得：

$$\Delta = \Sigma \alpha t_0 \int \overline{F}_N ds + \Sigma \frac{\alpha \Delta t}{h} \int \overline{M} ds$$

$$\Delta = \Sigma \overline{F}_N \alpha t_0 l + \Sigma \frac{\alpha \Delta t}{h} A_{\overline{M}} \tag{15-16}$$

式中 l——杆件的长度；

$A_{\overline{M}}$——$\overline{M}$ 图的面积。

正负号规定如下：轴力 $\overline{F}_N$ 以拉力为正，t_0 以温度升高为正。弯矩 $\overline{M}$ 和温度改变差 Δt 则用其乘积确定正负号，即当弯矩 $\overline{M}$ 和温度改变差 Δt 引起的弯曲变形方向一致时，乘积取正值，反之取负值。

可见，在计算由于温度变化引起的位移时，不能忽略轴向变形的影响。

【例 15-8】 求图 15-18（a）所示刚架由于内侧温度升高 10℃，外侧温度无变化时 C 点的竖向位移。

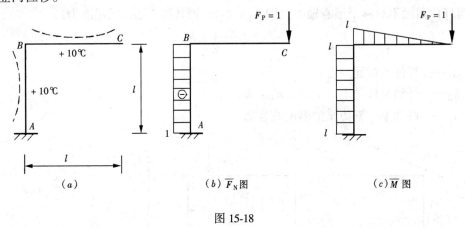

图 15-18

【解】 （1）在 C 点加一单位竖向荷载 $F_P = 1$，分别做 $\overline{F}_N$ 图和 $\overline{M}$ 图，如图 15-18 (b)、(c) 所示。

（2）计算杆件上下和左右边缘温差 Δt 及轴线处温度 t_0：

$$\Delta t = t_2 - t_1 = 10 - 0 = 10℃,$$

$$t_0 = \frac{t_1 + t_2}{2} = \frac{0 + 10}{2} = 5℃$$

（3）由（15-16）计算 C 点的竖向位移 Δ_{CV}。

$$\Delta_{CV} = \Sigma \overline{F}_N \alpha t_0 l + \Sigma \alpha \frac{\Delta t}{h} A_{\overline{M}}$$

$$= (-1) \times \alpha \times 5 \times l - \alpha \frac{10}{h}\left(\frac{1}{2} \times l \times l + l \times l\right)$$

$$= -5\alpha l - \frac{15\alpha l^2}{h} = -5\alpha l \left(1 + \frac{3l}{h}\right)(\uparrow)$$

计算过程中，因为轴力为压力，轴线处温度升高，故第一项取负号；Δt 与 $\overline{M}$ 所产生的弯曲变形方向相反，故第二项也取负号。计算结果为负值，说明 C 点的实际竖向位移方向向上。

第七节 线性变形体系的互等定理

本节讨论线性变形体系的三个互等定理,即功的互等定理、位移互等定理和反力互等定理。这些互等定理对结构的计算非常有用。

一、功的互等定理

图 15-19 (a)、(b) 所示为同一线性变形体系的两种状态。

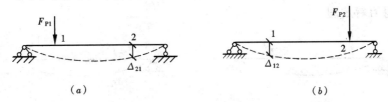

图 15-19
(a) 状态 I;(b) 状态 II

状态 I 中,外力用 F_{P1}、内力用 F_{N1}、F_{Q1}、M_1 表示,位移和应变分别用 Δ_1 和 ε_1、γ_{01}、κ_1 表示。

状态 II 中,外力用 F_{P2}、内力用 F_{N2}、F_{Q2}、M_2 表示,位移和应变分别用 Δ_2 和 ε_2、γ_{02}、κ_2 表示。

如果状态 I 的外力和内力在状态 II 相应的位移和变形上所做的虚功分别为 W_{e12} 和 W_{i12},即:

$$W_{e12} = F_{P1}\Delta_{12}$$

$$W_{i12} = \Sigma\int F_{N1}\varepsilon_2 ds + \Sigma\int F_{Q1}\gamma_{02} ds + \Sigma\int M_1\kappa_2 ds$$

$$= \Sigma\int \frac{F_{N1}F_{N2}}{EA}ds + \Sigma\int k\frac{F_{Q1}F_{Q2}}{GA}ds + \Sigma\int \frac{M_1 M_2}{EI}ds$$

根据虚功原理:$W_{e12} = W_{i12}$

则有:

$$F_{P1}\Delta_{12} = \Sigma\int \frac{F_{N1}F_{N2}}{EA}ds + \Sigma\int k\frac{F_{Q1}F_{Q2}}{GA}ds + \Sigma\int \frac{M_1 M_2}{EI}ds \tag{a}$$

式中,位移 Δ_{ij} 的两个下标的含义为:第一个下标"i"表示发生位移的位置,第二个下标"j"表示产生位移的原因。例如 Δ_{12} 表示 F_{P2} 所引起的与 F_{P1} 相应的位移。

同理,如果状态 II 的外力和内力在状态 I 相应的位移和变形上所做的虚功分别为 W_{e21} 和 W_{i21},即:

$$W_{e21} = F_{P2}\Delta_{21}$$

$$W_{i21} = \Sigma\int F_{N2}\varepsilon_1 ds + \Sigma\int F_{Q2}\gamma_{01} ds + \Sigma\int M_2\kappa_1 ds$$

$$= \Sigma\int \frac{F_{N1}F_{N2}}{EA}ds + \Sigma\int k\frac{F_{Q1}F_{Q2}}{GA}ds + \Sigma\int \frac{M_1 M_2}{EI}ds$$

根据虚功原理 $W_{e21} = W_{i21}$ 则有:

$$F_{P2}\Delta_{21} = \Sigma\int\frac{F_{N1}F_{N2}}{EA}ds + \Sigma\int k\frac{F_{Q1}F_{Q2}}{GA}ds + \Sigma\int\frac{M_1M_2}{EI}ds \qquad (b)$$

由于式（a）、式（b）两式的右边相等，所以

$$F_{P1}\Delta_{e12} = F_{P2}\Delta_{e21} \qquad (15\text{-}17a)$$

或写为：

$$W_{e12} = W_{e21} \qquad (15\text{-}17b)$$

这就是**功的互等定理**。它表明：在线性变形体系中，第一状态的外力在第二状态的位移上所做的虚功 W_{e12}，等于第二状态的外力在第一状态的位移上所做的虚功 W_{e21}。

二、位移互等定理

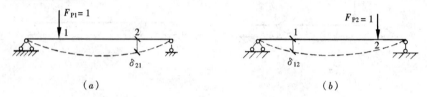

图 15-20

应用功的互等定理来研究一种特殊情况：如图 15-20 所示，假设两种状态中的荷载都是单位荷载，即 $F_{P1}=1$，$F_{P2}=1$，用 δ_{21} 表示单位荷载 $F_{P1}=1$ 引起的与 F_{P2} 相应的位移（图 15-20a），δ_{12} 表示单位荷载 $F_{P2}=1$ 引起的与 F_{P1} 相应的位移（图 15-20b）。这里，位移 δ_{ij} 有两个下标，第一个下标"i"表示位移是与力 F_{pi} 相对应的，第二个下标"j"表示位移是由力 F_{pj} 引起的。根据功的互等定理即式（15-17a），有

$$F_{P1}\delta_{12} = F_{P2}\delta_{21},$$

由于 $F_{P1}=1$，$F_{P2}=1$，
故
$$\delta_{12} = \delta_{21} \qquad (15\text{-}18)$$

这就是**位移互等定理**。它表明：在线性变形体系中，由单位荷载 $F_{P2}=1$ 引起的与荷载 F_{P1} 相应的位移，在数值上等于由单位荷载 $F_{P1}=1$ 引起的与荷载 F_{P2} 相应的位移。单位荷载 F_{P1} 及 F_{P2} 是广义力，位移 δ_{12} 及 δ_{21} 是相应的广义位移。

三、反力互等定理

反力互等定理也是功的互等定理的一个特殊情况。图 15-21 所示为同一线性变形体系的两种变形状态。

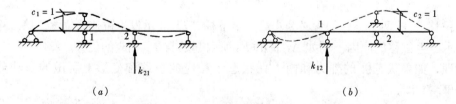

图 15-21

图 15-21（a）为支座 1 发生单位位移 $c_1=1$ 的状态，此时在支座 2 产生的反力为 k_{21}；图 15-21（b）为支座 2 发生单位位移 $c_2=1$ 的状态，此时在支座 1 产生的反力为 k_{12}。反力 k_{ij} 的两个下标的含义为：第一个下标"i"表示支座反力所在的位置，第二个下标"j"表示产生支座反力的单位位移 $c_j=1$ 所在的位置。其他支座反力未在图中绘出，因为它们

所对应的另一状态的位移都等于零。根据功的互等定理，有
$$k_{12}c_1 = k_{21}c_2$$
由于 $c_1 = 1$，$c_2 = 1$

所以
$$k_{12} = k_{21} \tag{15-19}$$

这就是**反力互等定理**。它表明：在线性变形体系中，支座 2 发生单位位移所引起的支座 1 的反力，等于支座 1 发生单位位移所引起的支座 2 的反力。当支座换成其他约束，单位支座位移 c_i 相应地换成与该约束对应的广义位移时，支座反力 k_{ji} 可以换成与该约束相应的广义力。

小　　结

本章的主要内容为虚功原理，单位荷载法，荷载、支座位移及温度改变下静定结构位移的计算方法及互等定理，其中荷载作用下静定结构的位移计算是本章的重点，具体概括如下：

1. 虚功原理是力学中的基本原理。虚功中作功的力与相应的位移彼此独立无关。利用虚功方程，可以在给定力系时，通过虚设位移状态，求出未知的约束力；也可以在给定变形时，通过虚设力系状态，求得未知的位移。本章讨论结构位移的计算方法就是虚设力系的方法。

2. 结构位移计算方法是单位荷载法。单位荷载法计算结构位移的一般公式是式 (15-7)，即

$$\Delta = \Sigma \int (\overline{F}_N \varepsilon + \overline{F}_Q \gamma_0 + \overline{M} \kappa) ds - \Sigma \overline{F}_{RK} c_K,$$

式中 $\overline{F}_{RK}$，$\overline{F}_N$，$\overline{F}_Q$，$\overline{M}$ 是由 $\overline{F}_P = 1$ 产生的根据平衡方程确定的虚拟状态的支座反力、轴力、剪力和弯矩，ε、γ_0、κ 是微段杆实际状态相应的轴向应变、切应变和弯曲应变。

3. 荷载作用下的位移计算

对于线弹性材料，位移计算公式为式 (15-9)，即

$$\Delta = \Sigma \int \frac{\overline{F}_N F_{NP}}{EA} ds + \Sigma \int k \frac{\overline{F}_Q F_{QP}}{GA} ds + \Sigma \int \frac{\overline{M} M_P}{EI} ds$$

式中有两套内力状态：一是实际荷载作用下的内力 F_{NP}、F_{QP}、M_P，二是虚设力系的内力 $\overline{F}_{NP}$、$\overline{F}_{QP}$、$\overline{M}$。

当梁和刚架符合下列条件：①杆轴为直线；②EI 沿杆长不变；③$\overline{M}$ 和 $\overline{M}_P$ 两弯矩图中有一个是直线图形时，可用图乘法代替积分计算位移，即

$$\Delta = \Sigma \int \frac{\overline{M} M_P}{EI} ds = \Sigma \frac{1}{EI} A y_c$$

图乘时，纵坐标 y_c 必须取自直线图形中，对较复杂的情况需分段、叠加。

4. 支座移动时的位移计算

支座移动在静定结构中不产生内力,其位移是刚体位移,计算公式为(15-14)即

$$\Delta = -\Sigma \overline{F}_{RK} c_k$$

式中 $\overline{F}_{RK}$ 为虚设力系中与支座移动 c_k 相应的支座反力;虚功 $\overline{F}_{RK} c_K$ 中力与支座位移方向一致时乘积为正,反之为负。

5. 温度改变时的位移计算

温度改变时,杆件不产生内力,但引起变形,此时位移计算公式为式(15-16),即

$$\Delta = \Sigma \overline{F}_N \alpha t_0 l + \Sigma \frac{\alpha \Delta t}{h} A_{\overline{M}}$$

式中第一项 $\overline{F}_N$ 以拉力为正,t_0 以温度升高为正;第二项弯矩 $\overline{M}$ 与温度改变差 Δt 引起的弯曲变形方向一致时为正,反之为负。

6. 互等定理是力学分析中的另一基本原理。功的互等定理是最基本的定理;位移互等定理可应用于静定结构,还可应用于超静定结构;反力互等定理只能用于超静定结构。

习 题

15-1 求题 15-1 图所示简支梁跨中的挠度。

15-2 求题 15-2 图所示简支梁 A 截面的转角。

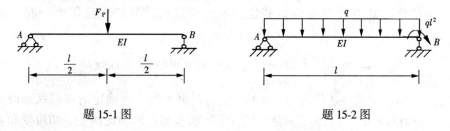

题 15-1 图　　　　　　　　题 15-2 图

15-3 求题 15-3 图示桁架结点 C 的水平位移,各杆 EA 相等。

15-4 求题 15-4 图示桁架结点 B 的竖向位移,已知桁架各杆的 $EA = 21 \times 10^4 \text{kN}$。

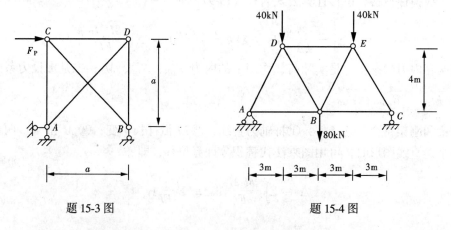

题 15-3 图　　　　　　　　题 15-4 图

15-5 求题 15-5 图示结构中 B 处的转角和 C 处的位移,EI = 常数。

15-6 求题 15-6 图示刚架 C 点的水平位移。

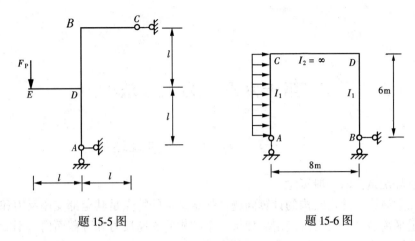

题 15-5 图   题 15-6 图

15-7 求题 15-7 图示外伸梁跨中 C 点的挠度。已知 $F_P = 9\text{kN}$，$q = 15\text{kN/m}$，梁为 18 号工字钢，$I = 1660\text{cm}^4$，$h = 18\text{cm}$，$E = 2.1 \times 10^8 \text{kPa}$。

15-8 静定多跨梁支座移动如题 15-8 图所示。求 D 点的竖向位移 Δ_{DV}、水平位移 Δ_{DH} 和转角 θ_D。

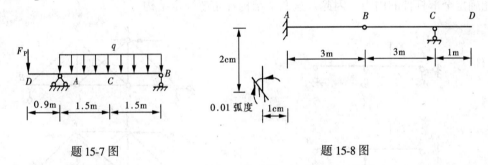

题 15-7 图   题 15-8 图

15-9 题 15-9 图示三铰刚架支座 B 发生水平位移 a、竖向位移 b。试求由此产生的铰 C 的竖向位移和铰 C 左右两截面的相对转角。

15-10 设题 15-10 图示三铰刚架的内部温度升高 30℃，试求 C 点的竖向位移。各杆截面均为矩形，且高度 h 相同，线膨胀系数为 α。

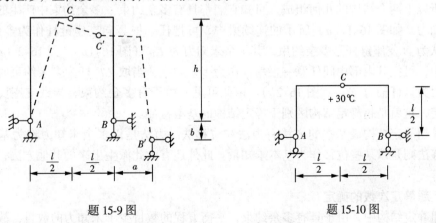

题 15-9 图   题 15-10 图

第十六章 力 法

第一节 超静定结构概述

一、超静定结构的一般概念

前面几章讨论了静定结构的计算问题。静定结构的特点是其全部支座反力和各截面内力根据静定平衡条件即可惟一确定。如果一个结构的支座反力和各截面内力不能完全由静力平衡条件惟一确定，这种结构称为**超静定结构**。例如图 16-1（a）所示连续梁，它的水平支座反力虽可由静力平衡条件求出，但其竖向支座反力只凭静力平衡条件无法确定，即三个独立的平衡方程无法全部求出四个未知的支座反力，进而也就不能求出其内力。又如图 16-2（a）所示桁架，虽然它的支座反力和部分杆件内力可由静力平衡条件求得，但却不能确定全部杆件的内力。因此，这两个结构都是超静定结构。

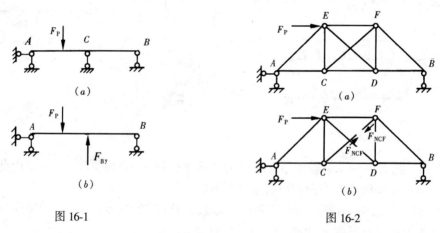

图 16-1　　　　　图 16-2

分析以上两个结构的几何组成，可知它们都具有多余约束。多余约束中产生的力称为多余未知力。如图 16-1（a）所示的连续梁中，可把任一根竖向支座链杆作为多余约束，例如，认为 B 支座链杆是多余约束，其多余未知力为 F_{By}（图 16-1b）。图 16-2（a）所示的桁架中，可把其内部中间任意一根斜杆作为多余约束，当取 CF 杆为多余约束时，则多余未知力为该杆轴力 F_{NCF}（图 16-2b）。由此可见，由于有多余约束，导致支座反力或内力超静定，这就是超静定结构区别于静定结构的基本特征。

计算超静定结构最基本的方法有力法和位移法。力法是以多余未知力作为基本未知量，位移法则是以某些位移作为基本未知量。此外还有由此派生出来的其他方法，如力矩分配法等。

二、超静定次数的确定

在超静定结构中，由于具有多余约束，平衡方程的数目少于未知力的数目，故仅用平衡条件无法确定其全部支座反力和内力。要求解它，还必须考虑位移条件以建立补充方程。一个超静定结构有多少个多余约束，相应地就有多少个多余未知力，也就需要建立同样数目的补充方程才能求解。因此，从静力分析的角度看，超静定次数等于利用平衡方程计算未知力时所缺少的方程的数目。从几何组成的角度看，超静定次数是超静定结构中多余约束的数目，也即把原超静定结构变成静定结构时所需撤除的约束的数目。由此可知，可以用去掉多余约束使超静定结构成为静定结构的方法，来确定该结构的超静定次数。

从超静定结构中去掉多余约束，通常有以下几种基本方式：

1. 去掉一根支座链杆或切断一根链杆，等于去掉一个约束（图16-3a、b）。

2. 去掉一个铰支座或撤去一个单铰，等于去掉两个约束（图16-4a、b）。

3. 去掉一个固定端或切断一根梁式杆，等于去掉三个约束（图16-5a、b）。

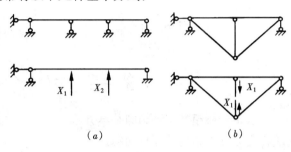

图 16-3

4. 将刚结改为单铰连接，等于去掉一个约束（图16-6）。

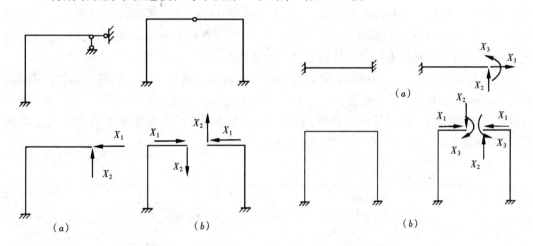

图 16-4   图 16-5

应用上述方法，不难确定各种超静定结构的超静定次数。例如：图16-3（a）、（b），图16-4（a）、（b），图16-5（a）、（b），图16-6所示的超静定结构，在撤去多余约束以后，即成为图中相应的静定结构，且静定结构上还标明了相应的多余力。故其超静定次数依次为2、1、2、2、3、3、3次。

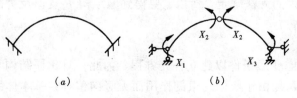

图 16-6

在撤去多余约束时，应注意：

1. 去掉超静定结构的多余约束，使它成为静定结构的方案可有多种，但不论采用何种方案，必须是几何不变的。例如，对于图16-3（a）超静

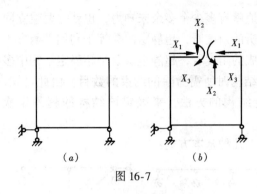

图 16-7

定梁，如果拆去其水平链杆，就变成了几何可变体系；如果去掉其右边的两个支座的竖向链杆，则得一外伸梁，此即静定梁，故仍可判定其为 2 次超静定结构。

2. 任何一个封闭框格的超静定次数为 3 次。如图 16-7（a）为一个具有内部超静定的封闭（无铰）框架结构，当将横梁切开，去掉三个约束后得图 16-7（b）所示静定刚架，故其超静定次数为 3 次。

第二节 力法的基本概念

力法是分析超静定结构的基本方法之一。力法计算的基本思路是把超静定结构的计算问题转化为静定结构的计算问题。

一、力法的基本未知量、基本结构和基本体系

超静定结构中有多余约束，相应的就有多余约束力。图 16-8（a）所示梁为一次超静定结构，共有四个支座反力 F_{Ax}、F_{Ay}、M_A、F_{By}，用三个静力平衡方程不能全部求出。撤去支座 B，代以一个相应的多余未知力 X_1，如图 16-8（b）所示。当设法求得多余力 X_1 后，对原结构的分析就转化为在荷载 F_P 和 X_1 共同作用下静定结构的计算问题。这种把多余未知力作为基本未知量的计算方法称为**力法**。

在超静定结构中，将去掉多余约束后所得到的静定结构称为力法的**基本结构**。图 16-8（c）所示的悬臂梁（第十章第四节中称为原超静定梁的静定基）即为图 16-8（a）用力法计算的基本结构。基本结构在荷载和多余未知力共同作用下的体系称为力法的**基本体系**，图 16-8（b）为图 16-8（a）的基本体系。

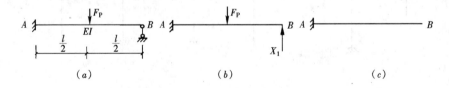

图 16-8
(a) 原结构；(b) 基本体系；(c) 基本结构

注意到，对原超静定结构来说，多余未知力是在荷载 F_P 作用下产生的支座 B 处的反力，它是一确定的值；而对基本结构来说，X_1 已成为主动力，如果仅就满足基本体系的平衡条件而言，X_1 的值可有无穷多，因而无法确定。所以，要得到原结构 B 支座反力的惟一解，必须考虑基本体系的变形条件。

二、力法的基本方程

为了确定多余未知力 X_1，必须考虑变形条件以建立补充方程。为此，对比原结构与基本体系的变形情况：原结构在支座 B 处由于竖向约束的作用而无竖向位移；基本体系上虽已去掉了 B 处的竖向约束（多余约束），但其受力和变形要与原结构完全一致，基本

结构在荷载 F_p 和多余未知力 X_1 共同作用下，B 点沿 X_1 方向的位移（竖向位移）Δ_1 必须为零，即

$$\Delta_1 = 0 \qquad (a)$$

这就是变形条件或位移条件，也就是计算多余未知力 X_1 的补充方程。

设以 Δ_{11} 和 Δ_{1P} 分别表示多余未知力 X_1 和荷载单独作用在基本结构上时，B 点沿 X_1 方向的位移（图 16-9c、b），并规定与所设 X_1 方向相同者为正，根据叠加原理，式（a）可写为：

$$\Delta_1 = \Delta_{11} + \Delta_{1P} = 0 \qquad (b)$$

若以 δ_{11} 表示基本结构在单位力 $X_1 = 1$ 单独作用下 B 点沿 X_1 方向的位移（图 16-9d），则有

$$\Delta_{11} = \delta_{11} X_1 \qquad (c)$$

于是，将式（c）代入式（b）得

$$\delta_{11} X_1 + \Delta_{1P} = 0 \qquad (16\text{-}1)$$

这就是一次超静定结构的力法基本方程，简称力法方程。

力法方程中的系数 δ_{11} 和自由项 Δ_{1P} 都是基本结构在已知外力作用下的位移，可用单位荷载法计算。

分别绘基本结构在单位力 $X_1 = 1$ 和荷载 F_p 单独作用下的弯矩图 $\overline{M}_1$（图 16-9e）和 M_P 图（图 16-9f）。应用图乘法，得

$$\delta_{11} = \int \frac{\overline{M}_1 \overline{M}_1}{EI} dx = \frac{1}{EI}\left(\frac{1}{2} \times l \times l \times \frac{2}{3} l\right) = \frac{l^3}{3EI}$$

$$\Delta_{1P} = \int \frac{\overline{M}_1 M_P}{EI} dx = \frac{1}{EI}\left(\frac{1}{2} \times \frac{F_p l}{2} \times \frac{l}{2}\right)\left(-\frac{5}{6}l\right) = -\frac{5 F_p l^3}{48 EI}$$

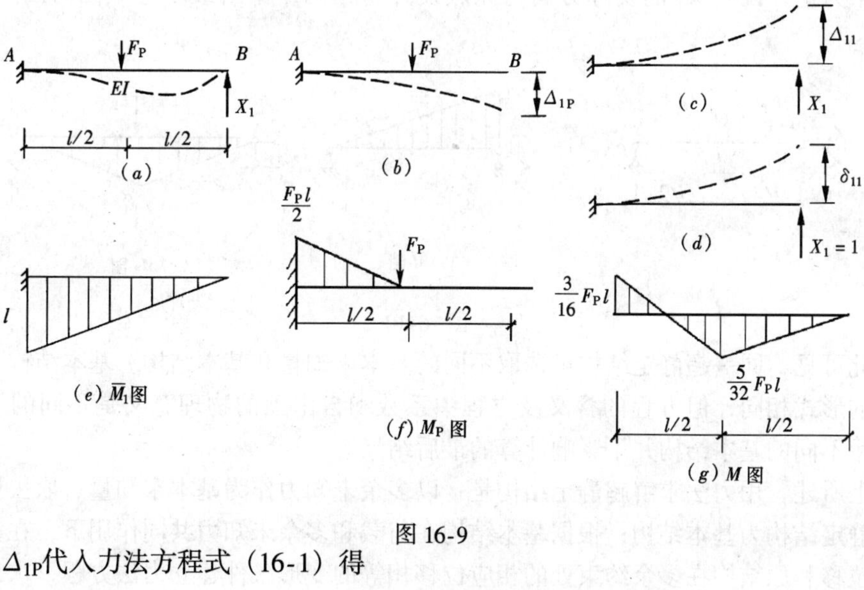

图 16-9

将 δ_{11} 和 Δ_{1P} 代入力法方程式（16-1）得

$$X_1 = -\frac{\Delta_{1P}}{\delta_{11}} = \frac{5}{16} F_p \ (\uparrow)$$

结果为正，说明支座反力 X_1 的方向与所设方向相同。

多余未知力 X_1 求出后，利用静力平衡条件可求出原结构的其他支座反力和任一截面的内力。

结构任一截面的弯矩 M 也可用叠加原理表示为

$$M = \overline{M}_1 X_1 + M_P \tag{16-2}$$

原结构的最后弯矩图可利用已有的 $\overline{M}_1$ 图和 M_P 图按叠加法绘出，如图 16-9（g）所示。

对图 16-8（a）所示的结构，如果去掉支座 A 的转动约束，代以相应的多余未知力 X_1，则得到如图 16-10（a）所示的基本体系。此时的基本结构是一简支梁，与 X_1 相应的位移 Δ_1 是梁 AB 的 A 端截面的角位移。根据基本结构在多余未知力 X_1 与荷载 F_P 共同作用下，A 端截面的角位移应与原结构在荷载作用下的相应位移相等，建立 $\Delta_1 = 0$ 的变形条件，即力法方程为：

$$\delta_{11} X_1 + \Delta_{1P} = 0$$

式中 δ_{11} 和 Δ_{1P} 分别代表单位力 $X_1 = 1$ 和荷载 F_P 单独作用在基本结构上时 A 端的角位移。此力法方程式与式（16-1）在形式上完全相同，但代表了不同的变形条件。作 $X_1 = 1$ 和 F_P 单独作用在基本结构时的 $\overline{M}_1$ 图和 M_P 图（图 16-10b、c），利用图乘法求得

$$\delta_{11} = \int \frac{\overline{M}_1 \overline{M}_1}{EI} dx = \frac{1}{EI} \left(\frac{1}{2} \times 1 \times l \times \frac{2}{3} \times 1 \right) = \frac{l}{3EI}$$

$$\Delta_{1P} = \int \frac{\overline{M}_1 M_P}{EI} dx = -\frac{1}{EI} \left(\frac{1}{2} \times l \times \frac{F_P l}{4} \times \frac{1}{2} \right) = -\frac{F_P l^2}{16EI}$$

将 δ_{11}、Δ_{1P} 代入力法方程，解得

$$X_1 = -\frac{\Delta_{1P}}{\delta_{11}} = \frac{3}{16} F_P l \;(\curvearrowleft)$$

所得结果为正，说明 X_1 的实际方向与原假设方向相同，作出最后弯矩图与图 16-9（g）相同。

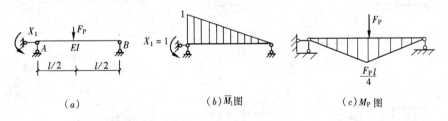

图 16-10

由此可见，同一超静定结构可选取不同的基本未知量和基本结构。基本结构不同，力法方程的形式相同，但方程的含义及方程中系数和自由项的物理意义是不同的。尽管如此，采用不同的基本结构并不影响计算的最后结果。

综上所述，用力法求解超静定结构是：以多余未知力作为基本未知量；取去掉多余约束后的静定结构为基本结构；根据基本结构在荷载和多余未知力共同作用下，在多余未知力处的位移和原结构在多余约束处的相应位移相等的变形条件建立力法方程，求出多余未知力。然后，可按静定结构求出全部支座反力和内力。从而把超静定结构的计算问题转化成为静定结构的内力和位移计算问题。

第三节 力法的典型方程

对于多次超静定结构，用力法求解的思路与上节完全相同。

图 16-11（a）所示为两次超静定结构，用力法分析时，需去掉两个多余约束。设撤除铰支座 B，并以相应的多余未知力 X_1 和 X_2 代替原约束的作用，到得如图 16-11（b）所示的基本体系，相应的基本结构如图 16-11（c）所示。由于原结构在铰支座 B 处的水平位移和竖向位移都等于零，因此，基本结构在荷载和多余未知力共同作用下，B 点沿 X_1 和 X_2 方向的位移 Δ_1 和 Δ_2 为零，即变形条件为

$$\left.\begin{array}{l}\Delta_1 = 0\\ \Delta_2 = 0\end{array}\right\} \quad (a)$$

设各单位力 $X_1=1$、$X_2=1$ 和荷载分别作用于基本结构上时，B 点沿 X_1 方向的位移分别为 δ_{11}、δ_{12} 和 Δ_{1P}，沿 X_2 方向的位移分别为 δ_{21}、δ_{22} 和 Δ_{2P}，根据叠加原理，式（a）的变形条件可写为

$$\left.\begin{array}{l}\delta_{11}X_1 + \delta_{12}X_2 + \Delta_{1P} = 0\\ \delta_{21}X_1 + \delta_{22}X_2 + \Delta_{2P} = 0\end{array}\right\} \quad (16\text{-}3)$$

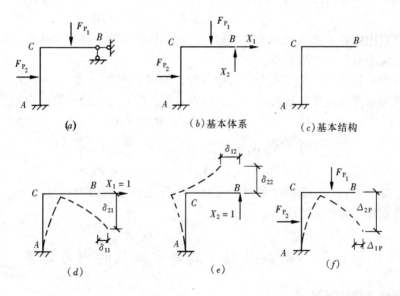

图 16-11

这就是两次超静定结构的力法方程。求解方程组，便可得到多余未知力 X_1 和 X_2。原结构中任一截面的内力可利用平衡方程或叠加原理求得，如任一截面的弯矩用叠加公式计算

$$M = \overline{M}_1 X_1 + \overline{M}_2 X_2 + M_P \quad (16\text{-}4)$$

式中 $\overline{M}_1$、$\overline{M}_2$ 和 M_P 分别是单位力 $X_1=1$、$X_2=1$ 和荷载单独作用于基本结构时在同一截面产生的弯矩。

对于 n 次超静定结构，有 n 个多余约束，相应地有 n 个多余未知力，可建立 n 个变

形条件

$$\left.\begin{array}{l}\delta_{11}X_1 + \delta_{12}X_2 + \cdots + \delta_{1n}X_n + \Delta_{1P} = 0\\ \delta_{21}X_1 + \delta_{22}X_2 + \cdots + \delta_{2n}X_n + \Delta_{2P} = 0\\ \cdots\\ \delta_{n1}X_1 + \delta_{n2}X_2 + \cdots + \delta_{nn}X_n + \Delta_{nP} = 0\end{array}\right\} \quad (16\text{-}5)$$

这就是 n 次超静定结构在荷载作用下力法方程的一般形式，称为**力法的典型方程**。方程中的每一项都表示基本结构在某一多余未知力或荷载单独作用下，在去掉的多余约束处沿某一多余未知力方向的位移。方程组中每一等式都表示基本结构在全部多余未知力和荷载共同作用下，沿某一多余未知力方向的总位移与原结构的相应位移相等。

在式（16-5）中，系数 δ_{ij} 和自由项 Δ_{iP} 分别表示基本结构在单位力和荷载单独作用下的位移。位移符号采用两个下标，第一个下标表示位移的方向，第二个下标表示产生位移的原因。如 δ_{ii} 称为主系数，它表示基本结构由于 $X_i = 1$ 单独作用时产生的沿 X_i 方向的位移；δ_{ij}（$i \neq j$）称为副系数，它表示基本结构由于 $X_j = 1$ 单独作用时产生的沿 X_i 方向的位移；Δ_{iP} 称为自由项，它表示基本结构由于荷载单独作用时产生的沿 X_i 方向的位移。

位移正负号规定为当位移 δ_{ij} 或 Δ_{iP} 的方向与相应未知力 X_i 的正方向相同时，位移为正。所以主系数 δ_{ii} 恒为正值；副系数 δ_{ij}（$i \neq j$）和自由项 Δ_{iP} 可以是正值或负值，也可以为零。根据位移互等定理可知

$$\delta_{ij} = \delta_{ji}$$

典型方程中的各系数也称为柔度系数，它们和自由项都是基本结构在已知力作用下的位移，可用第十五章的方法求得。

将求得的系数和自由项代入力法典型方程，便可解出 X_1、X_2、$\cdots$、X_n，然后利用平衡条件或叠加原理，计算各截面内力，绘制内力图。按叠加原理计算内力的公式为

$$\left.\begin{array}{l}M = \overline{M}_1 X_1 + \overline{M}_2 X_2 + \cdots + \overline{M}_n X_n + M_P\\ F_Q = \overline{F}_{Q1} X_1 + \overline{F}_{Q2} X_2 + \cdots + \overline{F}_{Qn} X_n + F_{QP}\\ F_N = \overline{F}_{N1} X_1 + \overline{F}_{N2} X_2 + \cdots + \overline{F}_{Nn} X_n + F_{NP}\end{array}\right\} \quad (16\text{-}6)$$

式中 $\overline{M}_i$，$\overline{F}_{Qi}$，$\overline{F}_{Ni}$ 是基本结构由于 $X_i = 1$ 作用产生的内力，M_P、F_{QP}、F_{NP} 是基本结构由于荷载作用而产生的内力。

第四节　荷载作用下超静定结构的内力计算

一、超静定梁和刚架

用力法计算超静定梁和刚架时，通常忽略剪力和轴力对位移的影响，只考虑弯矩的影响。所以，力法方程中系数和自由项的表达式为

$$\left.\begin{array}{l}\delta_{ii} = \Sigma \int \dfrac{\overline{M}_i^2}{EI} \mathrm{d}x\\[4pt] \delta_{ij} = \Sigma \int \dfrac{\overline{M}_i \overline{M}_j}{EI} \mathrm{d}x\\[4pt] \Delta_{iP} = \Sigma \int \dfrac{\overline{M}_i M_P}{EI} \mathrm{d}x\end{array}\right\} \quad (16\text{-}7)$$

【例 16-1】 图 16-12（a）所示两端固定梁，跨中受集中荷载 F_P 作用，作 M 图和 F_Q 图。

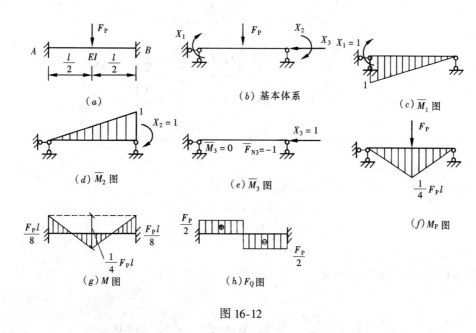

图 16-12

【解】 （1）选取基本体系

这是一个三次超静定梁，撤去 A、B 两端的转动约束和 B 处的水平约束，得到基本结构，即简支梁，相应的基本体系如图 16-12（b）所示。

（2）列力法典型方程

基本体系应满足原结构在 A、B 端的转角和 B 端的水平位移分别等于零的变形条件，因此力法方程为

$$\left.\begin{array}{l}\delta_{11}X_1+\delta_{12}X_2+\delta_{13}X_3+\Delta_{1P}=0\\ \delta_{21}X_1+\delta_{22}X_2+\delta_{23}X_3+\Delta_{2P}=0\\ \delta_{31}X_1+\delta_{32}X_2+\delta_{33}X_3+\Delta_{3P}=0\end{array}\right\}$$

（3）计算系数和自由项

分别绘基本结构在 $X_1=1$、$X_2=1$、$X_3=1$ 和荷载单独作用下的弯矩图 $\overline{M}_1$、$\overline{M}_2$、$\overline{M}_3$ 和 M_P 图，如图 16-12（c）、（d）、（e）、（f）所示。利用图乘法，得

$$\delta_{11}=\int\frac{\overline{M}_1^2}{EI}\mathrm{d}x=\frac{1}{EI}\left(\frac{1}{2}\times l\times 1\times\frac{2}{3}\times 1\right)=\frac{l}{3EI}$$

$$\delta_{22}=\int\frac{\overline{M}_2^2}{EI}\mathrm{d}x=\frac{1}{EI}\left(\frac{1}{2}\times l\times 1\times\frac{2}{3}\times 1\right)=\frac{l}{3EI}$$

$$\delta_{12}=\delta_{21}=\int\frac{\overline{M}_1\overline{M}_2}{EI}\mathrm{d}x=-\frac{1}{EI}\left(\frac{1}{2}\times l\times 1\times\frac{1}{3}\times 1\right)=-\frac{l}{6EI}$$

计算 δ_{33} 时，由于 $\overline{M}_3=0$，所以要考虑轴力对位移的影响，

$$\delta_{33}=\int\frac{\overline{M}_3^2\mathrm{d}x}{EI}+\int\frac{\overline{F}_{N3}^2\mathrm{d}x}{EA}=0+\frac{l}{EA}=\frac{l}{EA}$$

$$\delta_{13} = \delta_{31} = \int \frac{\overline{M}_1 \overline{M}_3}{EI} dx = 0$$

$$\delta_{23} = \delta_{32} = \int \frac{\overline{M}_2 \overline{M}_3}{EI} dx = 0$$

$$\Delta_{1P} = \int \frac{\overline{M}_1 M_P}{EI} dx = \frac{1}{EI}\left(\frac{1}{2} \times l \times \frac{F_P l}{4} \times \frac{1}{2}\right) = \frac{F_P l^2}{16EI}$$

$$\Delta_{2P} = \int \frac{\overline{M}_2 M_P}{EI} dx = -\frac{1}{EI}\left(\frac{1}{2} \times l \times \frac{F_P l}{4} \times \frac{1}{2}\right) = -\frac{F_P l^2}{16EI}$$

$$\Delta_{3P} = \int \frac{\overline{M}_3 M_P}{EI} dx + \int \frac{\overline{F}_{N3} F_{N3}}{EA} dx = 0$$

(4) 由力法方程求多余未知力

将系数和自由项代入力法方程，整理后得

$$\left. \begin{array}{r} 16X_1 - 8X_2 + 3F_P l = 0 \\ -8X_1 + 16X_2 - 3F_P l = 0 \\ X_3 = 0 \end{array} \right\}$$

$X_3 = 0$ 表明两端固定梁在垂直于梁轴线的荷载作用下不产生水平反力。联立求解前两式得

$$X_1 = -\frac{F_P l}{8} \; (\curvearrowleft), \; X_2 = \frac{F_P l}{8} \; (\curvearrowright), \; X_3 = 0$$

(5) 作内力图

利用基本结构的单位弯矩图 $\overline{M}_1$、$\overline{M}_2$、$\overline{M}_3$ 图和荷载作用下的弯矩图 M_P 图，按叠加公式

$$M = \overline{M}_1 X_1 + \overline{M}_2 X_2 + \overline{M}_3 X_3 + M_P$$

绘出最后弯矩图如图 16-12（g）所示。

根据基本体系中 $X_1 = -\frac{F_P l}{8}$，$X_2 = \frac{F_P l}{8}$，$X_3 = 0$，利用静力平衡条件求出杆端剪力，并绘出剪力图，如图 16-12（h）所示。

通过本例，可将力法计算超静定结构的主要步骤归纳如下：

（1）选取基本体系。去掉原结构的多余约束得到静定的基本结构，以多余未知力作为基本未知量，将多余未知力代替相应多余约束的作用得到基本体系。

（2）列力法典型方程。根据基本体系在去掉多余约束处的变形与原结构中相应的变形相等的条件，建立力法典型方程。

（3）计算系数和自由项。分别作基本结构在单位力和荷载单独作用下的内力图，利用图乘法计算典型方程中的系数和自由项。

（4）解力法方程，由力法方程求多余未知力。

（5）作内力图。按分析静定结构的方法，由平衡条件或叠加法求内力并作内力图。

【例 16-2】 试计算图 16-13（a）所示刚架并做内力图。

【解】 （1）选取基本体系

这是一个两次超静定刚架，撤去支座 C 的两根支杆并代以多余未知力 X_1 和 X_2，得到基本体系如图 16-13（b）所示。

(2) 列力法典型方程

基本结构在多余未知力和荷载的共同作用下，C 点的变形应与原结构在 C 处的水平位移为零及竖向位移为零的变形条件相等。力法典型方程为

$$\delta_{11}X_1 + \delta_{12}X_2 + \Delta_{1P} = 0$$

$$\delta_{21}X_1 + \delta_{22}X_2 + \Delta_{2P} = 0$$

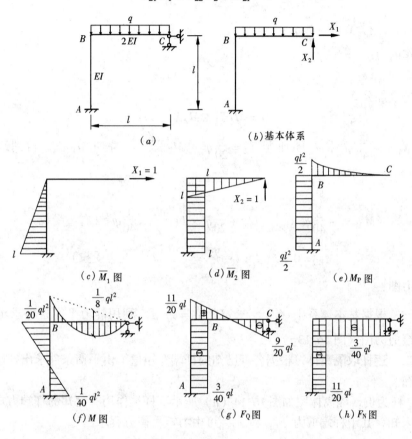

图 16-13

(3) 计算系数及自由项

分别绘基本结构在 $X_1 = 1$，$X_2 = 1$ 和荷载单独作用下的弯矩图 $\overline{M}_1$、$\overline{M}_2$ 图和 M_P 图，如图 16-13（c）、（d）、（e）所示。利用图乘法，得

$$\delta_{11} = \Sigma \int \frac{\overline{M}_1^2}{EI}dx = \frac{1}{EI}\left(\frac{1}{2} \times l \times l \times \frac{2}{3} \times l\right) = \frac{l^3}{3EI}$$

$$\delta_{22} = \Sigma \int \frac{\overline{M}_2^2}{EI}dx = \frac{1}{2EI} \times \frac{1}{2} \times l \times l \times \frac{2}{3} \times l + \frac{1}{EI} \times l \times l \times l = \frac{7l^3}{6EI}$$

$$\delta_{12} = \delta_{21} = \Sigma \int \frac{\overline{M}_1\overline{M}_2}{EI}dx = -\frac{1}{EI}\left(\frac{1}{2} \times l \times l \times l\right) = -\frac{l^3}{2EI}$$

$$\Delta_{1P} = \Sigma \int \frac{\overline{M}_1 M_P}{EI}dx = \frac{1}{EI} \times \frac{1}{2} l \times l \times \frac{ql^2}{2} = \frac{ql^4}{4EI}$$

$$\Delta_{2P} = \Sigma \int \frac{\overline{M}_2 M_P}{EI}dx = -\frac{1}{2EI} \times \frac{1}{3} \times l \times \frac{ql^2}{2} \times \frac{3}{4} \times l - \frac{1}{EI} \times \frac{ql^2}{2} \times l \times l = -\frac{9ql^4}{16EI}$$

（4）由力法方程求多余未知力

将系数和自由项代入力法典型方程，整理后得

$$\frac{1}{3}X_1 - \frac{1}{2}X_2 + \frac{1}{4}ql = 0$$

$$-\frac{1}{2}X_1 + \frac{7}{6}X_2 - \frac{9}{16}ql = 0$$

联立求解，得 $X_1 = -\frac{3}{40}ql$（←）　$X_2 = \frac{9}{20}ql$（↑）

（5）作内力图

作弯矩图：

由弯矩叠加公式

$$M = \overline{M}_1 X_1 + \overline{M}_2 X_2 + M_P$$

即将 $X_1 = -\frac{3}{40}ql$ 乘 $\overline{M}_1$ 图加上 $X_2 = \frac{9}{20}ql$ 乘 $\overline{M}_2$ 图，再叠加 M_P 图，得到最后弯矩图（图 16-13f）。

例如

$$M_{AB} = -\frac{3}{40}ql \times (-l) + \frac{9}{20}ql \times l - \frac{ql^2}{2} = \frac{1}{40}ql^2 \text{（右边受拉）}$$

$$M_{BC} = 0 + \frac{9}{20}ql \times l - \frac{ql^2}{2} = -\frac{1}{20}ql^2 \text{（上边受拉）}$$

作剪力图：

方法一　根据基本体系中 $X_1 = -\frac{3}{40}ql$、$X_2 = \frac{9}{20}ql$，利用静力平衡条件求出各杆端的剪力后，绘剪力图（图 16-13g）。

方法二　逐杆取隔离体，根据各杆已知的杆端弯矩值，由平衡条件求出杆端剪力，然后绘剪力图。

以 BC 杆为例，隔离体图如图 16-14（a）所示。杆端作用有已知的杆端力矩，杆端剪力和轴力未知，其中杆端剪力 F_{QBC} 和 F_{QCB} 可由力矩平衡方程求出

$$\Sigma M_C = 0,\ F_{QBC} \times l - ql \times \frac{l}{2} - \frac{1}{20}ql^2 = 0$$

$$F_{QBC} = \frac{11}{20}ql$$

$$\Sigma M_B = 0,\ F_{QCB} \times l + ql \times \frac{l}{2} - \frac{1}{20}ql^2 = 0$$

$$F_{QCB} = -\frac{9}{20}ql$$

杆 AB 的杆端剪力也可用同样方法得到。

作轴力图：

方法一　根据基本体系中 $X_1 = -\frac{3}{40}ql$、$X_2 = \frac{9}{20}ql$，利用静力平衡条件求出各杆端的轴力后，绘轴力图（图 16-13h）。

方法二　取结点为隔离体，根据各杆已知的杆端剪力，由结点的平衡条件求出杆端轴力，然后绘轴力图。

以结点 B 为例，隔离体图如 16-14（b）所示（注：求 F_N 时，不需考虑杆端弯矩，故隔离体图中未标出杆端弯矩）。隔离体图中作用有已知的杆端剪力，未知的杆端轴力 F_{NBC} 和 F_{NBA} 可由投影平衡方程求出

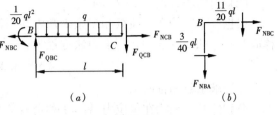

图 16-14

$$\Sigma F_x = 0, \quad F_{NBC} + \frac{3}{40}ql = 0$$

$$F_{NBC} = -\frac{3}{40}ql \quad (压力)$$

$$\Sigma F_y = 0, \quad F_{NBA} + \frac{11}{20}ql = 0$$

$$F_{NBA} = -\frac{11}{20}ql \quad (压力)$$

应注意，剪力图和轴力图均要注明正负号。

二、铰接排架

装配式单层工业厂房的主要承重结构是由屋架（或屋面大梁）、柱子和基础所组成的横向排架（图 16-15a）。柱与基础为刚结，在屋面荷载作用下，屋架按桁架计算。一般情况下，可认为连接两个柱顶的屋架（或屋面大梁）两端之间的距离不变，而将它看作是一根轴向刚度无限大（$EA \to \infty$）的链杆。由于柱上常放置吊车梁，因此往往做成阶梯式柱。计算横向排架就是对柱子进行内力分析，其计算简图如图 16-15（b）所示。

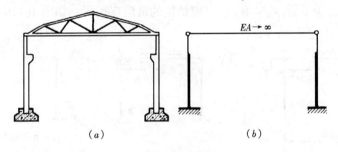

图 16-15

铰接排架的超静定次数等于排架的跨数。用力法计算时，一般把链杆作为多余约束，切断各链杆代以多余未知力，得到基本体系。根据切口处两侧截面的轴向相对位移为零的条件，建立力法方程。

因为链杆的轴向刚度 $EA \to \infty$，在计算系数和自由项时，忽略链杆轴向变形的影响，只考虑柱子弯矩对变形的影响。因此，系数和自由项的表达式仍为式（16-7）。

【**例 16-3**】 图 16-16（a）所示为一单跨排架，已知柱上、下段的抗弯刚度分别为 EI_1 和 EI_2，且 $I_2 = 7.42 I_1$，排架承受吊车水平制动力为 24.5kN，试作该单跨排架的弯矩图。

【**解**】 （1）选取基本体系

单跨排架为一次超静定结构。将横向链杆切断，并代以一对水平多余未知力 X_1，得到如图 16-16（b）所示的基本体系。

(2) 列力法方程

根据基本结构在原荷载和多余未知力共同作用下，链杆切口处两侧截面的轴向相对位移应等于零的变形条件，写出力法方程为：

$$\delta_{11}X_1 + \Delta_{1P} = 0$$

(3) 求系数和自由项

分别绘基本结构在单位力 $X_1 = 1$ 和荷载单独作用下的弯矩图 $\overline{M}_1$ 和 M_P 图，如图 16-16（c）、（d）所示。利用图乘法求得

$$\delta_{11} = \frac{2}{EI_1}\left(\frac{1}{2} \times 4.2 \times 4.2 \times \frac{2}{3} \times 4.2\right) + \frac{2}{EI_2}\left[\frac{1}{2} \times 9.4 \times 13.6\left(\frac{2}{3} \times 13.6 + \frac{1}{3} \times 4.2\right)\right.$$

$$\left.+ \frac{1}{2} \times 9.4 \times 4.2\left(\frac{2}{3} \times 4.2 + \frac{1}{3} \times 13.6\right)\right] = \frac{1994}{EI_2}$$

$$\Delta_{1P} = -\left[\frac{1}{EI_1} \times \frac{1}{2} \times 1.2 \times 29.4\left(\frac{2}{3} \times 4.2 + \frac{1}{3} \times 3\right) + \frac{1}{EI_2} \times \frac{1}{2}\right.$$

$$\left.\times 9.4 \times 260\left(\frac{2}{3} \times 13.6 + \frac{1}{3} \times 4.2\right) + \frac{1}{EI_2} \times \frac{1}{2} \times 9.4 \times 29.4\left(\frac{2}{3} \times 4.2 + \frac{1}{3} \times 13.6\right)\right]$$

$$= -\frac{14300}{EI_2}$$

(4) 由力法方程求多余未知力

将系数和自由项代入力法方程，得

$$1994X_1 - 14300 = 0$$

$$X_1 = 7.17\text{kN}$$

(5) 作 M 图

利用叠加公式 $M = \overline{M}_1 X_1 + M_P$ 绘出原结构的最后弯矩图，如图 16-16（e）所示。

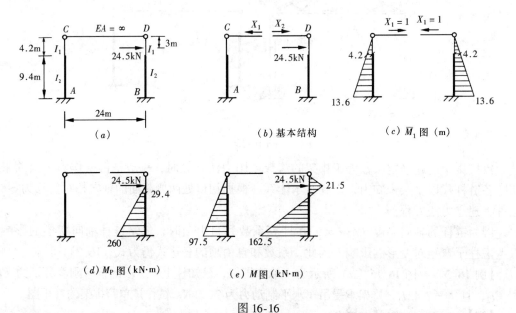

图 16-16

三、超静定桁架

超静定桁架在结点荷载作用下，杆件只产生轴力。所以，用力法计算时，力法方程中

的系数和自由项的表达式为：

$$\delta_{ii} = \Sigma \frac{\overline{F}_{Ni}\overline{F}_{Ni}}{EA}l \\ \delta_{ij} = \Sigma \frac{\overline{F}_{Ni}\overline{F}_{Nj}}{EA}l \\ \Delta_{ip} = \Sigma \frac{\overline{F}_{Ni}F_{Np}}{EA}l \Biggr\}, \quad (16\text{-}8)$$

桁架各杆的最后轴力，可按叠加公式计算。

$$F_N = \overline{F}_{N_1}X_1 + \overline{F}_{N_2}X_2 + \cdots + F_{NP} \quad (16\text{-}9)$$

【**例 16-4**】 试求图 16-17（a）所示超静定桁架的轴力。各杆截面面积在表 16-1 中给出。

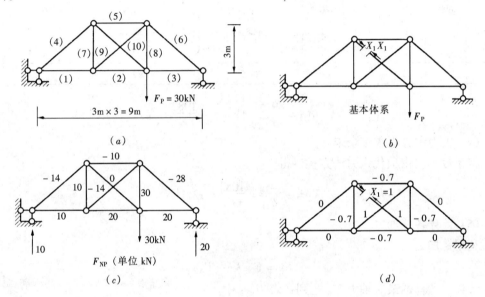

图 16-17

【**解**】 （1）选取基本体系

此桁架为一次超静定桁架。切断 10 杆，并代以多余未知力 X_1，得到基本体系如图 16-17（b）所示。

（2）列力法方程

由于原结构 10 杆的变形是连续的，切口处两边的截面不可能发生沿 X_1 方向的相对轴向位移，即此相对轴向位移为零。所以，力法方程为

$$\delta_{11}X_1 + \Delta_{1P} = 0$$

（3）计算系数和自由项

计算出基本结构分别在单位力 $X_1 = 1$ 和荷载单独作用下各杆的轴力 $\overline{F}_{N1}$ 和 F_{NP}，标注在图 16-17（c）和图 16-17（d）中。系数和自由项可根据位移公式

$$\delta_{11} = \Sigma \frac{\overline{F}_{N1}^2}{EA}l \quad \Delta_{1P} = \Sigma \frac{\overline{F}_{N1}F_{NP}}{EA}l$$

列表计算，见表 16-1。

δ_{11}、Δ_{1P}和轴力 F_N 的计算　　　　表 16-1

杆件	l (cm)	A (cm²)	F_{NP} (kN)	$\overline{F}_{N1}$ (kN)	$\dfrac{F_{N1}^2 l}{A}$ (kN·cm⁻¹)	$\dfrac{F_{N1} l F_{NP}}{A}$ (kN·cm⁻¹)	$F_N = \overline{F}_{N1} X_1 + F_{NP}$ (kN)
1	300	15	10	0	0	0	10.0
2	300	20	20	−0.7	7.5	−210	11.5
3	300	15	20	0	0	0	−20.0
4	424	20	−14	0	0	0	−14.0
5	300	25	−10	−0.7	6	84	−18.5
6	424	20	−28	0	0	0	−28.0
7	300	15	10	−0.7	10	−140	1.5
8	300	15	30	−0.7	10	−420	21.5
9	424	15	−14	1	28	−396	−1.9
10	424	15	0	1	28	0	12.1
Σ					89.5	−1082	

$$\delta_{11} = \frac{89.5}{E} \quad \Delta_{1P} = -\frac{1082}{E}$$

（4）由力法方程求多余未知力

将系数和自由项代入力法方程，得

$$X_1 = -\frac{\Delta_{1P}}{\delta_{11}} = \frac{1082}{89.5} = 12.1 \text{kN}$$

（5）计算各杆轴力

利用叠加公式

$$F_N = \overline{F}_{N1} X_1 + F_{NP}$$

计算，各杆的最后轴力 F_N 也列在表 16-1 中。

四、超静定组合结构

超静定组合结构也是由梁式杆和链杆组成的结构。在组合结构中，链杆只承受轴力，梁式杆则受弯矩、剪力和轴力的共同作用。计算力法方程中的系数和自由项时，对链杆只考虑轴力项的影响；对梁式杆通常只考虑弯矩项，忽略轴力和剪力项的影响，其计算式为

$$\delta_{ii} = \Sigma \int \frac{\overline{M}_i^2 \mathrm{d}x}{EI} + \Sigma \frac{\overline{F}_{Ni}^2}{EA} l$$

$$\delta_{ij} = \Sigma \int \frac{\overline{M}_i \overline{M}_j \mathrm{d}x}{EI} + \Sigma \frac{\overline{F}_{Ni} \overline{F}_{Nj}}{EA} l \quad (16\text{-}10)$$

$$\Delta_{iP} = \Sigma \int \frac{\overline{M}_i M_P}{EI} \mathrm{d}x + \Sigma \frac{\overline{F}_{Ni} F_{NP}}{EA} l$$

各杆内力的叠加公式为：

$$\left. \begin{array}{l} M = \overline{M}_1 X_1 + \overline{M}_2 X_2 + \cdots + M_P \\ F_N = \overline{F}_{N1} X_1 + \overline{F}_{N2} X_2 + \cdots + F_{NP} \end{array} \right\} \quad (16\text{-}11)$$

【例 16-5】 试用力法求解图 16-18（a）所示超静定组合结构。已知 AB 杆的抗弯刚

度为 E_2I_2，AD、BD、CD 三杆的抗拉压刚度均为 EA_1。

【解】 （1）选取基本结构

这是一次超静定组合结构，切断竖向链杆 CD，并代以多余未知力 X_1，得基本体系如图 16-18（b）所示。

（2）列力法方程

基本结构在荷载 F_P 和多余未知力 X_1 共同作用下，在 CD 杆切口处两侧截面的相对轴向位移为零，由此建立力法方程为

$$\delta_{11}X_1 + \Delta_{1P} = 0$$

（3）计算系数和自由项

分别绘基本结构在单位力 $X_1=1$ 和荷载单独作用下的 $\overline{M}_1$ 图、轴力 $\overline{F}_{N1}$ 及 M_P 图、轴力 F_{NP}，如图 16-18（c）、（d）所示。利用图乘法求得系数和自由项如下

$$\delta_{11} = \Sigma \int \frac{\overline{M}_1^2 dx}{E_2 I_2} + \Sigma \frac{\overline{F}_{N1}^2}{E_1 A_1} l$$

$$= \frac{2}{E_2 I_2}\left(\frac{1}{2} \times 4 \times 2 \times \frac{2}{3} \times 2\right) + \frac{1}{E_1 A_1}\left[1^2 \times 3 + 2 \times \left(\frac{5}{6}\right)^2 \times 5\right]$$

$$= \frac{32}{3E_2 I_2} + \frac{179}{18 E_1 A_1}$$

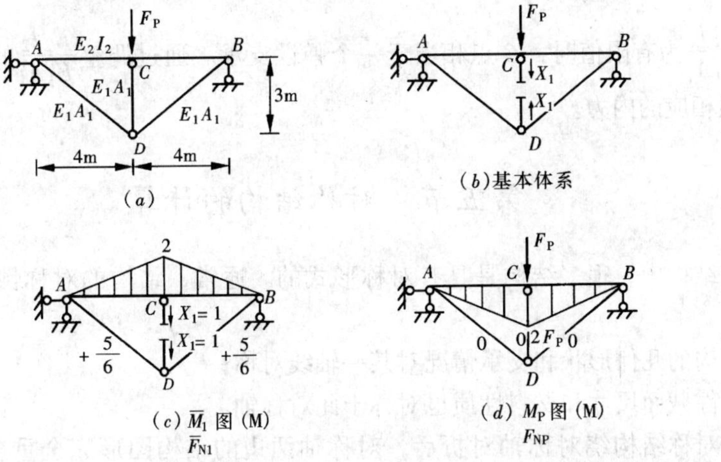

（a）

（b）基本体系

（c）$\overline{M}_1$ 图（M）
$\overline{F}_{N1}$

（d）M_P 图（M）
F_{NP}

图 16-18

$$\Delta_{1P} = \Sigma \int \frac{\overline{M}_1 M_P}{E_2 I_2} dx + \Sigma \frac{\overline{F}_{N1} F_{NP}}{E_1 A_1} l$$

$$= -\frac{2}{E_2 I_2}\left(\frac{1}{2} \times 2 \times 4 \times \frac{2}{3} \times 2F_P\right) + 0$$

$$= -\frac{32 F_P}{3 E_2 I_2}$$

（4）由力法方程求多余未知力

$$X_1 = -\frac{\Delta_{1P}}{\delta_{11}} = \frac{F_P}{1 + \frac{179}{192}\left(\frac{E_2 I_2}{E_1 A_1}\right)}$$

(5) 计算内力

利用叠加公式 $M = \overline{M}_1 X_1 + M_P$，可求得 AB 杆截面弯矩，并绘出最后弯矩图。结构中各链杆的最后轴力为 $F_N = \overline{F}_{N1} X_1 + F_{NP} = \overline{F}_{N1} X_1$。

(6) 讨论

从 X_1 的结果看出，组合结构的内力与比值 $\dfrac{E_2 I_2}{E_1 A_1}$ 有关。

① 当 $\dfrac{E_2 I_2}{E_1 A_1} \to 0$ 时，即组合结构中链杆的 $E_1 A_1$ 很大，而 AB 梁的 $E_2 I_2$ 非常小时，组合结构相当于桁架结构，求得多余未知力为

$$X_1 = F_P$$

梁中各截面的弯矩为零。

② 当 $\dfrac{E_2 I_2}{E_1 A_1} \to \infty$ 时，即组合结构中 AB 梁的 $E_2 I_2$ 很大，而各链杆的 $E_1 A_1$ 很小时，求得多余未知力为

$$X_1 = 0$$

此时，AD、BD、CD 三杆的轴力均为零。梁 AB 的弯矩图将成为简支梁的弯矩图（同图 16-18d）。

③ 当 $\dfrac{E_2 I_2}{E_1 A_1}$ 为有限值时，C 点相当于一个弹性支承。通过调整 $\dfrac{E_2 I_2}{E_1 A_1}$ 的比值，可以使组合结构得到相应的内力。

第五节 对称结构的计算

在工程结构中，很多结构是具有对称形式的。通常，结构的对称性包括以下两个方面：

(1) 结构的几何形状和支承情况对某一轴线对称；

(2) 杆件截面尺寸和材料性质也对称于此对称轴。

所以，对称结构绕对称轴对折后，对称轴两边的结构图形完全重合。例如图 16-19 (a) 所示单跨刚架，有一根竖向对称轴 y-y；图 16-19 (b) 所示矩形涵管则有两根对称轴 x-x，y-y；图 16-19 (c) 为具有一根斜向对称轴 m-m 的刚架。对于这类超静定结构，恰当地选取基本结构，可使力法典型方程中的副系数尽可能多的等于零，从而大大简化计算工作。

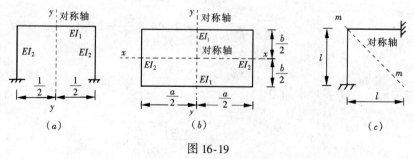

图 16-19

作用在对称结构上的荷载，有两种特殊情况。若将结构的计算简图沿对称轴对折后，结构两边的荷载彼此完全重合（作用点对应、数值相等、方向相同），则称为正对称荷载，如图 16-20（a）、（b）所示；若两边的荷载重合但方向相反（作用点对应、数值相等、方向相反），则称为反对称荷载，如图 16-20（c）、（d）所示。

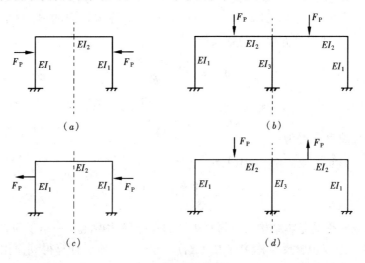

图 16-20

下面以刚架为例讨论在对称结构上的几种简化计算途径，其原则同样适用于其他各种结构。

一、选取对称的基本结构

图 16-21（a）为一单跨超静定对称刚架，若在横梁上沿对称轴的截面切开，便得到一个对称的基本结构（图 16-21b），图 16-21（c）为相应的基本体系。在三对多余未知力中，显然弯矩 X_1 和轴力 X_2 是正对称力，剪力 X_3 是反对称力。

根据基本结构在荷载及 X_1、X_2、X_3 共同作用下切口两侧截面的相对转角、相对水平位移和相对竖向位移分别等于零，力法典型方程可写为：

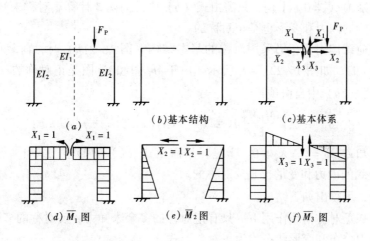

图 16-21

$$\left.\begin{array}{l}\delta_{11}X_1 + \delta_{12}X_2 + \delta_{13}X_3 + \Delta_{1P} = 0\\ \delta_{21}X_1 + \delta_{22}X_2 + \delta_{23}X_3 + \Delta_{2P} = 0\\ \delta_{31}X_1 + \delta_{32}X_2 + \delta_{33}X_3 + \Delta_{3P} = 0\end{array}\right\} \quad (a)$$

作出各单位多余未知力下的单位弯矩图，可见，相应于正对称未知力的单位弯矩图 $\overline{M}_1$ 和 $\overline{M}_2$ 是正对称的（图 16-21d、e），而相应于反对称未知力的 $\overline{M}_3$ 图是反对称的（图 16-21f）。所以，力法典型方程中的副系数：

$$\delta_{13} = \delta_{31} = \Sigma\int\frac{\overline{M}_1\overline{M}_3}{EI}\mathrm{d}s = 0$$

$$\delta_{23} = \delta_{32} = \Sigma\int\frac{\overline{M}_2\overline{M}_3}{EI}\mathrm{d}s = 0$$

于是，力法典型方程为：

$$\left.\begin{array}{l}\delta_{11}X_1 + \delta_{12}X_2 + \Delta_{1P} = 0\\ \delta_{21}X_1 + \delta_{22}X_2 + \Delta_{2P} = 0\\ \delta_{33}X_3 + \Delta_{3P} = 0\end{array}\right\} \quad (b)$$

由此可见，选取对称的基本结构后，可将力法方程分解为两组：一组仅包含正对称未知力（X_1、X_2），另一组仅包含反对称未知力（X_3），方程式降阶，计算得到简化。

当对称结构上作用有任意荷载时，可以将它分解为正对称荷载和反对称荷载两组分别计算，然后再将两者所得的内力叠加，得到原结构的最后内力。如图 16-22（a）所示对称刚架上作用集中荷载 F_P，将其分解为一组正对称荷载（图 16-22b）和一组反对称荷载（图 16-22c）。

在正对称荷载作用下，采用对称的基本结构（图 16-21b）时，荷载单独作用下的 M'_P 图是正对称的，如图 16-22（d）所示。由于 $\overline{M}_3$ 图是反对称的（图 16-21f）。因此，力法方程（b）中自由项

$$\Delta_{3P} = \Sigma\int\frac{\overline{M}_3 M'_P}{EI}\mathrm{d}s = 0$$

所以反对称未知力 $X_3 = 0$。于是，只需由式（b）中的前两式计算正对称未知力 X_1 和 X_2，由此得到的结构的内力和变形也是正对称的。

在反对称荷载作用下，仍采用对称的基本结构（图 16-21b）时，荷载单独作用下的 M''_P 图是反对称的，如图 16-22（e）所示。由于 $\overline{M}_1$ 图和 $\overline{M}_2$ 图是正对称的（16-21d、e）。因此，力法方程（b）中自由项：

$$\Delta_{1P} = \Sigma\int\frac{\overline{M}_1 M''_P}{EI}\mathrm{d}s = 0 \qquad \Delta_{2P} = \Sigma\int\frac{\overline{M}_2 M''_P}{EI}\mathrm{d}s = 0$$

所以正对称未知力 $X_1 = 0$，$X_2 = 0$。于是，只需由式（b）中的第三式计算反对称未知力 X_3，且由此得到的内力和变形也是反对称的。

综上讨论，可得出如下结论：

对称结构在正对称荷载作用下，只有正对称的多余未知力，反对称的多余未知力必为零，结构的内力分布和变形状态均为正对称形式。

对称结构在反对称荷载作用下，只有反对称的多余未知力，正对称的多余未知力必为

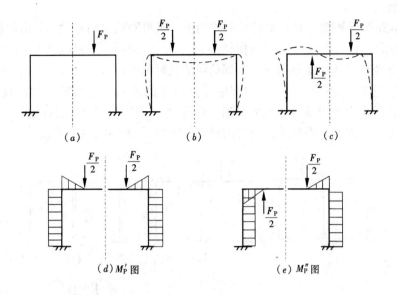

图 16-22

零，结构的内力分布和变形状态均为反对称形式。

二、选取半边结构计算

根据对称结构在正对称荷载和反对称荷载作用下的受力和变形特点，可以只截取结构的一半进行计算。下面分别给出奇数跨和偶数跨两种刚架在正对称荷载和反对称荷载作用下截取半结构的方法。

1. 奇数跨对称刚架

如图 16-23（a）所示刚架，在正对称荷载作用下只产生正对称的内力和位移，故在对称轴上的截面 C 处不可能发生转角和水平线位移，但有竖向线位移。同时，该截面上有弯矩和轴力，无剪力。因此，截取半边刚架时，在该处用一个定向支座来代替原有的联系，得到图 16-23（b）所示半边刚架的计算简图。

如图 16-23（c）所示刚架，在反对称荷载作用下只产生反对称的内力和位移，故在对称轴上的截面 C 处不可能发生竖向位移，但可有转角和水平位移。同时，该截面上弯矩、轴力均为零，只有剪力。因此，截取半边刚架时，在该处用一竖向支承链杆来代替原有的联系，得到图 16-23（d）所示半边刚架的计算简图。

2. 偶数跨对称刚架

如图 16-24（a）所示刚架，在正对称荷载作用下，若忽略杆件的轴向变形，则刚架在对称轴上的刚节点 C 处不可能产生任何位移。同时，在该处的横梁杆端内力有弯矩、轴力和剪力。因此，截取半边刚架时，在该处用固定支座代替，得到图 16-24（b）所示

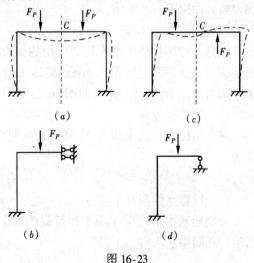

图 16-23

半边刚架的计算简图。

如图 16-5c 所示刚架，在反对称荷载作用下，可将刚架中间柱设想为由两根刚度各为 $I/2$ 的竖柱组成，它们在顶端分别与横梁刚结（图 16-24e），显然这与原结构是等效的。若再假想将此两柱中间的横梁切开，根据荷载的反对称性特点，切口上只有一对剪力 F_{QC}（图 16-24f）。这对剪力将使两柱分别产生等值反号的轴力而不会使其他杆件产生内力，因为原中间柱的内力等于该两柱内力之和，故剪力 F_{QC} 实际上对原结构的内力和变形均无影响，可以不计。因此，得到半边刚架的计算简图如图 16-24（d）所示。

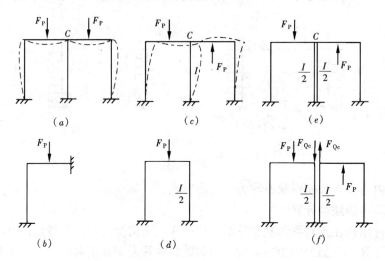

图 16-24

【例 16-6】 试作图 16-25（a）所示刚架的弯矩图，设各杆的 EI 为常数。

【解】 此结构为一对称的四次超静定刚架，荷载是非对称的。为利用对称性计算，将荷载分解为正对称和反对称两组，如图 16-25（b）、（c）所示。

在对称荷载作用下（图 16-25b），如果忽略横梁轴向变形，则横梁只受轴向压力 10kN，其他杆件的内力为零。因此，原刚架的弯矩图实际上是原刚架在反对称荷载（图 16-25c）作用下的弯矩图。

(1) 选取基本体系

根据对称结构受反对称荷载作用的受力和变形的特点，取其半边结构进行分析。该半边结构为一次超静定刚架，如图 16-25（d）所示。去掉其中一根竖向链杆约束，代以多余未知力 X_1，得到基本体系如图 16-25（e）所示。

(2) 列力法方程

基本结构在多余未知力 X_1 和荷载共同作用下，多余约束处竖向位移为零，即力法方程为

$$\delta_{11}X_1 + \Delta_{1P} = 0$$

(3) 计算系数和自由项

分别绘基本结构在 $X_1 = 1$ 和荷载单独作用下弯矩图 $\overline{M}_1$ 和 M_P，如图 16-25（f）、（g）所示。用图乘法求得

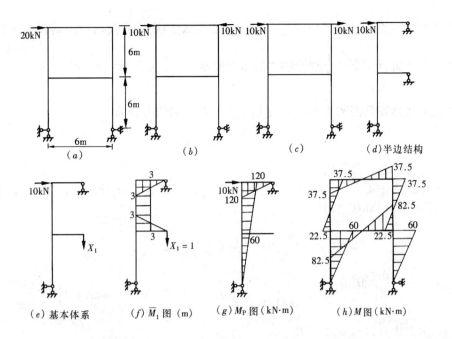

图 16-25

$$\delta_{11} = \Sigma \int \frac{\overline{M}_1^2 dx}{EI}$$
$$= \frac{1}{EI}\left(\frac{1}{2} \times 3 \times 3 \times \frac{2}{3} \times 3 \times 2 + 3 \times 6 \times 3\right) = \frac{72}{EI} m^3$$
$$\Delta_{1P} = \Sigma \int \frac{\overline{M}_1 M_P}{EI} dx$$
$$= \frac{1}{EI}\left[\frac{1}{2} \times 120 \times 3 \times \frac{2}{3} \times 3 + \frac{1}{2} \times (120 + 60) \times 6 \times 3\right]$$
$$= \frac{1980}{EI} kN \cdot m^3$$

(4) 由力法方程求多余未知力

将 δ_{11} 和 Δ_{1P} 代入力法方程，得

$$X_1 = -\frac{\Delta_{1P}}{\delta_{11}} = -\frac{1980}{72} = -27.5 kN (\uparrow)$$

(5) 作弯矩图

由叠加公式 $M = \overline{M}_1 X_1 + M_P$，画出半边刚架的弯矩图后，再根据对称结构受反对称荷载作用弯矩具有反对称的特点，画出另外半边刚架的弯矩图，从而得到原刚架的弯矩图如图 16-25 (h) 所示。

【例 16-7】 试作图 16-26 (a) 所示刚架的弯矩图，各杆的 EI 相等。

【解】 此结构为具有两个对称轴的三次超静定封闭刚架。由于荷载也是双轴对称的，根据对称结构在正对称荷载作用下受力和变形特点，可取 $\frac{1}{4}$ 刚架进行计算，如图 16-26 (b) 所示。

(1) 选取基本体系

$\frac{1}{4}$ 刚架为一次超静定结构，若去掉 C 处的转动约束，并代以相应的多余未知力 X_1，定向支座变为链杆支座。$\frac{1}{4}$ 刚架用力法求解的基本体系如图 16-26（c）所示。

(2) 列力法方程

根据基本体系截面 C 的转角为零的条件，建立力法方程为

$$\delta_{11}X_1 + \Delta_{1P} = 0$$

(3) 计算系数和自由项

分别绘基本结构在 $X_1 = 1$ 和荷载单独作用下的弯矩图 $\overline{M}_1$ 和 M_P，如图 16-26（d）、(e) 所示。利用图乘法求得

$$\delta_{11} = \Sigma\int\frac{\overline{M}_1^2 dx}{EI} = \frac{1}{EI}\times 2\times\left(1\times\frac{a}{2}\times 1\right) = \frac{a}{EI}$$

$$\Delta_{1P} = \Sigma\int\frac{\overline{M}_1 M_P}{EI}dx = \frac{1}{EI}\left(\frac{1}{3}\times\frac{1}{8}qa^2\times\frac{a}{2}\times 1 + \frac{qa^2}{8}\times\frac{a}{2}\times 1\right) = \frac{qa^3}{12EI}$$

(4) 由力法方程求多余未知力

$$X_1 = -\frac{\Delta_{1P}}{\delta_{11}} = -\frac{\frac{qa^3}{12EI}}{\frac{a}{EI}} = -\frac{qa^2}{12}\ (\circlearrowleft)$$

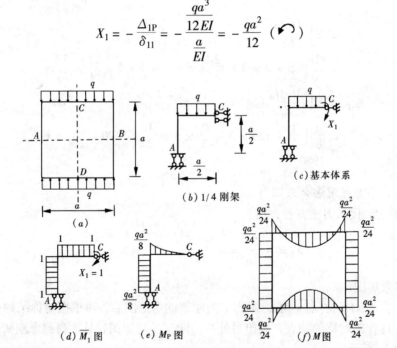

图 16-26

(5) 作弯矩图

由叠加公式 $M = \overline{M}_1 X_1 + M_P$，画出 $\frac{1}{4}$ 刚架的弯矩图后，再根据对称结构受正对称荷载作用弯矩图为正对称的特点，画出原刚架的弯矩图，如图 16-26（f）所示。

第六节 支座移动和温度改变时超静定结构的内力计算

由第十五章已知,对于静定结构,支座移动和温度改变时不产生内力。但对于超静定结构,由于有多余约束,既使没有荷载作用,一些外部因素如支座移动、温度改变、材料收缩、制造误差等,也将使结构产生内力,这是超静定结构的特性之一。用力法计算由于支座移动和温度改变对于超静定结构的影响时,其基本思路、原理和步骤与荷载作用的情况基本相同,不同的只是力法方程中自由项的计算。下面,通过例题分别说明用力法计算支座移动和温度改变时超静定结构内力的过程及特点。

一、支座移动时的内力计算

【例 16-8】 图 16-27（a）为 A 端固定、B 端铰支的等截面梁,已知支座 A 发生顺时针转动 φ 和下沉 c,求梁的弯矩图。

【解】 该梁为一次超静定结构,分别选取两种不同的基本体系计算。

第一种基本体系:

(1) 选取基本体系

去掉支座 A 的转动约束,得到的简支梁作为基本结构,以支座 A 的反力偶作为多余未知力 X_1,得基本体系如图 16-27（b）所示。

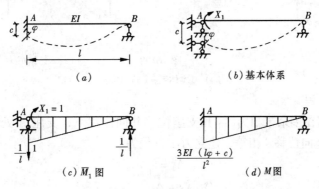

图 16-27

(2) 列力法方程

根据基本结构在多余未知力 X_1 和支座位移共同作用下,在 A 处的转角 Δ_1 应与原结构在支座 A 的转角 φ 相同,建立力法方程为

$$\Delta_1 = \varphi$$

即
$$\delta_{11} X_1 + \Delta_{1c} = \varphi$$

式中 Δ_{1c} ——支座 A 产生竖向位移 c 时在基本结构中产生的沿 X_1 方向的位移。

(3) 计算系数和自由项

绘出基本结构在 $X_1 = 1$ 作用下的弯矩图 $\overline{M}_1$,如图 16-27（c）所示。利用图乘法求得系数

$$\delta_{11} = \int \frac{\overline{M}_1^2 \mathrm{d}x}{EI} = \frac{1}{EI}\left(\frac{1}{2} \times 1 \times l \times \frac{2}{3} \times 1\right) = \frac{l}{3EI}$$

自由项

$$\Delta_{1c} = -\Sigma \overline{F}_{Rk} c_k = -\left(\frac{1}{l} \times c\right) = -\frac{c}{l}$$

(4) 由力法方程求多余未知力

$$X_1 = \frac{\varphi - \Delta_{1c}}{\delta_{11}} = \frac{\varphi + \dfrac{c}{l}}{\dfrac{l}{3EI}} = \frac{3EI}{l^2}(l\varphi + c)$$

(5) 作弯矩图

由于基本结构是静定结构，支座移动在基本结构中不产生内力，内力均由多余未知力引起，所以，弯矩叠加公式为

$$M = \overline{M}_1 X_1$$

由此作出弯矩图，如图 16-27 (d) 所示。

第二种基本体系：

(1) 选取基本体系

去掉支座 A 的竖向多余约束，并代以相应的多余未知力 X_1，如图 16-28 (a) 所示。

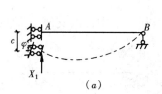 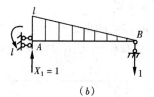

图 16-28

(a) 基本体系；(b) $\overline{M}_1$ 图

(2) 列力法方程

根据基本结构在多余未知力 X_1 和支座位移共同作用下，支座 A 处的竖向位移 Δ_1 与原结构在 A 处的竖向位移 c 相等，建立力法方程为

$$\Delta_1 = -c$$

即

$$\delta_{11} X_1 + \Delta_{1c} = -c$$

式中 Δ_{1c} 为支座 A 产生转角 φ 时在基本结构中产生的沿 X_1 方向的位移。

(3) 计算系数及自由项

绘出基本结构在多余未知力 $X_1 = 1$ 作用下的弯矩图 $\overline{M}_1$，如图 16-28 (b) 所示。利用图乘法求得系数

$$\delta_{11} = \int \frac{\overline{M}_1^2}{EI} dx = \frac{1}{EI} \times \frac{1}{2} \times l \times l \times \frac{2}{3} \times l = \frac{l^3}{3EI}$$

自由项

$$\Delta_{1c} = -\Sigma \overline{F}_{Rk} c_k = -(-l \times \varphi) = l\varphi$$

(4) 由力法方程求多余未知力

$$X_1 = -\frac{\Delta_{1c} + c}{\delta_{11}} = -\frac{l\varphi + c}{\dfrac{l^3}{3EI}} = -\frac{3EI}{l^3}(l\varphi + c) \quad (\downarrow)$$

(5) 作弯矩图

由弯矩叠加公式 $M = \overline{M}_1 X_1$，得到的最后弯矩图与图 16-27（d）完全相同。

由上例计算可以看出，支座移动时超静定结构的内力计算有如下特点：

（1）选取不同的基本体系，力法方程的形式有所不同，方程等号右边可以不为零。

（2）力法方程中的自由项 Δ_{1c} 是支座移动在基本结构中产生的位移，可用静定结构在支座移动时的位移公式计算。

（3）当无荷载作用时，结构的内力全部由多余未知力引起。

（4）支座移动时，超静定结构的内力与杆件的抗弯刚度（EI）的绝对值成正比，此结论在超静定结构设计中应引起重视。

二、温度改变时的内力计算

【例 16-9】 试计算图 16-29（a）所示刚架，并绘制最后弯矩图。已知刚架外侧温度降低 5℃，内侧温度升高 15℃，EI 和 h 都是常数。

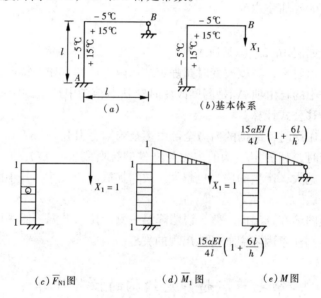

图 16-29

【解】（1）选取基本体系

此刚架为一次超静定结构，去掉支座 B 的竖向约束并代以相应的竖向多余未知力 X_1，得到基本体系如图 16-29（b）所示。

（2）列力法方程

根据基本结构在温度改变和多余未知力共同作用下支座 B 处的竖向位移与原结构支座 B 的竖向位移相等，而原结构在 B 处的竖向位移为零，因此，力法方程为：

$$\delta_{11} X_1 + \Delta_{1t} = 0$$

式中　Δ_{1t}——温度改变时在基本结构中产生的沿 X_1 方向的位移。

（3）计算系数和自由项

分别绘基本结构在 $X_1 = 1$ 时的轴力图 $\overline{F}_{N1}$ 和弯矩图 $\overline{M}_1$，如图 16-28（c）、（d）所示。利用图乘法求得系数

$$\delta_{11} = \Sigma \int \frac{\overline{M}_1^2}{EI} dx = \frac{1}{EI}\left(\frac{1}{2} \times l \times l \times \frac{2}{3}l + l \times l \times l\right) = \frac{4l^3}{3EI}$$

自由项

$$\Delta_{1t} = \Sigma \overline{F}_{N1} \alpha t_0 l + \Sigma \frac{\alpha \Delta t}{h} A_{\overline{M}}$$
$$= -1 \times \alpha \times \frac{15-5}{2} \times l - \alpha \times \frac{15-(-5)}{h} \left(\frac{1}{2} \times l \times l + l \times l \right)$$
$$= -5\alpha l \left(1 + \frac{6l}{h} \right)$$

(4) 由力法方程, 求多余未知力

$$X_1 = -\frac{\Delta_{1t}}{\delta_{11}} = \frac{15\alpha EI}{4l^2} \left(1 + \frac{6l}{h} \right)$$

(5) 作弯矩图

由于基本结构是静定结构, 温度改变在基本结构中不产生内力, 内力均由多余未知力引起。所以, 弯矩的叠加公式为:

$$M = \overline{M}_1 X_1$$

作出弯矩图, 如图 16-29 (e) 所示。

由本例计算可以看出, 温度改变时超静定结构内力计算有如下特点:

(1) 力法方程中的自由项 Δ_{1t} 是温度改变时在基本结构中产生的位移, 可用静定结构在温度改变时的位移公式计算。

(2) 当无荷载作用时, 结构的内力全部由多余未知力引起。

(3) 温度改变时, 超静定结构的内力与杆件的抗弯刚度 (EI) 成正比。当温度改变一定时, 各杆刚度越大, 产生的内力也越大。故增加截面的尺寸, 并不能提高结构抵抗温度变形的能力。

(4) 最后弯矩图绘在降温面一侧, 说明降温一侧受拉, 升温一侧受压。因此, 若为混凝土结构, 则要特别注意因降温而可能出现的裂缝。

第七节 超静定结构的位移计算

在第十五章中, 我们根据虚功原理推导出了单位荷载法计算静定结构位移的一般公式

$$\Delta = \Sigma \int (\overline{F}_N \varepsilon + \overline{F}_Q \gamma_0 + \overline{M} \kappa) \mathrm{d}s - \Sigma \overline{F}_{RK} c_K$$

即

$$\Delta = \Sigma \int \frac{\overline{F}_N F_{NP}}{EA} \mathrm{d}s + \Sigma \int \kappa \frac{\overline{F}_Q F_{QP}}{GA} \mathrm{d}s + \Sigma \int \frac{\overline{M} M_P}{EI} \mathrm{d}s$$
$$+ \Sigma \int \overline{M} \frac{\alpha \Delta t}{h} \mathrm{d}s + \Sigma \int \overline{F}_N \alpha t_0 \mathrm{d}s - \Sigma \overline{F}_{RK} c_K \tag{16-12}$$

实际上, 它不仅适用于静定结构, 同时也适用于超静定结构, 为避免计算时绘制超静定结构在单位荷载作用下的内力图, 可以将已求出的多余未知力也当作荷载作用到原结构相应的基本结构上去, 计算此基本结构在已知荷载及多余力共同作用下的位移, 此即原超静定结构的位移。因此, 计算超静定结构的位移问题通过基本结构转化成了计算静定结构的位移问题。式 (16-12) 中, $\overline{M}$、$\overline{F}_N$、$\overline{F}_Q$ 和 $\overline{F}_{RK}$ 是基本结构由于单位力 $F_P=1$ 的作用所引起的内力和支座反力; M_P、F_{NP}、F_{QP} 则是超静定结构的内力。

式（16-12）等号的右边的前三项是由荷载作用引起的位移；第四、五项是温度改变引起的位移；第六项是支座移动引起的位移。由于原超静定结构的内力和位移并不因所取的基本结构不同而改变，所以，在计算超静定结构的位移时，可以将虚设的单位力 $F_P=1$ 加在任一基本结构（静定结构）上。为使计算简化，通常可选取单位内力图比较简单的基本结构。

【例 16-10】 试求图 16-30（a）所示刚架 B 截面的转角 θ_B 和横梁 BC 中点 D 的竖向位移 Δ_{DV}。

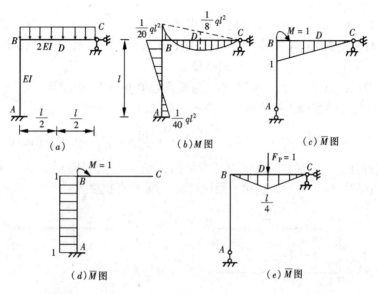

图 16-30

【解】 图 16-30（a）所示刚架的弯矩图已在例 16-2 中求得，如图 16-30（b）所示。由于只受荷载作用，结构位移计算的一般公式为：

$$\Delta = \Sigma \int \frac{\overline{M}M_P}{EI}ds + \Sigma \int \frac{\overline{F}_N F_{NP}}{EA}ds + \Sigma \int k \frac{\overline{F}_Q F_{QP}}{GA}ds$$

1. 求 B 截面的转角

（1）选取图 16-30（c）所示的基本结构

在基本结构的 B 点加一单位力偶 $M=1$，并作出单位弯矩图 $\overline{M}$ 如图 16-30（c）所示。应用图乘法计算，B 截面转角为

$$\theta_B = \Sigma \int \frac{\overline{M}M_P}{EI}ds = \frac{1}{2EI}\left(-\frac{1}{2}\times\frac{1}{20}ql^2\times l\times\frac{2}{3}\times 1 + \frac{2}{3}\times l\times\frac{1}{8}ql^2\times\frac{1}{2}\right) = \frac{ql^3}{80EI}(\curvearrowright)$$

（2）选取图 16-30（d）所示的基本结构

在基本结构的 B 点加一单位力偶 $M=1$，并作出单位弯矩图 $\overline{M}$ 如图 16-30（d）所示。应用图乘法计算，B 截面转角为

$$\theta_B = \Sigma \int \frac{\overline{M}M_P}{EI}ds = \frac{1}{EI}\left(\frac{1}{2}\times\frac{1}{20}ql^2\times l\times 1 - \frac{1}{2}\times l\times\frac{1}{40}ql^2\times 1\right) = \frac{ql^3}{80EI}(\curvearrowright)$$

可见，选取不同的基本结构，所得截面 B 的转角相同，但后者的计算相对要简单些。

2. 求 D 点的竖向位移

为使计算简单，选取图 16-30（e）所示基本结构。在 D 点加竖向单位力 $F_P = 1$，作出单位弯矩图 $\overline{M}$。应用图乘法计算，D 点竖向位移为：

$$\Delta_{DV} = \Sigma \int \frac{\overline{M}M_P}{EI} ds = \frac{1}{2EI}\left(-\frac{1}{2} \times l \times \frac{1}{4}l \times \frac{1}{2} \times \frac{ql^2}{20} + 2 \times \frac{2}{3} \times \frac{1}{8}ql^2 \times \frac{l}{2} \times \frac{5}{8} \times \frac{l}{4}\right)$$

$$= \frac{1}{2EI}\left(-\frac{ql^4}{320} + \frac{5ql^4}{384}\right)$$

$$= \frac{19ql^4}{3840EI}(\downarrow)$$

如取图 16-30（d）所示基本结构，可得同样结果，同学可自行验证。

【例 16-11】 图 16-31（a）为 A 端固定、B 端铰支的等截面梁，已知支座 A 发生顺时针转动 φ 和下沉 c，求梁跨中 C 点的挠度。

【解】 图 16-31（a）所示的刚架的弯矩图已在例 16-8 中求得，如图 16-31（b）所示。由于支座位移的影响，结构位移计算的一般公式为：

$$\Delta = \Sigma \int \frac{\overline{M}M_P}{EI} ds + \Sigma \int \frac{\overline{F}_N F_{NP}}{EA} ds + \Sigma \int k \frac{\overline{F}_Q F_{QP}}{GA} ds - \Sigma \overline{F}_{RK} c_K$$

求 C 点的挠度时，选取简支梁为基本结构，在 C 点加竖向单位力 $F_P = 1$，作出单位弯矩图如图 16-31（c）所示。应用图乘法计算，则 C 点挠度为：

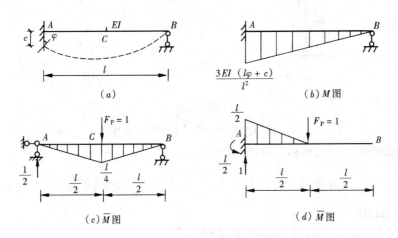

图 16-31

$$\Delta_{CV} = \Sigma \int \frac{\overline{M}M_P}{EI} ds - \Sigma \overline{F}_{RK} c_K$$

$$= \frac{1}{EI}\left[\frac{1}{2} \times l \times \frac{l}{4} \times \frac{1}{2} \times \frac{3EI(l\varphi + c)}{l^2}\right] - \frac{1}{2} \times (-c)$$

$$= \frac{3}{16}l\varphi + \frac{11}{16}c(\downarrow)$$

若选取悬臂梁为基本结构，在 C 点加竖向单位力 $F_P = 1$，作出单位弯矩图如图 16-31（d）所示。同样应用图乘法计算，得 C 点挠度为：

$$\Delta_{CV} = \Sigma \int \frac{\overline{M}M_P}{EI} ds - \Sigma \overline{F}_{RK} c_K$$

$$= -\frac{1}{EI}\left[\frac{1}{2} \times \frac{l}{2} \times \frac{l}{2} \times \left(\frac{2}{3} \times \frac{3EI(l\varphi + c)}{l^2} + \frac{1}{3} \times \frac{3EI(l\varphi + c)}{2l^2}\right)\right]$$

$$- \left[\frac{l}{2} \times (-\varphi) + 1 \times (-c)\right]$$

$$= \frac{3}{16}l\varphi + \frac{11}{16}c(\downarrow)$$

可见，两种不同的基本结构得到的结果完全相同。

第八节 超静定结构的特性

通过力法求解超静定结构可以看出，与静定结构相比，超静定结构具有如下重要特性：

1. 对于静定结构，除荷载外，其他任何外部因素如温度改变、支座位移等均不引起内力。但对于超静定结构，由于有多余约束存在，当结构受到外部因素的影响时，其变形受到多余约束的限制，从而产生内力。

超静定结构的这一特性，在一定条件下会带来不利影响。例如连续梁当地基基础发生不均匀沉降时，会在梁内产生过大的附加内力。但另一方面也可利用这一特性使其成为有利的方面，例如通过改变支座的高度来调整连续梁的内力，以得到更合理的内力分布。

2. 静定结构的内力只要利用静力平衡条件就能完全确定，其值与结构的材料性质和截面尺寸无关。而超静定结构的内力仅由静力平衡条件无法全部确定，必须考虑结构的变形条件才能得到其解答。所以，超静定结构的内力大小与材料性质和截面尺寸有关。

由于这一特性，通常在计算超静定结构时，需事先根据经验或用较简单的方法估算各杆件截面尺寸，进行反复试算，直至得出满意结果为止。因此，设计超静定结构的过程比设计静定结构更复杂。另一方面，我们也可利用这一特性，通过改变各杆刚度的大小来调整超静定结构的内力分布，以达到预期的目的。

3. 静定结构没有多余约束，当某个约束破坏时，静定结构便立即成为几何可变体系，从而失去承载能力。超静定结构由于具有多余约束，因此，当多余约束破坏时，结构仍为几何不变体系。因此，从抵抗突然破坏的观点来说，超静定结构比静定结构具有较强的防御能力。

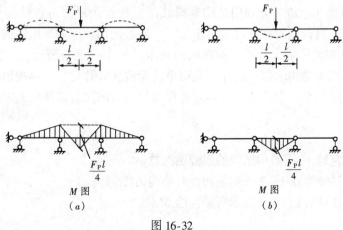

图 16-32

4. 超静定结构由于具有多余约束，一般地说，其刚度比相应的静定结构要大些，内力分布也比较均匀。例如图 16-32（a）为三跨连续梁，图 16-32（b）为相应的三跨简支梁，在相同的荷载作用下，前者的最大挠度及弯矩峰值都较后者小。由于连续梁具有较平缓的变形曲线，这对于桥梁可以减小行车时的冲击作用。

小　　结

力法是计算超静定结构的基本方法之一。

本章的主要内容包括力法的基本原理、超静定次数的确定、力法方程、用力法计算各种超静定结构以及对称性的利用等。掌握力法的基本原理、熟练运用力法计算荷载作用下各种超静定结构是本章的重点，具体概括为：

1. 超静定结构的几何组成特点是存在多余约束。力法的基本原理是以多余未知力作为基本未知量，以去掉多余约束后得到的静定结构作为基本结构，利用基本结构在荷载和多余约束力共同作用下的变形应与原结构变形相同建立力法方程，求出多余未知力后，用平衡条件即可计算其余反力和内力。这样，就把超静定结构的计算问题转化为静定结构的内力和位移计算问题。

2. 确定力法的基本未知量和选择基本结构时，一般用去掉多余约束使原结构变为静定结构的方法。力法中，多余约束力是基本未知量；去掉多余约束后得到的静定结构是基本结构。因此，基本未知量和基本结构是同时选定的。同一超静定结构可选不同的基本未知量和基本结构，但应保证所选基本结构必须是静定结构。

3. 力法方程是根据基本结构在荷载（或支座移动、温度改变等）及多余未知力共同作用下，沿多余未知力方向的位移与原超静定结构在相应处的位移相等建立的变形条件。应充分理解力法方程（力法典型方程）所代表的变形条件及其中各系数的物理意义。力法方程的数目等于结构的超静定次数，即等于多余未知力数目。

4. 力法方程中各项系数和自由项都是基本结构的位移，因此，计算系数和自由项，实质上就是求静定结构的位移，可用单位荷载法计算。

5. 支座移动、温度改变使超静定结构产生内力。此时，力法方程中的自由项就是支座移动或温度改变引起的基本结构在去掉多余约束处的位移，其余计算步骤与荷载作用完全相同。

6. 为使计算简化，应充分利用结构和荷载的对称性。对于对称结构可选择对称的基本结构进行计算；当荷载对称或反对称作用时，还可选用相应的半边结构进行计算。

7. 超静定结构的最后内力不因所选取的基本结构不同而有所改变，因此，可将其内力看作是按任一基本结构求得。这样，利用单位荷载法计算超静定结构位移时，单位力可以加在任一基本结构上。为简化计算，应选择单位内力图比较简单的基本结构。

习　　题

16-1　试确定题 16-1 图示结构的超静定次数。

16-2　用力法计算题 16-2 图示结构，并绘内力图。

16-3　用力法计算题 16-3 图示刚架，绘 M 图。

16-4 用力法计算题 16-4 图示桁架各杆的轴力，各杆 EA 为常数。

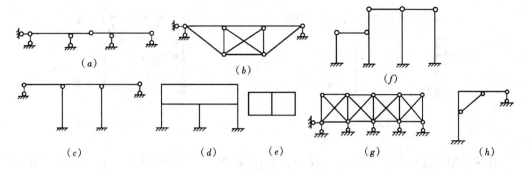

题 16-1 图

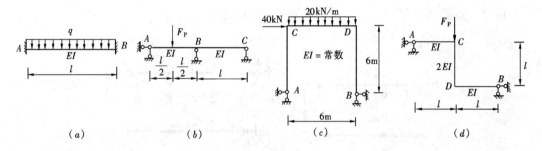

题 16-2 图

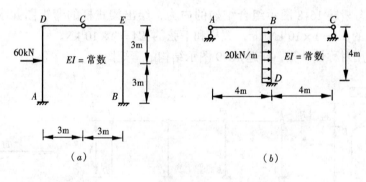

题 16-3 图

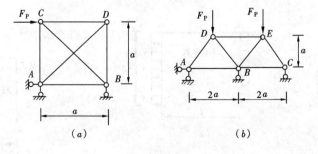

题 16-4 图

16-5 用力法计算题 16-5 图示排架，并作 M 图。

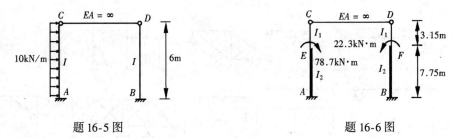

题 16-5 图　　　　题 16-6 图

16-6 用力法计算题 16-6 图示排架，并作 M 图。已知 $\dfrac{I_2}{I_1}=5.77$，$I_2=12.3\times10^{-3}\,\text{m}^4$，$E=25.5\,\text{GPa}$。

16-7 如题 16-7 图示组合结构 $A=\dfrac{10I}{l^2}$，作 M 图。

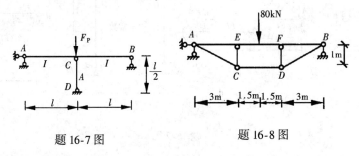

题 16-7 图　　　　题 16-8 图

16-8 试分析题 16-8 图示组合结构的内力，绘出梁式杆的弯矩图并求出各杆轴力。已知上弦横梁的 $EI=1\times10^4\,\text{kN}\cdot\text{m}^2$，腹杆和下弦的 $EA=2\times10^5\,\text{kN}$。

16-9 利用对称性计算，作题 16-9 图示结构的弯矩图。

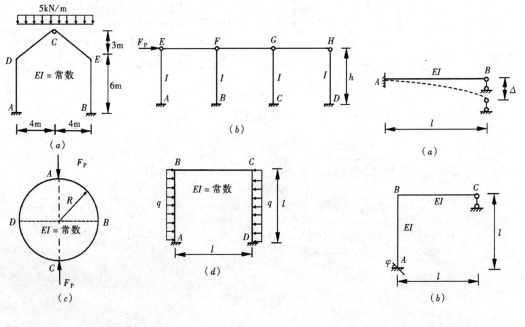

题 16-9 图　　　　题 16-10 图

16-10　试求题 16-10 图示结构由于支座移动引起的内力，并作弯矩图

16-11　结构的温度变化如题 16-11 图所示。已知杆件截面对称于形心轴，截面高度 $h = \dfrac{l}{10}$，线膨胀系数为 α，$EI =$ 常数，试作最后弯矩图。

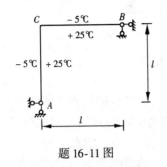

题 16-11 图

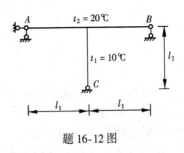

题 16-12 图

16-12　题 16-12 图示结构杆 AB 上侧温度升高 $t_2 = 20℃$，下侧及中间柱的温度升高 $t_1 = 10℃$，梁截面高为 h，线膨胀系数为 α。试求杆 AB 的最大弯矩。

16-13　计算题 16-13 图示梁跨中 C 点的竖向位移，$EI =$ 常数。

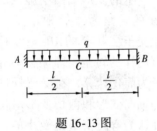

题 16-13 图

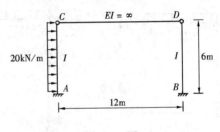

题 16-14 图

16-14　计算题 16-14 图示排架 C 点的水平位移。

16-15　题 16-15 图示一等截面梁 AB，左端 A 为固定端，右端 B 为滚轴支承。已知左端支座转动 θ 角，右端支座下沉为 a，试求由此引起的梁跨中挠度。

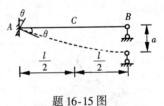

题 16-15 图

第十七章 位 移 法

第一节 位移法的基本概念

力法和位移法是分析超静定结构的两种基本方法。力法是以结构的某些反力或内力作为基本未知量，通过变形条件求出基本未知量后，再求出结构的其他内力和位移。然而，在一定的外因作用下，结构的内力与位移之间恒具有一定的关系。因此，也可以把结构的某些位移作为基本未知量，通过平衡条件求出位移后，再确定结构的内力和其他位移，这就是本章将要介绍的位移法。

下面以图 17-1（a）所示刚架为例说明位移法求解的基本思路。

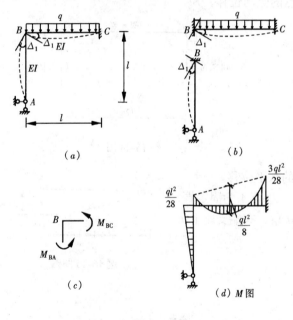

图 17-1

图 17-1（a）所示刚架在给定荷载作用下产生的变形如图中虚线所示。设结点 B 的转角为 Δ_1，根据变形协调条件，汇交于结点 B 的 AB、BC 杆的杆端也应有同样的转角，即 $\varphi_{BA} = \varphi_{BC} = \Delta_1$。通常，为简化计算，在受弯杆件中略去杆件的轴向变形和剪切变形对位移的影响，并认为弯曲变形是微小的，因而可假定受弯直杆两端之间的距离保持不变。这样，结点 B 只有转角 Δ_1 无线位移。称 Δ_1 为此刚架按位移法求解的基本未知量。如果能够设法求得 Δ_1，则可求出刚架的内力。

分别考察刚架的 BC 杆和 AB 杆，不难发现，它们的受力和变形与图 17-1（b）所示相同。其中 BC 杆可视为两端固定的单跨梁，除受到荷载 q 的作用外，固定端 B 发生了转角 Δ_1；AB 杆则相当于一端固定一端铰支的单跨梁，固定端 B 发生了转角 Δ_1。以上两杆的杆端弯矩均可由力法算出：

$$\left.\begin{array}{l} M_{BA} = \dfrac{3EI}{l}\Delta_1 \qquad M_{AB} = 0 \\ M_{BC} = \dfrac{4EI}{l}\Delta_1 - \dfrac{ql^2}{12} \qquad M_{CB} = \dfrac{2EI}{l}\Delta_1 + \dfrac{ql^2}{12} \end{array}\right\} \qquad (a)$$

为计算 Δ_1，取结点 B 为隔离体（图 17-1c），由结点 B 的力矩平衡条件 $\Sigma M_B = 0$，得

$$M_{BA} + M_{BC} = 0 \qquad (b)$$

即
$$7\frac{EI}{l}\Delta_1 - \frac{ql^2}{12} = 0$$

此即位移法方程，求解得

$$\Delta_1 = \frac{ql^3}{84EI} \qquad (c)$$

将 Δ_1 带入式 (a)，得杆端弯矩

$$\left. \begin{array}{ll} M_{BA} = \dfrac{ql^2}{28} & M_{AB} = 0 \\ M_{BC} = -\dfrac{ql^2}{28} & M_{CB} = \dfrac{3ql^2}{28} \end{array} \right\} \qquad (d)$$

根据杆端弯矩便可作出弯矩图，如图 17-1 (d) 所示。

由以上位移法求解的基本思路可以看出，位移法是以独立的结点位移作为基本未知量，根据变形协调条件和杆端力与杆端位移之间的关系，利用平衡条件建立求解结点位移的方程求出位移后再确定杆端力，绘制内力图。因此，应用位移法计算结构时需解决以下问题：

(1) 单跨超静定梁在杆端位移及荷载作用下的内力分析；
(2) 确定结构的基本未知量；
(3) 建立位移法方程求解基本未知量。

下面依次讨论这些问题。

第二节　等截面直杆的转角位移方程

如上所述，用位移法计算超静定刚架时，每根杆件均可看作是单跨超静定梁。在计算过程中，要用到这种梁在杆端发生转动和移动时以及荷载等外因作用下的杆端弯矩和剪力。为了以后应用方便，本节将先导出其杆端弯矩和杆端剪力的计算公式。

一、杆端力和杆端位移的正负号规定

图 17-2 为等截面直杆 AB，杆件材料和截面惯性矩为常数，杆端 A 和 B 的角位移分别为 φ_A 和 φ_B，A、B 两端在垂直于杆轴 AB 方向的相对线位移为 Δ，弦转角 $\beta = \dfrac{\Delta}{l}$，杆端 A、B 的弯矩和剪力分别为 M_{AB}、M_{BA}、F_{QAB}、F_{QBA}。在位移法中，它们的正负号规定如下：

(1) 杆端角位移 φ_A、φ_B 和弦转角 β 均以顺时针转向为正，反之为负；
(2) 杆端弯矩 M_{AB}、M_{BA} 规定在杆端以顺时针转向为正（在结点或支座以逆时针转向为正），反之为负；
(3) 杆端剪力 F_{QAB}、F_{QBA} 以使隔离体产生顺时针转动时为正，反之为负。

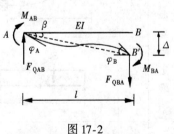

图 17-2

在图 17-2 中，各物理量均以正方向标出。

二、等截面直杆的形常数和载常数

1. 等截面直杆的形常数

对于等截面直杆，当杆端产生单位位移时所需施加的杆端力称为等截面直杆的**刚度系数**。例如当图17-3等截面直杆 AB 两端固定、A 端转角 $\varphi_A = 1$ 时，杆端弯矩分别为 $M_{AB} = 4i$、$M_{BA} = 2i$，杆端剪力为 $F_{QAB} = F_{QBA} = -\dfrac{6i}{l}$，其中 $i = \dfrac{EI}{l}$ 为 AB 杆的线刚度。因为刚度系数只与杆件材料的弹性常数、杆件长度、截面几何形状和尺寸有关，又称为**形常数**。等截面直杆的形常数可由力法求得。

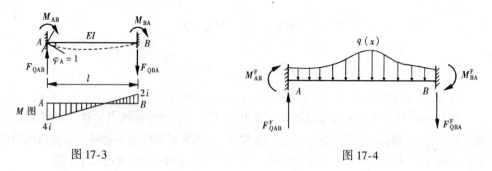

图 17-3　　　　　　　　　　　图 17-4

2. 等截面直杆的载常数

等截面直杆在荷载作用下所产生的杆端力，称为**固端力**。如图17-4所示一等截面两端固定梁承受荷载作用，它的杆端弯矩分别以 M_{AB}^F 和 M_{BA}^F 表示，称为**固端弯矩**；其杆端剪力分别以 F_{QAB}^F 和 F_{QBA}^F 表示，称为**固端剪力**。它们的正负号规定与前述相同。由于固端力只与所受的荷载形式有关，故也称**载常数**。同样，用力法可求得等截面直杆在各种荷载作用下的载常数。

为便于使用，将常用的几种等截面直杆的形常数和载常数列于表17-1中。

等截面直杆的形常数和载常数表　　　　表 17-1

类型	编号	梁的简图	弯　矩		剪　力	
			M_{AB}	M_{BA}	F_{QAB}	F_{QBA}
两端固定梁	1	$\varphi=1$	$\dfrac{4EI}{l}=4i$	$\dfrac{2EI}{l}=2i$	$-\dfrac{6EI}{l^2}=-6\dfrac{i}{l}$	$-\dfrac{6EI}{l^2}=-6\dfrac{i}{l}$
	2		$-\dfrac{6EI}{l^2}=-6\dfrac{i}{l}$	$-\dfrac{6EI}{l^2}=-6\dfrac{i}{l}$	$\dfrac{12EI}{l^3}=12\dfrac{i}{l^2}$	$\dfrac{12EI}{l^3}=12\dfrac{i}{l^2}$
	3	F_P，a，b	$-\dfrac{F_p ab^2}{l^2}$	$\dfrac{F_p a^2 b}{l^2}$	$\dfrac{F_p b^2(l+2a)}{l^3}$	$-\dfrac{F_p a^2(l+2b)}{l^3}$
			$a=b=l/2,\ -\dfrac{F_p l}{8}$	$\dfrac{F_p l}{8}$	$\dfrac{F_p}{2}$	$\dfrac{F_p}{2}$
	4	q	$-\dfrac{1}{12}ql^2$	$\dfrac{1}{12}ql^2$	$\dfrac{1}{2}ql$	$-\dfrac{1}{2}ql$

续表

类型	编号	梁的简图	弯 矩		剪 力	
			M_{AB}	M_{BA}	F_{QAB}	F_{QBA}
两端固定梁	5		$-\dfrac{1}{20}ql^2$	$\dfrac{1}{30}ql^2$	$\dfrac{7}{20}ql$	$-\dfrac{3}{20}ql$
	6		$\dfrac{b(3a-l)}{l^2}M$	$\dfrac{a(3b-l)}{l^2}M$	$-\dfrac{6ab}{l^3}M$	$-\dfrac{6ab}{l^3}M$
	7		$-\dfrac{qa^2}{12l^2}(6l^2-8la+3a^2)$	$\dfrac{qa^3}{12l^2}(4l-3a)$	$\dfrac{qa}{2l^3}(2l^3-2la^2+a^3)$	$-\dfrac{qa^3}{2l^3}(2l-a)$
一端固定一端铰支梁	8		$\dfrac{3EI}{l}=3i$		$-\dfrac{3EI}{l^2}=-3\dfrac{i}{l}$	$-\dfrac{3EI}{l^2}=-3\dfrac{i}{l}$
	9		$-\dfrac{3EI}{l^2}=-3\dfrac{i}{l}$		$\dfrac{3EI}{l^3}=3\dfrac{i}{l^2}$	$\dfrac{3EI}{l^3}=3\dfrac{i}{l^2}$
	10		$-\dfrac{F_p ab(l+b)}{2l^2}$ $a=b=l/2,$ $-\dfrac{3F_p l}{16}$		$\dfrac{F_p b(3l^2-b^2)}{2l^3}$ $\dfrac{11F_p}{16}$	$-\dfrac{F_p a^2(2l+b)}{2l^3}$ $-\dfrac{5F_p}{16}$
	11		$-\dfrac{1}{8}ql^2$		$\dfrac{5}{8}ql$	$-\dfrac{3}{8}ql$
	12		$-\dfrac{1}{15}ql^2$		$\dfrac{4}{10}ql$	$-\dfrac{1}{10}ql$
	13		$-\dfrac{7}{120}ql^2$		$\dfrac{9}{40}ql$	$-\dfrac{11}{40}ql$

续表

类型	编号	梁的简图	弯矩		剪力	
			M_{AB}	M_{BA}	F_{QAB}	F_{QBA}
一端固定一端铰支梁	14		$\dfrac{l^2-3b^2}{2l^2}M$		$-\dfrac{3(l^2-b^2)}{2l^3}M$	$-\dfrac{3(l^2-b^2)}{2l^3}M$
			$a=l,\ b=0,$ $\dfrac{M}{2}$	M	$-\dfrac{3M}{2l}$	$-\dfrac{3M}{2l}$
一端固定一端定向支承梁	15		$\dfrac{EI}{l}=i$	$-\dfrac{EI}{l}=-i$		
	16		$-\dfrac{EI}{l}=-i$	$\dfrac{EI}{l}=i$		
	17		$a=l,\ b=0,$ $-\dfrac{F_p l}{2}$	$-\dfrac{F_p l}{2}$	F_p	F_p
			$-\dfrac{F_p a(l+b)}{2l}$	$-\dfrac{F_p a^2}{2l}$	F_p	
			$a=b=l/2,$ $-\dfrac{3F_p l}{8}$	$-\dfrac{F_p l}{8}$	F_p	
	18		$-\dfrac{1}{3}ql^2$	$-\dfrac{1}{6}ql^2$	ql	
	19		$-\dfrac{1}{8}ql^2$	$-\dfrac{1}{24}ql^2$	$\dfrac{1}{2}ql$	
	20		$-\dfrac{5}{24}ql^2$	$-\dfrac{1}{8}ql^2$	$\dfrac{1}{2}ql$	
	21		$-M\dfrac{b}{l}$	$-M\dfrac{a}{l}$		
	22		$-\dfrac{qa^2}{6l}(3l-a)$	$-\dfrac{qa^3}{6l}$	qa	

三、等截面直杆的转角位移方程

等截面直杆在各种荷载以及支座位移的共同作用下,其杆端力可根据叠加原理由表 17-1 中相应各栏的杆端力叠加得到。例如

对于图 17-5（a）所示两端固定的等截面直杆,其杆端弯矩和剪力分别为:

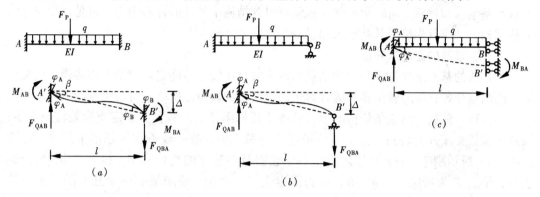

图 17-5

$$M_{AB} = 4i\varphi_A + 2i\varphi_B - \frac{6i}{l}\Delta + M_{AB}^F \\ M_{BA} = 2i\varphi_A + 4i\varphi_B - \frac{6i}{l}\Delta + M_{BA}^F \Bigg\} \quad (17\text{-}1)$$

$$F_{QAB} = -\frac{6i}{l}\varphi_A - \frac{6i}{l}\varphi_B + \frac{12i}{l^2}\Delta + F_{QAB}^F \\ F_{QBA} = -\frac{6i}{l}\varphi_A - \frac{6i}{l}\varphi_B + \frac{12i}{l^2}\Delta + F_{QBA}^F \Bigg\} \quad (17\text{-}2)$$

对于图 17-5（b）所示 A 端固定 B 端铰支的等截面直杆,其杆端弯矩和剪力分别为:

$$M_{AB} = 3i\varphi_A - \frac{3i}{l}\Delta + M_{AB}^F \\ M_{BA} = 0 \Bigg\} \quad (17\text{-}3)$$

$$F_{QAB} = -\frac{3i}{l}\varphi_A + \frac{3i}{l^2}\Delta + F_{QAB}^F \\ F_{QBA} = -\frac{3i}{l}\varphi_A + \frac{3i}{l^2}\Delta + F_{QBA}^F \Bigg\} \quad (17\text{-}4)$$

对于图 17-5（c）所示 A 端固定 B 端定向支座的等截面直杆,其杆端弯矩和剪力分别为

$$M_{AB} = i\varphi_A + M_{AB}^F \\ M_{BA} = -i\varphi_A + M_{BA}^F \Bigg\} \quad (17\text{-}5)$$

$$F_{QAB} = F_{QAB}^F \\ F_{QBA} = 0 \Bigg\} \quad (17\text{-}6)$$

以上各式称为等截面直杆的**转角位移方程**。它反映了杆端力与杆端位移以及所受荷载之间的关系。

第三节 位移法的基本未知量和基本结构

从前面两节可知，位移法是把结构的结点角位移和结点线位移作为基本未知量。当求出这些基本未知量后，由转角位移方程便可得到结构中各杆的杆端内力。可见，用位移法分析结构时，应首先确定其基本未知量。

一、位移法的基本未知量

位移法的基本未知量中独立的结点角位移数目比较容易确定。由于变形协调，汇交于同一刚结点处各杆端的转角都相等且等于该刚结点的转角，所以，每一个刚结点有一个独立的角位移。独立的结点角位移的数目就等于结构刚结点的数目。固定支座处转角为零；铰结点或铰支座处的转角，由上节可证明不是独立的，故一般不作为基本未知量。如图 17-6（a）所示刚架，D、F 都是刚结点，它们具有独立的角位移 φ_D 和 φ_F，用 Δ_1、Δ_2 表示；结点 E 为铰结点；A、B、C 为固定支座。因此，该刚架有两个独立的结点角位移。

在确定独立的结点线位移数目时，为了减少基本未知量的数目，使计算得到简化，通常略去杆的轴向变形对位移的影响，并假设弯曲变形是微小的。因而认为受弯直杆两端之间的距离在变形后仍保持不变。这样，每一受弯直杆就相当于一个约束，从而减少了独立的结点线位移数目。由此，图 17-6（a）所示刚架中，A、B、C 三个固定端是不动点，三根竖杆长度不变，因此，结点 D、E、F 均无竖向位移。由于两根水平杆长度也保持不变，故三结点 D、E、F 均有相同的水平位移，用 Δ_3 表示。所以，该刚架只有一个独立的结点线位移。

位移法的基本未知量数目等于结构的独立结点角位移和独立的结点线位移数目之和。图 17-6（a）所示刚架的全部基本未知量共有三个：即结点角位移 Δ_1、Δ_2 和线位移 Δ_3，位移法的基本未知量，无论是角位移还是线位移，统一用 Δ 表示。

对于刚架，其独立的结点线位移数目还可用几何组成分析的方法来确定。即假设把原结构的所有刚结点和固定支座都改为铰结点，得到一个相应的铰接链杆体系。若此体系为几何不变，则可推知原结构所有结点均无线位移；若此体系是几何可变或瞬变的，则为使其成为几何不变所需附加的最少链杆数目就等于原结构的独立结点线位移数目。例如图 17-6（a）所示刚架，其相应的铰接链杆体系如图 17-6（b）所示，它是几何可变的。如果在结点 F 处增添一根非竖向的链杆，体系将成为几何不变。由此可见，原结构有一个独立的结点线位移。

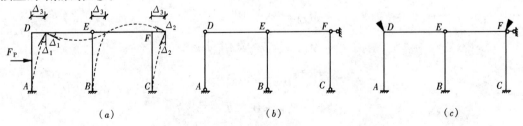

图 17-6
（a）原结构；（b）铰结体系；（c）基本结构

图17-7（a）所示刚架有两个刚结点 G 和 I，因而有两个独立的角位移未知量。其相应的铰接链杆体系如图17-7（b）所示，需要在结点 H 和 I 处附设两根链杆后，体系才能成为几何不变，所以，此刚架有两个独立的线位移，该刚架总共有四个基本未知量。

图17-8（a）所示刚架有四个刚结点 D、E、F 和 G（其中结点 F 为杆件 EF 与 BF 在该处刚结），因而有四个独立的结点角位移。其相应的铰接链杆体系如图17-8（b）所示，至少要在结点 D 和 G 处增加两根水平链杆后，体系才能成为几何不变。所以，原结构有两个独立的结点线位移，总共有六个基本未知量。

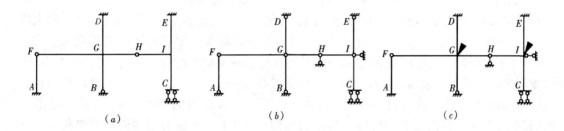

图 17-7
（a）原结构；（b）铰结体系；（c）基本结构

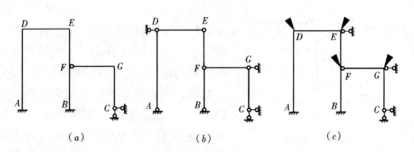

图 17-8
（a）原结构；（b）铰结体系；（c）基本结构

应指出，上述确定独立结点线位移的方法，是以受弯直杆变形后两端距离不变的假设为依据的。对于曲杆或需要考虑轴向变形的链杆，其两端距离不能看作是不变的。如图17-9所示结构有两个独立的结点线位移。图17-10所示桁架，结点 C、D 各有一个水平线位移和一个竖向线位移，结点 B 有一个水平线位移，故此桁架共有五个独立的结点线位移未知量。

图 17-9　　　　　　　　　　图 17-10

总之，用位移法计算刚架时，基本未知量包括结点角位移和独立的结点线位移。结点角位移的数目等于结构刚结点的数目；独立结点线位移数目等于将刚结点改为铰结点后得到的铰接链杆体系成为几何不变所需附加的最少链杆数目。

在确定基本未知量过程中，由于刚结点处各杆端转角彼此相等、各杆端距离不变。因此，在将分解了的杆件综合为结构时，能够保证刚结点处各杆端位移彼此协调、变形连续。

二、位移法的基本结构

如前所述，位移法计算超静定结构是将其每一根杆都看成单跨超静定梁进行分析，建立各杆件的转角位移方程。为使原结构的各杆都成为单跨超静定梁，可以通过增加约束的方法来实现。如图 17-11（a）所示刚架，其位移法的基本未知量为结点 B 的角位移和 C 点的水平线位移。在刚结点 B 附加一个阻止该结点转动但不能阻止它移动的约束，并用"▼"表示，这种约束称为**附加刚臂**；在结点 C 附加一个阻止该结点沿水平方向移动但不能阻止转动的约束，称为**附加链杆**。这样，原结构中 B 结点的转动和 B、C 两结点的移动都受到阻止，得到图 17-11（b）所示的结构，其中杆 AB 成为两端固定的单跨梁，杆 BC、DC 则成为一端固定、一端铰支的单跨梁。这样一个由若干单跨超静定梁组成的组合体系称为位移法的基本结构。

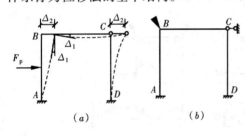

图 17-11
(a) 原结构；(b) 基本结构

对于图 17-6（a）所示结构，在两刚结点 D、F 处分别附加刚臂，并在结点 F 的水平方向附加链杆，此时结点 D、F 的转角及各结点的水平位移均被阻止，得到如图 17-6（c）所示的基本结构，它也是单跨超静定梁的组合体。对于图 17-7（a）所示刚架，在结点 G、I 处附加刚臂；在结点 H 和 I 处分别附加竖向和水平链杆，得到图 17-7（c）所示的基本结构。又如图 17-8（a）刚架，在结点 D、E、G、F 处附加刚臂（注意其中结点 F 也是刚结点），在结点 E 和 G 处附加链杆后，可得到基本结构如图 17-8（c）所示。

注意到，如果刚架中某些杆件的内力是静定的，则不需在这些杆件上附加约束。例如图 17-12（a）所示刚架中杆 CD 的内力完全可以由静力平衡条件确定；图 17-12（b）所示刚架中 CD 上的弯矩和剪力也是静定的，因此，都不必在 C 端设置附加约束，其基本结构分别如图 17-12（c）、（d）所示。

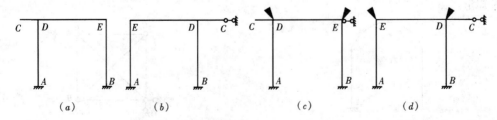

图 17-12
(a) 原结构；(b) 原结构；(c) 基本结构；(d) 基本结构

由以上讨论可知，在原结构的基本未知量处，增加相应的附加约束，即得到用位移法求解的基本结构，附加约束的数目与独立的结点位移数目相等。其中附加刚臂的数目等于原结构中独立结点角位移数目；附加链杆的数目等于原结构中独立结点线位移的数目。

第四节　位移法方程

当确定了位移法的基本未知量和基本结构以后，就可以建立位移法方程求解基本未知量。建立位移法方程通常有两种方法：一种是将原结构与基本体系对比，建立位移法方程并求出基本未知量；另一种是直接利用平衡条件求出基本未知量。后者将在第七节中介绍，本节先介绍第一种方法。

一、位移法方程的建立

现以图 17-13（a）为例，说明如何建立位移法方程。

该刚架有一个刚结点 B，基本未知量就是结点 B 的角位移 Δ_1。在结点 B 处附加刚臂约束转动，得到基本结构如图 17-13（b）所示。当将原荷载作用于基本结构时，显然基本结构的受力和变形与原结构不同。如果使附加刚臂产生与原结构结点 B 相同的转角 Δ_1（用"↶"表示附加刚臂的转角），则二者的位移就完全相同。把基本结构在荷载和基本未知量即结点位移共同作用下的超静定梁的组合体称为位移法的基本体系，如图 17-13（c）所示。从受力和变形方面看，基本结构中由于附加刚臂约束了原结构结点 B 的位移 Δ_1，刚臂上便会产生附加反力矩，但原结构并没有这个附加约束，当然也就不存在附加反力矩。因此，基本体系的受力和变形要与原结构完全相同，附加刚臂上的反力矩必须等于零，即

$$F_1 = 0 \tag{a}$$

于是，对原结构的计算就转化为对基本体系的计算，这也是基本体系转化为原结构的条件。

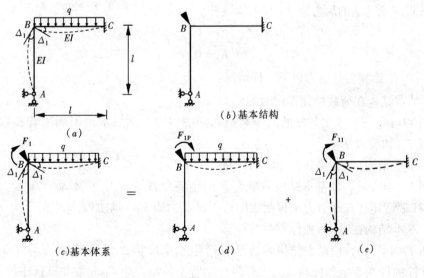

图 17-13

根据叠加原理，基本体系（图 17-13c）的受力和变形情况等于荷载作用（图 17-13d）和刚臂转动 Δ_1（图 17-13e）两种情况的叠加。前者为基本结构受外荷载单独作用情况，设此时刚臂上的反力矩为 F_{1P}；后者为基本结构仅在结点 B 发生与原结构相同的转角 Δ_1 的情况，设此时刚臂上的反力矩为 F_{11}。

由叠加原理

$$F_1 = F_{11} + F_{1P} = 0 \qquad (b)$$

如果用 k_{11} 表示基本结构仅在单位位移 $\Delta_1 = 1$ 时附加刚臂上的反力矩，则 $F_{11} = k_{11}\Delta_1$，代入式（b），有

$$k_{11}\Delta_1 + F_{1P} = 0 \qquad (17\text{-}7)$$

这就是求解基本未知量 Δ_1 的位移法方程，即结点 B 的力矩平衡方程，其中系数 k_{11} 称为**刚度系数**。F_{11}、k_{11} 和 F_{1P} 均以顺时针转向为正。

由此可见，一个刚结点对应一个结点角位移，即一个基本未知量，相应的可以写出一个结点约束力矩等于零的平衡方程，即位移法基本方程。一个方程正好解出一个基本未知量。

二、位移法的典型方程

对于具有多个基本未知量的结构，应用前述位移法的求解思路，可建立起位移法的典型方程。

以图 17-14（a）所示刚架为例，说明建立位移法典型方程的步骤。

图 17-14（a）所示刚架，在外荷载 F_P 作用下发生了虚线所示的变形。该刚架有两个基本未知量即结点 B 的转角 Δ_1 和结点 C（或结点 B）的水平位移 Δ_2。如果在结点 B 附加刚臂阻止其转动，在结点 C 附加链杆阻止其水平位移，得到基本结构如图 17-14（b）所示。当在基本结构上作用原结构受到的荷载，并分别令基本结构的附加刚臂和附加链杆产生与原结构相同的转角 Δ_1 和水平位移 Δ_2（用"┤►"表示附加链杆的线位移），则得到基本体系如图 17-14（c）所示。由于基本体系的变形和受力与原结构完全相同，因此，基本体系附加刚臂上的反力矩 F_1 和附加链杆上的反力 F_2 均为零。即：

$$\left.\begin{array}{l} F_1 = 0 \\ F_2 = 0 \end{array}\right\} \qquad (a)$$

F_1，F_2 的计算可分解为以下三种情况：

（1）基本结构在荷载单独作用时的计算。

由图 17-14（d）求出各杆的固端弯矩和固端剪力，然后求得附加刚臂和附加链杆中的反力矩 F_{1P} 和反力 F_{2P}。

（2）基本结构在 Δ_1 单独作用时的计算。

如图 17-14（e），使基本结构的结点 B 产生转角 Δ_1，结点 C 不动（$\Delta_2 = 0$），由 BA，BC 杆的杆端弯矩和杆端剪力求得附加刚臂上的反力矩 F_{11} 和附加链杆中的反力 F_{21}。

（3）基本结构在 Δ_2 单独作用时的计算。

如图 17-14（f），使基本结构的结点 C 产生水平位移 Δ_2，结点 B 不动（$\Delta_1 = 0$），由 AB、CD 杆的杆端弯矩和杆端剪力求得附加刚臂上的反力矩 F_{12} 和附加链杆中的反力 F_{22}。

根据叠加原理，基本结构在荷载及结点位移 Δ_1、Δ_2 共同作用下附加刚臂的反力矩

F_1 和附加链杆中的反力 F_2 为：

$$F_1 = F_{1P} + F_{11} + F_{12} = 0 \brace F_2 = F_{2P} + F_{21} + F_{22} = 0$$ (b)

设 k_{11}、k_{21} 分别为基本结构的结点 B 在单位转角 $\Delta_1 = 1$ 单独作用时附加刚臂和附加链杆上的反力矩和反力；

k_{12}、k_{22} 分别为基本结构的结点 C 在单位线位移 $\Delta_2 = 1$ 单独作用时附加刚臂和附加链杆上的反力矩和反力。

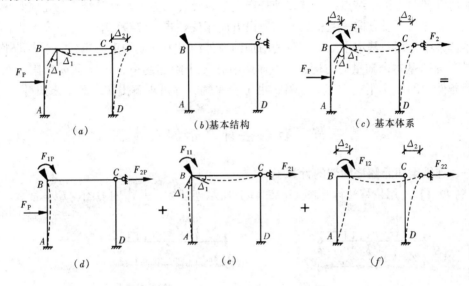

图 17-14

于是，式 (b) 成为

$$\left. \begin{array}{l} k_{11}\Delta_1 + k_{12}\Delta_2 + F_{1P} = 0 \\ k_{21}\Delta_1 + k_{22}\Delta_2 + F_{2P} = 0 \end{array} \right\}$$ (17-8)

上式即为具有两个基本未知量 Δ_1 和 Δ_2 的位移法方程，也称为**位移法的典型方程**。

对于具有 n 个基本未知量的结构，相应的基本结构中有 n 个附加约束，根据基本体系中每个附加约束的约束反力矩或约束反力均为零的平衡条件，建立位移法的典型方程如下：

$$\left. \begin{array}{l} k_{11}\Delta_1 + k_{12}\Delta_2 + \cdots + k_{1n}\Delta_n + F_{1P} = 0 \\ k_{21}\Delta_1 + k_{22}\Delta_2 + \cdots + k_{2n}\Delta_n + F_{2P} = 0 \\ \cdots \cdots \\ k_{n1}\Delta_1 + k_{n2}\Delta_2 + \cdots + k_{nn}\Delta_n + F_{nP} = 0 \end{array} \right\}$$ (17-9)

式中 k_{ii}——基本结构在单位结点位移 $\Delta_i = 1$ 单独作用时，在附加约束 i 中产生的约束力 $(i = 1, 2, \cdots n)$；

k_{ij}——基本结构在单位结点位移 $\Delta_j = 1$ 单独作用时，在附加约束 i 中产生的约束力 $(i = 1, 2, \cdots n, j = 1, 2, \cdots n, j \neq i)$；

F_{iP}——基本结构在荷载单独作用时，在附加约束 i 中产生的约束力 $(i = 1, 2, \cdots n)$。

式（17-9）中，主对角线上的系数 k_{ii} 称为主系数或主反力，其值恒为正；主对角线两侧的系数 k_{ij} 称为副系数或副反力，其值可能为正、负或零，由第十六章的反力互等定理：$k_{ij} = k_{ji}$；F_{iP} 称为自由项，其值也可能为正、负或零。

由于位移法典型方程的每个系数都是单位位移引起的附加约束的反力矩或反力，显然，结构的刚度愈大，这些反力矩或反力也愈大，故这些系数又称为结构的刚度系数，可由杆件的形常数求得；自由项 F_{iP} 与荷载有关，可由杆件的载常数求得。

在建立位移法典型方程时，基本未知量 $\Delta_1, \Delta_2 \cdots \Delta_n$，均按正方向假设，即结点角位移以顺时针转向为正，结点线位移以使杆产生顺时针转动为正。计算结果为正时，说明实际位移的方向与所设方向一致；反之与所设方向相反。式（17-9）中，每一个方程都代表了基本体系中与每一基本未知量相应的附加约束处约束力（或约束力矩）等于零的平衡条件。具有 n 个基本未知量的结构，基本体系中有 n 个附加约束，也就有 n 个附加约束处的平衡条件，即 n 个平衡方程。显然，由 n 个平衡方程可求解出 n 个基本未知量。

第五节 位移法计算示例及步骤

一、连续梁和无侧移刚架的计算

【例 17-1】 用位移法计算图 17-15（a）所示连续梁，并作内力图，$EI =$ 常数。

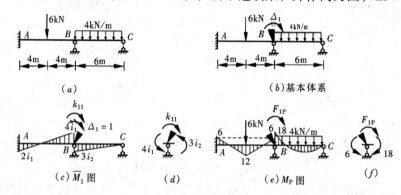

图 17-15

【解】 （1）确定基本体系

连续梁结点 B 处的角位移 Δ_1 为基本未知量。在结点 B 加刚臂，得基本体系如图 17-15（b）所示。

（2）列位移法方程

根据基本体系附加刚臂上的反力矩等于零，建立位移法方程为：
$$k_{11}\Delta_1 + F_{1P} = 0$$

（3）计算系数和自由项

令
$$i_1 = \frac{EI}{l_{AB}} = \frac{EI}{8} \quad i_2 = \frac{EI}{l_{BC}} = \frac{EI}{6}$$

①基本结构在单位转角 $\Delta_1 = 1$ 单独作用下的计算

利用各杆形常数写出各杆端弯矩

$$\overline{M}_{AB} = 2i_1, \quad \overline{M}_{BA} = 4i_1, \quad \overline{M}_{BC} = 3i_2, \quad \overline{M}_{CB} = 0,$$

作出 $\overline{M}_1$ 图，如图 17-15（c）所示。
由结点 B 的力矩平衡（图 17-15d），得
$$\Sigma M_B = 0 \quad k_{11} = 4i_1 + 3i_2 = EI$$

②基本结构在荷载单独作用下的计算

利用各杆的载常数写出各杆的固端弯矩

$$M_{AB}^F = -\frac{F_P l}{8} = -\frac{6 \times 8}{8} = -6 \text{kN} \cdot \text{m}$$

$$M_{BA}^F = -M_{AB}^F = 6 \text{kN} \cdot \text{m}$$

$$M_{BC}^F = -\frac{1}{8} q l^2 = -\frac{1}{8} \times 4 \times 6^2 = -18 \text{kN} \cdot \text{m}$$

$$M_{CB}^F = 0$$

作出 M_P 图，如图 17-15（e）所示。
由结点 B 的力矩平衡（图 17-15f），得
$$\Sigma M_B = 0 \quad F_{1P} = 6 - 18 = -12 \text{kN} \cdot \text{m}$$

(4) 解位移法方程求 Δ_1

将 k_{11} 和 F_{1P} 代入位移法方程，得

$$\Delta_1 = -\frac{F_{1P}}{k_{11}} = \frac{12}{EI}$$

(5) 作 M 图

利用叠加公式 $M = \overline{M}_1 \Delta_1 + M_P$ 计算杆端弯矩

$$M_{AB} = 2i_1 \Delta_1 + M_{AB}^F = 2 \times \frac{EI}{8} \times \frac{12}{EI} - 6 = -3 \text{kN} \cdot \text{m}$$

$$M_{BA} = 4i_1 \Delta_1 + M_{BA}^F = 4 \times \frac{EI}{8} \times \frac{12}{EI} + 6 = 12 \text{kN} \cdot \text{m}$$

$$M_{BC} = 3i_2 \Delta_1 + M_{BC}^F = 3 \times \frac{EI}{6} \times \frac{12}{EI} - 18 = -12 \text{kN} \cdot \text{m}$$

$$M_{CB} = 0$$

根据杆端弯矩，再叠加上各杆段相应简支梁的弯矩图 M^0，即得最后 M 图，如图 17-16（a）所示。

(6) 作 F_Q 图

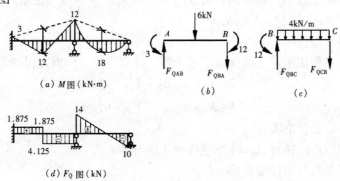

图 17-16

由杆 AB 隔离体（图 17-16b）的平衡条件，求得其杆端剪力为

$$\Sigma M_B = 0, \quad F_{QAB} = \frac{3 - 12 + 6 \times 4}{8} = 1.875 \text{kN}$$

$$\Sigma M_A = 0, \quad F_{QBA} = \frac{-12 + 3 - 6 \times 4}{8} = -4.125 \text{kN}$$

由杆 BC 隔离体（图 17-16c）的平衡条件，求得其杆端剪力为

$$\Sigma M_B = 0, \quad F_{QCB} = \frac{12 - 4 \times 6 \times 3}{6} = -10 \text{kN}$$

$$\Sigma M_C = 0, \quad F_{QBC} = \frac{12 + 4 \times 6 \times 3}{6} = 14 \text{kN}$$

根据杆端剪力及梁上荷载，作出 F_Q 图，如图 17-16（d）所示。

（7）校核

结点 B 满足力矩平衡条件

$$\Sigma M_B = 12 - 12 = 0$$

连续梁整体满足

$$\Sigma F_y = 1.875 + 18.125 + 10 - 6 - 4 \times 6 = 0$$

【例 17-2】 用位移法作图 17-17（a）所示刚架的弯矩图。

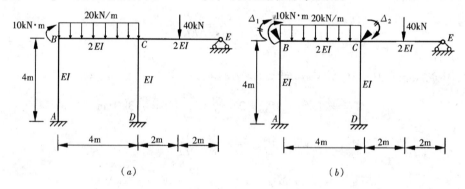

图 17-17
（a）原结构；（b）基本体系

【解】 （1）确定基本体系

刚架的两个刚结点 B、C 处的转角 Δ_1 和 Δ_2 为基本未知量。在结点 B 和 C 分别加刚臂，得基本体系如图 17-17（b）所示。

（2）列位移法方程

根据基本体系附加刚臂上的反力矩等于零，建立位移法典型方程如下：

$$\left. \begin{array}{l} k_{11}\Delta_1 + k_{12}\Delta_2 + F_{1P} = 0 \\ k_{21}\Delta_1 + k_{22}\Delta_2 + F_{2P} = 0 \end{array} \right\}$$

（3）计算系数和自由项

①基本结构在单位转角 $\Delta_1 = 1$ 单独作用下的计算

利用各杆形常数写出杆端弯矩

$$\overline{M}_{AB} = 2i_{AB} = 0.5EI \quad \overline{M}_{BA} = 4i_{AB} = EI$$

$$\overline{M}_{BC} = 4i_{BC} = 2EI \quad \overline{M}_{CB} = 2i_{BC} = EI$$

作出 $\overline{M}_1$ 图，如图 17-18（a）所示。

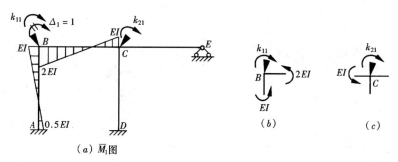

图 17-18

由结点 B、C 的力矩平衡（图 17-18b、c），得

$$\Sigma M_B = 0, \quad k_{11} = EI + 2EI = 3EI$$
$$\Sigma M_C = 0, \quad k_{21} = EI$$

②基本结构在单位转角 $\Delta_2 = 1$ 单独作用下的计算

同理，利用各杆形常数写出杆端弯矩

$$\overline{M}_{BC} = 2i_{BC} = EI, \overline{M}_{CB} = 4i_{BC} = 2EI,$$
$$\overline{M}_{CD} = 4i_{CD} = EI, \overline{M}_{DC} = 2i_{DC} = 0.5EI,$$
$$\overline{M}_{CE} = 3i_{CE} = 1.5EI, \overline{M}_{EC} = 0$$

作出 $\overline{M}_2$ 图，如图 17-19（a）所示。

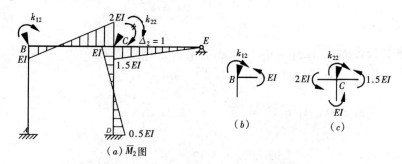

图 17-19

由结点 B、C 的力矩平衡（图 17-19b、c），得

$$\Sigma M_B = 0 \quad k_{12} = EI$$
$$\Sigma M_C = 0 \quad k_{22} = 2EI + EI + 1.5EI = 4.5EI$$

③基本结构在荷载单独作用下的计算

利用各杆的载常数写出各杆固端弯矩

$$M_{AB}^F = M_{BA}^F = 0$$
$$M_{BC}^F = -\frac{1}{12}ql^2 = -26.67 \text{ kN} \cdot \text{m} \quad M_{CB}^F = -M_{BC}^F = 26.67 \text{ kN} \cdot \text{m}$$
$$M_{CE}^F = -\frac{3}{16}F_pl = -30 \text{ kN} \cdot \text{m} \quad M_{EC}^F = 0$$

$$M_{CD}^F = M_{DC}^F = 0$$

作出 M_P 图，如图 17-20（a）所示。

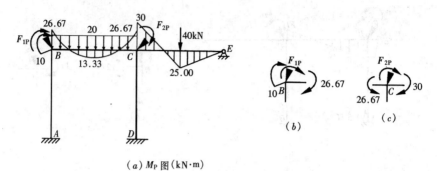

(a) M_P 图（kN·m）

图 17-20

由结点 B、C 的力矩平衡（图 17-20b、c），得

$$\Sigma M_B = 0 \quad F_{1P} = -10 - 26.67 = -36.67 \text{ kN·m}$$
$$\Sigma M_C = 0 \quad F_{2P} = -30 + 26.7 = -3.33 \text{ kN·m}$$

(4) 解位移法方程求 Δ_1、Δ_2

将 k_{11}、k_{12}、k_{21}、k_{22}、F_{1P} 和 F_{2P} 代入位移法典型方程，有

$$\left. \begin{array}{r} 3EI\Delta_1 + EI\Delta_2 - 36.67 = 0 \\ EI\Delta_1 + 4.5EI\Delta_2 - 3.33 = 0 \end{array} \right\}$$

解得

$$\Delta_1 = \frac{12.93}{EI} \quad \Delta_2 = -\frac{2.13}{EI}$$

(5) 作 M 图

利用叠加公式 $M = \overline{M}_1\Delta_1 + \overline{M}_2\Delta_2 + M_P$ 计算杆端弯矩

$$M_{AB} = 2i_{AB}\Delta_1 = 0.5EI \times \frac{12.93}{EI} = 6.47 \text{ kN·m}$$

$$M_{BA} = 4i_{AB}\Delta_1 = EI \times \frac{12.93}{EI} = 12.93 \text{ kN·m}$$

$$M_{BC} = 4i_{BC}\Delta_1 + 2i_{BC}\Delta_2 + M_{BC}^F$$
$$= 2EI \times \frac{12.93}{EI} - EI \times \frac{2.13}{EI} - 26.67 = -2.93 \text{ kN·m}$$

$$M_{CB} = 2i_{BC}\Delta_1 + 4i_{BC}\Delta_2 + M_{CB}^F$$
$$= EI \times \frac{12.93}{EI} - 2EI \times \frac{2.13}{EI} + 26.67 = 35.33 \text{ kN·m}$$

$$M_{CE} = 3i_{CE}\Delta_2 + M_{CE}^F = -1.5EI \times \frac{2.13}{EI} - 30 = -33.20 \text{ kN·m}$$

$$M_{EC} = 0$$

$$M_{DC} = 2i_{CD}\Delta_2 = -0.5EI \times \frac{2.13}{EI} = -1.07 \text{ kN·m}$$

$$M_{CD} = 4i_{CD}\Delta_2 = -EI \times \frac{2.13}{EI} = -2.13 \text{ kN·m}$$

由杆端弯矩值作出刚架最后弯矩图，如图 17-21 所示。

(6) 校核

结点 B 满足力矩平衡条件
$$\Sigma M_B = 10 + 2.93 - 12.93 = 0$$
结点 C 满足力矩平衡条件
$$\Sigma M_C = 33.20 + 2.13 - 35.33 = 0$$

二、有侧移刚架的计算

【**例 17-3**】 用位移法计算图17-22（a）所示刚架并作内力图

【**解**】

（1）确定基本体系

刚架有两个基本未知量，即刚结点 B 的角位

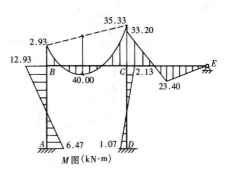

图 17-21

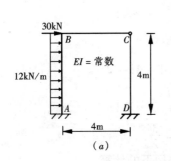
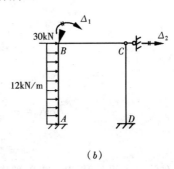

图 17-22
(a) 原结构；(b) 基本体系

移 Δ_1 和结点 C 处的水平位移 Δ_2。在结点 B 加刚臂，在结点 C 加水平链杆，得基本体系如图 17-22（b）所示。

（2）列位移法方程

由于基本体系的受力和变形与原结构相同，因此，其附加刚臂上的反力矩等于零，附加链杆上的反力也为零，由此建立位移法典型方程为：

$$\left. \begin{array}{l} k_{11}\Delta_1 + k_{12}\Delta_2 + F_{1P} = 0 \\ k_{21}\Delta_1 + k_{22}\Delta_2 + F_{2P} = 0 \end{array} \right\}$$

（3）计算系数和自由项

① 基本结构在单位转角 $\Delta_1 = 1$ 单独作用下的计算

利用各杆形常数写出杆端弯矩

$$\overline{M}_{AB} = 2i \qquad \overline{M}_{BA} = 4i$$
$$\overline{M}_{BC} = 3i \qquad \overline{M}_{CB} = 0$$

作出 $\overline{M}_1$ 图，如图 17-23（a）所示。

由结点 B 的力矩平衡（图18-23b），得

$$\Sigma M_B = 0 \qquad k_{11} = 4i + 3i = 7i$$

为计算 k_{21}，在图 17-23（a）中截断各柱顶，取出柱顶以上横梁 BC 为隔离体如图 17-23（c）所示，列水平投影方程

$$\Sigma F_x = 0, \qquad k_{21} = \overline{F}_{QBA}$$

杆端剪力可查表 17-1 得到，或取柱 AB 为隔离体（图 17-23d），根据其杆端弯矩利用

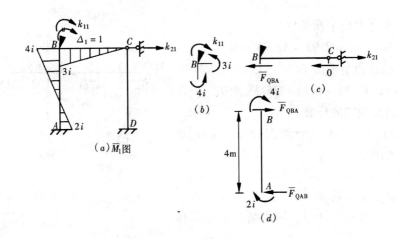

图 17-23

平衡方程计算 $\overline{F}_{QBA}$ 如下：

$$\Sigma M_A = 0 \quad \overline{F}_{QBA} \times 4 + 4i + 2i = 0$$

$$\overline{F}_{QBA} = -\frac{6i}{4} = -\frac{3}{2}i$$

于是 $\qquad k_{21} = -\dfrac{3}{2}i$

②基本结构在单位水平位移 $\Delta_2 = 1$ 单独作用下的计算
由各杆形常数写出杆端弯矩

$$\overline{M}_{AB} = \overline{M}_{BA} = -\frac{3}{2}i$$

$$\overline{M}_{CD} = 0 \quad \overline{M}_{DC} = -\frac{3}{4}i$$

作出 $\overline{M}_2$ 图，如图 17-24（a）所示。

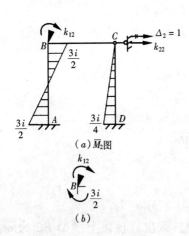
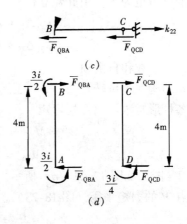

图 17-24

由结点 B 的力矩平衡（图 17-24b），得

$$\Sigma M_B = 0, k_{12} = -\frac{3}{2}i = k_{21}$$

为计算 k_{22}，取柱顶以上横梁 BC 为隔离体如图 17-24（c）所示，列水平投影方程

$$\Sigma F_x = 0, k_{22} = \overline{F}_{QBA} + \overline{F}_{QCD}$$

再分别以柱 AB、BC 为隔离体（图 17-24d），利用力矩方程计算 $\overline{F}_{QBA}$ 和 $\overline{F}_{QCD}$

$$\Sigma M_A = 0, \overline{F}_{QBA} = \frac{\frac{3}{2}i + \frac{3}{2}i}{4} = \frac{3}{4}i$$

$$\Sigma M_D = 0, \overline{F}_{QCD} = \frac{\frac{3}{4}i}{4} = \frac{3}{16}i$$

于是 $$k_{22} = \frac{3}{4}i + \frac{3}{16}i = \frac{15}{16}i$$

③基本结构在荷载单独作用下的计算

利用各杆的载常数写出各杆固端弯矩

$M_{AB}^F = -\frac{1}{12}ql^2 = -16 \text{kN} \cdot \text{m}$ $M_{BA}^F = \frac{1}{12}ql^2 = 16 \text{kN} \cdot \text{m}$

$M_{BC}^F = M_{CB}^F = M_{CD}^F = M_{DC}^F = 0$

作出 M_P 图，如图 17-25（a）所示。

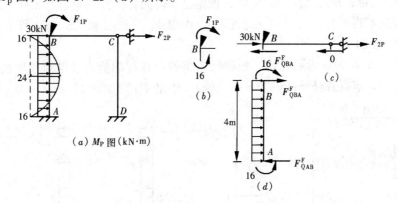

图 17-25

由结点 B 的力矩平衡（图 17-25b），得

$$\Sigma M_B = 0 \quad F_{1P} = 16 \text{ kN} \cdot \text{m}$$

取柱顶以上横梁 BC 为隔离体，如图 17-25（c）所示，列水平投影方程

$$\Sigma F_x = 0 \quad F_{2P} + 30 - F_{QBA}^F = 0$$

再以柱 AB 为隔离体（图 17-25d），由平衡方程得

$$\Sigma M_A = 0 \quad F_{QBA}^F = \frac{16 - 16 - 12 \times 4 \times 2}{4} = -24 \text{kN}$$

于是 $$F_{2P} = -30 + F_{QBA}^F = -30 - 24 = -54 \text{kN}$$

（4）解位移法方程求 Δ_1、Δ_2

将 k_{11}、k_{12}、k_{21}、k_{22}、F_{1P} 和 F_{2P} 代入位移法典型方程，有

$$\left.\begin{array}{r} 7i\Delta_1 - \frac{3}{2}i\Delta_2 + 16 = 0 \\ -\frac{3}{2}i\Delta_1 + \frac{15}{16}i\Delta_2 - 54 = 0 \end{array}\right\}$$

解得
$$\Delta_1 = \frac{352}{23i} \quad \Delta_2 = \frac{1888}{23i}$$

(5) 作 M 图

利用叠加公式 $M = \overline{M}_1 \Delta_1 + \overline{M}_2 \Delta_2 + M_P$ 计算杆端弯矩

$M_{AB} = 2i\Delta_1 - \frac{3}{2}i\Delta_2 + M_{AB}^F = 2i \times \frac{352}{23i} - \frac{3}{2}i \times \frac{1888}{23i} - 16 = -108.52 \text{kN} \cdot \text{m}$

$M_{BA} = 4i\Delta_1 - \frac{3}{2}i\Delta_2 + M_{BA}^F = -45.91 \text{ kN} \cdot \text{m}$

$M_{BC} = 3i\Delta_1 = 3i \times \frac{352}{23i} = 45.91 \text{ kN} \cdot \text{m}$

$M_{CB} = 0$

$M_{CD} = 0$

$M_{DC} = -\frac{3}{4}i\Delta_2 = -\frac{3}{4}i \times \frac{1888}{23i} = -61.57 \text{kN} \cdot \text{m}$

由杆端弯矩值作出刚架最后弯矩图，如图 17-26（a）所示。

(6) 作 F_Q 图

分别取杆 AB、BC、CD 为隔离体，根据已求得的各杆杆端弯矩值和杆上所受外荷载，列平衡方程，求得各杆杆端剪力（此处略）。作出 F_Q 图如图 17-26（b）所示。

(7) 作 F_N 图

分别取结点 B 和 C 为隔离体，根据已求得的各杆杆端剪力及结点所受的外荷载，列结点平衡方程，求得各杆杆端轴力（此处略）。作出 F_N 图如图 17-26（c）所示。

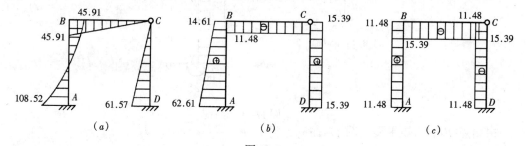

图 17-26

(a) M 图 (kN·m); (b) F_Q 图 (kN); (c) F_N 图 (kN)

(8) 校核

结点 B 满足力矩平衡条件

$$\Sigma M_B = 45.91 - 45.91 = 0$$

柱顶以上横梁 BC 满足水平投影方程

$$\Sigma F_x = 14.61 + 15.39 - 30 = 0$$

由以上计算可知，用位移法计算只有结点角位移基本未知量的结构如连续梁和无侧移刚架，相应的位移法方程是刚结点的力矩平衡方程；对于具有结点线位移基本未知量的结构如有侧移刚架，相应的位移法方程除了刚结点的力矩平衡方程外，还有剪力平衡方程。

根据以上求解过程，将用位移法计算超静定结构的步骤归纳如下：

(1) 确定基本体系。

确定原结构的基本未知量即独立的结点角位移和线位移数目。在原结构独立的结点角位移处附加刚臂阻止其转动，在独立的结点线位移处附加链杆阻止其移动，得到基本结构。使基本结构承受原来的荷载，并令附加约束发生与原结构相同的位移，从而得到基本体系。

(2) 建立位移法方程。

根据基本体系的受力和变形与原结构相同，基本体系在附加约束处的约束反力应等于零的条件建立位移法方程。

(3) 计算位移法方程的系数和自由项。

作基本结构在单位结点位移 $\Delta_i = 1$ 单独作用下的弯矩图 $\overline{M}_i$ 图，由平衡条件计算方程的系数；作基本结构在荷载单独作用下的弯矩图 M_P 图，由平衡条件计算方程的自由项。

(4) 解位移法方程，求出基本未知量。

(5) 作内力图。

利用叠加公式 $M = \overline{M}_1\Delta_1 + \overline{M}_2\Delta_2 + \cdots + M_P$，计算结构各杆的杆端弯矩并作 M 图；利用各杆的力矩平衡条件计算杆端剪力并作 F_Q 图；利用结点的平衡条件计算杆端轴力并作 F_N 图。

(6) 校核。

对最后内力图校核平衡条件。

第六节 对称结构的计算

在第十六章力法中讨论结构对称性时曾得出，作用于对称结构上的任意荷载，可以分解为对称荷载和反对称荷载分别计算。对称结构在正对称荷载作用下，其内力和变形都是正对称分布的；在反对称荷载作用下，其内力和变形都是反对称分布的。用位移法计算对称结构时，同样可以利用这一结论简化计算。

例如图 17-27 (a) 所示对称刚架受任意荷载作用，用位移法求解时其基本未知量有

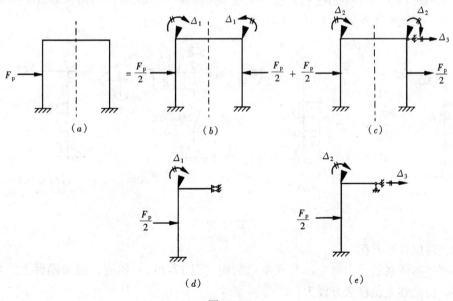

图 17-27

三个：两个结点的角位移和横梁的一个水平线位移。如果将荷载 F_P 分解为一组正对称、一组反对称的，则由于正对称荷载作用下只有正对称的基本未知量，两刚结点有一对正对称的转角 Δ_1（图 17-27b）；由于反对称荷载作用下只有反对称基本未知量，两刚结点除有反对称的转角 Δ_2 外，还有水平位移 Δ_3（图 17-27c）。因此，利用对称性取半边结构的计算简图可使计算得到简化（图 17-27d、e）。

【例 17-4】 用位移法作图 17-28（a）所示对称刚架的弯矩图。

【解】 图 17-28（a）所示结构有三个独立的结点位移，即结点 B、D 的角位移和 B（或 D）的水平线位移。由于结构为对称刚架，故可利用对称性简化计算。将荷载分解成一组正对称的（图 17-28b）和一组反对称的（17-28c），然后分别取各相应的半边结构进行计算。

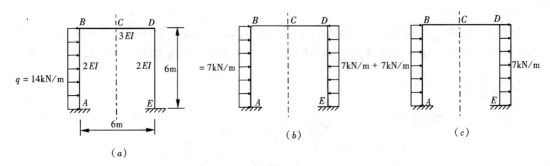

图 17-28

一、正对称荷载作用下的计算

对于图 17-28（b）正对称荷载下的对称结构，取相应的半边结构（图 17-29a）进行计算。

(1) 确定基本体系

图 17-29（a）所示半边结构只有一个基本未知量，即结点 B 的角位移 Δ_1。在结点 B 处加刚臂，得基本体系如图 17-29（b）所示。

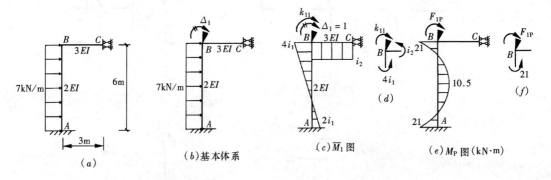

图 17-29

(2) 列位移法方程

根据基本体系的受力与变形与原半边结构（图 17-29a）相同，附加刚臂上的反力矩应为零，由此建立位移法方程为：

$$k_{11}\Delta_1 + F_{1P} = 0$$

(3) 计算系数和自由项

令 $\dfrac{2EI}{6} = i_1$, $\dfrac{3EI}{3} = i_2$ 基本结构在单位转角 $\Delta_1 = 1$ 单独作用时杆端弯矩为：

$$\overline{M}_{AB} = 2i_1 \quad \overline{M}_{BA} = 4i_1 \quad \overline{M}_{BC} = -\overline{M}_{CB} = i_2$$

作出 $\overline{M}_1$ 图，如图 17-29（c）所示。

由结点 B 的力矩平衡（图 17-29d），得

$$\Sigma M_B = 0 \quad k_{11} = 4i_1 + i_2 = \dfrac{7}{3}EI$$

基本结构在荷载单独作用时，杆 AB 固端弯矩为：

$$M_{AB}^F = -M_{BA}^F = -\dfrac{1}{12}ql^2 = -21 \text{ kN} \cdot \text{m}$$

作出 M_P 图，如图 17-29（e）所示。

由结点 B 的力矩平衡方程（图 17-29f），得

$$F_{1P} = 21 \text{ kN} \cdot \text{m}$$

(4) 解位移法方程求 Δ_1

将 k_{11}、F_{1P} 代入位移法方程，有

$$\dfrac{7}{3}EI\Delta_1 + 21 = 0$$

$$\Delta_1 = -\dfrac{9}{EI}$$

(5) 作弯矩图

利用叠加公式 $M = \overline{M}_1\Delta_1 + M_P$，求出结构在荷载作用下的杆端弯矩为

$$M'_{AB} = 2i_1\Delta_1 - \dfrac{1}{12}ql^2 = -27 \text{ kN} \cdot \text{m}$$

$$M'_{BA} = 4i_1\Delta_1 + \dfrac{1}{12}ql^2 = 9 \text{ kN} \cdot \text{m}$$

$$M'_{BC} = M'_{CB} = i_2\Delta_1 = -9 \text{ kN} \cdot \text{m}$$

由对称性作出原结构在对称荷载作用下的 M' 图，如图 17-31（a）所示。

二、反对称荷载作用下的计算

对于图 17-28（c）反对称荷载作用下的对称结构，取相应的半边结构（图 17-30a）进行计算。

(1) 确定基本体系

图 17-30（a）所示半边结构有两个基本未知量，即结点 B 的角位移 Δ_1 和 C（或 B）的水平线位移 Δ_2。在结点 B 处加刚臂，在结点 C 处加水平链杆，得基本体系如图 17-30（b）所示。

(2) 列位移法方程

根据基本体系的受力和变形与原半边结构相同，附加刚臂上的反力矩等于零，附加链杆上的反力也为零，由此建立位移法典型方程为：

$$\left.\begin{array}{r}k_{11}\Delta_1 + k_{12}\Delta_2 + F_{1P} = 0\\ k_{21}\Delta_1 + k_{22}\Delta_2 + F_{2P} = 0\end{array}\right\}$$

(3) 计算系数和自由项

①基本结构在单位转角 $\Delta_1 = 1$ 单独作用下的计算

利用各杆形常数写出杆端弯矩

$$\overline{M}_{AB} = 2i_1 \quad \overline{M}_{BA} = 4i_1 \quad \overline{M}_{BC} = 3i_2 \quad \overline{M}_{CB} = 0$$

作出 $\overline{M}_1$ 图，如图 17-30（c）所示。

由结点 B 的力矩平衡（图 17-30d），得

$$\Sigma M_B = 0 \quad k_{11} = 4i_1 + 3i_2 = \frac{13}{3}EI$$

②基本结构在单位水平位移 $\Delta_2 = 1$ 单独作用下的计算

由各杆形常数写出杆端弯矩

$$\overline{M}_{AB} = \overline{M}_{BA} = -\frac{6i_1}{6} = -\frac{EI}{3}$$

作出 $\overline{M}_2$ 图，如图 17-30（e）所示。

由结点 B 的力矩平衡（图 17-30f），得

$$\Sigma M_B = 0 \quad k_{12} = -i_1 = -\frac{EI}{3}$$

根据反力互等定理

$$k_{21} = k_{12} = -\frac{EI}{3}$$

截断柱顶并以横梁 BC 为隔离体，如图 17-30（g）所示，列水平投影方程

$$\Sigma F_x = 0 \quad k_{22} = \overline{F}_{QBA} = -\frac{\overline{M}_{AB} + \overline{M}_{BA}}{6} = \frac{2i_1}{6} = \frac{EI}{9}$$

③基本结构在荷载单独作用下的计算

利用各杆的载常数写出杆的固端弯矩为：

$$M_{AB}^F = -M_{BA}^F = -\frac{1}{12}ql^2 = -21 \text{ kN} \cdot \text{m}$$

作出 M_P 图，如图 17-30（h）所示。

由结点 B 的力矩平衡（图 17-30i），得

$$\Sigma M_B = 0 \quad F_{1P} = 21 \text{ kN} \cdot \text{m}$$

再截断柱顶并以横梁 BC 为隔离体，如图 17-30（j）所示，列水平投影方程

$$\Sigma F_x = 0 \quad F_{2P} = F_{QBA}^F = -\frac{1}{2}ql = -\frac{7 \times 6}{2} = -21 \text{ kN}$$

(4) 解位移法方程求 Δ_1、Δ_2

将 k_{11}、k_{12}、k_{21}、k_{22}、F_{1P} 和 F_{2P} 代入位移法典型方程，有

$$\left.\begin{array}{r}\dfrac{13}{3}EI\Delta_1 - \dfrac{EI}{3}\Delta_2 + 21 = 0\\ -\dfrac{EI}{3}\Delta_1 + \dfrac{EI}{9}\Delta_2 - 21 = 0\end{array}\right\}$$

联立求解，得

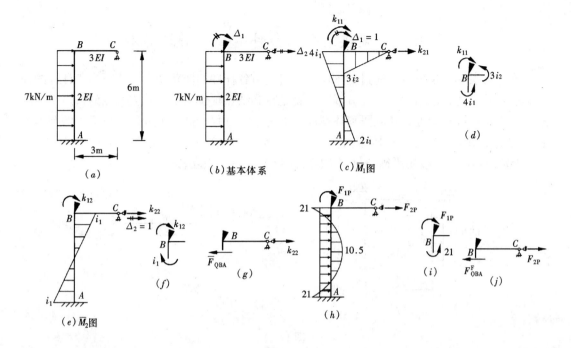

图 17-30

$$\Delta_1 = \frac{12.6}{EI} \quad \Delta_2 = \frac{226.8}{EI}$$

(5) 作弯矩图

利用叠加公式 $M = \overline{M}_1 \Delta_1 + \overline{M}_2 \Delta_2 + M_P$，求出结构在荷载作用下的杆端弯矩为

$$M''_{AB} = 2i_1\Delta_1 - i_1\Delta_2 - 21 = 2 \times \frac{2EI}{6} \times \frac{12.6}{EI} - \frac{2EI}{6} \times \frac{226.8}{EI} - 21 = -88.2 \text{ kN} \cdot \text{m}$$

$$M''_{BA} = 4i_1\Delta_1 - i_1\Delta_2 + 21 = 4 \times \frac{2EI}{6} \times \frac{12.6}{EI} - \frac{2EI}{6} \times \frac{226.8}{EI} + 21 = -37.8 \text{ kN} \cdot \text{m}$$

$$M''_{BC} = 3i_2\Delta_1 = 3 \times \frac{3EI}{3} \times \frac{12.6}{EI} = 37.8 \text{ kN} \cdot \text{m}$$

$$M''_{CB} = 0$$

由对称性作出原结构在反对称荷载作用下的 M'' 图，如图 17-31（b）所示。

最后，叠加 M' 图与 M'' 图，即得原结构的最后弯矩图，如图 17-31（c）所示。

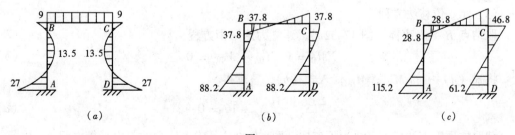

图 17-31
(a) M' 图 (kN·m); (b) M'' 图 (kN·m); (c) M 图 (kN·m)

339

第七节 直接用平衡条件建立位移法方程

在位移法中，也可以不通过基本体系，直接由各杆件的转角位移方程写出各杆件的杆端力表达式，建立原结构的平衡方程。也就是在有结点角位移处，建立结点的力矩平衡方程；在有结点线位移处，建立隔离体截面的剪力平衡方程。这些方程就是位移法的基本方程。现仍以图 17-22（a）的刚架为例（已重绘为图 17-32a）来说明这一方法。

【例 17-5】 直接用平衡条件建立图 17-32（a）的位移法方程。

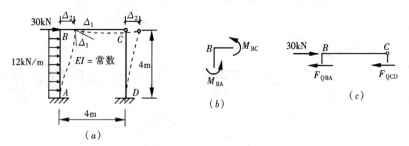

图 17-32

解 （1）确定基本未知量

此刚架有两个基本未知量：结点 B 的转角 Δ_1 和结点 B（或 C）的水平线位移 Δ_2，如图 17-32（a）所示。

（2）利用转角位移方程写出各杆端弯矩表达式

根据变形连续性条件，结点位移与杆端位移相等，将等截面直杆的转角位移方程式（17-1）、式（17-3）中的结点位移代替相应的杆端位移，于是，各杆的杆端弯矩为：

$$
\left.
\begin{aligned}
M_{AB} &= 2i\Delta_1 - \frac{6i}{l}\Delta_2 - \frac{1}{12}ql^2 = 2i\Delta_1 - \frac{3i}{2}\Delta_2 - 16 \\
M_{BA} &= 4i\Delta_1 - \frac{6i}{l}\Delta_2 + \frac{1}{12}ql^2 = 4i\Delta_1 - \frac{3i}{2}\Delta_2 + 16 \\
M_{BC} &= 3i\Delta_1 \\
M_{CB} &= 0 \\
M_{CD} &= 0 \\
M_{DC} &= -\frac{3i}{l}\Delta_2 = -\frac{3i}{4}\Delta_2
\end{aligned}
\right\} \quad (a)
$$

（3）建立位移法方程

取结点 B 为隔离体（图 17-32b），建立力矩平衡方程

$$\Sigma M_B = 0, \quad M_{BA} + M_{BC} = 0 \tag{b}$$

将式（a）中的 M_{BA}、M_{BC} 代入式（b），整理得

$$7i\Delta_1 - \frac{3i}{2}\Delta_2 + 16 = 0 \tag{c}$$

截取柱顶以上的横梁 BC 为隔离体（图 17-32c），建立柱端的剪力平衡方程

$$\Sigma F_x = 0, \quad 30 - F_{QBA} - F_{QCD} = 0 \tag{d}$$

式 (d) 中杆端剪力可由等截面直杆的转角位移方程式 (17-2) 和式 (17-4) 写出或分别取柱 AB 和 CD 为隔离体，由力矩平衡方程求得

$$\left.\begin{aligned} F_{\mathrm{QBA}} &= -\frac{6i}{l}\Delta_1 + \frac{12i}{l^2}\Delta_2 - \frac{ql}{2} = -\frac{3i}{2}\Delta_1 + \frac{3i}{4}\Delta_2 - 24 \\ F_{\mathrm{QCD}} &= \frac{3i}{l^2}\Delta_2 = \frac{3i}{16}\Delta_2 \end{aligned}\right\} \quad (e)$$

将式 (e) 代入式 (d) 中，整理，得

$$-\frac{3i}{2}\Delta_1 + \frac{15i}{16}\Delta_2 - 54 = 0 \quad (f)$$

所以，位移法方程为：

$$\left.\begin{aligned} 7i\Delta_1 - \frac{3i}{2}\Delta_2 + 16 &= 0 \\ -\frac{3i}{2}\Delta_1 + \frac{15i}{16}\Delta_2 - 54 &= 0 \end{aligned}\right\}$$

此式与例 17-3 用基本体系的方法建立的位移法典型方程完全一样。可见，两种方法本质相同，只是表现形式不同。杆端弯矩表达式实际上就是基本体系中各杆在基本未知量和荷载共同作用下的弯矩的叠加公式。

小　　结

位移法是计算超静定结构的另一基本方法。

本章主要内容包括位移法的求解思路、位移法的基本结构及基本未知量、等截面直杆的转角位移方程及位移法方程的建立与求解。会用等截面直杆的形常数和载常数表达各种外因影响下的杆端力、熟练地用位移法计算超静定梁和刚架是本章的重点，具体概括如下：

1. 等截面直杆的转角位移方程是位移法的基本公式。根据变形协调条件，杆端位移即是结构相应结点的位移，因此，位移法是以结点位移作为基本未知量。由于结构的超静定次数与基本未知量数目无关，所以，位移法不但适用于求解超静定次数较高的结构，而且还可计算静定结构。

2. 位移法的基本未知量是结构的独立结点位移，即刚结点的角位移和独立的结点线位移。结点角位移未知量的数目等于结构的刚结点数目；独立结点线位移未知量的数目等于将结构的刚结点改成铰结后所形成的铰接链杆体系成为几何不变时所需增加的最少链杆数目。

3. 位移法的基本结构是在刚结点处附加刚臂，在独立结点线位移方向附加链杆后形成的一个若干超静定梁的组合体。基本结构上作用原结构的外荷载且附加约束处具有与原结构相同的结点位移，这就是位移法的基本体系。位移法利用基本体系的计算，实质上除完成对这些单跨超静定梁的杆端内力与杆端位移（结点位移）的分析计算外，还要建立结点平衡条件—位移法方程，并由此求出基本未知量。学习中应充分理解基本方程中各项系数和自由项的力学意义，理解并熟练地运用等截面直杆的形常数和载常数表达杆端力，并

注意位移法中关于位移和杆端力正负号的规定。

4．直接用平衡条件建立位移法方程时，应熟练掌握三种单跨超静定梁的转角位移方程。对每一个刚结点，可以写一个力矩平衡方程；对每一个独立的结点线位移，可以写一个截面剪力平衡方程。平衡方程的数目与基本未知量的数目相等。

5．对称结构的计算主要是在半边结构上进行的计算。掌握半边结构的取法、确定在对称荷载和反对称荷载作用下结构的独立结点位移的种类和数目是利用对称性计算的关键。

习　题

17-1　试确定题 7-1 图所示结构用位移法计算的基本未知量。

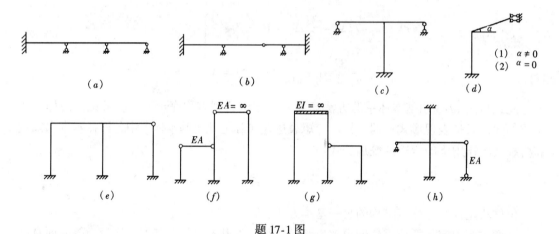

题 17-1 图

17-2　画出题 17-2 图示刚架的基本体系，并画出基本结构的单位弯矩图。

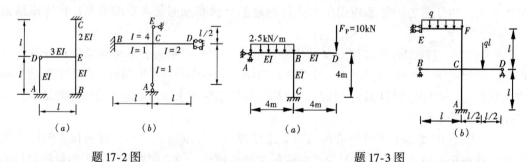

题 17-2 图　　　　　　　　　　题 17-3 图

17-3　画出题 17-3 图示刚架的基本体系，并画出基本结构的单位弯矩图和荷载弯矩图。

17-4　用位移法计算题 17-4 图示连续梁并绘出弯矩图。

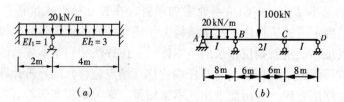

题 17-4 图

17-5 用位移法计算题 17-5 图示刚架，并绘弯矩图。

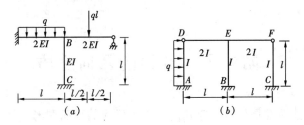

题 17-5 图

17-6 试用位移法计算题 17-6 图示排架，并绘制内力图。

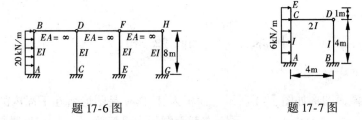

题 17-6 图　　　　　　　　题 17-7 图

17-7 用位移法计算题 17-7 图示刚架，并绘弯矩图。

17-8 利用对称性计算，作题 17-8 图示刚架的弯矩图。

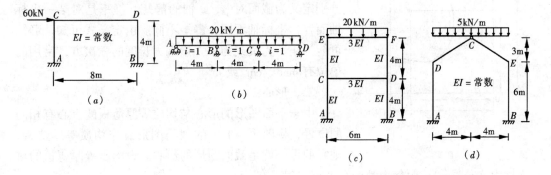

题 17-8 图

附录 I 截面的几何性质

工程构件的横截面都是具有一定几何形状和尺寸的平面图形,例如圆形、矩形等。与截面图形的几何形状和尺寸有关的几何量,如截面面积、轴惯性矩、极惯性矩、惯性积等,称为截面图形的几何性质。这些几何量与构件的强度和刚度有关,本章介绍它们的定义和计算方法。

附录 I-1 静矩和形心

一、静矩

任意形状截面图形如图 I-1 所示,面积为 A,yoz 是图形所在平面内的一对直角坐标系。在截面图形内坐标为 (y, z) 处取微面积 dA,则

$$S_y = \int_A z dA, \quad S_z = \int_A y dA \quad (\text{I}-1)$$

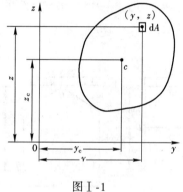

图 I-1

分别定义为截面对 y,z 轴的**静矩**。静矩是对某一坐标轴而言,坐标轴不同,静矩不同。由定义式可知,静矩可能为正、为负或为零。量纲为长度的三次方,常用的单位有 mm^3、cm^3 或 m^3。

二、形心

由于平面图形的形心与均质等厚薄板的重心有相同的位置,将图 I-1 中的截面图形看作均质等厚薄板,则它的重心就是截面图形的形心。设均质等厚薄板的重心坐标为 (y_c, z_c),由静力学的合力矩定理,有:

$$z_C = \frac{\int_A z dA}{A} = \frac{S_y}{A} \quad (\text{I}-2a)$$

$$y_C = \frac{\int_A y dA}{A} = \frac{S_z}{A} \quad (\text{I}-2b)$$

上式所求坐标 (y_c, z_c) 就是截面图形的形心坐标。
(I-2) 又可写为:

$$S_y = A \cdot z_C, \quad S_z = A \cdot y_C \quad (\text{I}-3)$$

这也就是说,当截面的形心已知时,可由形心坐标与截面面积的乘积求静矩。

在平面图形内通过形心的轴称为形心轴。由(I-3)可知,若坐标轴通过平面图形的形心,则图形对该轴的静矩等于零,即若 $y_C = 0$ 或 $z_C = 0$,则 $S_z = 0$ 或 $S_y = 0$;反之,若图形对某一轴的静矩等于零,则该轴必然通过图形的形心,即若 $S_z = 0$ 或 $S_y = 0$,则 $y_C = 0$ 或 $z_C = 0$。

三、组合截面的静矩和形心

当一个截面是由几个简单平面图形（例如圆形、矩形、三角形等）组成，称为组合截面。根据静矩和形心的定义，组合截面的静矩和形心坐标计算公式分别为

$$S_z = \sum_{i=1}^{n} A_i y_{Ci}, \quad S_y = \sum_{i=1}^{n} A_i z_{Ci} \tag{I-4}$$

$$y_C = \frac{S_z}{A} = \frac{\sum_{i=1}^{n} A_i y_{ci}}{\sum_{i=1}^{n} A_i}, \quad z_C = \frac{S_y}{A} = \frac{\sum_{i=1}^{n} A_i z_{ci}}{\sum_{i=1}^{n} A_i} \tag{I-5}$$

式中 A_i、y_{ci}、z_{ci} 分别代表组合截面中各简单截面图形的面积和形心坐标，n 为简单图形的个数。

【**例附 I-1**】 试确定图 I-2 所示截面的形心位置，尺寸单位为 mm。

【**解**】 建立坐标系 yoz 如图 I-2 所示，z 为图形的对称轴，故形心必在 z 轴上，即 $y_C = 0$。下面确定 z_C。

将截面视为由矩形 I、II 和 III 组合而成，由公式（I-5）计算 z_C，即

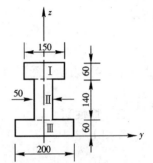

图 I-2

$$z_C = \frac{\sum_{i=1}^{3} A_i z_{ci}}{A} = \frac{A_1 z_{c1} + A_2 z_{c2} + A_3 z_{c3}}{A_1 + A_2 + A_3}$$

$$= \frac{150 \times 60 \times \left(60 + 140 + \frac{60}{2}\right) + 50 \times 140 \times \left(60 + \frac{140}{2}\right) + 200 \times 60 \times \frac{60}{2}}{150 \times 60 + 50 \times 140 + 200 \times 60}$$

$$= 119.8 \text{mm}$$

附录 I-2 惯性矩和惯性积

一、惯性矩、惯性半径

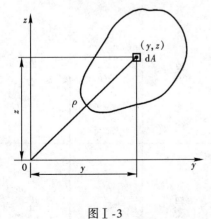

图 I-3

任意形状截面图形如图 I-3 所示，面积为 A，yoz 是图形所在平面内的一对直角坐标系。在截面图形内坐标为 (y, z) 处取微面积 dA，则

$$I_y = \int_A z^2 dA, \quad I_z = \int_A y^2 dA \tag{I-6}$$

分别定义为截面对 y，z 轴的**惯性矩**，简称**惯矩**。惯性矩也是对某一坐标轴而言，坐标轴不同，惯性矩不同。由定义式可知，惯性矩恒为正值。量纲为长度的四次方，常用的单位有 mm^4、cm^4 或 m^4。

在工程计算中，定义

$$i_y = \sqrt{\frac{I_y}{A}}, \quad i_z = \sqrt{\frac{I_z}{A}} \tag{I-7a}$$

i_y 和 i_z 分别称为图形对 y 轴和对 z 轴的**惯性半径**，量纲为长度的一次方，常用的单位有

mm 或 m。

因此，惯性矩也可写成：

$$I_y = Ai_y^2 \quad I_z = Ai_z^2 \tag{I-7b}$$

二、极惯性矩

图 I-3 中，若以 ρ 表示微面积 dA 到坐标原点 O 的距离，则

$$I_p = \int_A \rho^2 dA \tag{I-8}$$

定义为截面对坐标原点的**极惯性矩**，简称**极惯矩**。由定义式可知，极惯性矩恒为正值，量纲为长度的四次方，常用的单位有 mm⁴ 或 m⁴。因为 $\rho^2 = y^2 + z^2$

所以

$$I_p = \int_A (y^2 + z^2) dA = I_z + I_y \tag{I-9}$$

式（I-9）表明，图形对任意两个互相垂直轴的惯性矩之和，等于它对该两轴交点的极惯性矩。

三、惯性积

在图 I-3 中，

$$I_{yz} = \int_A yz dA \tag{I-10}$$

定义为截面图形对 y、z 轴的**惯性积**，简称**惯积**。惯性积也是相对某一坐标系而言，坐标系不同，惯性积不同。由定义可知，I_{yz} 可能为正，为负或为零，量纲是长度的四次方，常用的单位有 mm⁴、cm⁴ 或 m⁴。可以证明，若所建立的坐标系中有一个坐标轴 y 轴（或 z 轴）是截面面图形的对称轴，则有 $I_{yz} = \int_A yz dA = 0$。

表附 I-1 给出几种常用简单截面的几何性质。

几种常用简单截面的几何性质　　　　表附 I-1

编号	截面形状及形心轴位置	面积 A	惯性矩		惯性半径	
			I_z	I_y	i_z	i_y
1	矩形（高 h，宽 b）	bh	$\dfrac{hb^3}{12}$	$\dfrac{bh^3}{12}$	$\dfrac{b}{2\sqrt{3}}$	$\dfrac{h}{2\sqrt{3}}$
2	圆形（直径 d）	$\dfrac{\pi d^2}{4}$	$\dfrac{\pi d^4}{64}$	$\dfrac{\pi d^4}{64}$	$\dfrac{d}{4}$	$\dfrac{d}{4}$

续表

编号	截面形状及形心轴位置	面积 A	惯性矩 I_z	惯性矩 I_y	惯性半径 i_z	惯性半径 i_y
3		$\dfrac{\pi D^2}{4}(1-\alpha^2)$	$\dfrac{\pi D^4}{64}(1-\alpha^4)$	$\dfrac{\pi D^4}{64}(1-\alpha^4)$	$\dfrac{D}{4}\sqrt{1+\alpha^2}$	$\dfrac{D}{4}\sqrt{1+\alpha^2}$
4		$\dfrac{\pi r^2}{2}$	$\dfrac{\pi r^4}{8}$	$\left(\dfrac{1}{8}-\dfrac{8}{9\pi^2}\right)\times \pi r^4 = 0.11 r^4$	$\dfrac{r}{2}$	$0.264 r$
5		$\dfrac{bh}{2}$		$\dfrac{bh^3}{36}$		$\dfrac{h}{3\sqrt{2}}$

【例附Ⅰ-2】 求图Ⅰ-4所示截面对 z 轴的惯性矩 I_z。

【解】 图示截面图形可看成由矩形挖去两个半圆形而得到的组合截面。该组合截面对 z 轴的惯性矩 I_z 等于矩形对 z 轴的惯性矩减去两个半圆形对 z 轴的惯性矩。即

$$I_z = I_z^{(1)} - 2I_z^{(2)} = \frac{bh^3}{12} - 2\times\frac{\pi d^4}{128} = \frac{80\times 100^3}{12} - 2\times\frac{\pi\times(2\times 32)^4}{128}$$

$$= 584\times 10^4 \text{mm}^4$$

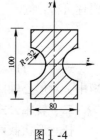

图Ⅰ-4

附录Ⅰ-3 平行移轴公式和转轴公式

由前两节内容可知，当坐标轴的选取不同时，同一截面的惯性矩、惯性积也不同，本节来讨论同一截面对不同轴的惯性矩、惯性积之间的关系。

一、平行移轴公式

任意形状截面图形如图Ⅰ-5所示，面积为 A，$y_c C z_c$ 是图形所在平面内的一对直角坐标系，坐标原点是截面图形的形心 C，yOz 是图形所在平面内的另一对直角坐标系，且 y

轴平行于 y_c 轴，z 轴平行于 z_c 轴。截面形心 C 在 yOz 坐标系内的坐标为 (b, a)，微面积 dA 在两个坐标系内的坐标分别为 (y_c, z_c)，(y, z)，它们之间有以下关系：

$$y = y_c + b$$
$$z = z_c + a$$

I_{yc}、I_{zc}、I_{yczc}、I_y、I_z、I_{yz} 分别表示截面在 yOz、y_cCz_c 内的惯性矩、惯性积。

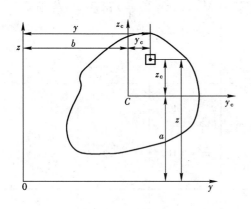

图Ⅰ-5　　　　　　　　　　图Ⅰ-6

根据惯性矩的定义，截面图形对 y 轴的惯性矩为：

$$I_y = \int_A z^2 dA = \int_A (z_c + a)^2 dA = \int_A z_c^2 dA + 2a\int_A z_c dA + a^2 \int_A dA$$

上式中 $\int_A z_c dA$ 为图形对形心轴 y_c 的静矩，其值应等于零，则得

$$I_y = I_{yc} + a^2 A \tag{Ⅰ-11a}$$

同理可得：

$$I_z = I_{zc} + b^2 A \tag{Ⅰ-11b}$$
$$I_{yz} = I_{yczc} + abA \tag{Ⅰ-11c}$$

式（Ⅰ-11）即为**平行移轴公式**。由（Ⅰ-11）可知，同一平面内对相互平行轴的惯性矩中，对形心轴的惯性矩最小。

二、转轴公式

任意形状截面图形如图Ⅰ-6所示，面积为 A，y_1oz_1 坐标系是 yoz 坐标系绕坐标原点 O 转过 α 角而得到（α 角以逆时针转角为正）。微面积 dA 在两个坐标系内的坐标分别为 (y, z)、(y_1, z_1)，它们之间有以下关系：

$$y_1 = y\cos\alpha + z\sin\alpha$$
$$z_1 = z\cos\alpha - y\sin\alpha$$

根据惯性矩的定义，截面图形对 z_1 轴的惯性矩为：

$$\begin{aligned}I_{z_1} &= \int_A y_1^2 dA = \int_A (y\cos\alpha + z\sin\alpha)^2 dA \\ &= \cos^2\alpha \int_A y^2 dA + \sin^2\alpha \int_A z^2 dA + 2\sin\alpha\cos\alpha \int_A yz dA \\ &= I_z \cos^2\alpha + I_y \sin^2\alpha + I_{yz}\sin 2\alpha\end{aligned}$$

$$= \frac{I_y + I_z}{2} - \frac{I_y - I_z}{2}\cos2\alpha + I_{yz}\sin2\alpha \qquad (\text{I}\text{-}12a)$$

同理可得：

$$I_{y_1} = \frac{I_y + I_z}{2} + \frac{I_y - I_z}{2}\cos2\alpha - I_{yz}\sin2\alpha \qquad (\text{I}\text{-}12b)$$

$$I_{y_1z_1} = \frac{I_y - I_z}{2}\sin2\alpha + I_{yz}\cos2\alpha \qquad (\text{I}\text{-}12c)$$

式（I-12）即为**转轴公式**。

式（I-12a）+式（I-12b），得

$$I_{z_1} + I_{y_1} = I_z + I_y = I_p$$

上式表明，截面图形对通过一点的任意一对正交坐标轴的惯性矩之和为一常数，即等于截面图形对该点的极惯矩 I_p。

应用平行移轴公式和转轴公式，可以使复杂的组合截面图形的惯性矩、惯性积的计算得到简化。

三、主惯性轴、主惯性矩、形心主惯性轴、形心主惯性矩

如图 I-6 所示，由转轴公式及惯性积的定义可知，$I_{y_1z_1}$ 是 α 的函数，它的取值可正、可负，也可为零。若 $\alpha = \alpha_0$ 时，即 y、z 轴绕 O 点转过 α_0 角时，截面关于 y_0Oz_0 轴的惯性积 $I_{y_0z_0} = 0$，y_0、z_0 轴称为**主惯性轴**（简称为**主轴**），截面关于 y_0、z_0 轴的惯性矩 I_{y0}，I_{z0} 称为**主惯性矩**（简称**主惯矩**）。若 O 点为截面图形的形心，则 y_0、z_0 轴为截面图形的**形心主惯性轴**（简称为**形心主轴**），截面关于 y_0、z_0 轴的惯性矩 I_{y0}，I_{z0} 称为**形心主惯性矩**。根据惯性积的定义可以证明，若所建立的坐标系中有一个坐标轴 y 轴（或 z 轴）是截面图形的对称轴，则有 $I_{yz} = \int_A yz\mathrm{d}A = 0$，也就是说，如果截面图形有一根对称轴，此轴即为形心主轴之一，另一形心主轴是通过截面形心并与对称轴垂直的轴。如果截面图形没有对称轴，可以按照下面的方法来确定截面图形的形心主轴的方向，然后计算形心主惯性矩。

在图 I-6 中，将 α_0 代入（I-12c）中，有

$$(I_{y1z1})_{\alpha=\alpha_0} = \left(\frac{I_y - I_z}{2}\sin2\alpha + I_{yz}\cos2\alpha\right)_{\alpha=\alpha_0} = 0$$

$$\tan2\alpha_0 = -\frac{2I_{yz}}{I_y - I_z} \qquad (\text{I}\text{-}13a)$$

由式（I-13）可以求出两个相差 $\frac{\pi}{2}$ 的角度 α_0，从而确定了一对主惯性轴 y_0 和 z_0。根据三角关系式，由式（I-13a）可以导出

$$\cos2\alpha_0 = \frac{1}{\sqrt{1 + \tan^2 2\alpha_0}} = \frac{I_y - I_z}{\sqrt{(I_y - I_z)^2 + 4I_{yz}^2}}$$

$$\sin2\alpha_0 = \tan2\alpha_0 \cdot \cos2\alpha_0 = -\frac{2I_{yz}}{\sqrt{(I_y - I_z)^2 + 4I_{yz}^2}}$$

将上面两式代入式（I-12a）、式（I-12b），经简化后得

$$I_{y0} = \frac{I_y + I_z}{2} + \frac{1}{2}\sqrt{(I_y - I_z)^2 + 4I_{yz}^2} \qquad (\text{I}\text{-}13b)$$

$$I_{z0} = \frac{I_y + I_z}{2} - \frac{1}{2}\sqrt{(I_y - I_z)^2 + 4I_{yz}^2} \qquad (\text{I}\text{-}13c)$$

式（Ⅰ-13b）、式（Ⅰ-13c）就是主惯性矩 I_{y0}, I_{z0} 的计算公式。若 O 点为截面图形的形心，则式（Ⅰ-13）计算得到的就是截面图形的形心主惯性轴、形心主惯性矩。可以证明，在截面图形对于所有形心轴的惯性矩中，形心主惯性矩分别是极大值和极小值。

小 结

本章的主要内容是研究截面图形的静矩和形心、惯性矩与惯性积、平行移轴公式、转轴公式、主惯性轴与主惯性矩。其中，静矩和形心、惯性矩与惯性积、平行移轴公式与转轴公式为本章重点。具体内容概括如下：

1. 本章介绍的截面图形的几何性质可列表如下：

静 矩	惯 性 矩	惯 性 半 径	惯 性 积
$S_y = \int_A z dA$	$I_y = \int_A z^2 dA$	$i_y = \sqrt{\dfrac{I_y}{A}}$	$I_{yz} = \int_A yz dA$
$S_z = \int_A y dA$	$I_z = \int_A y^2 dA$	$i_z = \sqrt{\dfrac{I_z}{A}}$	

2. 应用平行移轴公式和转轴公式，可以使复杂的组合截面的惯性矩、惯性积的计算得到简化。平行移轴公式

$$I_z = I_{zc} + b^2 A$$
$$I_y = I_{yc} + a^2 A$$
$$I_{yz} = I_{yczc} + abA$$

y_c 轴和 z_c 轴通过截面形心。

3. 截面图形对某一对直角坐标轴的惯性积等于 0，这一对轴称为主惯性轴，截面对主惯性轴的惯性矩称为主惯性矩。

通过截面形心的主惯性轴称为形心主惯性轴，截面对形心主惯性轴的惯性矩称为形心主惯性矩。

任何截面图形必定存在一对形心主轴，它具有下列特性：
（1）截面对形心主轴的静矩为零；
（2）截面对形心主轴的惯性积为零；
（3）在所有与一形心主轴平行的轴中，截面对形心主轴的惯性矩最小；
（4）在所有通过形心的各轴中，截面对一对形心主轴的惯性矩，一个是最大值，一个是最小值；
（5）通过截面形心并包含对称轴的一对轴，必定是形心主轴。

习 题

Ⅰ-1 试确定题Ⅰ-1图示截面的形心位置。

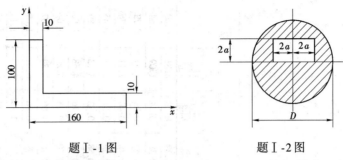

题Ⅰ-1图 　　　　　　　题Ⅰ-2图

Ⅰ-2 在直径 $D = 8a$ 的圆截面中，开了一个 $2a \times 4a$ 的矩形孔，如题Ⅰ-2图所示。试求此截面对其水平形心轴和竖直形心轴的惯性矩 I_x 和 I_y。

Ⅰ-3 题Ⅰ-3图示直径为 $d = 200$mm 的圆形截面，在其上、下对称地切去两个高为 $\delta = 20$mm 的弓形，试用积分法求余下阴影部分对其对称轴 x 的惯性矩。

Ⅰ-4 由四个 $75 \times 75 \times 8$ 的等边角钢组成题Ⅰ-4图所示两种形状的截面，试比较其形心主惯性矩 I_x 和 I_y 的大小。

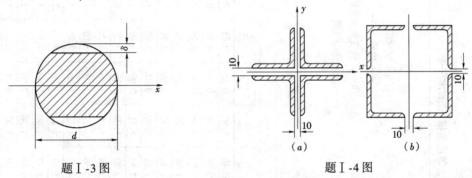

题Ⅰ-3图 　　　　　　　题Ⅰ-4图

Ⅰ-5 确定题Ⅰ-5图所示图形的形心主轴和形心主惯性矩。

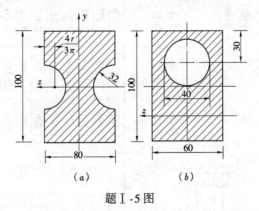

题Ⅰ-5图

附录 Ⅱ 型 钢 表

热轧等边角钢（GB9787—88）

符号意义：b——边宽度；
d——边厚度；
r——内圆弧半径；
r_1——边端内圆弧半径；

I——惯性矩；
i——惯性半径；
W——抗弯截面系数；
z_0——重心距离

附表Ⅱ-1

角钢号数	尺寸 mm			截面面积 cm²	理论重量 kg/m	外表面积 m²/m	参 考 数 值										
							$x-x$			x_0-x_0			y_0-y_0			x_1-x_1	z_0 cm
	b	d	r				I_x cm⁴	i_x cm	W_x cm³	I_{x0} cm⁴	i_{x0} cm	W_{x0} cm³	I_{y0} cm⁴	i_{y0} cm	W_{y0} cm³	I_{x1} cm⁴	
2	20	3	3.5	1.132	0.889	0.078	0.40	0.59	0.29	0.63	0.75	0.45	0.17	0.39	0.20	0.81	0.60
		4		1.459	1.145	0.077	0.50	0.58	0.36	0.78	0.73	0.55	0.22	0.38	0.24	1.09	0.64
2.5	25	3		1.432	1.124	0.098	0.82	0.76	0.46	1.29	0.95	0.73	0.34	0.49	0.33	1.57	0.73
		4		1.859	1.459	0.097	1.03	0.74	0.59	1.62	0.93	0.92	0.43	0.48	0.40	2.11	0.76
3.0	30	3		1.749	1.373	0.117	1.46	0.91	0.68	2.31	1.15	1.09	0.61	0.59	0.51	2.71	0.85
		4		2.276	1.786	0.117	1.84	0.90	0.87	2.92	1.13	1.37	0.77	0.58	0.62	3.63	0.89
3.6	36	3	4.5	2.109	1.656	0.141	2.58	1.11	0.99	4.09	1.39	1.61	1.07	0.71	0.76	4.68	1.00
		4		2.756	2.163	0.141	3.29	1.09	1.28	5.22	1.38	2.05	1.37	0.70	0.93	6.25	1.04
		5		3.382	2.654	0.141	3.95	1.08	1.56	6.24	1.36	2.45	1.65	0.70	1.09	7.84	1.07
4.0	40	3	5	2.359	1.852	0.157	3.58	1.23	1.23	5.69	1.55	2.01	1.49	0.79	0.96	6.41	1.09
		4		3.086	2.422	0.157	4.60	1.22	1.60	7.29	1.54	2.58	1.91	0.79	1.19	8.56	1.13
		5		3.791	2.976	0.156	5.53	1.21	1.96	8.76	1.52	3.10	2.30	0.78	1.39	10.74	1.17
4.5	45	3		2.659	2.088	0.177	5.17	1.40	1.58	8.20	1.76	2.58	2.14	0.90	1.24	9.12	1.22
		4		3.486	2.736	0.177	6.65	1.38	2.05	10.56	1.74	3.32	2.75	0.89	1.54	12.18	1.26
		5		4.292	3.369	0.176	8.04	1.37	2.51	12.74	1.72	4.00	3.33	0.88	1.81	15.25	1.30
		6		5.076	3.985	0.176	9.33	1.36	2.95	14.76	1.70	4.64	3.89	0.88	2.06	18.36	1.33

续表

角钢号数	尺寸 mm			截面面积 cm²	理论重量 kg/m	外表面积 m²/m	参 考 数 值										z_0 cm
	b	d	r				$x-x$			x_0-x_0			y_0-y_0			x_1-x_1	
							I_x cm⁴	i_x cm	W_x cm³	I_{x0} cm⁴	i_{x0} cm	W_{x0} cm³	I_{y0} cm⁴	i_{y0} cm	W_{y0} cm³	I_{x1} cm⁴	
5	50	3	5.5	2.971	2.332	0.197	7.18	1.55	1.96	11.37	1.96	3.22	2.98	1.00	1.57	12.50	1.34
		4		3.897	3.059	0.197	9.26	1.54	2.56	14.70	1.94	4.16	3.82	0.99	1.96	16.69	1.38
		5		4.803	3.770	1.96	11.21	1.53	3.13	17.79	1.92	5.03	4.64	0.98	2.31	20.90	1.42
		6		5.688	4.465	0.196	13.05	1.52	3.68	20.68	1.91	5.85	5.42	0.98	2.63	25.14	1.46
5.6	56	3	6	3.343	2.624	0.221	10.19	1.75	2.48	16.14	2.20	4.08	4.24	1.13	2.02	17.56	1.48
		4		4.390	3.446	0.220	13.18	1.73	3.24	20.92	2.18	5.28	5.46	1.11	2.52	23.43	1.53
		5		5.415	4.251	0.220	16.02	1.72	3.97	25.42	2.17	6.42	6.61	1.10	2.98	29.33	1.57
		8		8.367	6.568	0.219	23.63	1.68	6.03	37.37	2.11	9.44	9.89	1.09	4.16	46.24	1.68
6.3	63	4	7	4.978	3.907	0.248	19.03	1.96	4.13	30.17	2.46	6.78	7.89	1.26	3.29	33.35	1.70
		5		6.143	4.822	0.248	23.17	1.94	5.08	36.77	2.45	8.25	9.57	1.25	3.90	41.73	1.74
		6		7.288	5.721	0.247	27.12	1.93	6.00	43.03	2.43	9.66	11.20	1.24	4.46	50.14	1.78
		7		9.515	7.469	0.247	34.46	1.90	7.75	54.56	2.40	12.25	14.33	1.23	5.47	67.11	1.85
		10		11.657	9.151	0.246	41.09	1.88	9.39	64.85	2.36	14.56	17.33	1.22	6.36	84.31	1.93
7	70	4	8	5.570	4.372	0.275	26.39	2.18	5.14	41.80	2.74	8.44	10.99	1.40	4.17	45.74	1.86
		5		6.875	5.397	0.275	32.21	2.16	6.32	51.08	2.73	10.32	13.34	1.39	4.95	57.21	1.91
		6		8.160	6.406	0.275	37.77	2.15	7.48	59.93	2.71	12.11	15.61	1.38	5.67	68.73	1.95
		7		9.424	7.398	0.275	43.09	2.14	8.59	68.35	2.69	13.81	17.82	1.38	6.34	80.29	1.99
		8		10.667	8.373	0.274	48.17	2.12	9.68	76.37	2.68	15.43	19.98	1.37	6.98	91.92	2.03

续表

角钢号数	尺寸 mm				截面面积 cm²	理论重量 kg/m	外表面积 m²/m	参 考 数 值										z_0 cm
	b	d		r				$x-x$			x_0-x_0			y_0-y_0			x_1-x_1	
								I_x cm⁴	i_x cm	W_x cm³	I_{x0} cm⁴	i_{x0} cm	W_{x0} cm³	I_{y0} cm⁴	i_{y0} cm	W_{y0} cm³	I_{x1} cm⁴	
7.5	75	5		9	7.412	5.818	0.295	39.97	2.33	7.32	63.30	2.92	11.94	16.63	1.50	5.77	70.56	2.04
		6			8.797	6.905	0.294	46.95	2.31	8.64	74.38	2.90	14.02	19.51	1.49	6.67	84.55	2.07
		7			10.160	7.976	0.294	53.57	2.30	9.93	84.96	2.89	16.02	22.18	1.48	7.44	98.71	2.11
		8			11.503	9.030	0.294	59.96	2.28	11.20	95.07	2.88	17.93	24.86	1.47	8.19	112.97	2.15
		10			14.126	11.089	0.293	71.98	2.26	13.64	113.92	2.84	21.48	30.05	1.46	9.56	141.71	2.22
8	80	5			7.912	6.211	0.315	48.79	2.48	8.34	77.33	3.13	13.67	20.25	1.60	6.66	85.36	2.15
		6			9.397	7.376	0.314	57.35	2.47	9.87	90.98	3.11	16.08	23.72	1.59	7.65	102.50	2.19
		7			10.860	8.525	0.314	65.58	2.46	11.37	104.07	3.10	18.40	27.09	1.58	8.58	119.70	2.23
		8			12.303	9.658	0.314	73.49	2.44	12.83	116.60	3.08	20.61	30.39	1.57	9.46	136.97	2.27
		10			15.126	11.874	0.313	88.43	2.42	15.64	140.09	3.04	24.76	36.77	1.56	11.08	171.74	2.35
9	90	6		10	10.637	8.350	0.354	82.77	2.79	12.61	131.26	3.51	20.63	34.28	1.80	9.95	145.87	2.44
		7			12.301	9.656	0.354	94.83	2.78	14.54	150.47	3.50	23.64	39.18	1.78	11.19	170.30	2.48
		8			13.944	10.946	0.353	106.47	2.76	16.42	168.97	3.48	26.55	43.97	1.78	12.35	194.80	2.52
		10			17.167	13.476	0.353	128.58	2.74	20.07	203.90	3.45	32.04	53.26	1.76	14.52	244.07	2.59
		12			20.306	15.940	0.352	149.22	2.71	23.57	236.21	3.41	37.12	62.22	1.75	16.49	293.76	2.67
10	100	6		12	11.932	9.366	0.393	114.95	3.10	15.68	181.98	3.90	25.74	47.92	2.00	12.69	200.07	2.67
		7			13.796	10.830	0.393	131.86	3.09	18.10	208.97	3.89	29.55	54.74	1.99	14.26	233.54	2.71
		8			15.638	12.276	0.393	148.24	3.08	20.47	235.07	3.88	33.24	61.41	1.98	15.75	267.09	2.76
		10			19.261	15.120	0.392	179.51	3.05	25.06	284.68	3.84	40.26	74.35	1.96	18.54	334.48	2.84
		12			22.800	17.898	0.391	208.90	3.03	29.48	330.95	3.81	46.80	86.84	1.95	21.08	402.34	2.91
		14			26.256	20.611	0.391	236.53	3.00	33.73	374.06	3.77	52.90	99.00	1.94	23.44	470.75	2.99
		16			29.627	23.257	0.390	262.53	2.98	37.82	414.16	3.74	58.57	110.89	1.994	25.63	539.80	3.06

续表

角钢号数	尺寸 mm				截面面积 cm²	理论重量 kg/m	外表面积 m²/m	参考数值											
								$x-x$			x_0-x_0			y_0-y_0			x_1-x_1		z_0 cm
	b	d		r				I_x cm⁴	i_x cm	W_x cm³	I_{x0} cm⁴	i_{x0} cm	W_{x0} cm³	I_{y0} cm⁴	i_{y0} cm	W_{y0} cm³	I_{x1} cm⁴	
11	110	7		12	15.196	11.928	0.433	177.16	3.41	22.05	280.94	4.30	36.12	73.38	2.20	17.51	310.64	2.96
		8			17.238	13.532	0.433	199.46	3.40	24.95	316.49	4.28	40.69	82.42	2.19	19.39	355.20	3.01
		10			21.261	16.690	0.432	242.19	3.39	30.60	384.39	4.25	49.42	99.98	2.17	22.91	444.65	3.09
		12			25.200	19.782	0.431	282.55	3.35	36.05	448.17	4.22	57.62	116.93	2.15	26.15	534.60	3.16
		14			29.056	22.809	0.431	320.71	3.32	41.31	508.01	4.18	65.31	133.40	2.14	29.14	625.16	3.24
12.5	125	8		14	19.750	15.504	0.492	297.03	3.88	32.52	470.89	4.88	53.28	123.16	2.50	25.86	521.01	3.37
		10			24.373	19.133	0.491	361.67	3.85	39.97	573.89	4.85	64.93	149.46	2.48	30.62	651.93	3.45
		12			28.912	22.696	0.491	423.16	3.83	41.17	671.44	4.82	75.96	174.88	2.46	35.03	783.42	3.53
		14			33.367	26.193	0.490	481.65	3.80	54.16	763.73	4.78	86.41	199.57	2.45	39.13	915.61	3.61
14	140	10		14	27.373	21.488	0.051	514.65	4.34	50.58	817.27	5.46	82.56	212.04	2.78	39.20	915.11	3.82
		12			32.512	25.522	0.551	603.68	4.31	59.80	958.79	5.43	96.85	248.57	2.76	45.02	1099.28	3.90
		14			37.567	29.490	0.550	688.81	4.28	68.75	1093.56	5.40	110.47	284.00	2.75	50.45	1284.22	3.98
		16			42.539	33.393	0.549	770.24	4.26	77.46	1221.81	5.36	123.42	318.67	2.74	55.55	1470.07	4.06
16	160	10		16	31.502	24.729	0.630	779.53	4.98	66.70	1237.30	6.27	109.36	321.76	3.20	52.76	1365.33	4.31
		12			37.441	29.391	0.630	916.58	4.95	78.98	1455.68	6.24	128.67	377.49	3.18	60.74	1639.57	4.39
		14			43.296	33.987	0.629	1048.36	4.92	90.95	1665.02	6.20	147.17	431.70	3.16	68.24	1914.68	4.47
		16			49.067	38.518	0.629	1175.08	4.89	102.63	1856.57	6.17	164.89	484.59	3.14	75.31	2190.82	4.55
18	180	12		16	42.241	33.159	0.710	1321.35	5.59	100.82	2100.10	7.05	165.00	542.61	3.58	78.41	2332.80	4.89
		14			48.896	38.383	0.709	1514.48	5.56	116.25	2407.42	7.02	189.14	621.53	3.56	88.38	2723.48	4.97
		16			55.467	43.542	0.709	1700.99	5.54	131.13	2703.37	6.98	212.40	698.60	3.55	97.83	3115.29	5.05
		18			61.955	48.634	0.708	1875.12	5.50	145.64	2988.24	6.94	234.78	762.01	3.51	105.14	3502.43	5.13
20	200	14		18	54.642	42.894	0.788	2103.55	6.20	144.70	3343.26	7.82	236.40	863.83	3.98	111.82	3743.10	5.46
		16			62.013	48.680	0.788	2366.15	6.18	163.65	3760.89	7.79	265.93	971.41	3.96	123.93	4270.39	5.54
		18			69.301	54.401	0.787	2620.64	6.15	182.22	4164.54	7.75	294.48	1076.74	3.94	135.52	4808.13	5.62
		20			76.505	60.056	0.787	2867.30	6.12	200.42	4554.55	7.72	322.06	1180.04	3.93	146.55	5347.51	5.69
		24			90.661	71.168	0.785	3338.25	6.07	236.17	5294.97	7.64	374.41	1381.53	3.90	166.65	6457.16	5.87

注：截面图中的 $r_1 = d/3$ 及表中 r 值，用于孔型设计，不作为交货条件。

热轧不等边角钢（GB9788—88）

附表 Ⅱ-2

符号意义：
B —— 长边宽度；
b —— 短边宽度；
d —— 边厚；
r —— 内圆弧半径；
r_1 —— 边端内弧半径；
x_0 —— 形心半坐标；
y_0 —— 形心坐标；
I —— 惯性矩；
i —— 惯性半径；
W —— 抗弯截面系数。

角钢号数	尺寸/mm				截面面积 cm^2	理论重量 kg/m	外表面积 m^2/m	参 考 数 值												
								$x-x$				$y-y$				x_1-x_1	y_1-y_1		$u-u$			
	B	b	d	r				I_x cm^4	i_x cm	W_x cm^3	I_y cm^4	i_y cm	W_y cm^3	I_{x1} cm^4	y_0 cm	I_{y1} cm^4	x_0 cm	I_u cm^4	i_u cm	W_u cm^3	$\tan\alpha$
2.5/1.6	25	16	3	3.5	1.162	0.912	0.080	0.70	0.78	0.43	0.22	0.44	0.19	1.56	0.86	0.43	0.42	0.14	0.34	0.16	0.392
			4		1.499	1.176	0.079	0.88	0.77	0.55	0.27	0.43	0.24	2.09	0.90	0.59	0.46	0.17	0.34	0.20	0.381
3.2/2	32	20	3	3.5	1.492	1.717	0.102	1.53	1.01	0.72	0.46	0.55	0.30	3.27	1.08	0.82	0.49	0.28	0.43	0.25	0.382
			4		1.939	1.22	0.101	1.93	1.00	0.93	0.57	0.54	0.39	4.37	1.12	1.12	0.53	0.35	0.42	0.32	0.374
4/2.5	40	25	3	4	1.890	1.484	0.127	3.08	1.28	1.15	0.93	0.70	0.49	5.39	1.32	1.59	0.59	0.56	0.54	0.40	0.385
			4		2.467	1.936	0.127	3.93	1.26	1.49	1.18	0.69	0.63	8.53	1.37	2.14	0.63	0.71	0.54	0.52	0.381
4.5/2.8	45	28	3	5	2.149	1.687	0.143	4.45	1.44	1.47	1.34	0.79	0.62	9.10	1.47	2.23	0.64	0.80	0.61	0.51	0.383
			4		2.806	2.203	0.143	5.69	1.42	1.91	1.70	0.78	0.80	12.13	1.51	3.00	0.68	1.02	0.60	0.66	0.380
5/3.2	50	32	3	5.5	2.431	1.908	0.161	6.24	1.60	1.84	2.02	0.91	0.82	12.49	1.60	3.31	0.73	1.20	0.70	0.68	0.404
			4		3.177	2.494	0.160	8.02	1.59	2.39	2.58	0.90	1.06	16.65	1.65	4.45	0.77	1.53	0.69	0.87	0.402
5.6/3.6	56	36	3	6	2.743	2.153	0.181	8.88	1.80	2.32	2.92	1.03	1.05	17.54	1.78	4.70	0.80	1.73	0.79	0.87	0.408
			4		3.590	2.818	0.180	11.45	1.78	3.03	3.76	1.02	1.37	23.39	1.82	6.33	0.85	2.23	0.79	1.13	0.408
			5		4.415	3.466	0.180	13.86	1.77	3.71	4.49	1.01	1.65	29.25	1.87	7.94	0.88	2.67	0.79	1.36	0.404
6.3/4	63	40	4	7	4.058	3.185	0.202	16.49	2.02	3.87	5.23	1.14	1.70	33.30	2.04	8.63	0.92	3.12	0.88	1.40	0.398
			5		4.993	3.920	0.202	20.02	2.00	4.74	6.31	1.12	2.71	41.63	2.08	10.86	0.95	3.76	0.87	1.71	0.396
			6		5.908	4.638	0.201	23.36	1.96	5.59	7.29	1.11	2.43	49.98	2.12	13.12	0.99	4.34	0.86	1.99	0.393
			7		6.802	5.339	0.201	26.53	1.98	6.40	8.24	1.10	2.78	58.07	2.15	15.47	1.03	4.97	0.86	2.29	0.389

续表

角钢号数	尺寸/mm				截面面积 cm²	理论重量 kg/m	外表面积 m²/m	参 考 数 值													
								x—x			y—y			x_1—x_1		y_1—y_1		u—u			$\tan\alpha$
	B	b	d	r				I_x cm⁴	i_x cm	W_x cm³	I_y cm⁴	i_y cm	W_y cm³	I_{x1} cm⁴	y_0 cm	I_{y1} cm⁴	x_0 cm	I_u cm⁴	i_u cm	W_u cm³	
7/4.5	70	45	4	7.5	4.547	3.570	0.226	23.17	2.26	4.86	7.55	1.29	2.17	45.92	2.24	12.26	1.02	4.40	0.98	1.77	0.410
			5		5.609	4.403	0.225	27.95	2.23	5.92	9.13	1.28	2.65	57.10	2.28	15.39	1.06	5.40	0.98	2.19	0.407
			6		6.647	5.218	0.225	32.54	2.21	6.95	10.62	1.26	3.12	68.35	2.32	18.58	1.09	6.35	0.98	2.59	0.404
			7		7.657	6.011	0.225	37.22	2.20	8.03	12.01	1.25	3.57	79.99	2.36	21.84	1.13	7.16	0.97	2.94	0.402
(7.5/5)	75	50	5	8	6.125	4.808	0.245	34.86	2.39	6.83	12.61	1.44	3.30	70.00	2.40	21.04	1.17	7.41	1.10	2.74	0.435
			6		7.260	5.699	0.245	41.12	2.38	8.12	14.70	1.42	3.88	84.30	2.44	25.37	1.21	8.54	1.08	3.19	0.435
			8		9.467	7.431	0.244	52.39	2.35	10.52	18.53	1.40	4.99	112.50	2.52	34.23	1.29	10.87	1.07	4.10	0.429
			10		11.590	9.098	0.244	62.71	2.33	12.79	21.96	1.38	6.04	140.80	2.60	43.43	1.36	13.10	1.06	4.99	0.423
8/5	80	50	5	8	6.375	5.005	0.255	41.96	2.56	7.78	12.82	1.42	3.32	85.21	2.60	21.06	1.14	7.66	1.10	2.74	0.388
			6		7.560	5.935	0.255	49.49	2.56	9.25	14.95	1.41	3.91	102.53	2.65	25.41	1.18	8.85	1.08	3.20	0.387
			7		8.724	6.848	0.255	56.16	2.54	10.58	16.96	1.39	4.48	119.33	2.69	29.82	1.21	10.18	1.08	3.70	0.384
			8		9.867	7.745	0.254	62.83	2.52	11.92	18.85	1.38	5.03	136.41	2.73	34.32	1.25	11.38	1.07	4.16	0.381
9/5.6	90	56	5	9	7.212	5.661	0.287	60.45	2.90	9.92	18.32	1.59	4.21	121.32	2.91	29.53	1.25	10.98	1.23	3.49	0.385
			6		8.557	6.717	0.286	71.03	2.88	11.74	21.42	1.58	4.96	145.59	2.95	35.58	1.29	12.90	1.23	4.18	0.384
			7		9.880	7.756	0.286	81.01	2.86	13.49	24.36	1.57	5.70	169.66	3.00	41.71	1.33	14.67	1.22	4.72	0.382
			8		11.183	8.779	0.286	91.03	2.85	15.27	27.15	1.56	6.41	194.17	3.04	47.93	1.36	16.34	1.21	5.29	0.380
10/6.3	100	63	6	10	9.617	7.550	0.320	99.06	3.21	14.64	30.94	1.79	6.35	199.71	3.24	50.50	1.43	18.42	1.38	5.25	0.394
			7		11.111	8.722	0.320	113.45	3.20	16.88	35.26	1.78	7.29	233.00	3.28	59.14	1.47	21.00	1.38	6.02	0.394
			8		12.584	9.878	0.319	127.37	3.18	19.08	38.39	1.77	8.21	266.32	3.32	67.88	1.50	23.50	1.37	6.78	0.391
			10		15.467	12.142	0.319	153.81	3.15	23.32	47.12	1.74	9.98	333.06	3.40	85.73	1.58	28.33	1.35	8.24	0.387
10/8	100	80	6	10	10.637	8.350	0.354	107.04	3.17	15.19	61.24	2.40	10.16	199.83	2.95	102.68	1.97	31.65	1.72	8.37	0.627
			7		12.301	9.656	0.354	122.73	3.16	17.52	70.08	2.39	11.71	233.20	3.00	119.98	2.01	36.17	1.72	9.60	0.626
			8		13.944	10.946	0.353	137.92	3.14	19.81	78.58	2.37	13.21	266.61	3.04	137.37	2.05	40.58	1.71	10.80	0.625
			10		17.167	13.476	0.353	166.87	3.12	24.24	94.65	2.35	16.12	333.63	3.12	172.48	2.13	49.10	1.69	13.12	0.622
11/7	110	70	6	10	10.637	8.350	0.354	133.37	3.54	17.85	42.92	2.01	7.90	265.78	3.53	69.08	1.57	25.36	1.54	6.53	0.403
			7		12.301	9.656	0.354	153.00	3.53	20.60	49.01	2.00	9.09	310.07	3.57	80.82	1.61	28.95	1.53	7.50	0.402
			8		13.944	10.946	0.353	172.04	3.51	23.30	54.87	1.98	10.25	354.39	3.62	92.70	1.65	32.45	1.53	8.45	0.401
			10		17.167	13.476	0.353	208.39	3.48	28.54	65.88	1.96	12.48	443.13	3.70	116.83	1.72	39.20	1.51	10.29	0.397

续表

角钢号数	尺寸/mm				截面面积 cm²	理论重量 kg/m	外表面积 m²/m	参 考 数 值												
								x—x			y—y			x_1—x_1		y_1—y_1		u—u		
	B	b	d	r				I_x cm⁴	i_x cm	W_x cm³	I_y cm⁴	i_y cm	W_y cm³	I_{x1} cm⁴	y_0 cm	I_{y1} cm⁴	x_0 cm	I_u cm⁴	i_u cm	W_u cm³	tanα
12.5/8	125	80	7	11	14.096	11.066	0.403	227.98	4.02	26.86	74.42	2.30	12.01	454.99	4.01	120.32	1.80	43.81	1.76	9.92	0.408
			8		15.989	12.551	0.403	256.77	4.01	30.41	83.49	2.28	13.56	519.99	4.06	137.85	1.84	49.15	1.75	11.18	0.407
			10		19.712	15.474	0.402	312.04	3.98	37.33	100.67	2.26	16.56	650.09	4.14	173.40	1.92	59.45	1.74	13.64	0.404
			12		23.351	18.330	0.402	364.41	3.95	44.01	116.67	2.24	19.43	780.39	4.22	209.67	2.00	69.35	1.72	16.01	0.400
14/9	140	90	8	12	18.038	14.160	0.453	365.64	4.50	38.48	120.69	2.59	17.34	730.53	4.50	195.79	2.04	70.83	1.98	14.31	0.411
			10		22.261	17.475	0.452	445.50	4.47	47.31	146.03	2.56	21.22	913.20	4.58	245.92	2.12	85.82	1.96	17.48	0.409
			12		26.400	20.724	0.451	521.59	4.44	55.87	169.79	2.54	24.95	1096.09	4.66	296.89	2.19	100.21	1.95	20.54	0.406
			14		30.456	23.908	0.451	594.10	4.42	64.18	192.10	2.51	28.54	1279.26	4.74	348.82	2.27	114.13	1.94	23.52	0.403
16/10	160	100	10	13	25.315	19.872	0.512	668.69	5.14	62.13	205.03	2.85	26.56	1362.89	5.24	336.59	2.28	121.74	2.19	21.92	0.390
			12		30.054	23.592	0.511	784.91	5.11	73.49	239.06	2.82	31.28	1635.56	5.32	405.94	2.36	142.33	2.17	25.79	0.388
			14		34.709	27.247	0.510	896.30	5.08	84.56	271.20	2.80	35.83	1908.50	5.40	476.42	2.43	162.23	2.16	29.56	0.385
			16		39.281	30.835	0.510	1003.04	5.05	95.33	301.60	20.24	2.77	2181.79	5.48	548.22	2.51	182.57	2.16	33.44	0.382
18/11	180	110	10	14	28.373	22.273	0.571	956.25	5.80	78.96	278.11	3.13	32.49	1940.40	5.89	447.22	2.44	166.50	2.42	26.88	0.376
			12		33.712	26.464	0.571	1124.72	5.78	93.53	325.03	3.10	38.32	2328.35	5.98	538.94	2.52	194.87	2.40	31.66	0.374
			14		38.967	30.589	0.570	1286.91	5.75	107.76	369.55	3.08	43.97	2716.60	6.06	631.95	2.59	222.30	2.39	36.32	0.372
			16		44.139	34.649	0.569	1443.06	5.72	121.64	411.85	3.06	49.44	3105.15	6.14	726.46	2.67	248.84	2.38	40.87	0.369
20/12.5	200	125	12	14	37.912	29.761	0.641	1570.90	6.44	116.73	483.16	3.57	49.99	3193.85	6.54	787.74	2.83	285.79	2.74	41.23	0.392
			14		43.867	34.436	0.640	1800.97	6.41	134.65	550.83	3.54	57.44	3726.17	6.62	922.47	2.91	326.58	2.73	47.34	0.390
			16		49.739	39.045	0.639	2023.35	6.38	152.18	615.44	3.52	64.69	4258.86	6.70	1058.86	2.99	366.21	2.71	53.32	0.388
			18		55.525	43.588	0.639	2238.30	6.35	169.33	677.19	3.49	71.74	4792.00	6.78	1197.1	3.06	404.83	2.70	59.18	0.385

注：1. 括号内型号不推荐使用。
2. 截面图中的 $r_1 = d/3$ 及表中 r 值，用于孔型设计，不作为交货条件。

附表 Ⅱ-3

热轧槽钢(GB9707—88)

符号意义：
h——高度；
b——腿宽度；
d——腰厚度；
t——平均腿厚度；
r——内圆弧半径；
r_1——腿端圆弧半径；
I——惯性矩；
W——抗弯截面系数；
i——惯性半径；
z_0——y—y 轴与 y_1—y_1 轴间距

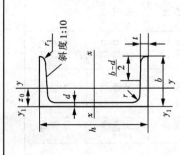

型号	尺寸 mm						截面面积 cm²	理论重量 kg/m	参 考 数 值							
	h	b	d	t	r	r_1			x—x			y—y			y_1—y_1	z_0 cm
									$\dfrac{W_x}{cm^3}$	$\dfrac{I_x}{cm^4}$	$\dfrac{i_x}{cm}$	$\dfrac{W_y}{cm^3}$	$\dfrac{I_y}{cm^4}$	$\dfrac{i_y}{cm}$	$\dfrac{I_{y_1}}{cm^4}$	
5	50	37	4.5	7	7.0	3.5	6.928	5.438	10.4	26.0	1.94	3.55	8.30	1.10	20.9	1.35
6.3	63	40	4.8	7.5	7.5	3.8	8.451	6.634	16.1	50.8	2.45	4.50	11.9	1.19	28.4	1.36
8	80	43	5.0	8	8.0	4.0	10.248	8.045	25.3	101	3.15	5.79	16.6	1.27	37.4	1.43
10	100	48	5.3	8.5	8.5	4.2	12.748	10.007	39.7	198	3.95	7.8	25.6	1.41	54.9	1.52
12.6	126	53	5.5	9	9.0	4.5	15.692	12.318	62.1	391	4.95	10.2	38.0	1.57	77.1	1.59
14 a	140	58	6.0	9.5	9.5	4.8	18.516	14.535	80.5	564	5.52	13.0	53.2	1.70	107	1.71
14 b	140	60	8.0	9.5	9.5	4.8	21.316	16.733	87.1	609	5.35	14.1	61.1	1.69	121	1.67
16a	160	63	6.5	10	10.0	5.0	21.962	17.240	108	866	6.28	16.3	73.3	1.83	144	1.80
16	160	65	8.5	10	10.0	5.0	25.162	19.752	117	935	6.10	17.6	83.4	1.82	161	1.75
18a	180	68	7.0	10.5	10.5	5.2	25.699	20.174	141	1270	7.04	20.0	98.6	1.96	190	1.88
18	180	70	9.0	10.5	10.5	5.2	29.299	23.000	152	1370	6.84	21.5	111	1.95	210	1.84
20a	200	73	7.0	11	11.0	5.5	28.837	22.637	178	1780	7.86	24.2	128	2.11	244	2.01
20	200	75	9.0	11	11.0	5.5	32.837	25.777	191	1910	7.64	25.9	144	2.09	268	1.95

续表

型号	尺寸/mm							截面面积/cm²	理论重量/kg·m⁻¹	参考数值							
										x—x			y—y			y_1—y_1	z_0/cm
	h	b	d	t	r	r_1				$\frac{W_x}{cm^3}$	$\frac{I_x}{cm^4}$	$\frac{i_x}{cm}$	$\frac{W_y}{cm^3}$	$\frac{I_y}{cm^4}$	$\frac{i_y}{cm}$	$\frac{I_{y_1}}{cm^4}$	
22a	220	77	7.0	11.5	11.5	5.8		31.846	24.999	218	2390	8.67	28.2	158	2.23	298	2.10
22	220	79	9.0	11.5	11.5	5.8		36.246	28.453	234	2570	8.42	30.1	176	2.21	326	2.03
25a	250	78	7.0	12	12.0	6.0		34.917	27.410	270	3370	9.82	30.6	176	2.24	322	2.07
25b	250	80	9.0	12	12.0	6.0		39.917	31.335	282	3530	9.41	32.7	196	2.22	353	1.98
c	250	82	11.0	12	12.0	6.0		44.917	35.260	295	3690	9.07	35.9	218	2.21	384	1.92
28a	280	82	7.5	12.5	12.5	6.2		40.034	31.427	340	4760	10.9	35.7	218	2.33	388	2.10
28b	280	84	9.5	12.5	12.5	6.2		45.634	35.823	366	5130	10.6	37.9	242	2.30	428	2.02
c	280	86	11.5	12.5	12.5	6.2		51.234	40.219	393	5500	10.4	40.3	268	2.29	463	1.95
32a	320	88	8.0	14	14.0	7.0		48.513	38.083	475	7600	12.5	46.5	305	2.50	552	2.24
32b	320	90	10.0	14	14.0	7.0		54.913	43.107	509	8140	12.2	59.2	336	2.47	593	2.16
c	320	92	12.0	14	14.0	7.0		61.313	48.131	543	8690	11.9	52.6	374	2.47	643	2.09
36a	360	96	9.0	16	16.0	8.0		60.910	47.814	660	11900	14.0	63.5	455	2.73	818	2.44
36b	360	98	11.0	16	16.0	8.0		68.110	53.466	703	12700	13.6	66.9	497	2.70	880	2.37
c	360	100	13.0	16	16.0	8.0		75.310	59.118	746	13400	13.4	70.0	536	2.67	948	2.34
40a	400	100	10.5	18	18.0	9.0		75.068	58.928	879	17600	15.3	78.8	592	2.81	1070	2.49
40b	400	102	12.5	18	18.0	9.0		83.068	65.208	932	18600	15.0	82.5	640	2.78	1140	2.44
c	400	104	14.5	18	18.0	9.0		91.068	71.488	986	19700	14.7	86.2	688	2.75	1220	2.42

热轧工字钢(GB9706—88)

附表 Ⅱ-4

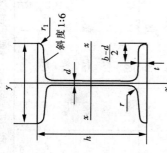

符号意义：
- h——高度；
- b——腿宽度；
- d——腰厚度；
- t——平均腿厚度；
- r——内圆弧半径；
- r_1——腿端圆弧半径；
- I——惯性矩；
- W——抗弯截面系数；
- i——惯性半径；
- S——半截面的静力矩。

型号	尺寸/mm						截面面积 cm^2	理论重量 kg/m	参 考 数 值							
									$x-x$				$y-y$			
	h	b	d	t	r	r_1			I_x cm^4	W_x cm^3	i_x cm	$I_x:S_x$ cm	I_y cm^4	W_y cm^3	i_y cm
10	100	68	4.5	7.6	6.5	3.3	14.345	11.261	245	49.0	4.14	8.59	33.0	9.72	1.52
12	126	74	5.0	8.4	7.0	3.5	18.118	14.223	488	77.5	5.20	10.8	46.9	12.7	1.61
14	140	80	5.5	9.1	7.5	3.8	21.516	16.890	712	102	5.76	12.0	64.4	16.1	1.73
16	160	88	6.0	9.9	8.0	4.0	26.131	20.513	1130	141	6.58	13.8	93.1	21.2	1.89
18	180	94	6.5	10.7	8.5	4.3	30.756	24.143	1660	185	7.36	15.4	122	26.0	2.00
20a	200	100	7.0	11.4	9.0	4.5	35.578	27.929	2370	237	8.15	17.2	158	31.5	2.12
20b	200	102	9.0	11.4	9.0	4.5	39.578	31.069	2500	250	7.96	16.9	169	33.1	2.06
22a	220	110	7.5	12.3	9.5	4.8	42.128	33.070	3400	309	8.99	18.9	225	40.9	2.31
22b	220	112	9.5	12.3	9.5	4.8	46.528	36.524	3570	325	8.78	18.7	239	42.7	2.27
25a	250	116	8.0	13.0	10.0	5.0	48.541	38.105	5020	402	10.2	21.6	280	48.3	2.40
25b	250	118	10.0	13.0	10.0	5.0	53.541	42.030	5280	423	9.94	21.3	309	52.4	2.40
28a	280	122	8.5	13.7	10.5	5.3	55.404	43.492	7110	508	11.3	24.6	345	56.6	2.50
28b	280	124	10.5	13.7	10.5	5.3	61.004	47.888	7480	534	11.1	24.2	379	61.2	2.49
32a	320	130	9.5	15.0	11.5	5.8	67.156	52.717	11100	692	12.8	27.5	460	70.8	2.62
32b	320	132	11.5	15.0	11.5	5.8	73.556	57.741	11600	726	12.6	27.1	502	76.0	2.61
32c	320	134	13.5	15.0	11.5	5.8	79.956	62.765	12200	760	12.3	26.3	544	81.2	2.61

续表

型号	尺寸/mm						截面面积 cm²	理论重量 kg/m	参考数值					
									x—x				y—y	
	h	b	d	t	r	r_1			I_x cm⁴	W_x cm³	i_x cm	$I_x:S_x$ cm	I_y cm⁴	W_y cm³	i_y cm
36a	360	136	10.0	15.8	12.0	6.0	76.480	60.037	15800	875	14.4	30.7	552	81.2	2.69
36b	360	138	12.0	15.8	12.0	6.0	83.680	65.689	16500	919	14.1	30.3	582	84.3	2.64
36c	360	140	14.0	15.8	12.0	6.0	90.880	71.341	17300	962	13.8	29.9	612	87.4	2.60
40a	400	142	10.5	16.5	12.5	6.3	86.112	67.598	21700	1090	15.9	34.1	660	93.2	2.77
40b	400	144	12.5	16.5	12.5	6.3	94.112	73.878	22800	1140	16.5	33.6	692	96.2	2.71
40c	400	146	14.5	16.5	12.5	6.3	102.112	80.158	23900	1190	15.2	33.2	727	99.6	2.65
45a	450	150	11.5	18.0	13.5	6.8	102.446	80.420	32200	1430	17.7	38.6	855	114	2.89
45b	450	152	13.5	18.0	13.5	6.8	111.446	87.485	33800	1500	17.4	380.0	894	118	2.84
45c	450	154	15.5	18.0	13.5	6.8	120.446	94.550	35300	1570	17.1	37.6	938	122	2.79
50a	500	158	12.0	20.0	14.0	7.0	119.304	93.654	46500	1860	19.7	42.8	1120	142	3.07
50b	500	160	14.0	20.0	14.0	7.0	129.304	101.504	48600	1940	19.4	42.4	1170	146	3.01
50c	500	162	16.0	20.0	14.0	7.0	139.304	109.354	50600	2080	19.0	41.8	1220	151	2.96
56a	560	166	12.5	21.0	14.5	7.3	135.435	106.316	65600	2340	22.0	47.7	1370	165	3.18
56b	560	168	14.5	21.0	14.5	7.3	146.635	115.108	68500	2450	21.6	47.2	1490	174	316
56c	560	170	16.5	21.0	14.5	7.3	157.835	123.900	71400	2550	21.3	46.7	1560	183	3.16
63a	630	176	13.0	22.0	15.0	7.5	154.658	121.407	93900	2980	24.5	54.2	1700	193	3.31
63b	630	178	15.0	22.0	15.0	7.5	167.258	131.298	98100	3160	24.2	53.5	1810	204	3.29
63c	630	180	17.0	22.0	15.0	7.5	179.858	141.189	102000	3300	23.8	52.9	1920	214	3.27

注：截面图和表中标注的圆弧半径 r 和 r_1 值，用于孔型设计，不作为交货条件。

习 题 答 案

3-1　$F_R = 68.8\text{N}$，指向左上方且与水平成 $88°28'$ 角

3-2　$F_{AB} = 6.01\text{kN}$，$F_{BC} = 8.33\text{kN}$

3-3　$F_A = \dfrac{\sqrt{5}}{2} F_P$，指向左下方且与水平成 $26°34'$ 角；$F_D = \dfrac{1}{2} F_P$，铅垂向上

3-4　$F_P = 15\text{kN}$，$\alpha = \arctan \dfrac{3}{4}$；$F_{P\min} = 12\text{kN}$

3-5　$F_B = F_{AC} = G = 800\text{N}$

3-6　$F_{P_1} : F_{P_2} = 0.61$

3-7　$F_N = 1.07\text{kN}$

3-8　$F_{AB} = 80\text{kN}$

3-9　$F_{A1} = M/2a$，$F_{A2} = M/\sqrt{5}\,a$

3-10　$M_A = 11.21\text{N}\cdot\text{m}$，$F_A = 25.1\text{N}$，方向与铅直线的夹角为 $26.57°$，指向朝上

3-11　$M_2 = M_1 \cos 2\alpha$

3-12　$F_D = 10\text{kN}$，方向水平向右

3-13　$F_E = \sqrt{2}\,M/a$，方向沿 HE

3-14　$F_1 = F_3 = M/d$，$F_2 = 0$

3-15　$F_A = F_B = M/d$

4-1　(a) $M_O(F) = Fl$，(b) $M_O(F) = 0$，(c) $M_O(F) = Fl\sin\alpha$，(d) $M_O(F) = -Fa$，(e) $M_O(F) = F(l+r)$，(f) $M_O(F) = F\sqrt{a^2+b^2}\sin\alpha$

4-2　$F_R = 50\text{kN}$，合力作用线到 O 点的距离 $d = 6\text{m}$，$(F_R, i) = -53°8'$，$(F_R, j) = 143°8'$

4-3　$F_R = F$，合力作用线到 A 点的距离 $d = 1.133a$，方向竖直向上

4-4　$F = 10\text{kN}$，方向斜向下，与 BC 夹 $60°$ 角，$BC = 2.31\text{m}$

4-5　(a) $F_{Ax} = 0$，$F_{Ay} = 200\text{kN}$，$F_B = 150\text{kN}$；(b) $F_{Ax} = 0$，$F_{Ay} = 192\text{kN}$，$F_B = 288\text{kN}$；(c) $F_{Ax} = 0$，$F_{Ay} = -45\text{kN}$，$F_B = 85\text{kN}$；(d) $F_{Ax} = 0$，$F_{Ay} = -5\text{kN}$，$F_B = 5\text{kN}$；(e) $F_{Ax} = 0$，$F_{Ay} = F_P + ql$，$M_A = F_P l + \dfrac{1}{2} ql^2$；(f) $F_{Ax} = 0$，$F_{Ay} = \dfrac{1}{2} q_0 l$，$M_A = \dfrac{1}{6} q_0 l^2$

4-6　(a) $F_{Ax} = 0$，$F_{Ay} = \dfrac{1}{2}\left(F_P + \dfrac{M}{a} - \dfrac{5}{2} qa\right)$，$F_B = \dfrac{1}{2}\left(3F_P + \dfrac{M}{a} - \dfrac{1}{2} qa\right)$

(b) $F_{Ax} = 0$，$F_{Ay} = \dfrac{3}{4} q - \dfrac{F_P}{2}$，$F_B = \dfrac{3}{2} F_P + \dfrac{3}{4} q$

(c) $F_{Ax} = 6qa$，$F_{Ay} = F_P$，$M_A = 2F_P a + 18qa^2$

4-7　$F_{Ax} = -F_P$，$F_{Ay} = 0$，$F_B = F_P$

4-8　$F_A = 48.3\text{kN}$，$F_B = 8.33\text{kN}$，$F_D = 100\text{kN}$

4-9　$F_A = -35\text{kN}$，$F_B = 80\text{kN}$，$F_C = 25\text{kN}$，$F_D = -5\text{kN}$

4-10 $F_{Ax} = 0$, $F_{Ay} = 24.75\text{kN}$, $M_A = 112.5\text{kN·m}$

4-11 $F_{Ex} = F_P$, $F_{Ey} = -F_P/3$

4-12 $F_{Ax} = 30\text{kN}$, $F_{Ay} = 90\text{kN}$, $F_{Bx} = -30\text{kN}$, $F_{By} = 50\text{kN}$

4-13 $F_{Ax} = 24\text{kN}$, $F_{Ay} = 1.625\text{kN}$, $M_A = 56\text{kN·m}$

4-14 $F_A = 2\text{kN}$, $F_{Bx} = 4\text{kN}$, $F_{By} = 1.3\text{kN}$, $F_{Cx} = 4\text{kN}$, $F_{Cy} = 2\text{kN}$, $F_D = 8.7\text{kN}$

4-15 $F_{Ax} = 210.6\text{kN}$, $F_{Ay} = 154.55\text{kN}$, $F_{Bx} = 89.39\text{kN}$, $F_{By} = 245.45\text{kN}$

4-16 (1) $F_{Ax} = 4\text{kN}$, $F_{Ay} = -15\text{kN}$, $F_B = 19\text{kN}$

(2) $F_{Cx} = 0$, $F_{Cy} = 8.5\text{kN}$, $F_{Dx} = 0$, $F_{Dy} = -2.5\text{kN}$

4-17 $M = \dfrac{\sqrt{2}LF_P}{4}$, $F_O = \dfrac{LF_P}{2r}$, $F_{Ax} = \left(1 - \dfrac{\sqrt{2}L}{4r}\right)F_P$, $F_{Ay} = \dfrac{\sqrt{2}LF_P}{4r}$

4-18 $F_{Ax} = 230\text{N}$, $F_{Ay} = -100\text{N}$, $F_{Bx} = -230\text{N}$, $F_{By} = 200\text{N}$

4-19 $F_{Ax} = 2qa$ (N), $F_{Ay} = qa$ (N), $M_A = -\dfrac{1}{2}qa^2$ (N·m), $F_{DB} = \dfrac{1}{\sqrt{2}}ql$ (N)

4-20 $F_A = 2\text{kN}$, $F_C = 4\text{kN}$, $F_{Ex} = 3.732\text{kN}$, $F_{Ey} = 5\text{kN}$, $M_E = -1.072\text{kN·m}$

4-21 $F_{Ax} = -500\sqrt{2}\,\text{N}$, $F_{Ay} = -500\sqrt{2}\,\text{N}$, $F_{Bx} = 500\sqrt{2}\,\text{N}$, $F_{By} = 500\sqrt{2}\,\text{N}$, $F_{Cx} = 250\sqrt{2}\,\text{N}$, $F_{Cy} = 250\sqrt{2}\,\text{N}$

4-22 $F_{Bx} = -0.75\text{kN}$, $F_{By} = 6.5\text{kN}$

4-23 重物上升时，$F_T = 26\text{kN}$；重物下降时，$F_T = 20.88\text{kN}$

4-24 $G = 282\text{kN}$

4-25 $\tan\alpha \geqslant \dfrac{G + 2G_1}{2f_s(G + G_1)}$

4-26 物体保持平衡时：$F_{P\max} = 0.2\text{kN}$

4-27 系统处于静止状态

4-28 $f_s \geqslant 0.646$

4-29 $\theta = \arcsin\dfrac{3\pi f_s}{4 + 3\pi f_s}$

4-30 (1) $G\tan(\alpha - \varphi_m) \leqslant F_P \leqslant G\tan(\alpha + \varphi_m)$；(2) $F_P = G\tan(\alpha + \varphi_m)$

5-1 $m_x(F) = 12F/5$, $m_y(F) = -12F/5$, $m_z(F) = 0$

5-2 0, 240N·m

5-3 $m_x(F_P) = 566\text{N·m}$, $m_y(F_P) = -329\text{N·m}$, $m_z(F_P) = 655\text{N·m}$

5-4 $M_x(F) = -14.75\text{N·m}$, $M_y(F) = -35.3\text{N·m}$, $M_z(F) = 85.36\text{N·m}$

5-5 $F_{AB} = 4.62\text{kN}$, $F_{AC} = 3.46\text{kN}$, $F_{AO} = -11.55\text{kN}$

5-6 $F_{Cx} = 0$, $F_{Cy} = 0$, $F_{Cz} = 0$, $M_x = -M$, $M_y = m_0 l_1$, $M_z = 0$

5-7 $M = 2\text{kN·m}$, $F_{Ax} = 0$, $F_{Ay} = 0$, $F_{Az} = 8/3\text{kN}$, $F_{Bx} = 0$, $F_{Bz} = 4/3\text{kN}$

5-8 (1) $F_{NA} = 0.25G$, $F_{NB} = G$ (2) $F_{BD} = 0.288G$, $F_{AC} = 0.144G$

5-9 $F_{Ax} = 17.32\text{kN}$, $F_{Ay} = 0$, $F_{Az} = 0.5\text{kN}$, $F_{BD} = F_{BE} = -7.425\text{kN}$

5-10 $F_{Ax} = 2G/3$, $F_{Ay} = G/3$, $F_{Az} = G/3$, $F_{CE} = 2G/3\sqrt{2}$, $F_{BE} = -\sqrt{3}G/3$, $F_{BD} = 4G/3\sqrt{2}$

5-11 重心位置距离下端为 59.53mm，距离右端为 78.26mm

5-12　$x_C = 135$mm，$y_C = 140$mm

6-1　（a）几何不变，无多余约束；
　　（b）几何不变，有一个多余约束；
　　（c）几何不变，无多余约束；
　　（d）几何可变。

6-2　（a）几何不变，无多余约束；
　　（b）几何不变，无多余约束；
　　（c）几何可变。

6-3　（a）几何不变，无多余约束；
　　（b）几何不变，无多余约束；
　　（c）瞬变体系。

6-4　（a）几何可变；
　　（b）几何不变，无多余约束。

6-5　（a）几何不变，无多余约束；
　　（b）瞬变体系；
　　（c）几何不变，无多余约束。

6-6　（a）几何不变，有两个多余约束；
　　（b）几何不变，无多余约束；
　　（c）瞬变体系。

7-1　$F_{N1} = F$　$F_{N2} = 0$　$F_{N3} = 2F$

7-2　略

7-3　$F_{N1} = -20$kN　$F_{N2} = -10$kN　$F_{N3} = 10$kN　$\sigma_{1-1} = -100$MPa
　　$\sigma_{2-2} = -33.3$MPa　$\sigma_{3-3} = -25$MPa

7-4　$\sigma_{1-1} = 175$MPa　$\sigma_{2-2} = 350$MPa

7-5　$[F_P] = 51.2$kN

7-6　$\sigma_{AC} = 100$MPa $= [\sigma]_1$　$\sigma_{BC} = 68.2$MPa $< [\sigma]_2$ 结构安全

7-7　$d = 2.7$cm　$b = 1.65$cm

7-8　$\theta = 54°44'$

7-9　$\Delta l = 0.075$mm

7-10　$x = \dfrac{E_2 A_2}{E_1 A_1 + E_2 A_2} l$

7-11　$\Delta_A = 3.08$mm 与水平轴成 $73.74°$

7-12　$F_{N1} = \dfrac{5}{6} F$　$F_{N2} = \dfrac{1}{3} F$　$F_{N3} = -\dfrac{1}{6} F$

7-13　$\sigma_{AA'} = \sigma_{BB'} = -8$MPa　$\sigma_{CC'} = -2$MPa

7-14　（1）$F_{N1} = 6$kN　$F_{N2} = 12$kN
　　（2）$F_{N1} = -11.5$kN　$F_{N2} = 5.8$kN
　　（3）$F_{N1} = -5.52$kN　$F_{N2} = 17.8$kN

7-15　$F_P = 138$kN

7-16　$F_P = 249.6$kN

8-3　$\tau_a = 49$MPa，$\tau_b = 24.5$MPa，$\tau_c = 49$MPa

8-4　$[m] = 39.3$kN·m

8-5　$\tau_{max} = 19.25$MPa

8-6　$d_1 \geqslant 45$mm，$D_2 \geqslant 46$mm

8-7　$\phi_{AB} = -\dfrac{2ma}{3GI_p}$

8-8　(1) $\tau_{max} = 46.6$MPa；(2) $N_k = 71.8$kN。

8-9　AE 段 $\tau_{max} = 43.8$MPa，$\phi = 0.44°/$m；
BC 段 $\tau_{max} = 71.3$MPa，$\phi = 1.02°/$m。

8-10　(1) $d_1 \geqslant 84.6$mm，$d_2 \geqslant 74.5$mm；(2) $d_1 \geqslant 84.6$mm；(3) 主动轮 1 放在从动轮 2、3 之间比较合理

9-1　(a) $F_{Q1} = -2$kN，$M_1 = -6$kN·m。
(b) $F_{Q1} = -1$kN，$M_1 = -6$kN·m；$F_{Q2} = -1$kN，$M_2 = 6$kN·m；$F_{Q3} = -4$kN，$M_3 = -8$kN·m；$F_{Q4} = 3$kN，$M_4 = -8$kN·m。
(c) $F_{Q1} = 1.33$kN，$M_1 = 267$N·m；$F_{Q2} = -0.667$kN，$M_2 = 333$N·m。
(d) $F_{Q1} = -qa$，$M_1 = -2qa^2$；$F_{Q2} = 2qa$，$M_2 = -2qa^2$；$F_{Q3} = 2qa$，$M_3 = 0$。

9-2　(a) $F_{QA} = 15$kN，$F_{QC} = -9$kN，$F_{QB} = -9$kN。
$M_A = 0$，$M_{C左} = 12$kN·m，$M_{C右} = 36$kN·m，$M_B = 0$，$M_{极} = 18.75$kN·m。
(b) $F_{QA} = 10$kN，$F_{QC右} = 2$kN，$F_{QB} = -14$kN。
$M_A = -16$kN·m，$M_C = 24$kN·m，$M_B = 0$，$M_{极} = 24.5$kN·m。
(c) $F_{QA} = 13$kN，$F_{QC左} = 11$kN，$F_{QC右} = 6$kN，$F_{QB} = 0$。
$M_A = -21$kN·m，$M_C = -9$kN·m，$M_B = 0$。
(d) $F_{QA} = 0$，$F_{QB左} = qa$，$F_{QB右} = 0.75qa$，$F_{QC} = 0.75qa$，$F_{QD} = 0.75qa$。
$M_A = 0$，$M_B = -0.5qa^2$，$M_{C左} = 0.25qa^2$，$M_{C右} = -0.75qa^2$，$M_D = 0$。

9-3　(a) $F_{QA} = -0.5qa$，$F_{QB左} = -0.5qa$，$F_{QB右} = 0.5qa$，$F_{QC} = -0.5qa$，$F_{QD} = -0.5qa$。
$M_A = 0$，$M_B = -0.5qa^2$，$M_{C左} = -0.5qa^2$，$M_{C右} = 0.5qa^2$，$M_D = 0$，
$M_{极} = -0.375$kN·m。
(b) $F_{QA} = 0$，$F_{QB} = ql$，$F_{QC} = 0$。
$M_A = 0$，$M_{B左} = -0.5qa^2$，$M_{B右} = 0.5qa^2$，$M_C = 0$
(c) $F_{QA} = -0.5qa$，$F_{QB} = -0.5qa$，$F_{QC左} = -2.5qa$，$F_{QC右} = 2qa$，$F_{QD} = 0qa$。
$M_A = qa^2$，$M_B = 0.5qa^2$，$M_C = -qa^2$，$M_D = 0$
(d) $F_{QA} = -0.5ql$，$F_{QB} = -0.5ql$，$F_{QC} = -1.5ql$。
$M_A = ql^2$，$M_B = 0$，$M_C = -ql^2$。

9-4　Ⅰ-Ⅰ截面：$\sigma_A = -7.41$MPa，$\sigma_B = 4.94$MPa，$\sigma_C = 0$，$\sigma_D = 7.41$MPa
Ⅱ-Ⅱ截面：$\sigma_A = 9.26$MPa，$\sigma_B = -6.18$MPa，$\sigma_C = 0$，$\sigma_D = -9.26$MPa

9-5　$\sigma_{max} = 63.4$MPa

9-6 $b \geqslant 277$mm, $h \geqslant 416$mm

9-7 $F_P = 56.8$kN

9-8 $q = 15.7$kN/m

9-9 $\sigma_{tmax} = 26.4$MPa $<$ [σ_t], $\sigma_{cmax} = 52.8$MPa $<$ [σ_c]，安全

9-10 $a = \dfrac{l}{6}$

9-11 $\sigma_{max}^{+} = 24.2$MPa, $\sigma_{max}^{-} = 32.2$MPa, $S_{zmax}^{*} = 191.4 \times 10^{-6}$m^3, $\tau_{max} = 3.52$MPa

9-12 $\sigma_{max} = 165.4$MPa, $\tau_{max} = 45$MPa；选 18 号工字钢。

9-13 №28a 工字钢；$\tau_{max} = 13.9$MPa $<$ [τ] 安全

10-1 (a) $x_1 = a$, $w_1 = 0$; $x_2 = l + a$, $w_2 = 0$; $x_1 = x_2 = a$, $w_1 = w_2$, $\theta_1 = \theta_2$。

(b) $x_1 = 0$, $w_1 = 0$; $x_2 = l$, $w_2 = \dfrac{ql^2 h}{2EA}$。

(c) $x_1 = 0$, $w_1 = 0$; $x_2 = l$, $w_2 = \dfrac{ql^2 h}{2C}$。

(d) $x_1 = 0$, $w_1 = 0$, $\theta_1 = 0$; $x_3 = 3l$, $w_3 = 0$; $x_1 = x_2 = l$, $w_1 = w_2$; $x_2 = x_3 = 2l$, $w_2 = w_3$, $\theta_2 = \theta_3$。

10-2 (a) $w_B = \dfrac{ql^4}{8EI}$, $\theta_B = \dfrac{ql^3}{6EI}$。

(b) $w_B = \dfrac{3F_P l^3}{16EI}$, $\theta_B = \dfrac{5F_P l^2}{16EI}$。

(c) $w_B = \dfrac{2F_P l^2 + 3ml^2}{6EI}$, $\theta_B = \dfrac{2F_P l^3 + 2ml}{2EI}$。

(d) $w_B = \dfrac{41ql^4}{384EI}$, $\theta_B = \dfrac{7ql^3}{48EI}$。

10-3 (a) $\theta_A = -\dfrac{ml}{6EI}$, $\theta_B = \dfrac{ml}{3EI}$, $w_{\frac{l}{2}} = -\dfrac{ml^2}{16EI}$, $w_{max} = -\dfrac{ml^2}{9\sqrt{3}EI}$。

(b) $\theta_A = -\theta_B = -\dfrac{11qa^3}{6EI}$, $w_{\frac{l}{2}} = w_{max} = -\dfrac{19qa^4}{8EI}$。

(c) $\theta_A = -\dfrac{7q_0 l^3}{360EI}$, $\theta_B = \dfrac{q_0 l^3}{45EI}$, $w_{\frac{l}{2}} = -\dfrac{5q_0 l^4}{768EI}$, $w_{max} = -\dfrac{5.0lq_0 l^4}{768EI}$。

(d) $\theta_A = -\dfrac{3ql^3}{128EI}$, $\theta_B = \dfrac{7ql^3}{384EI}$, $w_{\frac{l}{2}} = -\dfrac{5ql^4}{768EI}$, $w_{max} = -\dfrac{5.04ql^4}{768EI}$。

10-4 (a) $\theta_A = \dfrac{ql^3}{6EI}$, $\theta_C = \dfrac{ql^3}{6EI}$, $w_C = \dfrac{ql^4}{8EI}$, $w_D = \dfrac{ql^4}{12EI}$。

(b) $\theta_A = \dfrac{ql^3}{24EI}$, $\theta_C = \dfrac{5ql^3}{48EI}$, $w_C = \dfrac{ql^4}{24EI}$, $w_D = -\dfrac{ql^4}{384EI}$。

10-5 (a) $w_A = \dfrac{F_P l^3}{6EI}$, $\theta_B = \dfrac{9F_P l^2}{8EI}$。

(b) $w_A = \dfrac{F_P a}{6EI}(3b^2 + 6ab + 2a^2)$, $\theta_B = -\dfrac{F_P a(2b+a)}{2EI}$。

(c) $w_A = \dfrac{5ql^4}{768EI}$, $\theta_B = -\dfrac{ql^3}{384EI}$。

(d) $w_A = \dfrac{ql^4}{16EI}$, $\theta_B = -\dfrac{ql^3}{12EI}$。

10-6　(a)　$w = -\dfrac{F_P a}{48EI}(3l^2 - 16al - 16a^2)$, $\theta = -\dfrac{F_P}{48EI}(24a^2 + 16al - 3l^2)$。

　　　(b)　$w = -\dfrac{qal^2}{24EI}(5l + 6a)$, $\theta = \dfrac{ql^2}{24EI}(5l + 12a)$。

　　　(c)　$w = \dfrac{5qa^4}{24EI}$, $\theta = \dfrac{qa^3}{4EI}$。

　　　(d)　$w = \dfrac{qa}{24EI}(3a^3 + 4a^2l - l^3)$, $\theta = \dfrac{q}{24EI}(4a^3 + 4a^2l - l^3)$。

10-7　$w_{\frac{1}{2}} = \dfrac{5ql^4}{768EI}$。

10-8　$w_D = \dfrac{F_P a^3}{3EI}$。

10-9　$\Delta l = 2.29\text{mm}$, $w_C = 7.39\text{mm}$。

10-10　(a)　$F_{Ay} = \dfrac{13}{32}F_P$（向上），$F_{By} = \dfrac{11}{16}F_P$（向上），$F_{cy} = \dfrac{3}{32}F_P$（向下）。

　　　(b)　$F_{Ay} = F_{By} = \dfrac{3}{8}ql$（向上），$F_{cy} = \dfrac{5}{4}ql$（向下）。

10-11　$w_{\max} = 0.012\text{m}$

10-12　$q = 10.49\text{kN/m}$, $\sigma_{\max} = 48.2\text{MPa}$, $w_{\max} = 0.00365\text{m}$

11-1　1 点　$\sigma_1 = 0\text{MPa}$, $\sigma_2 = 0\text{MPa}$, $\sigma_3 = -120\text{MPa}$
　　　2 点　$\sigma_1 = 36\text{MPa}$, $\sigma_2 = 0\text{MPa}$, $\sigma_3 = -36\text{MPa}$
　　　3 点　$\sigma_1 = 70.3\text{MPa}$, $\sigma_2 = 0\text{MPa}$, $\sigma_3 = -10.3\text{MPa}$
　　　4 点　$\sigma_1 = 120\text{MPa}$, $\sigma_2 = 0\text{MPa}$, $\sigma_3 = 0\text{MPa}$

11-2　(a)　$\sigma_{60°} = -12.5\text{MPa}$, $\tau_{60°} = -65\text{MPa}$
　　　(b)　$\sigma_{157.5°} = 21.2\text{MPa}$, $\tau_{157.5°} = -21.2\text{MPa}$

11-3　(a)　$\sigma_1 = 57\text{MPa}$, $\sigma_3 = -7\text{MPa}$, $\alpha_0 = 19°20'$, $\tau_{\max} = 32\text{MPa}$
　　　(b)　$\sigma_1 = 11.2\text{MPa}$, $\sigma_3 = -71.2\text{MPa}$, $\alpha_0 = 52.02°$, $\tau_{\max} = 41.2\text{MPa}$
　　　(c)　$\sigma_1 = 4.7\text{MPa}$, $\sigma_3 = -84.7\text{MPa}$, $\alpha_0 = -13°17'$, $\tau_{\max} = 44.7\text{MPa}$

11-4　$\sigma_1 = 52.2\text{MPa}$, $\sigma_2 = 50\text{MPa}$, $\sigma_3 = -42.2\text{MPa}$, $\tau_{\max} = 47\text{MPa}$

11-5　$M_e = 3\text{kN·m}$

11-6　$\mu = 0.27$

11-7　$\sigma_{r1} = 24.3\text{MPa}$, $\sigma_{r2} = 26.6\text{MPa}$

11-8　集中荷载作用截面上 a 处 $\sigma_{r4} = 176\text{MPa}$

11-9　$\sigma_{r2} = 26.8\text{MPa} < [\sigma_t]$，安全

12-1　略

12-2　(1)　$\sigma_{t\max} = \dfrac{8F}{a^2}$, $\sigma_{c\max} = -\dfrac{4F}{a^2}$

　　　(2)　8 倍

12-3　$\sigma_{t\max} = 20\text{MPa}$

12-4　$\sigma_A = 8.83\text{MPa}$, $\sigma_B = 3.83\text{MPa}$, $\sigma_C = -12.2\text{MPa}$, $\sigma_D = -7.17\text{MPa}$，中性轴的截距 $a_y = 15.6\text{mm}$, $a_z = 33.4\text{mm}$

12-5　$[F_P] = 45\text{kN}$

12-6 $W = 0.59\text{kN}$

12-7 $\sigma_{tmax} = 26.9\text{MPa} < [\sigma_t]$，$\sigma_{cmax} = 32.3\text{MPa} < [\sigma_c]$，安全

12-8 $F_P = 18.4\text{kN}$，$e = 1.79\text{mm}$

12-9 $\sigma_{max} = 167\text{MPa} < [\sigma]$，安全

12-10 $[F_P] = 3.03\text{kN}$

13-1 $(F_{cr})_1 = 2540\text{kN}$，$(F_{cr})_2 = 4710\text{kN}$，$(F_{cr})_3 = 4830\text{kN}$

13-2 $a = 4.31\text{cm}$，$F_{cr} = 443\text{kN}$

13-3 $F_{cr} = 116.6\text{kN}$

13-4 $F_{cr} = 400\text{kN}$

13-5 $\Delta t = 66.1\text{℃}$

13-6 $n_{st} = 4.43$

13-7 $n = 5.7$

13-8 $[F_P] = 15.5\text{kN}$

13-9 $\sigma = 63.4\text{MPa} < [\sigma]$

13-10 $[F]_{AB} = 575\text{kN}$，$[F]_{AC} = 809\text{kN}$

14-1   (a) $F_{Ax} = 40\text{kN}$ (←)；$F_{Ay} = 20\text{kN}$ (↑)；$F_{By} = -60\text{kN}$

       (b) $F_{Ex} = 2F_P$ (←)；$F_{Ay} = \frac{3}{2}F_P$ (↓)；$F_{Dy} = \frac{3}{2}F_P$ (↑)

       (c) $F_{Ax} = \frac{4}{3}qa$ (←)；$F_{Ay} = \frac{2}{3}qa$ (↓)；$F_{Bx} = \frac{2}{3}qa$ (←) $F_{By} = \frac{2}{3}qa$ (↑)。

14-2   (a) $M_{BA} = \frac{ql^2}{2}$（右边受拉） $F_{QBC} = -\frac{ql}{2}$；

       (b) $M_{BC} = qa^2$（下边受拉） $F_{QCB} = -\frac{13qa}{8}$；

       (c) $M_{CB} = 290\text{kN·m}$（下边受拉） $F_{QBC} = 180\text{kN}$

14-3   (a) $M_{CE} = 40\text{kN·m}$（下边受拉）

       (b) $M_{DC} = 12.5\text{kN·m}$（上边受拉）

14-4   (a) $M_{DB} = 28\text{kN·m}$（下边受拉） $M_{DA} = 24\text{kN·m}$（右边受拉）

       (b) $M_{DB} = F_P a$（右边受拉） $M_{ED} = 2F_P a$（上边受拉）

       (c) $M_{DA} = 32\text{kN·m}$（左边受拉） $M_{HC} = 16\text{kN·m}$（右边受拉）

14-5   (a) $M_D = 400\text{kN·m}$（内侧受拉） $F_{QD} = 0$ $F_{ND} = -333.3\text{kN}$

       (b) $M_E = 0$ $F_{QE} = 0$ $F_{NE} = -134.6\text{kN}$；

14-6   (a) $F_{NAC} = -2F_P$ $F_{NBD} = \sqrt{3}P$ $F_{NDE} = 0$；

       (b) $F_{NAB} = -4\text{kN}$ $F_{NCG} = -\frac{25}{3}\text{kN}$ $F_{NFC} = 0$；

14-7   (a) $F_{N1} = 125\text{kN}$ $F_{N2} = 0$；

       (b) $F_{N1} = -60\text{kN}$ $F_{N2} = 37.3\text{kN}$ $F_{N3} = 37.3\text{kN}$ $F_{N4} = -66.7\text{kN}$；

14-8 $F_{N1} = 22.5\text{kN}$ $F_{N2} = -45\text{kN}$ $F_{N3} = 37.5\text{kN}$；

14-9   (a) $F_{NAF} = 231.044\text{kN}$ $F_{NDF} = -52.5\text{kN}$；

       $M_{DC} = 11.25\text{kN·m}$（上边受拉）

       (b) $F_{NBD} = -63.63\text{kN}$；$M_{BA} = 180\text{kN·m}$（左边受拉）

15-1 $\Delta = \dfrac{F_P l^3}{48EI}$ （↓）

15-2 $\theta_A = \dfrac{ql^3}{8EI}$ （逆时针）

15-3 $\Delta_{CH} = 4.828 \dfrac{F_P a}{EA}$ （→）

15-4 $\Delta_{BV} = 0.768$ cm （↓）

15-5 $\theta_B = \dfrac{F_P l^2}{12EI}$ （顺时针），$\Delta_{CV} = \dfrac{F_P l^3}{12EI}$；（↓）

15-6 $\Delta_{CH} = \dfrac{432q}{EI_1}$ （→）

15-7 $\Delta_C = 0.32$ cm （↓）

15-8 $\Delta_{DV} = 0.33$ cm （↓），$\Delta_{DH} = 1$ cm （←），$\theta_D = 0.003$ 弧度 （顺时针）；

15-9 $\Delta_{CV} = \dfrac{al}{4h} + \dfrac{b}{2}$ （↓），$\theta_{c-c} = \dfrac{a}{h}$ （⌒⌒）

15-10 $\Delta_{CV} = 15\alpha l + 7.5\dfrac{dl^2}{h}$ （↑）

16-1 (a) 1次，(b) 3次，(c) 3次，(d) 9次，(e) 6次，(f) 3次，(g) 7次，(h) 2次；

16-2 (a) $M_{BA} = M_{AB} = \dfrac{1}{12}ql^2$ （上边受拉）

(b) $M_{BA} = \dfrac{3}{32}F_P l$ （上边受拉）

(c) $M_{CA} = 84$ kN·m （右边受拉）；$M_{DB} = 156$ kN·m （右边受拉）

(d) $M_{CA} = \dfrac{F_P l}{2}$ （下边受拉）

16-3 (a) $M_{AD} = 104.46$ kN·m （左边受拉）；

(b) $M_{BA} = 22.86$ kN·m （上边受拉） $M_{BD} = 45.72$ kN·m （右边受拉）；

16-4 (a) $F_{NCD} = -\dfrac{F_P}{2}$ $F_{NBC} = -\dfrac{\sqrt{2}F_P}{2}$

(b) $F_{NCE} = -0.83 F_P$

16-5 $M_{AC} = 112.5$ kN·m （左边受拉）

16-6 $M_{EA} = 60.7$ kN·m （左边受拉），$M_{FB} = 4.3$ kN·m （右边受拉）

16-7 $F_{NCD} = -\dfrac{10}{13}F_P$

16-8 $F_{NCD} = 125.2$ kN

16-9 (a) $M_{AD} = 17.51$ （右边受拉），$M_{DA} = 20.83$ kN·m （左边受拉）

(b) $M_{AE} = \dfrac{1}{4}F_P l$ （左边受拉）

(c) $M_A = \dfrac{F_P R}{\pi}$ （内侧受拉），$M_B = F_P R\left(\dfrac{\pi - 2}{2\pi}\right)$ （外侧受拉）

(d) $M_{CB} = \dfrac{1}{7}ql^2$ （上边受拉），$M_{DC} = \dfrac{5}{14}ql^2$ （左边受拉）；

16-10 (a) $M_{AB} = \dfrac{3EI}{l^2}\Delta$ （上边受拉）

(b) $M_{AB} = \dfrac{3EI}{4l}\varphi$ （右边受拉）

16-11 $M_{CB} = \dfrac{480\alpha EI}{l}$ （上边受拉）；

16-12 $M_{ABmax} = \dfrac{10\alpha EI\left(\dfrac{2l_2}{l_1} - \dfrac{l_1}{h}\right)}{\left(\dfrac{2l_1}{3} + \dfrac{l_2}{l_1} \times \dfrac{I}{A}\right)}$

16-13 $\Delta_{CV} = \dfrac{ql^4}{192EI}$ $(\downarrow)$

16-14 $\Delta_{CH} = \dfrac{1620}{EI}$ $(\rightarrow)$

16-15 $\Delta_{CV} = \dfrac{3}{16}\theta l + \dfrac{5}{16}a$ $(\downarrow)$

17-1 (a) 2个，(b) 3个，(c) 2个，
(d) $\alpha \neq 0$, 2个；$\alpha = 0$, 1个，
(e) 3个，(f) 4个，(g) 4个，(h) 3个；

17-2 (a) $\overline{M}_{EC} = \dfrac{12EI}{l^2}$ $\overline{M}_{EB} = -\dfrac{6EI}{l^2}$

(b) $\overline{M}_{CD} = \dfrac{2EI}{l^2}$

17-3 (a) $\overline{M}_{BA} = \dfrac{3}{4}EI$ $M_{BA}^F = 5\text{kN}\cdot\text{m}$

(b) $\theta_F = 1$, $\overline{M}_{FE} = i$；$\theta_C = 1$, $\overline{M}_{FC} = 2i$

$\Delta_C = 1$, $\overline{M}_{FC} = \dfrac{6i}{l}$, $M_{FE}^F = \dfrac{1}{3}ql^2$

17-4 (a) $M_{BA} = \dfrac{44}{3}\text{kN}\cdot\text{m}$

(b) $M_{BA} = 175.2\text{kN}\cdot\text{m}$ $M_{CD} = 58.9\text{kN}\cdot\text{m}$

17-5 (a) $M_{CB} = -0.012ql^2$ $M_{BC} = 0.023ql^2$

(b) $M_{AD} = -0.197ql^2$ $M_{BE} = -0.125ql^2$ $M_{CF} = -0.072ql^2$

17-6 $M_{AC} = -280\text{kN}\cdot\text{m}$

17-7 $M_{AC} = -38.05\text{kN}\cdot\text{m}$；$M_{CA} = -15.79\text{kN}\cdot\text{m}$
$M_{CD} = 18.79\text{kN}\cdot\text{m}$；$M_{BD} = -18.16\text{kN}\cdot\text{m}$

17-8 (a) $M_{AC} = -75\text{kN}\cdot\text{m}$；$M_{CD} = 45\text{kN}\cdot\text{m}$

(b) $M_{BA} = 32.02\text{kN}\cdot\text{m}$

(c) $M_{EC} = 28.7\text{kN}\cdot\text{m}$

(d) $M_{AD} = 17.47\text{kN}\cdot\text{m}$

Ⅰ-1 $x_C = 53\text{mm}$ $y_C = 23\text{mm}$

Ⅰ-2 $I_x = 188.9a^4$ $I_y = 190.4a^4$

Ⅰ-3　$I_x = 5.32 \times 10^7 \text{mm}^4$

Ⅰ-4　图形（a）比图形（b）的 I_x 和 I_y 均小 31%

Ⅰ-5　(a) $I_y = 1.792 \times 10^6 \text{mm}^4$　$I_z = 5.843 \times 10^6 \text{mm}^4$
　　　(b) $I_y = 1.674 \times 10^6 \text{mm}^4$　$I_z = 4.239 \times 10^6 \text{mm}^4$

主要参考书目

[1] 哈尔滨工业大学理论力学教研组. 理论力学（第5版）. 北京：高等教育出版社，1997
[2] 重庆建筑大学. 理论力学（第三版）. 北京：高等教育出版社，1999
[3] 张曙红，张宝中. 理论力学. 重庆：重庆大学出版社，1998
[4] 孙训方，方孝淑，关来泰编. 材料力学（上、下册），第三版. 北京：高等教育出版社，1994
[5] 刘鸿文主编. 材料力学（上、下册），第三版. 北京：高等教育出版社，1992
[6] 陈心爽，袁耀良编著. 材料力学. 上海：同济大学出版社，1995
[7] 顾玉林，沈养中编. 材料力学. 北京：高等教育出版社，1993
[8] 包世华主编. 结构力学、(上册). 武汉：武汉工业大学出版社，2000
[9] 李廉锟主编. 结构力学（第三版）（上册）. 北京：高等教育出版社，1996
[10] 钟光珞，张为民编著. 建筑力学. 北京：中国建材工业出版社，2002